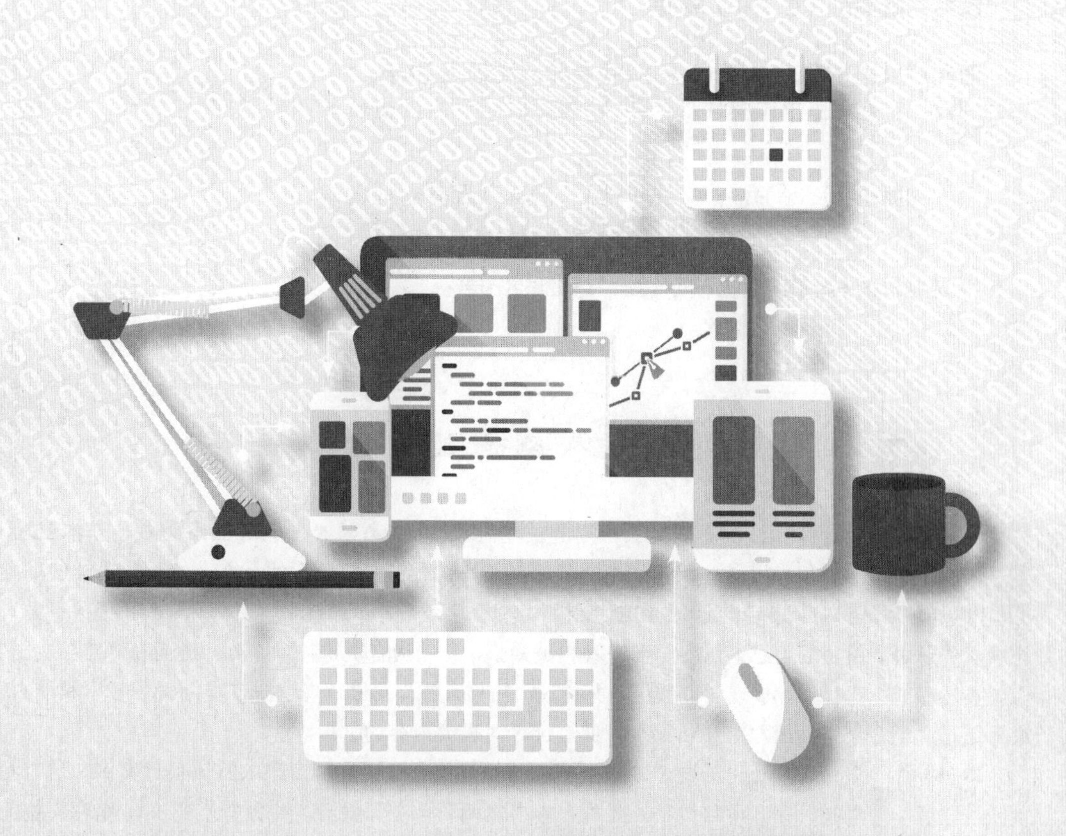

面向对象程序设计

Java版

武春岭　沈廷杰 ⊕ 主编　朱崇来 ⊕ 副主编

人 民 邮 电 出 版 社
北 京

图书在版编目（CIP）数据

面向对象程序设计 : Java版 / 武春岭，沈廷杰主编
. -- 北京 : 人民邮电出版社，2020.5
ISBN 978-7-115-52537-6

Ⅰ. ①面… Ⅱ. ①武… ②沈… Ⅲ. ①JAVA语言－程序设计－高等职业教育－教材 Ⅳ. ①TP312.8

中国版本图书馆CIP数据核字(2019)第253879号

内容提要

针对目前开发行业对Java开发工具应用的技能需求以及计算机类专业对Java编程的基本要求，本书以“学习目标→任务引导→相关知识→任务实施→综合训练”为主线，在介绍程序语法的基础上，以小项目开发为实践落脚点，做到学练结合，提高学习效率：通过“学习目标”和“任务引导”，让读者先了解要解决的问题；然后详细讲解相关知识，帮助读者奠定技术基础；进而在“任务实施”引导读者完成上机操作，体现学以致用，并通过“拓展训练”帮助读者进一步提高编程技术和能力；最后通过“综合训练”梳理重要知识点，促进读者对重要内容的掌握。

本书整体上采用“项目引导与驱动”模式，将枯燥的程序语法学习融入具体项目案例，这有利于激发读者学习兴趣，提升学习效果。此外，本书案例源自实际生活，并参考近期Java编程岗位的技能需求，结构合理，实用性强。

本书可作为高职院校计算机类专业或电子信息类专业Java程序设计教材，也可作为成人高等学校和其他培训机构的教材，还可以作为零基础学习Java读者的参考图书。

◆ 主　　编　武春岭　沈廷杰
副 主 编　朱崇来
责任编辑　李　莎
责任印制　王　郁　马振武

◆ 人民邮电出版社出版发行　　北京市丰台区成寿寺路11号
邮编　100164　　电子邮件　315@ptpress.com.cn
网址　http://www.ptpress.com.cn
北京鑫正大印刷有限公司印刷

◆ 开本：787×1092　1/16
印张：31.25
字数：479千字　　2020年5月第1版
印数：1－2 500册　　2020年5月北京第1次印刷

定价：79.00元

读者服务热线：(010)81055410　印装质量热线：(010)81055316
反盗版热线：(010)81055315
广告经营许可证：京东工商广登字20170147号

编委会名单

前言

PREFACE

根据我们针对计算机相关岗位招聘需求信息的调研，关于编程语言，高职院校的计算机相关专业学生应至少掌握或接触过一门面向对象的高级程序设计语言。学生掌握相关知识技能后，才能更好地胜任对应的工作岗位。而面向对象程序设计语言，从最近3年的TIOBE编程语言排行榜来看，Java一直处于前几名。所以，本书选取的编程语言是Java。本书在编写的过程中，“学习目标”是来自近期的实际岗位需求信息，由此梳理和整合的相关知识技能会更贴近岗位需求。

本书是针对Java的面向对象程序设计教材，既适合高职院校学生学习使用，也适合高职教师授课时参考，同时还可作为Java编程语言的初学者用书。本书的使用思路：根据所在高职院校学生现状和专业人才培养方案，对照本书学习目标，选取本书合适的章节进行教学大纲、教学计划等设计；选取对应章节合适的知识作为教学点，进行教学方案设计；选取对应章节的实训案例，指导学生练习。学生除了可以根据教师教授的内容进行复习和练习外，还可以挑选一些感兴趣的技术点学习，并就对应的案例进行练习。其他Java初学者，可以参考本书的目录按序学习和练习。

本书由重庆电子工程职业学院武春岭、沈廷杰任主编并执笔，朱崇来任副主编。内容共分10章，其中，沈廷杰编写第1章 ~ 第 4 章；武春岭编写第5章 ~ 第7章；朱崇来编写第8章 ~ 第10章。全书涵盖初识Java、控制结构、方法与数组应用、类与对象应用、反射机制与常用类应用、数据结构应用、集合应用、文件操作应用、线程应用、网络编程应用和软件测试应用。项目贯穿所有章节知识点，以“学习目标→任务引导→相关知识→任务实施→综合训练”为脉络，多方位提高学生的编程技术和能力，让学生得以掌握整个项目设计实施过程。其中，“学习目标”是当前行业实际岗位需求中的主流要求；“任务引导”是章节知识与技能的概要性导入；“相关知识”是章节目标对应所需的技能基础；“任务实施”是强化训练的案例题目与动手操作；“综合训练”是对重要知识的再梳理。全书内容精简、重点突出。

由于作者水平有限，书中难免存在不足之处，恳请广大读者不吝指正，我们将在再版时及时改进。若您在学习过程中遇到困难或疑问，可发送电子邮件至zhangtianyi@ptpress.com.cn。

编　者

CONTENTS

目录

第1章 初识Java

第2章

控制结构、方法与数组应用

第3章 类与对象应用

第4章 反射机制与常用类应用

第5章 数据结构应用

第6章 集合应用

第7章
文件操作应用

第8章
线程应用

第9章
网络编程应用

第10章
软件测试应用

第1章 初识Java

学习目标

- 能够搭建Java开发环境。
- 掌握Java注解方法。
- 能够利用Java基本数据类型进行表达式运算。

任务引导

Java是一种可以开发跨平台应用软件的面向对象程序设计语言。Sun公司（已被Oracle收购）于1995年5月推出了Java程序设计语言和Java平台。在这二十多年的时间里，Java技术因为其具有卓越的通用性、高效性、平台移植性和安全性，广泛应用于个人计算机、数据中心、游戏控制台、科学超级计算机、移动电话和互联网，因而拥有广大的开发者群体。在全球云计算和移动互联网的产业环境下，Java更具备了显著优势和广阔前景。

Java的基础知识包括Java的基本数据类型、常量和变量以及运算符和表达式。如果把程序比作房子，那么这些基础知识就类似于砖、瓦和水泥，对这些基础知识的深刻理解是编写高质量程序的基础。

相关知识

1.1 计算机语言

计算机语言是指用于人与计算机之间通信的语言。为了使计算机完成各项工作，就需要有一套用于编写计算机程序的数字、字符和语法规则，由这些字符和语法规则组成的计算机的各种指令（或各种语句），就是计算机能理解的语言。

1.1.1 机器语言

机器语言是指一台计算机全部的指令集合。

机器语言是通常所说的第一代计算机语言，由二进制数“0”和“1”组成，并将这一串串由“0”和“1”组成的指令序列，交给计算机执行。

因而使用机器语言时，程序员就需要知道每个指令对应的“0”“1”序列，而这单靠记忆几乎是不可能完成的。在程序运行过程中，如果出错需要修改，那更是难上加难。

另外，每种类型的计算机，其指令系统各不相同。针对不同类型的计算机，完成相同功能的程序需要使用不同的指令系统编写。其实不少高级语言仍然没有解决类似的问题，但是Java的出现，在相当大的范围内解决了此问题，这就是Java的特性之一，即“一次编译，处处运行”。

上面提到了机器语言的诸多问题，不过正是因为这些问题，也说明了机器语言的一大好处——当面向特定类型的计算机时，机器语言的运行效率最高。

1.1.2 汇编语言

程序员使用机器语言编写程序是非常痛苦的，其中一个原因就是难以记住每个指令对应的“0”“1”序列。为了让程序员从大量的记忆工作中解脱出来。人们进行了一种有益的改进，用一些简洁的、有一定含义的英文字符串来替代特定指令的“0”“1”序列。例如，用“MOV”代表数据传递、“DEC”代表数据减法运算。对于计算机而言，这些冰冷的机器是不懂“MOV”这类汇编语言的，计算机只认识“0”“1”序列。这样，在计算机上就需要有一个专门的程序，负责把汇编语言翻译成二进制的机器语言，这种翻译程序就是汇编程序。

对程序员而言，从机器语言到汇编语言，犹如人们从结绳计数发展到使用数字符号计数，工作效率得到极大提高。因而汇编语言也被称为第二代计算机语言。

汇编语言实质上和机器语言是相同的，都是直接对硬件操作，只不过汇编语言的指令采用了英文缩写的标识符，更易于识别和记忆。

不论是机器语言还是汇编语言，所发出的每一个指令只能对应实际操作过程中的一个细微动作，例如移动、自增等，要实现一个相对复杂的功能就需要非常多的步骤。例如，要完成“小张去传达室取回信件”的编程任务，这两种语言只能将任务分解成“向前*n*米”“向后*n*米”“左转”“右转”“上*n*个台阶”“下*n*个台阶”“伸手”等细微动作之后，再发出相应的指令，因而完成这样的一个任务，就得要几十个步骤，工作量很大。

1.1.3 高级语言

从最初与计算机交流的痛苦经历中，人们意识到，应该设计一种这样的语言，其接近于数学语言或人的自然语言，同时又不依赖于计算机硬件，编出的程序能在所有计算机上运行。

经过努力，1954年，第一个完全脱离计算机硬件的高级语言——FORTRAN诞生。目前，影响较大、使用较广泛的高级语言有Java、C语言、C++、C#。另外还有一些其他类型的语言，比如智能化语言（LISP、Prolog、CLIPS……）、动态语言（Python、PHP、Ruby……）等。

1. C语言

提到高级语言，必须要重点介绍一下C语言。

C语言是一种计算机程序设计语言，它既具有高级语言的特点，又具有汇编语言的特点。1972年由美国贝尔实验室推出C语言。1978年以后，C语言先后被移植到大型、中型、小型及微型机上。C语言功能非常强大，使用C语言既可以编写不依赖计算机硬件的应用程序，也可以编写操作系统（在操作系统及需要对硬件进行操作的场合，使用C语言明显优于其他高级语言）。C语言的应用范围广泛，单片机、嵌入式系统、二维动画、三维动画、游戏开发、数据业务处理等多方面都能看到它的身影。

为了方便和Java进行比较，下面简要介绍C语言的一些重要特点。

（1）C语言（习惯上称为中级语言）把高级语言的基本结构和语句与低级语言的实用性结合起来，它可以像汇编语言一样对位、字节和地址进行操作。

（2）C语言使用指针直接进行靠近硬件的操作，对于程序员而言显得更加灵活，但同时也给程序带来了安全隐患。在构建Java时，参考了C语言的诸多优势，但为了安全性，就取消了指针操作。

2. C++

C++是具有面向对象特性的C语言。

面向对象是一种对现实世界理解和抽象的方法，是计算机编程技术发展到一定阶段后的产物。当今，程序开发思想已经全面从面向过程（C语言）分析、设计和编程发展到面向对象的模式。

通过面向对象的方式，将现实世界的事务抽象成类和对象，帮助程序员实现对现实世界的抽象与建模。通过面向对象的方法，采用更利于人理解的方式对复杂系统进行分析、设计与编程。

3. C#

C#是一种面向对象的、运行于.NET Framework之上的高级程序设计语言。C#与Java惊人的相似（单一继承、接口、编译成中间代码再运行），就如同Java和C语言在基本语法上类似一样。在语言层面，C#是微软公司.NET Windows网络框架的主角。

和汇编语言相比，高级语言（第三代计算机语言）将许多硬件相关的机器指令合并成完成具体任务的单条高级语言，与具体操作相关的细节（如寄存器、堆栈等）被透明化。程序员只要会操作单条高级语句即可，即使没有深入掌握操作系统级别的细节，也可以开发出程序。

1.2 Java发展史

1.2.1 Java的诞生

1995年5月23日，在Sun World大会上，Sun公司第一次公开发布Java和HotJava浏览器。在这个会议上，网景公司（当时该公司浏览器占据浏览器市场份额的领先地位）宣布将在其浏览器中支持Java，随后一系列公司表示了对Java的支持，使Java很快成为一个极具发展潜力的高级语言。

1.2.2 JDK 1.0发布

1995年，Sun公司推出的Java只是一种语言，而要想开发复杂的应用程序，必须要有一个强大的开发支持库。

1996年1月，Sun公司发布了JDK 1.0，它包括两部分：运行环境（Java Runtime Environment，JRE）和开发环境（Java Development Kit，JDK）。在运行环境中包括了核心应用程序接口（Application Programming Interface，API）、集成API、用户界面API、发布技术和Java虚拟机（Java Virtual Machine，JVM）5个部分，而开发环境还包括了编译Java程序的编译器（java compiler，javac）。在JDK 1.0时代，Java库显得比较单薄，不够完善。随着JDK的逐步升级，它为开发人员提供了一个强大的开发支持库。

1.2.3 Java 2问世

1998年12月，Sun公司发布了Java历史上非常重要的一个JDK版本——JDK 1.2，并开始使用“Java 2”这一名称。从JDK 1.2发布开始，Java踏入了飞速发展的时期。

在Java 2时代，Sun公司对Java进行了很多革命性的改变，而这些革命性的变化一直沿用到现在，对Java的发展形成了深远的影响。

Java 2平台包括标准版（Java 2 Standard Edition，J2SE）、企业版（Java 2 Enterprise Edition，J2EE）和微缩版（Java 2 Micro Edition，J2ME）3个版本。

- J2SE：Java 2标准版包含构成Java核心的类，例如数据库连接类、接口定义类、输入/输出类、网络编程类。

• J2EE：Java 2企业版除了包含J2SE中的类外，还包含用于开发企业级应用的类，例如EJB、Servlet、JSP、XML、事务控制。

• J2ME：Java 2微缩版包含J2SE中一部分类，用于消费类电子产品的软件开发，例如寻呼机、智能卡、手机、PDA、机顶盒。

此后，还发布了以下主要版本的Java。

2000年5月，J2SE 1.3发布。

2002年2月，J2SE 1.4发布。

1.2.4 JavaSE 5.0发布

2004年9月30日，J2SE 1.5发布，成为Java发展史上的又一里程碑。为了表示该版本的重要性，J2SE 1.5更名为JavaSE 5.0。

在JavaSE 5.0中，主要包含以下主要新特性。

- 泛型。
- 增强for循环。
- 自动拆箱和装箱。
- 类型安全的枚举。
- 静态导入。
- Annotation注解。

1.2.5 JDK 7.0发布

2011年7月，JDK 7.0发布，增加了一些新的功能。例如，原来switch结构的条件中只能包含byte、short、int、char类型，从7.0开始，其中可以包含字符串了。

1.2.6 JDK 8.0发布

2014年3月，JDK 8.0发布。该版本引入了新的语言特性——Lambda表达式，它可为Java提供匿名函数类型，用户可以将函数作为一个方法的参数，或将代码作为数据。Lambda表达式能够使表达单一方法接口的实例更紧凑；完善重复注释功能，即可以在同一申明类型（类、属性或方法）中多次使用同一个注解，可读性更强；改进了类型注解，使其可以应用在任何地方。Lambda表达式与可插入的类型系统配合使用，使代码的类型检查更加完善，改进了泛型类型推断。使用JDK 7.0版本创建泛型实例时的类型推断是有限制的：只有构造器的参数化类型在上下文中被显著声明，才能使用类型推断，否则不能使用。而JDK 8.0版本支持通过方法上下文推断泛型目标类型，也支持在方法调用链路当中，泛型类型推断传递到最后一个方法，并新增方法参数反射。用户可以将方法参数的元信息存储到编译完的.class文件中，使程序可以在运行时通过反射来获取参数的元信息。

1.2.7 JDK 9.0发布

2017年7月，JDK 9.0发布。在JavaSE 9.0中，主要包含以下主要新特性。

- 模块化的源代码。
- 轻量级的JSON API。
- 系统进程管理。
- 完善竞争锁。
- 分段代码缓存。
- 智能Java编译器。

1.2.8 JDK 10.0发布

2018年3月，JDK 10.0发布。在JavaSE 10.0中，主要包含以下主要新特性。

- 局部变量类型推断。
- 整合JDK代码仓库。
- 统一的垃圾回收接口。
- 并行全垃圾回收器G1。
- 应用程序类数据共享。
- 线程局部管控。
- 移除Native-Header自动生成工具。
- 额外的Unicode语言标签扩展。
- 备用存储装置上的堆分配。
- 根证书认证。

1.3 Java的特点

要想系统地说明Java的特点，需要大篇幅、长时间地介绍。以下是Java的主要特点。

- Java是简单的。
- Java是面向对象的。

- Java是分布式的。
- Java是健壮的。
- Java是安全的。
- Java是平台无关的。
- Java是可移植的。
- Java是解释型的。
- Java是高性能的。
- Java是多线程的。
- Java是动态的。

随着本书内容的深入，会逐步学习到这些具体的内容，这里仅就以下3点做简要介绍。

1.3.1 Java是面向对象的

面向对象其实是现实世界模型的自然延伸，现实世界中任何实体都可以看作对象，对象之间通过消息相互作用。

另外，现实世界中任何实体都可归属于某类事物，任何对象都是某一类事物的实例。

传统的过程式编程语言以过程为中心，以算法为驱动（程序=算法+数据）。面向对象编程语言则以对象为中心，以消息为驱动（程序=对象+消息）。

Java是典型的面向对象语言，具体面向对象的概念和应用，会在后面的章节中详细介绍。

1.3.2 Java是平台无关的

所谓Java是平台无关的语言，是指用Java编写的应用程序，编译成字节码文件（.class后缀）后，不用修改就可在不同的软/硬件平台上运行。

平台无关有两种：源代码级和目标代码级。C语言和C++具有源代码级平台无关性（没完全做到），表明用C语言或C++写的程序不用修改，在不同的平台上重新编译后，就可以在对应平台上运行。而Java是目标代码级的平台无关，使用JDK编译成的字节码文件，只要在安装有Java虚拟机的平台上就可以运行，这就是通常说的“一次编译，处处运行”。

1.3.3 Java语言是健壮的

强类型机制、丢弃指针、垃圾回收机制、异常处理等是Java健壮性的重要保证，对指针的丢弃是Java明智的选择。

Java是强类型的语言。Java要求使用显式的方法声明，这样编译器就可以发现方法调用错误，保证程序的可靠性。

Java丢弃了指针。这样可以避免内存的非法访问，虽然牺牲了程序操作的灵活性，但对程序的健壮性而言，不无裨益。

Java的垃圾回收机制是Java虚拟机提供的管理内存的机制，用于在空闲时间以不定时的方式动态回收无任何引用的对象所占据的内存空间。

Java提供了异常处理机制，程序员可以把一组可能出错的代码放在一个地方，针对可能的错误（异常）编写处理代码，简化错误处理过程，便于恢复。

1.4 Java程序工作原理

1.4.1 Java虚拟机

Java虚拟机（Java Virtual Machine，JVM）不是一台真实的机器，而是想象中的机器，通过模拟真实机器来运行Java程序。

虽然是模拟出来的机器，但Java虚拟机同样有硬件，如处理器、堆栈、寄存器等，还具有相应的指令系统。

Java虚拟机是Java程序的运行环境，Java程序运行在这个抽象的Java虚拟机上，这也是Java最具吸引力的特性之一。

前文提到过，Java的一个重要特点就是目标代码级的平台无关性，接下来将从原理上进一步说明为什么Java具有这样的平台无关性。实现Java“一次编译，处处运行”的关键就是使用了Java虚拟机。

例如，使用C语言开发一个类似计算器的软件，如果想要这个软件在Windows平台上运行，则需要在Windows平台上编译成目标代码，这个计算器的目标代码只能在Windows平台上运行。而如果想让这个软件能在Linux平台上运行，则必须在对应的平台上编译，产生针对该平台的目标代码，才可以运行。

对Java而言，则完全不是这样的。用Java编写的计算器程序（.java后缀）经过编译器编译成字节码文件，这个字节码文件不是针对具体平台的，而是针对抽象的Java虚拟机的，是在Java虚拟机上运行的。在不同的平台上，安装不同的Java虚拟机，这些不同的Java虚拟机屏蔽了各个不同平台的差异，从而使Java程序（字节码文件）具有平台无关性。也就是说，Java虚拟机在执行字节码时，把字节码解释成具体平台上的机器指令执行，具体原理如图1.1所示。

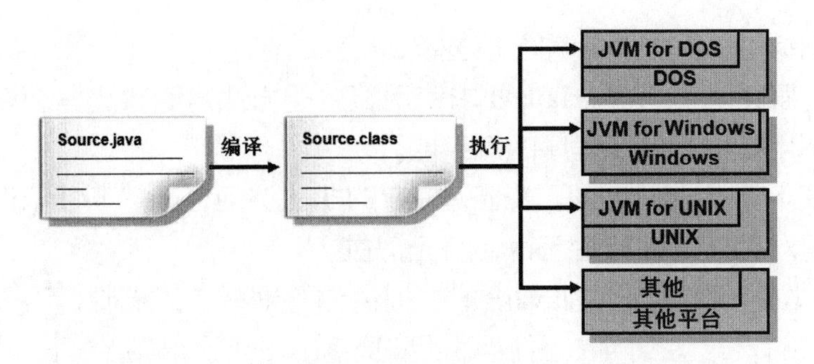

图1.1 Java虚拟机

在理解了Java虚拟机的基础上，接下来介绍Java程序工作原理。如图1.2所示，Java字节码文件先后经过Java虚拟机的类装载器、字节码校验器和解码器，最终在操作系统平台上运行。各部分的主要功能描述如下。

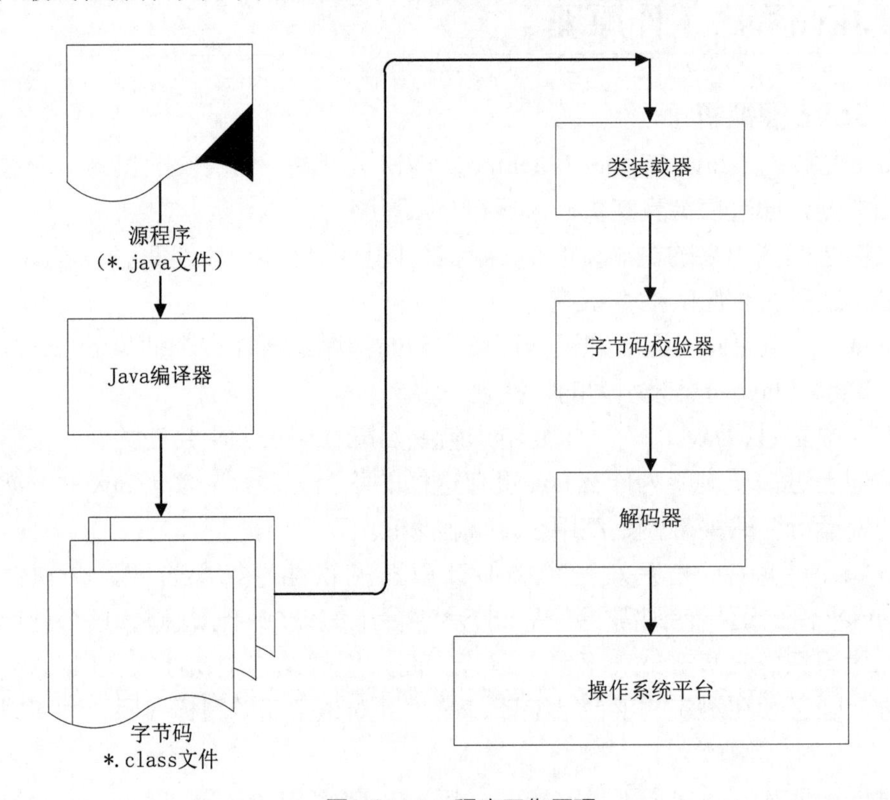

图1.2 Java程序工作原理

• 类装载器，其主要功能是为执行程序寻找和装载所需要的类，就是把字节码文件装到Java虚拟机中。

• 字节码校验器，其功能是对字节码文件进行校验，保证代码的安全性。字节码校验器负责测试代码段格式并进行规则检查，检查伪造指针、违反对象访问权限或试图改变对象类型的非法代码。

• 解码器，具体的平台并不认识字节码文件，最终起作用的还是这个解码器，它将字节码文件翻译成所在平台能识别的东西。

1.4.2 垃圾回收机制

在C++中，程序结束运行之前对象会一直占用内存，且程序员明确释放之前不能将其所占内存分配给其他对象。而Java的处理方式不同，当没有对象引用指向原先分配给某个对象的内存时，该内存便成为垃圾。

Java虚拟机提供了一个系统级线程（垃圾回收器线程），它自动跟踪每一块被分配出去的内存空间，自动释放被定义成垃圾的内存。

垃圾回收机制能自动释放内存空间，减轻程序员编程的负担，这是Java虚拟机具有的一个显著优点。在没有垃圾回收机制的时候，可能要花许多时间来解决释放无用内存的问题，而用Java编程的时候，靠垃圾回收机制可大大缩短时间。

垃圾回收机制是一个系统级的线程，它给程序员带来好处的同时，也存在着影响系统性能的问题，因为它要追踪分配的内存，释放没用的内存，而这个过程需要花费系统资源。

程序员可以调用System.gc()这个方法通知Java虚拟机释放无用资源，但Java虚拟机会选择在合适的时候释放无用资源，具体释放的时间，不是程序员调用System.gc()的时刻，而是Java虚拟机决定的，程序员不能精确控制和干预。

1.5 Java SE的结构

Java SE是Java的基础，它包含Java基础、JDBC数据库操作、I/O（输入/输出）、网络通信、多线程等技术。

JDK是一个Java应用程序的开发环境。它由两部分组成，下层是处于操作系统层之上的运行环境，上层由编译工具、调试工具和运行Java应用程序所需的工具组成。

JDK主要包含以下基本工具（仅列举部分常用的工具）。

• javac：编译器，将源程序转成字节码文件。

• java：执行器，运行编译后的字节码文件。

• javadoc：文档生成器，从源码注释中自动产生Java文档。

• jar：打包工具，将相关的类文件打包成一个文件。

JDK包含以下常用类库。

• java.lang：系统基础类库，其中包括字符串类String等。

• java.io：输入输出类库，进行文件读写时需要用到。

• java.net：网络相关类库，进行网络通信时会用到其中的类。

• java.util：系统辅助类库，编程中经常用到的集合属于这个类库。

• java.sql：数据库操作类库，连接数据库、执行SQL语句、返回结果集需要用到该类库。

• javax.servlet：JSP、Servlet等使用到的类库，是Java后台技术的核心类库。

1.6 标识符和关键字

标识符是编程时使用的名字。使用某个东西时，要用到它的名字来标识它，给这个东西起的名字，也需要有一定的规则，不能随便乱起名字。而关键字是事先定义好的、有特殊意义的标识符。

1.6.1 标识符

Java对各种变量、方法和类等要素命名时使用的字符序列称为标识符。

Java标识符有如下命名规则。

（1）标识符由字母、数字、下划线“_”、美元符号“$”组成，并且首字符不能是数字。

（2）不能把Java关键字作为标识符。

（3）标识符没有长度限制。

（4）标识符对大小写敏感。

在企业的面试题里，常会出现这样的题目，下面的标识符中哪些是非法的？

stuAge、*stuName、$count、3heartNum、public、x+y、_carSpeed、length10

stuName是非法的，原因是不能含“”；3heartNum是非法的，原因是首字符不可以是数字；public是非法的，原因是不可以是Java关键字；x+y是非法的，原因是不能含“+”。其他的标识符都是合法的。

作为一名程序员，写的程序中标识符不仅要合法，而且要简短且能清楚地表明含义，同时还要符合Java标识符的命名规范，这样可以让程序规范、易读。下面列举了不同类型（后面会详细介绍）标识符的命名规则。

• 对于变量名和方法名，要求第一个单词应以小写字母作为开头，后面的每个单词则都要以大写字母开头，例如stuAge、sendMessage。

• 对于类名，它和变量名、方法名的区别在于，第一个单词的首字母也需要大写，如果类名称中包含单词缩写，则这个缩写词的每个字母均应大写，例如XMLModule。另外，由于类是用来代表对象的，所以在命名类时应尽量选择名词。

• 常量标识符应该都使用大写字母，并且指出该常量完整的含义。如果一个常量名称由多个单词组成，则应该用下划线来分割这些单词，例如MAX_VALUE。

1.6.2 关键字

Java关键字对Java编译器有特殊的意义，它们用来表示一种数据类型或者表示程序的结构，关键字不能用作变量名、方法名、类名和包名。

大多数的编辑器（例如Eclipse和UltraEdit，不含记事本）和集成开发环境（Eclipse和MyEclipse）都会用特殊的方式（通常用蓝色）把Java关键字标识出来。

Java关键字都是小写的英文字符串，goto这个标识符虽然很少使用，但也作为Java关键字进行保留，需要注意。图1.3列出了所有的Java关键字。

abstract	boolean	break	byte	case	catch
char	class	continue	default	do	double
else	extends	false	final	finally	float
for	if	implements	import	instanceof	int
interface	long	native	new	null	package
private	protected	public	return	short	static
super	switch	synchronized	this	throw	throws
transient	true	try	void	volatile	while

图1.3 Java关键字

1.7 Java注解

1.7.1 Java注解

从JDK 1.5开始，Java引入了源代码中的注解这一机制。注解使得Java源代码不但可以包含功能性的实现代码，还可以添加元数据。注解看起来有点类似于代码中的注释，所不同的是注解不是为了说明代码功能，而是为了实现程序功能。

在介绍注解的概念前，首先介绍元数据的概念。所谓元数据，就是描述数据的数据。举个例子，比如一张图片，图片的内容为主体数据，是需要展现给图片浏览者看到的信息，而图片的创建日期这类信息就是元数据，是用来描述图片内容这个数据的数据。

元数据有什么用呢？还是以图片创建日期为例，假设我现在想找一张2013年8月1日拍的照片，在计算机中就可以根据这个创建日期查找到该照片。再举一个例子，在编写Java注释的时候，如果按照某种特定的规范编写Java注释，则可以通过javadoc工具将这些注释自动生成帮助文档，这些按规定编写的Java注释就属于元数据，用来描述程序。我们可以用元数据来创建文档、跟踪代码，执行编译时检查格式，并可以用其代替原系统中原有的配置文件。

Java注解是Java代码里的特殊标记，为我们在代码中添加用Java程序无法表达的额外信息提供了一种形式化的方法，使我们可以在未来某个时刻方便地使用这些被注解修饰的程序元素（这些程序元素包括类、属性、方法等）。

注解看起来有些像注释，但其和注释还是有显著区别的。虽然注解和注释都属于对代码的描述，但注释的作用只是简单地描述程序信息，方便开发者再次阅读，不会被程序所读取，而注解则是Java代码中的特殊标记，这些标记可以在编译、类加载、运行时被读取，并执行相应的处理，两者作用相差很大。

通过使用注解，程序开发人员可以在不改变程序原有逻辑的情况下，在源代码中加入一些补充信息，代码分析工具、开发工具和部署工具可以通过这些补充信息进行验证和部署。下面的代码展示了注释和注解。

```
public class TestAnnotation
{
    public static void main(String[]args)
    {
        //本行是注释，下一行是注解
        @SuppressWarnings(value="unused")
        String name;
    }
}
```

刚才介绍了Java注解的基本概念，现在来看一下Java注解的语法。使用注解时要在其前面加一个“@”符号，表明后面的内容为注解。Java注解有3种形式。

- 不带参数的注解：@Annotation，例如@Override。
- 带一个参数的注解：@Annotation（参数），例如@SuppressWarings(value ="unused")。
- 带多个参数的注解：@Annotiation（{参数1，参数2，参数3...}），例如@MyTag(name:="jhon", age=20)。

1.7.2 内建注解

在Java的java.lang包中，预定义了3个注解，它们分别是限定重写父类方法的@Override注解，标记已过时的@Deprecated注解和抑制编译器警告的@SuppressWarnings注解，通常称这3个注解为内建注解或基本注解。

@Override注解

@Override注解被用于标注方法，被该注解标注的方法是重写了父类的方法，起到了确定的作用。下面通过一个例子演示@Override注解的作用。

假设“租车系统”中Vehicle类和Truck类的代码如下，其中Truck类继承自Vehicle类，且重写了Vehicle类的drive()方法（根据需求这个方法必须要重写）。

注：“租车系统”是贯穿全书的一个案例，是围绕车辆的特性和行为进行的类的设计和实现，以下代码仅演示@Override注解的作用。本书3.6节将详细介绍“租车系统”的相关知识。

```
//车辆类
public class Vehicle
{
  String name="汽车";
  int oil=20;
  int loss=0;
  public Vehicle(String name)
  {
    this.name=name;
  }
  //车辆行驶的方法
  public void drive()
  {
    if(oil<10)
    {
      System.out.println("油量不足10升，需要加油！");
```

```
        }
        else
        {
          System.out.println("正在行驶！");
          oil=oil-5;
          loss=loss+10;
        }
    }
}
//卡车类，继承车辆类
public class Truck extends Vehicle
{
  private String load="10吨";
  public Truck(String name,String load)
  {
    super(name);
    this.load=load;
  }
  public static void main(String[]args)
  {
    Vehicle t1=new Truck("大力士","5吨");
    t1.drive();
  }
  //子类重写父类的drive()方法
  public void drive()
  {
    if(oil<15)
    {
      System.out.println("油量不足15升，需要加油！");
    }
    else
    {
      System.out.println("正在行驶！");
      oil=oil-10;
      loss=loss+10;
    }
```

```
    }
}
```

编译、运行Truck类，程序可以按用户需求执行。但是有可能程序员在写Truck类的代码时，误将drive()写成了driver()，然而在执行t1.drive();语句时，因为drive()方法并未被重写，因此t1.drive()调用的还是Vehicle类的drive()方法。不幸的是，这种错误程序编译时是不会报错的，即使在运行时如果不跟踪代码也不容易发现这个错误，这样最终会为以后修复这个错误带来很大的困难。

@Override注解就是为了解决类似的问题，我们可以在子类重写父类的方法前加上@Override，表示这个方法是覆盖了父类的方法。如果该方法不是覆盖了父类的方法，例如将drive()写成了driver()，此时如果在driver()方法前加上@Override注解的话，则代码编译不会通过，将提示被@Override注解的方法必须在父类中存在同样的方法，程序才能编译通过。

需要补充一句，@Override注解只能用来修饰方法，不能用来修饰其他元素。

@Deprecated注解

如果读者之前使用Eclipse等集成开发环境编写过Java程序，会经常在属性或方法提示中看到@Deprecated。如果某个类成员的提示中出现了@Deprecated，就表示这个类成员已经过时，在未来的JDK版本中可能被删除，不建议使用。之所以现在还保留，是因为给那些已经使用了这些类成员的程序一个缓冲期，否则如果现在就删除这个类成员，那么这些程序就无法在新的环境下编译运行了。

在第8章介绍多线程的时候，我们会提到终止一个线程可以调用这个线程的stop()方法，但该方法已被废弃，不建议使用。通过查看JDK API，我们可以看到Thread类的stop()方法是被@Deprecated注解标注的，所以准确来说，这个stop()方法是因为过时而不建议使用。

简化前面Truck类的代码，并在drive()方法前使用@Deprecated注解标注。如果集成开发环境换成Eclipse，则在方法定义处、方法引用处及成员列表中都有变化，如图1.4所示。

这个例子中，Truck类的drive()方法被@Deprecated注解标注，提醒程序员这是一个过时的方法，尽量不要使用，避免以后出现问题。假设有个BigTruck类继承Truck类，并且重写了这个过时的drive()方法，又会怎样呢？编译程序，编译器会报错，提示“注意：BigTruck.java使用或覆盖了已过时的API。”和“注意：要了解详细信息，请使用-Xlint:deprecation重新编译。”

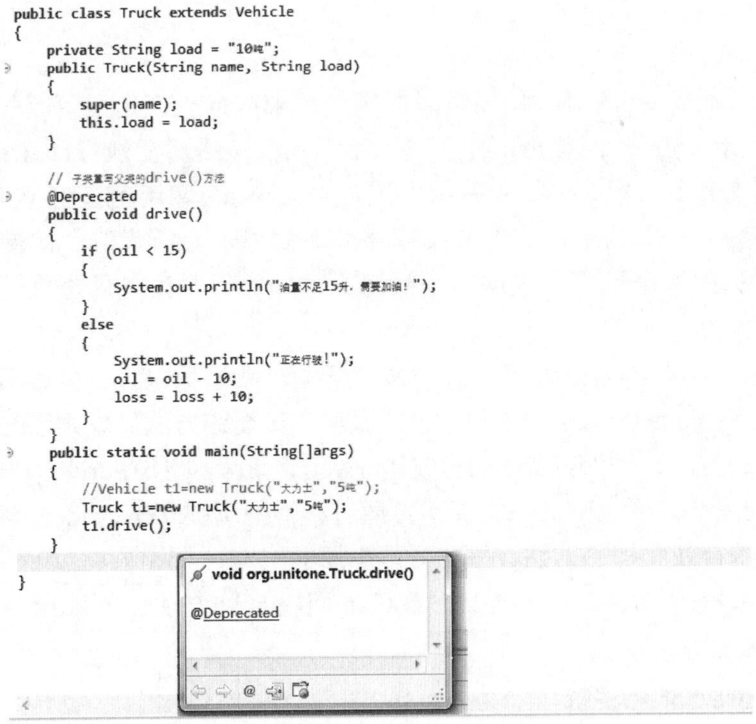

```
public class Truck extends Vehicle
{
    private String load = "10吨";
    public Truck(String name, String load)
    {
        super(name);
        this.load = load;
    }
    // 子类重写父类的drive()方法
    @Deprecated
    public void drive()
    {
        if (oil < 15)
        {
            System.out.println("油量不足15升，需要加油！");
        }
        else
        {
            System.out.println("正在行驶!");
            oil = oil - 10;
            loss = loss + 10;
        }
    }
    public static void main(String[]args)
    {
        //Vehicle t1=new Truck("大力士","5吨");
        Truck t1=new Truck("大力士","5吨");
        t1.drive();
    }
}
```

void org.unitone.Truck.drive()

@Deprecated

图1.4 @Deprecated注解的使用

@SuppressWarnings注解

这个世界总是这么奇妙，既然有可以使编译器产生警告信息的注解，那么通常也会有抑制编译器产生警告信息的注解，@SuppressWarnings注解就是为了这样一个目的而存在的。先看看下面的代码。

```
import java.util.*;
public class TestZuChe
{
  public static void main(String[] args)
  {
    List vehAL=new ArrayList();
    Truck t1=new Truck("大力士","5吨");
    vehAL.add(t1);
  }
}
```

编译程序，编译器会抛出警告信息“注意：TestZuChe.java使用了未经检查或不安全的操作。”和“注意：要了解详细信息，请使用Eclipse保存。”。显示结果如图1.5所示。

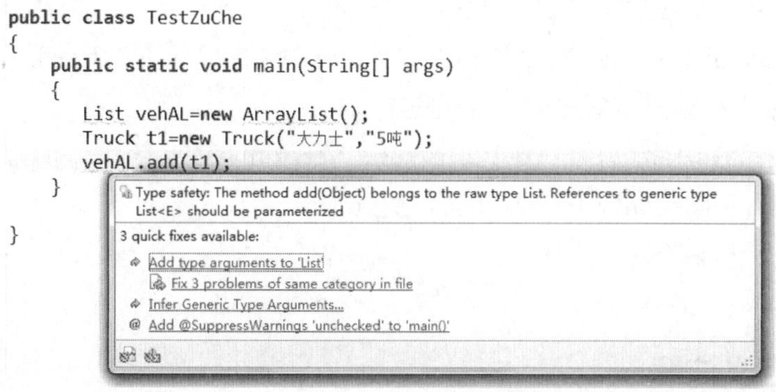

```
public class TestZuChe
{
    public static void main(String[] args)
    {
       List vehAL=new ArrayList();
       Truck t1=new Truck("大力士","5吨");
       vehAL.add(t1);
    }
}
```

Type safety: The method add(Object) belongs to the raw type List. References to generic type List<E> should be parameterized

3 quick fixes available:

Add type arguments to 'List'

Fix 3 problems of same category in file

Infer Generic Type Arguments...

Add @SuppressWarnings 'unchecked' to 'main()'

图1.5　编译器警告信息

这个警告信息提示List类必须使用泛型才是安全的，才可以进行类型检查，现在未做检查，所以存在不安全因素。如果想取消这些警告信息，可使用如下代码。

```
import java.util.*;
public class TestZuChe
{
  @SuppressWarnings(value="unchecked")
  public static void main(String[]args)
  {
    //List<Truck>vehAL=new ArrayList<Truck>();
    List vehAL=new ArrayList();
    Truck t1=new Truck("大力士","5吨");
    vehAL.add(t1);
  }
}
```

再次编译程序，警告被抑制。当然，编译器发出警告，是要提醒程序员有哪些地方需要注意，抑制警告不是目的，正确的解决办法是使用泛型对集合中的元素进行约束，使对集合的操作可以被检查，如代码中被注释的部分那样。

@SuppressWarnings注解和前面两个注解不同之处在于，这个注解带一个参数，或者说有一个属性。注解@SuppressWarnings(value="unchecked")的含义为抑制不检查的警告。当然还可以同时抑制其他警告，例如@SuppressWarnings(value={"unchecked", "unused"})就同时抑制了不检查和未被使用的警告。下面列举了@SuppressWarnings注解相关属性值的含义。

- deprecation：使用了过时的程序元素。
- unchecked：执行了未检查的转换。

- unused：有程序元素未被使用。
- fallthrough：switch程序块直接通往下一种情况而没有break。
- path：在类路径中有不存在的路径。
- serial：在可序列化的类上缺少serialVersionUID定义。
- finally:任何finally子句不能正常完成。
- all：所有情况。

1.7.3 自定义注解

本节主要介绍自定义注解。不过要想让自定义注解真正起作用，必须要了解Java提供的4个元注解（用于修饰注解的注解）：@Target、@Retention、@Documented和@Inherited。

注解之所以强大，能被众多框架所使用的主要原因在于，它可以允许程序员自定义注解，使Java程序变成自描述的。注解的语法形式和接口差不多，只是在interface前面多了“@”符号。

```
public@interface MyAnnotation
{
}
```

上面的代码是一个比较简单的注解，这个注解没有属性。我们可以在自定义注解时定义属性，在注解类型的定义中以无参方法的形式来声明，其方法名和返回值分别定义了该属性的名字和类型，其代码如下所示。

```
public@interface MyAnnotation
{
   //定义一个属性value
   String value();
}
```

可以按如下格式使用MyAnnotation注解。

```
public class TestAnnotation
{
   //如果没有写属性名，而这个注解又有value属性，则将这个值赋
给value属性
   //@MyAnnotation("good")
   @MyAnnotation(value="good")
   public void getObjectInfo()
   {
   }
```

```
}
```

接下来修改自定义注解MyAnnotation，使其含两个属性，具体代码如下所示。

```
public@interface MyAnnotation
{
  //定义两个属性name和age
  String name();
  int age();
}
```

在注解中可以定义属性，也可以给属性赋默认值，具体代码如下所示。

```
public@interface MyAnnotation
{
  //定义带默认值的属性
  String name() default"姓名";
  int age() default 22;
}
```

定义了注解之后，接下来就可以在程序中使用注解，使用注解的代码如下所示。

```
public class TestAnnotation
{
  //使用带属性的注解时，需要为属性赋值
  @MyAnnotation(name="柳海龙",age=24)
  //@MyAnnotation
  public void getObjectInfo()
  {
  }
}
```

请注意注释的描述，使用带属性的注解时，需要给属性赋值。不过如果在定义注解时给属性赋了默认值，则可使用不带属性值的注解，也就是让注解使用自己的默认值。

前文虽然讲解了自定义注解，但是肯定有不少读者觉得学完之后，心里空空的，不知道自定义注解到底有什么用？下面就来解决这个问题。

在自定义注解时，注解看起来和类、接口比较类似，尤其看起来更像接口。注解可以理解为和接口一样，是程序的一个基本组成部分。既然可以对类、接口、方法和属性等进行注解，那么当然也可以对注解进行注解。

使用不同注解对注解进行注解的方法，和对类、接口进行注解的方法一样，所不同的是，Java为注解单独提供了4种元注解，即@Target、@Retention、@Documented和@Inherited、下面分别介绍这4种元注解。

@Target注解

@Target元注解很容易理解，Target中文含义为目标，使用@Target注解的目的是用于指定被修饰的注解能用于修饰哪些程序元素。如果注解定义中不存在@Target元注解，则此注解可以用在任一程序元素上，如果存在这样的元注解，则编译器强制实施指定的使用限制。

此注解类型有唯一的value作为成员变量，其定义为public abstract ElementType[]value。接下来看这样的案例，将之前自定义的注解用@Target进行注解，以限制此注解只能使用在属性上。此时如果将此注解使用在方法上，编译器会报出“注释类型不适用于该类型的声明”的错误。案例具体代码如下所示。

```
import java.lang.annotation.*;
//限制此注解只能使用在属性上
@Target({ElementType.FIELD})
public @interface MyAnnotation
{
   String name() default"姓名";
   int age() default22;
}
public class TestAnnotation
{
   //在方法上使用自定义注解
   @MyAnnotation
   public void getObjectInfo()
   {
   }
}
```

@Target注解的属性value可以为如下值，被@Target注解的注解只能用来注解对应的目标。

- ElementType.ANNOTATION_TYPE：注解类型声明。
- ElementType.CONSTRUCTOR：构造方法声明。
- ElementType.FIELD：字段声明（包括枚举常量）。
- ElementType.LOCAL_VARIABLE：局部变量声明。
- ElementType.METHOD：方法声明。

- ElementType.PACKAGE：包声明。
- ElementType.PARAMETER：参数声明。
- ElementType.TYPE：类、接口（包括注解类型）或枚举声明。

@Retention注解

@Retention元注解用于指定被修饰的注解可以保留多长时间。如果注解定义中不存在@Retention元注解，则保留策略默认为RetentionPolicy.CLASS。

@Retention包含一个RetentionPolicy类型的value属性，使用此注解时必须为该value属性指定值。@Retention注解的value属性允许的值及含义整理如下。

- RetentionPolicy.CLASS：编译器把注解记录在class文件中，当运行Java程序时，虚拟机不再保留注解。
- RetentionPolicy.RUNTIME：编译器把注解记录在class文件中，当运行Java程序时，虚拟机保留注解，程序可以通过反射获取该注解。
- RetentionPolicy.SOURCE：编译器将直接丢弃被修饰的注解。

接下来通过一个案例，演示通过反射获取注解，具体代码如下。案例中提供了较为详细的注释。

```
import java.lang.annotation.*;
  @Target({ElementType.TYPE,ElementType.FIELD,ElementType.
METHOD,ElementType.PARAMETER,ElementType.CONSTRUCTOR,
ElementType.LOCAL_VARIABLE})
  //当运行Java程序时，虚拟机保留注解
  @Retention(RetentionPolicy.RUNTIME)
  public@interface MyAnnotation
  {
    String name()default"姓名";
    int age() default22;
  }
  import java.lang.annotation.Annotation;
  public class TestAnnotation
  {
    public static void main(String[]args)throws SecurityException,
    NoSuchMethodException,ClassNotFoundException
    {
      TestAnnotation ta=new TestAnnotation();
      ta.getObjectInfo();
    }
    @MyAnnotation
```

```
    @Deprecated
    public void getObjectInfo() throws ClassNotFoundException,
    SecurityException,NoSuchMethodException
    {
      //利用反射机制获取注解
      Annotation[] arr=Class.forName("TestAnnotation")
      .getMethod("getObjectInfo").getAnnotations();
      //遍历每个注解对象
      for(Annotation an:arr)
      {
        if(an instanceof MyAnnotation){//如果注解是MyAnnotation类型
          System.out.println("MyAnnotation注解: "+an);
          System.out.println("MyAnnotation注解的name属性值:"
+(MyAnnotation)an).name());
          System.out.println("MyAnnotation注解的age属性
值:"+((MyAnnotation)an).age());
          }
          else
          {
          System.out.println("非MyAnnotation注解: "+an);
          }
        }
    }
}
```

代码中getObjectInfo()方法有两个注解，@MyAnnotation和@Deprecated，其中自定义注解@MyAnnotation的元注解@Retention的值为RetentionPolicy.RUNTIME，含义为当运行Java程序时，虚拟机保留注解，所以在运行时可以通过反射机制获取该注解。程序运行结果如图1.6所示。@Deprecated为内建注解，通过运行结果可以看出@Deprecated的元注解@Retention的值也是RetentionPolicy.RUNTIME。

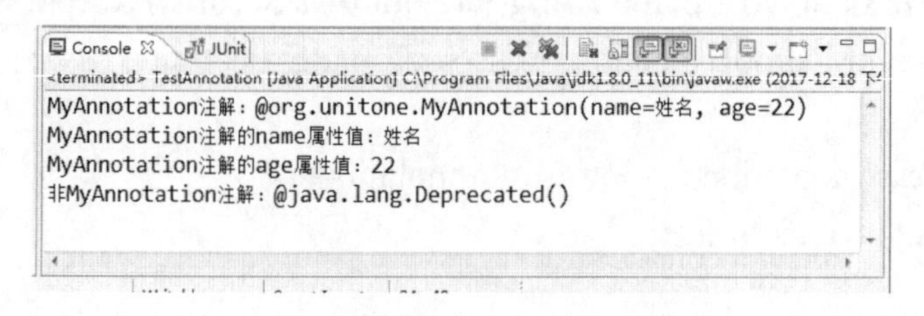

图1.6 通过反射机制获取注解

@Documented注解

一看这个元注解的名字，就知道它和文档有关。默认的情况下使用javadoc工具自动生成文档时，注解将被忽略掉。如果想在文档中也包含注解，必须使用@Documented为文档注解。@Documented注解类型中没有成员变量。如果定义注解时使用了@Documented修饰，则所有使用该注解修饰的程序元素的API文档中都将包含该注解说明。

```
//@Documented
public@interface MyAnnotarion
{
   String name() default"姓名";
   int age() default22;
}
@MyAnnotation
public class TestAnnotation
{
}
```

使用javadoc生成文档，产生的文档对TestAnnotation类的描述如下。

```
class TestAnnotation extends java.lang.Object
```

如果取消对@Documented的注释，使其起作用，将会出现另一个结果。

```
@MyAnnotation
class TestAnnotation extends java.lang.Object
```

@Inherited注解

继承是面向对象的特性之一，Java是典型的面向对象语言，所以继承是Java的典型特性。前文讲过，注解是程序的一个基本组成部分，那么父类的注解是否被子类继承呢？默认情况下，父类的注解不被子类继承，如果要想继承父类注解，就必须使用@Inherited元注解。接下来通过下面的代码，介绍@Inherited注解的含义。

```
import java.lang.annotation.*;
@Inherited
public@interface MyAnnotation
{
   String name() default"姓名";
   int age() default22;
}
@MyAnnotation
```

```
public class Vehicle
{
   public oid drive()
   {
      //省略若干代码
   }
}
public class Truck extends Vehicle
{
      //省略若干代码
}
```

通过以上的代码，Truck类和Vehicle类一样都被MyAnnotation注解了。

1.8 变量和常量

1.8.1 变量

变量是一段有名字的连续存储空间（存储在计算机内存中）。在Java代码中通过定义变量来申请并命名这样的存储空间，并通过变量的名字来使用这段存储空间。通过给变量赋值可以改变变量的值，所以称之为变量。变量是程序中数据的临时存放场所，变量中可以存放字符串、数值、日期和对象等。

Java变量的核心要素是变量类型、变量名和变量值，其声明格式如下。

type varName[=value];

其中type表示Java的数据类型（1.9节会详细介绍Java的基本数据类型），其含义为这个变量里存的是什么类型的数据。varName是变量名，通过这个变量名使用这个变量。value是变量值，在声明变量的时候可以不初始化变量值。通过varName=newValue，可以给这个变量赋新的变量值。

对于内存而言，“type varName”是声明变量，相当于根据数据类型向内存申请一块空间，而“=value”相当于把变量值放到这个内存空间中。例如int stuAge=22（省略分号，以下同），可以拆分成int stuAge和stuAge=22两条语句，其中int stuAge相当于向内存申请一块可以存储int型变量的空间（实际为4字节，32位），而stuAge=22相当于把22放到了这块内存空间中。接下来还可以通过stuAge=27这条语句把27放到刚才的内存空间中，原来的22就不存在了。

在使用变量时，要避免出现未赋值就使用的情况。虽然在后面的章节中，会看到一些变量即使不赋值也会有默认值，但作为程序员，为了避免程序出错，也要做到变量先赋值后使用。

1.8.2 常量

在Java语言中，利用final关键字来定义Java常量，其本质为值不可变的变量。

因为Java常量的本质是值不可变的变量，所以在声明的时候，就必须要进行初始化。和变量不同的是，Java常量在程序中将无法再进行赋值，如果强行赋值，程序会抛出错误信息，并拒绝接受这一个新的值。例如，执行下面的程序（为了节省篇幅，代码中省去了部分注释）。

```
public class FinalValue
{
  public static void main(String[]args)
  {
    final int STU_AGE=22;              //定义Java常量STU_AGE，其值为22
    System.out.println(STU_AGE);       //打印出STU_AGE的值
    STU_AGE=27;                        //企图改变Java常量的值
  }
}
```

程序运行结果如图1.7所示。

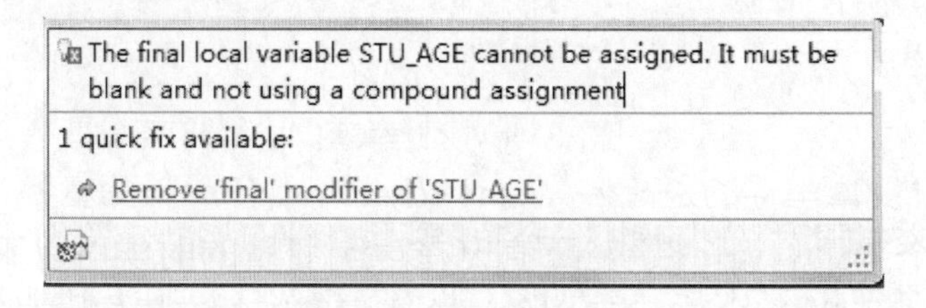

图1.7 改变常量的值

1.9 Java数据类型

变量声明包括变量的数据类型和变量名，那什么是数据类型呢？什么是Java的数据类型和Java基本数据类型呢？

1.9.1 Java数据类型概述

假设编写程序让计算机完成这样的操作：一个学生的年龄是22岁，新年的钟声敲响之后，他的年龄就增加一岁，即为22+1。计算机如何执行这样的操作呢？首先，计算机要向内存申请一块空间，存放22这个数字，再申请一块空间，存放1这个数字，然后让计算机求这两个数字的和，存放到内存中。

学生的年龄是整数，现在申请了一块内存空间来存储，但如果要存储学生的姓名，或者存储学生的成绩（例如78.5），也是申请同样大小的一块内存空间吗？这样的内存空间能存下需要存储的数据吗？答案是否定的。

根据能对数据进行的操作以及数据所需内存大小的不同，把数据分成不同的类型。编程的时候，如果需要用到大数据，则需要申请大内存，这样就可以充分利用内存。

Java数据类型分为两大类，即基本数据类型和引用数据类型，如图1.8所示。其中引用数据类型又分为类、接口和数组，此部分内容在后面的章节会详细介绍。

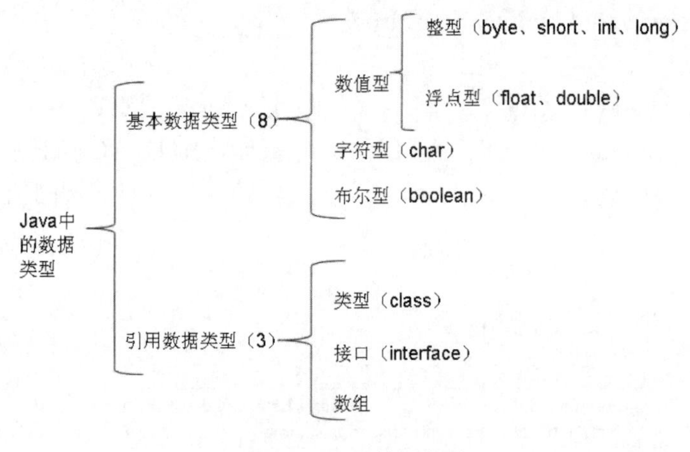

图1.8 Java数据类型

Java基本数据类型分为4种，分别是整型、浮点型、字符型和布尔型。表1.1列出了不同的Java基本数据类型所占的字节数、位数和使用说明。

表1.1 Java的基本数据类型

数据类型	字节数	位数	使用说明
byte	1	8	取值范围：$-2^{7}\sim2^{7}-1$
short	2	16	取值范围：$-2^{15}\sim2^{15}-1$
int	4	32	取值范围：$-2^{31}\sim2^{31}-1$
long	8	64	取值范围：$-2^{63}\sim2^{63}-1$，直接赋值时必须在数字后加上l或L

续表

数据类型	字节数	位数	使用说明
float	4	32	取值范围：1.4E-45～3.4E38，直接赋值时必须在数字后加上f或F
double	8	64	取值范围：4.9E-324～1.8E308
char	2	16	使用Unicode编码（2字节），可存汉字
boolean	—	—	只有true和false两个取值

1.9.2 整型

Java各整型有固定的表示范围和字段长度，不受具体操作系统的影响，可以用来保证Java程序的可移植性。

Java整型常量有以下3种表示形式。

（1）十进制整数，例如12，-127，0。

（2）八进制整数，以0开头，例如014（对应于十进制的12）。

（3）十六进制整数，以0x或0X开头，例如0XC（对应于十进制的12）。

进制转换的内容不是本书涉及的范畴，如有不清楚的，请读者自行查阅相关资料。

Java的整型常量默认为int型，声明long型的整型常量需要在常量后面加上字母“l”或“L”，例如以下形式。

```
long maxNum=9999999999L;
```

看下面的程序，其运行结果如图1.9所示。

```
public class MaxNum
{
    public static void main(String[]args)
    {
        long maxNum=9999999999;
        System.out.println(maxNum)
    }
}
```

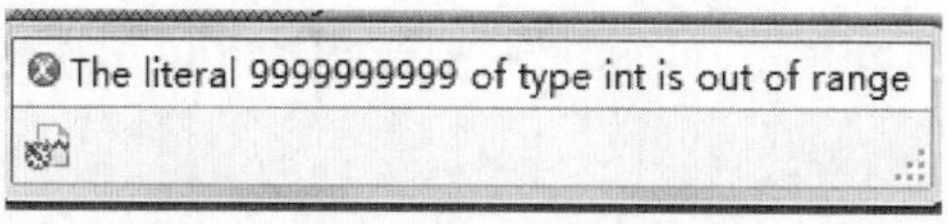

The literal 9999999999 of type int is out of range

图1.9 整型常量默认为int型

程序运行出错的原因为，Java的整型常量默认为int型，其最大值为2 147 483 647，而在给maxNum赋值时，等号右边的整型常数为9999999999，大于int型的最大值，所以报错。处理方法是在9999999999后面加个“L”（或“l”）。

都是为了存整数，Java设计出4种整型类型的目的是存不同大小的数，这样可以节约存储空间，对于一些硬件内存小或者要求运行速度快的系统显得尤为重要。例如，需要存储一个两位整数，其数值范围在-99到99之间，程序员就可以使用byte类型进行存储，因为byte类型的取值范围为-128到127之间。

1.9.3 浮点型

在计算机系统的发展过程中，曾经提出过多种表示实数的方法，但是到目前为止使用比较广泛的是浮点表示法。相对于定点数而言，浮点数利用指数使小数点的位置可以根据需要而上下浮动，从而可以灵活地表达更大范围的实数。

Java浮点型常量有以下两种表示形式。

（1）十进制形式，例如3.14，314.0，.314。

（2）科学记数法形式，例如3.14e2，3.14E2，100E-2。

Java浮点型常量默认为double型，声明一个float型常量，则需要在常量后面加上“f”或“F”，例如以下形式。

```
float floatNum=3.14F;
```

不同于整型，通过简单的推算，程序员就可以知道这个类型的整数的取值范围。对于float和double，要想推算出来，需要理解浮点型的存储原理，且计算起来比较复杂。接下来，通过下面的程序，可以直接在控制台输出这两种类型的最小值和最大值，程序运行结果如图1.10所示。

```
public class FloatDoublelVlinMax
{
  public static void main(String[]args)
  {
    System.out.println("float最小值="+Float.MIN_VALUE);
    System.out.println("float最大值="+Float.MAX_VALUE);
    System.out.println("double最小值="+Double.MIN_VALUE);
    System.out.println("double最大值="+Double.MAX_VALUE);
  }
}
```

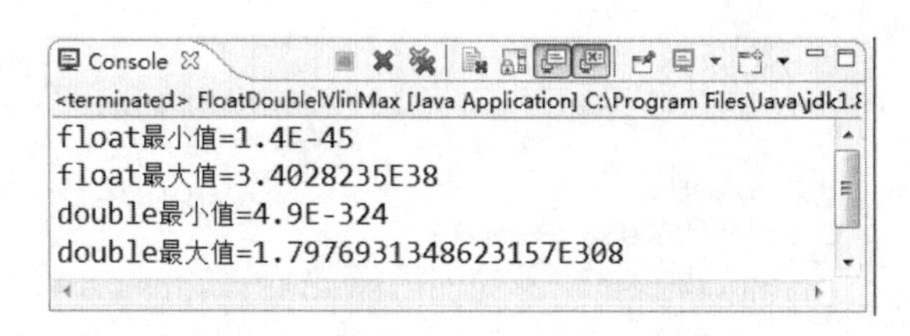

图1.10 浮点型数的取值范围

1.9.4 字符型

字符型（char型）数据用来表示通常意义上的字符。

字符型常量为用单引号括起来的单个字符，因为Java使用Unicode编码，一个Unicode编码占2字节，一个汉字也是占2字节，所以Java中字符型变量可以存放一个汉字，例如以下2种形式。

```
char eChar='q';
char cChar='桥';
```

Java字符型常量有以下3种表示形式。

（1）用英文单引号括起来的单个字符，例如'a''汉'。

（2）用英文单引号括起来的十六进制字符代码值来表示单个字符，其格式为'\uXXXX'，其中u是约定的前缀（u是Unicode的第一个字母），而后面的XXXX是4位十六进制数，是该字符在Unicode字符集中的序号，例如'/u0061'。

（3）某些特殊的字符可以采用转义符'\'来表示，将其后面的字符转变为其他的含义，例如'\t'代表制表符，'\n'代表换行符，'\r'代表回车符等。

通过下面的程序及程序的运行结果（如图1.11），可以进一步了解Java字符的使用方法。

```
public class CharShow
{
    public static void main(String[]args)
    {
        char eChar='q';
        char cChar='桥';
        System.out.println("显示汉字: "+cChar);
        char tChar='\u0061';
        System.out.println("Unicode代码0061代表的字符: "+tChar);
        char fChar='\t';
        System.out.println(fChar+"Unicode代码0061代表的字符: "+tChar);
    }
}
```

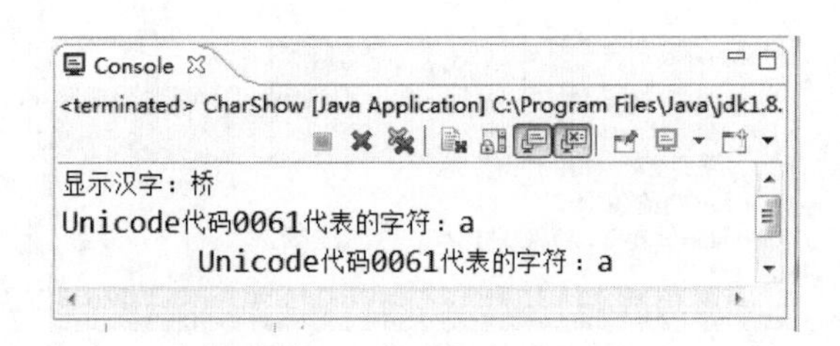

图1.11 Java字符的使用

1.9.5 布尔型

Java中布尔型（boolean型）可以表示真或假，只允许取值true或false（不可以用0或非0的整数替代true和false，这点和C语言不同），例如以下形式。

boolean flag=true;

boolean型在逻辑运算中一般用于程序流程控制，后面流程控制的章节经常会使用到此数据类型。

Java基本数据类型说明中，只有boolean型没有注明其占多少字节，有兴趣的可以自行研究一下。

1.9.6 基本数据类型转换

Java的数据类型转换分为3种：基本数据类型转换、字符串与其他数据类型转换以及其他实用数据类型转换。本节介绍Java基本数据类型转换，其中boolean型不可以和其他数据类型互相转换。整型、字符型、浮点型的数据在混合运算中相互转换遵循以下原则。

- 容量小的类型自动转换成容量大的数据类型，如图1.12所示。

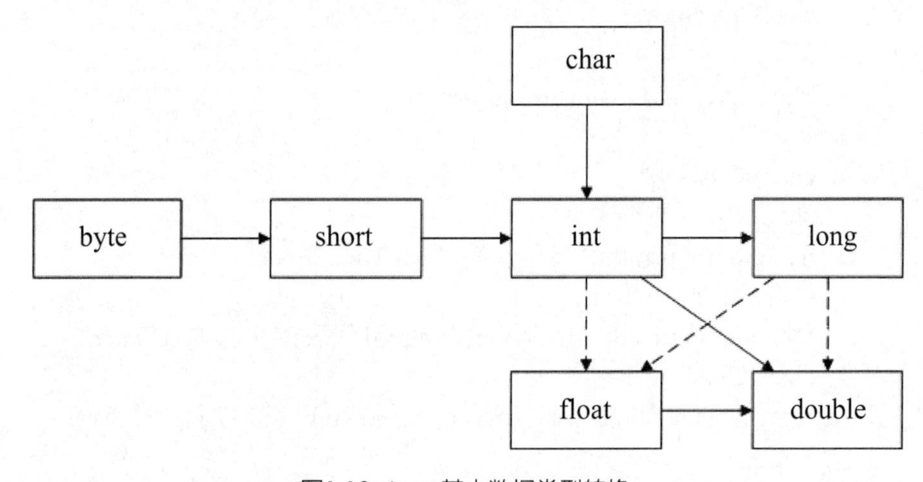

图1.12 Java基本数据类型转换

• byte、short、char之间不会互相转换，三者在计算时首先会转换为int类型。

• 容量大的数据类型转换成容量小的数据类型时，需要加上强制转换符，但这可能造成精度降低或溢出，使用时需要格外注意。

• 有多种类型的数据混合运算时，系统首先自动地转换成容量最大的数据类型，然后再进行计算。

注：实箭头表示无信息丢失的转换，虚箭头表示可能有精度损失的转换。

通过下面的程序及程序的运行结果（如图1.13），可以进一步加深对Java基本数据类型转换的认识。

```
public class TestConvert
{
   public static void main(String[] args)
   {
        // TODO Auto-generated method stub
        int il=222;
        int i2=333;
        double dl=(il+i2)*2.9;                    //系统将转换为double型运算
        float fl=(float)((il+i2)*2.9);            //从double型转换成float型，
需要进行强制类型转换
        System.out.println(dl);
        System.out.println(fl);
        byte bl=88;
        byte b2=99;
        byte b3=(byte)(bl+b2);//系统先转换为int型运算，再从int型转换
成byte型
        //需要进行强制类型转换
        System.out.println("88+99="+b3);//强制类型转换，数据结果溢出
        double d2=5.1E88;
        float f2=(float)d2; //从double型强制转换成float型，结果溢出
        System.out.println(f2);
        float f3=3.14F;
        f3=f3+0.05F;//这条语句不能写成f3=f3+0.05
        //否则会报错，因为0.05是double型
        //加上f3,仍然是double型，赋给float会报错
        System.out.println("3.14F+0.05F="+f3);
   }
}
```

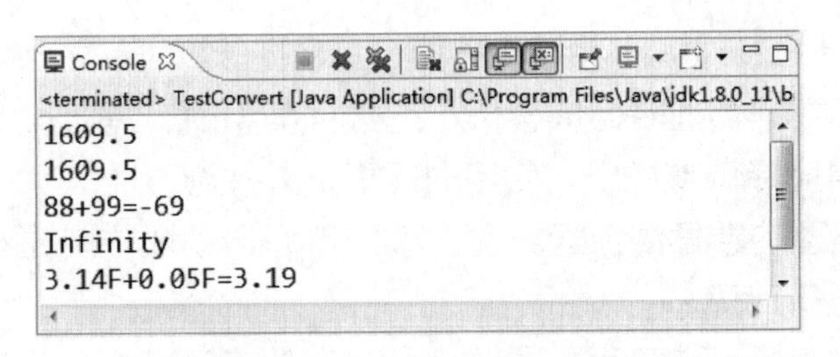

图1.13 Java基本数据类型转换

1.10 成员变量和局部变量

根据变量声明位置的不同，可以将变量分为成员变量和局部变量。

成员变量是在类的内部、方法（含语句块）外部定义的变量，其作用域从变量定义位置起到类结束。而局部变量是在方法（含语句块）内部定义的变量（包括形参），其作用域从变量定义位置起到方法（含语句块）结束。对于Java而言，类的外面不能有变量的声明。

下面的程序演示了成员变量和局部变量的作用域，运行结果如图1.14所示。

```
public class VarScope
{
    static float varQ=9.1F;//成员变量，其作用域从变量定义位置起至
类结束
    {
      int varB=10;//语句块中的局部变量
      //其作用域从变量定义位置起至语句块结束
      System.out.println("varB="+varB); //可以使用本语句块中的局部
变量varB
      System.out.println("varQ="+varQ); //可以使用成员变量varQ
    }
    public static void main(String[]args)
    {
      int varL=8; //方法中的局部变量，其作用域从变量定义位置起至
方法结束
      System.out.println("varL="+varL); //可以使用本方法中的局部变
量varL
      System.out.println("varQ="+varQ);//可以使用成员变量varQ
      //System.out.println("varB="+varB);//不可以使用其他方法(或语
句块)中的局部变量
```

```
    }
    float varT=varQ+1.0F;//可以使用成员变量varQ，varT本身也是成员变量
}
```

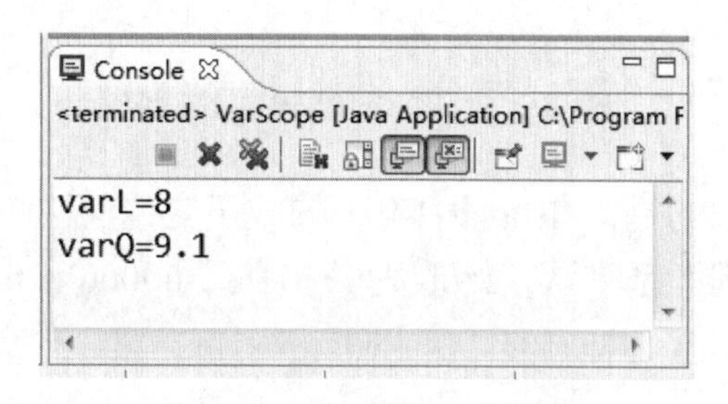

图1.14 成员变量和局部变量

再看下面的例子，运行结果如何呢?

```
public class VarScope2
{
    float varT=9.1F;//成员变量，其作用域从变量定义位置起至类结束
    public void show()
    {
        float varT=1.1F;//方法中的局部变量，其作用域从变量定义位置起至方法结束
        System.out.println("varT="+varT);        //在控制台，输出的是9.1还是1.1呢？
        //float varT=12.3F;//不可以在同一个作用域内，定义两个同名变量
    }
    public static void main(String[]args)
    {
        VarScope2 v2=new VarScope2();
        v2.show();//调用show()方法;
    }
}
```

程序运行结果如图1.15所示，通过这个例子可以看出，方法中的局部变量可以和方法外的成员变量同名，如本例中的varT变量。在使用的时候，如果在局部变量所在的方法体内，局部变量覆盖成员变量，输出的结果是局部变量的值；如果在局部变量所在的方法体外，不在局部变量的作用域内，输出的是成员变量的值。

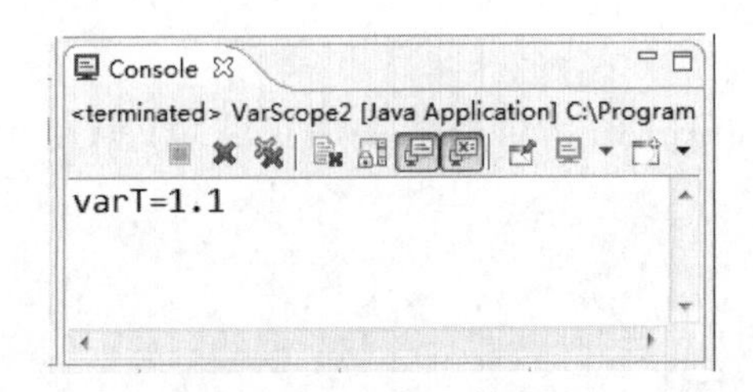

图1.15 成员变量和局部变量同名

另外还需要注意的是，在Java中声明的成员变量可以不赋初始值，有默认的初始值（基本数据类型默认初始值为0、0.0、'\u0000'和false），如果声明局部变量则必须赋初始值。

1.11 Java运算符

Java支持如下运算符。

- 算术运算符：+、-、*、/、%、++、--。
- 关系运算符：>、<、>=、<=、==、! =。
- 赋值运算符：=、+=、-=、*=、/=等。
- 逻辑运算符：!、&&、||等。
- 位运算符：～、&、|、^、>>、<<、>>>（无符号右移）。

1.11.1 算术运算符

从参与运算的项数分，可以将算术运算符分为以下3类。

（1）单目运算符：+（取正）、-（取负）、++（自增1）、--（自减1）。

（2）双目运算符：+、-、*、/、%（取余）。

（3）三目运算符：（表达式1）?（表达式2）:（表达式3），当表达式1的结果为真时，整个运算的结果为表达式2，否则为表达式3，该运算符是Java中唯一的三目运算符，常被使用。

通过下面的例子，来重点学习++、--、%和三目运算符这4个算术运算符。

```
public class ArithmeticOpr
{
    public static void main(String[]args)
    {
        int il=10,i2=20;
```

```
        int i=(i2++);                    //++在i2后，故先运算(赋值)再自增
        System.out.print("i="+i);
        System.out.println(" i2="+i2);
        i=(++i2);                        //++在i2前，故先自增再运算(赋值)
        System.out.print("i="+i);
        System.out.println(" i2="+i2);
        i=(--il);                        //--在i1前，故先自减再运算(赋值)
        System.out.print("i="+i);
        System.out.println(" i1="+ il);
        i=(il--);                        //--在i1后，故先运算(赋值)再自减
        System.out.print("i="+i);
        System.out.println(" il="+il);
        System.out.println("10%3="+20%3);
        System.out.println("20%3="+10%3);
        int rst=(20%3)>1?-10:10;
        System.out.println("(20%3)>1?-10:10="+rst);
    }
}
```

程序运行结果如图1.16所示，通过这个例子可以看出，++和--这两个运算符放在操作数前或后，决定着是先自增（或自减）再运算，还是先运算再自增（或自减）。

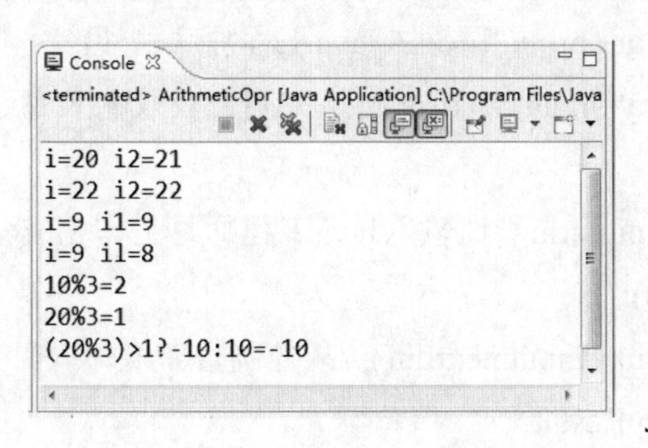

图1.16 算术运算符程序示例运行结果

“瑞达系统”的主界面，其中第五项内容为“计算Java工程师月薪”，接下来单独完成这一模块的功能。

注：同“租车系统”一样，“瑞达系统”也是贯穿本书的一个案例——利用Java实现Java工程师薪资和工作情况统计的案例。

假设Java工程师的月薪按以下方式计算。

Java工程师月薪=月底薪+月实际绩效+月餐补-月保险

其符合以下原则。

- 月底薪为固定值。
- 月实际绩效=月绩效基数（月底薪 × 25%） × 月工作完成分数（最小值为0，最大值为150）/100。
- 月餐补=月实际工作天数 × 15。
- 月保险为固定值。

计算Java工程师月薪时，用户输入月底薪、月工作完成分数（最小值为0，最大值为150）、月实际工作天数和月保险4个值后，即可以计算出Java工程师月薪。具体代码如下。

```
import java.util.Scanner;
public class CalSalary
{
    public static void main(String[] args)
    {
      double engSalary=0.0; //Java工程师月薪
      int basSalary=3000;//底薪
      int comResult=100; //月工作完成分数(最小值为0,最大值为150)
      double workDay=22; //月实际工作天数
      double insurance=3000*0.105;      //月应扣保险数
      Scanner input=new Scanner(System.in);//从控制台获取输入的对象
      System.out.print("请输入Java工程师底薪: ");
      basSalary=input.nextInt();//从控制台获取输入底薪，赋值给
basSalary
      System.out.print("请输入Java工程师月工作完成分数(最小值为
0,最大值为150):");
      comResult=input.nextInt();//从控制台获取输入月工作完成分
数，赋值给comResult
      System.out.print("请输入Java工程师月实际工作天数: ");
      workDay=input.nextDouble();//从控制台获取输入月实际工作天
数，赋值给workDay
      System.out.print("请输入Java工程师月应扣保险数: ");
      insurance=input.nextDouble();      //从控制台获取输入月应扣保
险数，赋值给insurance
```

```
        //Java工程师月薪=底薪+底薪×25%×月工作完成分数/100+15×
月实际工作天数-月应扣保险数
        engSalary=basSalary+basSalary*0.25*comResult/100+15*work
Day-insurance;
        System.out.println("Java工程师月薪为"+engSalary);
    }
}
```

本程序需要从控制台获取输入，所以在程序的第一行加入了代码“import java.util.Scanner;”，引入Scanner工具类，通过该工具类从控制台获取输入。具体获取输入的代码，通过程序中的注释，很容易看明白。

程序的实际运动结果如图1.17所示。

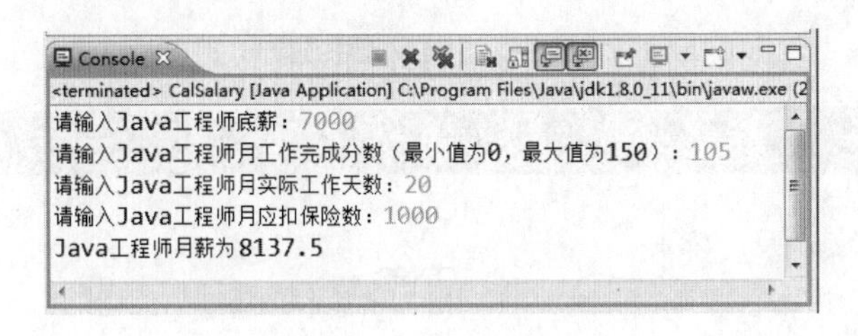

图1.17　计算Java工程师月薪

1.11.2　逻辑运算符

关系运算符和赋值运算符比较简单，这里不展开介绍。需要注意的是，关系运算符“==”和赋值运算符“=”看起来比较类似，但含义完全不同，“==”用于判断两边是否相等，而“=”，是将右边的值赋给左边。

+=、-=等是扩展的赋值运算符，x+=y等价于x=x+y，程序员在实际的编程过程中，为了方便阅读，尽量不要使用这种扩展的赋值运算符。

接下来重点介绍逻辑运算符。在Java中有3种逻辑运算符，它们是逻辑非（用符号“!”表示）、逻辑与（用符号“&&”表示）和逻辑或（用符号“||”表示）。

逻辑非表示取反，其逻辑关系值表如表1.2所示。

表1.2　逻辑非关系值表

A	!A
true	false
false	true

逻辑与的运算规则：有一个运算数为假，其值为假，两个运算数都为真，其值为真。逻辑与的关系值表如表1.3所示。

表1.3　逻辑与关系值表

A	B	A&&B
false	false	false
true	false	false
false	true	false
true	true	true

逻辑或的运算规则：有一个运算数为真，其值为真，两个运算数都为假，其值为假。逻辑或的关系值表如表1.4所示。

表1.4　逻辑或关系值表

<table>
<tr><th>A</th><th>B</th><th>A||B</th></tr>
<tr><td>false</td><td>false</td><td>false</td></tr>
<tr><td>true</td><td>false</td><td>true</td></tr>
<tr><td>false</td><td>true</td><td>true</td></tr>
<tr><td>true</td><td>true</td><td>true</td></tr>
</table>

逻辑运算符在后面流程控制的章节中会经常用到，这里不再赘述。

1.11.3 位运算符

在计算机中，所有的信息都是以二进制形式存储的，可以对整数的二进制位进行相关的操作，这就是位运算符。位运算符主要包括按位非（用符号“~”表示）、按位与（用符号“&”表示）、按位或（用符号“|”表示）、按位异或（用符号“^”表示）和移位运算符（用符号“<<”“>>”“>>>”表示）。

在企业面试Java工程师的时候，也常会问“&&”和“&”以及“||”和“|”的区别，通过下面的学习，可以清楚地理解逻辑运算符和位运算符的区别。

按位非表示按位取反，其关系值表如表1.5所示。

表1.5　按位非的关系值表

A	~A
1	0
0	1

按位与是逐位逻辑与。按位与的关系值表如表1.6所示。

表1.6 按位与的关系值表

A	B	A&B
1	1	1
1	0	0
0	1	0
0	0	0

按位或是逐位逻辑或。按位或的关系值表如表1.7所示。

表1.7 按位或的关系值表

A	B	A|B
1	1	1
0	1	1
1	0	1
0	0	0

按位异或是当两个运算位不同时，结果为1，否则为0。按位异或的关系值表如表1.8所示。

表1.8 按位异或的关系值表

A	B	A^B
1	1	0
0	1	1
1	0	1
0	0	0

阅读下面的程序，分析程序运行结果。

```
public class BitOpr
{
    public static void main(String[] args)
    {
      int a=129;                          //二进制10000001
      int b=128;                          //二进制10000000
      System.out.println("a和b按位与的结果:"+(a&b));//按位与的结果
为10000000
```

```
        System.out.println("a和b按位或的结果:"+(a|b));          //按位
或的结果为10000001
        //Integer.toBinaryString()方法是将数据按二进制格式输出
        //按位非的结果是11111111111111111111111101111110
        System.out.println("a按位非的结果："+Integer.toBinaryString
((~a)));
        System.out.println("a和b按位异或的结果："+(a^b));       //按位
与的结果为00000001
        int c=5;
        //用性能最好的方法计算出5×8的结果
        int rst=c<<3;
        //整数每左移一位，相当于"×2",左移3位相当于"×8",因为仅
仅是位移，所以速度快
        System.out.println("5左移三位的结果: "+rst);
    }

}
```

程序运行的结果如图1.18所示，其中程序最后一段演示了“用性能最好的方法计算出5 × 8的结果”，这也是企业面试中常问的问题。

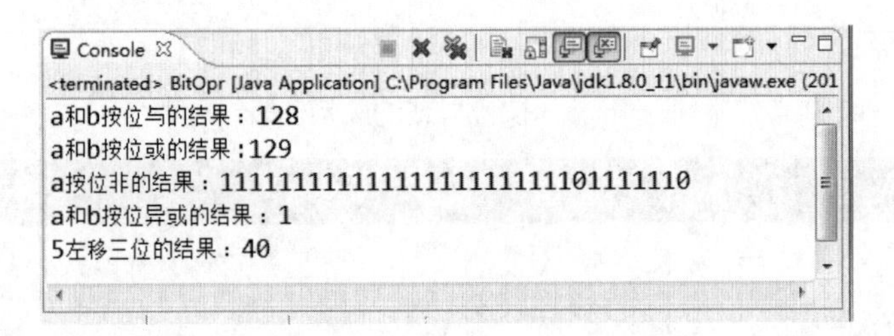

图1.18 位运算符操作

1.12 Java表达式

1.12.1 Java表达式概述

表达式是符合一定语法规则的运算符和操作数的组合。下面列举了一些表达式，需要注意的是，单个操作数也是表达式。如以下4行，每行均是一个表达式。

```
x
y * 5
(a-b)*c-4
(x>y)&&(m<=n)
```

表达式的值：对表达式中的操作数进行运算得到的结果。

表达式的类型：表达式的值的数据类型即为表达式的类型。

1.12.2 表达式的运算顺序

Java表达式按照运算符的优先级从高到低的顺序进行运算，优先级相同的运算符按照事先约定的结合方向进行运算。运算符的优先级和结合性如表1.9所示。需要注意的是，程序员在编写代码时，是不会去记运算符的优先级的，当不确定运算符的优先级时，程序员通常的做法就是对先运算的部分加上小括号，保证此运算优先执行。

表1.9 Java运算符优先级及结合性

<table>
<tr><th>优先级</th><th>运算符</th><th>结合性</th></tr>
<tr><td>1</td><td>() []</td><td>从左向右</td></tr>
<tr><td>2</td><td>! +（正） -（负） ~ ++ --</td><td>从右向左</td></tr>
<tr><td>3</td><td>* / %</td><td>从左向右</td></tr>
<tr><td>4</td><td>+（加） -（减）</td><td>从左向右</td></tr>
<tr><td>5</td><td><< >> >>></td><td>从左向右</td></tr>
<tr><td>6</td><td>< <= > >= instanceof</td><td>从左向右</td></tr>
<tr><td>7</td><td>= = !=</td><td>从左向右</td></tr>
<tr><td>8</td><td>&（按位与）</td><td>从左向右</td></tr>
<tr><td>9</td><td>^</td><td>从左向右</td></tr>
<tr><td>10</td><td>|</td><td>从左向右</td></tr>
<tr><td>11</td><td>&&</td><td>从左向右</td></tr>
<tr><td>12</td><td>| |</td><td>从左向右</td></tr>
<tr><td>13</td><td>?:</td><td>从右向左</td></tr>
<tr><td>14</td><td>= += -= *= /= % = &= |= ^= ~= <<= >>= >>>=</td><td>从右向左</td></tr>
</table>

下面的例子看起来很简单，但作为程序员，总是在不经意间犯下这样的错误。当程序运行结果和预期结果有差异时，往往不容易找出错误所在。

```
import java.util.Scanner;
public class ShareApple
{
```

```
    public static void main(String[] args)
    {
        int appleNum=0;                    //苹果数
        int stuNum=-1;                     //小朋友数
        double stuApple=-1;                //每个小朋友得到多少苹果
        Scanner input=new Scanner(System.in);
        System.out.print("请输入篮子里有几个苹果: ");
        appleNum=input.nextInt();
        System.out.print("请输入屋子里有几个小朋友: ");
        stuNum=input.nextInt();
        stuApple=appleNum/stuNum;
        System.out.println("每个小朋友得到"+stuApple+"个苹果");
    }

}
```

输入两组不同的值（苹果数和小朋友数），如图1.19和图1.20所示，其中第二组得到的并不是预期的结果。原因在于stuApple=appleNum/stuNum这条语句，首先运算的是appleNum/stuNum，之后再进行赋值运算。appleNum/stuNum这个表达式中的两个操作数都是int型的，其运算结果也是int型，所以出现了3除以6，得到int型0的情况，再将int型的0赋给double型的stuApple，结果显示为0.0。

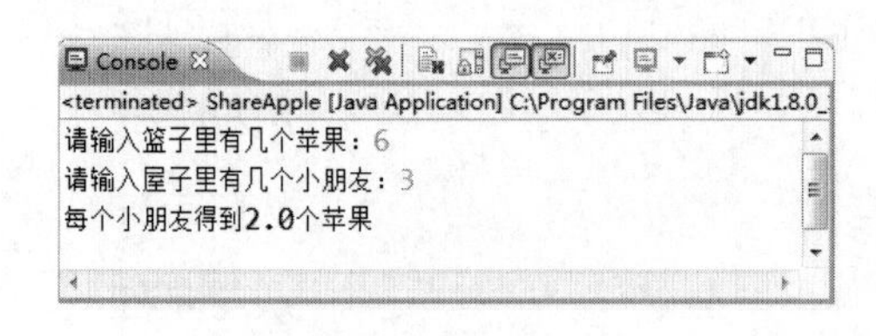

图1.19 Java表达式执行示例一

图1.20 Java表达式执行示例二

任务实施

1.13 任务1 开发环境搭建

配置JDK

1. 下载并安装JDK

要想编译、运行Java程序，首先要下载JDK。在下载时需要注意，针对不同的平台有不同版本的JDK，需要选择下载与安装平台匹配的JDK。

另外，JDK的使用也不是版本越新越好。在企业级的开发中，通常一个项目中的开发人员统一使用一个稳定版本的JDK，避免因为各版本JDK的差异带来问题。

JDK的安装过程很简单，根据安装界面提醒进行操作即可。

2. Java环境变量

因为不同版本的JDK在安装过程中，有些会自动配置一些环境变量，有些需要用户手动配置。表1.10列举出通常需要配置的环境变量，如果JDK安装过程中没有配置，请大家手动配置。

表1.10　需要配置的环境变量

变量名	说明	举例
JAVA_HOME	JDK的安装路径	C:\jdkl.8
PATH	Windows系统执行命令时要搜索的路径	在最前面加上MI%JAVA_HOME%\bin;
CLASSPATH	编译和运行时要找的class路径	.;%JAVA_HOME%\Ub（其中.代表当前路径）

3. 配置环境变量

接下来以配置JAVA_HOME为例，具体介绍如何配置环境变量。在Windows XP系统中，右键单击“我的电脑”，选择“属性”→“高级”→“环境变量”命令，或者在Windows 7、Windows 10系统中，右键单击“计算机”，选择“属性”→“高级系统设置”→“环境变量”命令，在“系统变量”中，新建JAVA_HOME环境变量，如图1.21所示。

其他的环境变量配置类似，不同的是PATH这个环境变量不是新建的，是选中该环境变量后进行编辑修改。

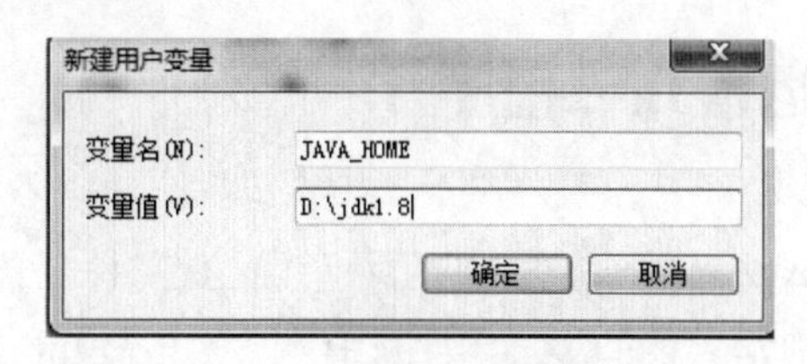

图1.21　配置环境变量

验证JDK是否安装成功

在控制台下输入java-version命令，出现图1.22所示的结果即表明JDK安装成功。

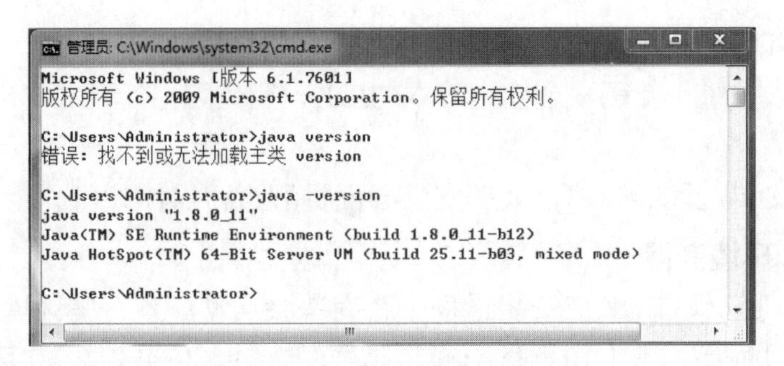

图1.22 验证JDK安装是否成功

1.14 任务2 注解应用

1.14.1 子任务1 内建注解应用

目标：完成本章1.7.2节中的所有程序。

时间：30分钟。

工具：Eclipse。

1.14.2 子任务2 自定义注解与元注解应用

目标：完成本章1.7.3节中的所有程序。

时间：60分钟。

工具：Eclipse。

1.15 任务3 Java简易程序开发

1.15.1 子任务1 第一个Java程序

编辑、编译、运行Java程序

1. 编辑Java程序

JDK中没有提供Java编辑器，需要使用者自己选择一个方便易用的编辑器或集成开发工具。作为初学者，可以使用记事本、UltraEdit、Eclipse作为Java编辑器，编写第1个Java程序。下面以记事本为例，使用它编写HelloWorld程序。

打开“记事本”，按照图1.23所示输入代码（注意大小写和程序缩进），完成后将其保存为HelloWorld.java文件（注意不要保存成HelloWorld.java.txt文件）。

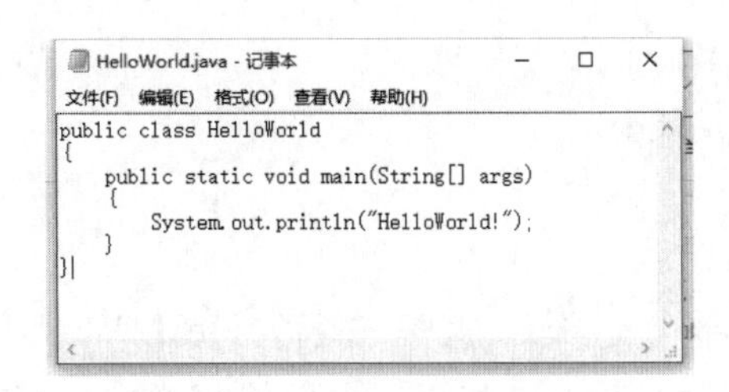

图1.23 HelloWorld程序代码.

2. 编译.java源文件

在控制台环境下，进入保存HelloWorld.java的目录，执行javac HelloWorld.java命令，对源文件进行编译。Java编译器会在当前目录下产生一个以.class为后缀的字节码文件。

3. 运行.class文件

执行java HelloWorld（注意没有.class后缀）命令，会输出执行结果，如图1.24所示。

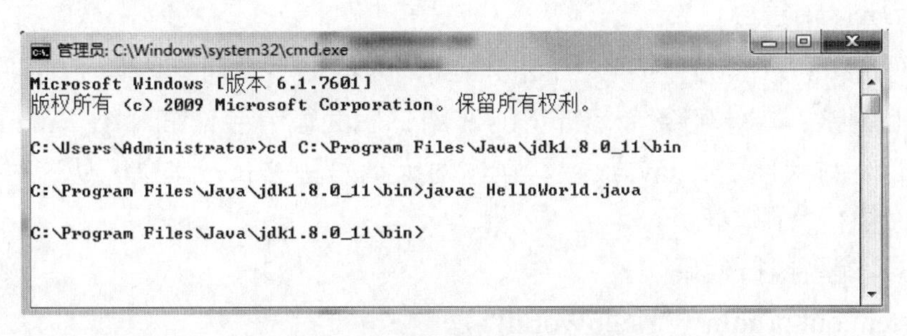

图1.24 编译和运行Java程序

Java程序概述

Java源文件以java为扩展名。源文件的基本组成部分是类（Class），如本例中的HelloWorld类。

一个源文件中最多只能有一个public类，其他类的个数不限，如果源文件包含一个public类，则该源文件必须以public类名命名。

Java程序的执行入口是main()方法，它有固定的书写格式。

public static void main(String[] args){...}

Java严格区分大小写。

Java程序由一条条语句构成，每个语句以分号结束。

图1.23中编写的这个程序的作用是向控制台输出“HelloWorld!”。程序虽然非常简单，但其包括了一个Java程序的基本组成部分。以后编写Java程序，都是在这个基本组成部分上增加内容。下面是编写Java程序的基本步骤。

（1）编写程序结构。

```
public class HelloWorld
{
}
```

程序的基本组成部分是类，这里命名为HelloWorld，因为前面有public（公共的）修饰，所以程序源文件的名称必须和类名一致。类名后面有一对大括号，所有属于这个类的代码都写在这对大括号里面。

（2）编写main方法。

```
public static void main(String[] args)
{
}
```

一个程序运行起来需要有个入口，main()方法就是这个程序的入口，是这个程序运行的起始点。程序没有main()方法，Java虚拟机就不知道从哪里开始执行。需要注意的是，一个程序只能有一个main()方法，否则不知道从哪个main()方法开始运行！

编写main()方法时，按照上面的格式和内容书写即可，内容不能缺少，顺序也不能调整，具体的各个修饰符的作用，后面章节会详细介绍。main()方法后面也有一对大括号，Java代码写在这对大括号里，Java虚拟机从这对大括号里按顺序执行代码。

（3）编写执行代码。

```
System.out.println（"HelloWorld!"）;
```

System.out.println（"*********"）方法的作用很简单，就是向控制台输出*********，输出之后自动换行。前面已经说过，JDK包含了一些常用类库，提供了一些常用方法，这个方法就是java.lang.System类里提供的方法。如果程序员希望向控制台输出内容之后，不用自动换行，则使用方法System.out.print()。

Java注释

为什么要有注释呢？

假设一个程序员新进入一个项目组，接手一个已离职程序员未完成的软件模块功能，当他打开原程序员编写的代码时，其中的一个方法有上百行代码，但没有任何注释。这样造成的结果是，新程序员要花费很长的时间去理解原程序员的业务逻辑和思路，可能还会出现理解错误的情况。怎么解决这个问题呢？在一个规范化的软件开发项目组里，程序的编写是必须要有注释的，Java程序编写也不例外。

什么是注释？

Java程序中的注释就是为了方便阅读程序而写的一些说明性的文字。通过注释提高Java代码的可读性，使得Java程序条理清晰，易于理解。

通常在程序开头加入作者、时间、版本、要实现的功能等内容作为注释，方便后来的维护以及程序员的交流。

Java的注释有3种：单行注释、多行注释、文档注释。

//注释一行

/*......*/注释若干行

/**......*/注释若干行，并写入javadoc文档

下面介绍一下Java程序员编写注释的规范。

（1）注释要简单明了，例如：

String engName="方鸿渐";//工程师用户名

（2）边写代码边注释，修改代码的同时修改相应的注释，以保证注释与代码的一致性。有些时候会出现修改了代码，但没有修改注释的情况，尤其是在使用javadoc产生Java文档时，程序已经进行了修改，但文档注释没修改，产生的Java文档还是原注释内容，引起错误。

（3）保持注释与其对应的代码相邻，即注释的就近原则，通常是放在该段代码的上方或者放在该行代码的右边（单行注释）。

（4）在必要的地方注释，注释量要适中。在实际的代码规范中，要求注释占程序代码的比例达到20%左右。

（5）全局变量要有较详细的注释，包括对其功能、取值范围、哪些方法存取它以及存取时的注意事项等说明。

（6）源文件头部要有必要的注释信息，包括文件名、版本号、作者、生成日期、模块功能描述（如具体功能、主要算法、内部各部分之间的关系、该文件与其他文件的关系等）和主要方法清单及本文件历史修改记录等。以下是源文件头部注释示例。

```
/**
    * Copy Right Information          :blue-dot
    * Project                         :blue-bridge
    * JDK version used                :jdk1.8.0
    * Author                          :Jack Yang
    * Version                         :2.1.0, 2017/12/1
    **/
```

（7）方法的前面要有必要的注释信息，包括方法名称、功能描述、输入与输出、返回值说明和抛出异常等。以下是方法注释示例。

```
/**
    * Description:checkout
```

```
* @param Hashtable cart info
* @param OrderBean order info
* @return String
* @exception IndexOutOfBoundsException
*/
```

（8）文档注释标签语法。

- @author，对类的说明，标明开发该类模块的作者。
- @version，对类的说明，标明该类的版本。
- @see，对类、属性、方法的说明，即相关主题。
- @param，对方法的说明，对方法中某参数的说明。
- @return，对方法的说明，对方法返回值的说明。
- @exception，对方法的说明，对方法可能抛出的异常进行说明。

下面是第一个Java程序增加注释后的完整程序。

```
/**
    * Copy Right Information          :blue-dot
    * Project                         :blue-bridge
    * JDK version used                :jdk1.8.0
    * Author                          :Jack Yang
    * Version                         :2.1.0, 2017/12/1
    **/
public class HelloWorld{
   /**
   * Description:主函数,程序入口
   * @param String[]args
   * @return void
   */
   public static void main(String[]args)
   {
      System.out.println("HelloWorld!");//输出HelloWorld！到控制台
   }
}
```

本章介绍的与注释相关的内容较为详细，对于初学者来说，可能理解起来有些困难。没有关系，随着对Java学习的逐渐深入，再回过头来理解就会更加容易。

常见Java集成开发环境

以下是常见的Java集成开发环境。

1. Eclipse

Eclipse是一个开放源代码的、基于Java的可扩展开发平台。就其本身而言，它只是一个框架和一组服务，用于通过插件组件构建开发环境。

2. MyEclipse

MyEclipse是一个十分优秀的用于开发JavaSE、JavaEE的Eclipse插件集合，MyEclipse的功能非常强大，支持也十分广泛，尤其是对各种开源产品的支持非常不错。

MyEclipse企业级工作平台（MyEclipse Enterprise Workbench，MyEclipse）是对Eclipse IDE的扩展，利用MyEclipse可以极大地提高连接数据库和JavaEE的开发、发布以及应用程序服务器的整合的工作效率。它是功能丰富的JavaEE集成开发环境，包括了完备的编码、调试、测试和发布功能，完整支持HTML、CSS、JavaScript、SQL、Struts和Hibernate等。

1.15.2 子任务2 工程师月薪计算

目标：

完成“瑞达系统”主菜单向子功能的跳转，即当用户输入一个数字以后，跳转到该子功能模块。例如，如果用户输入5，则跳转到计算Java工程师的月薪模块。

程序运行结果如图1.25所示。

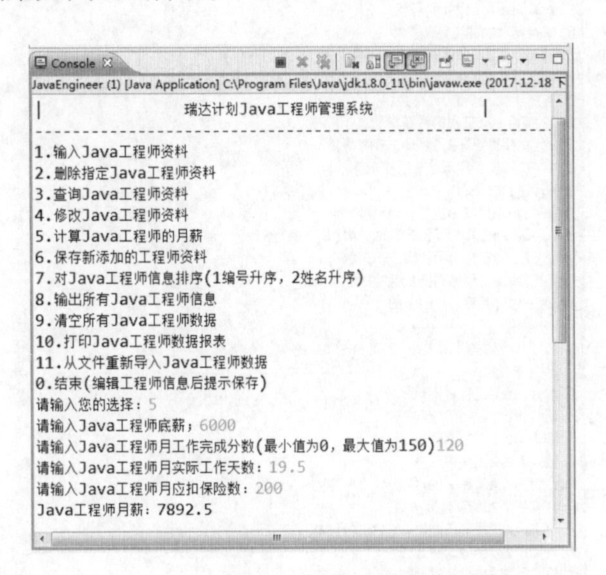

图1.25 “瑞达系统”主菜单向子功能的跳转

实现思路：

（1）使用switch语句实现，没有实现的模块直接打印“本模块功能未实现”，已实现的模块（例如模块5），执行相关功能；

（2）在main函数开始处，需要定义在相关模块中使用到的变量。

时间： 15分钟。

工具： Eclipse。

拓展训练

“瑞达系统”获取用户输入

目标：

修改“瑞达系统”，当用户输入某个数（非0）时，执行该模块的功能，执行完毕之后，继续输出主界面。当用户输入0，则退出程序。程序运行结果如图1.26所示。

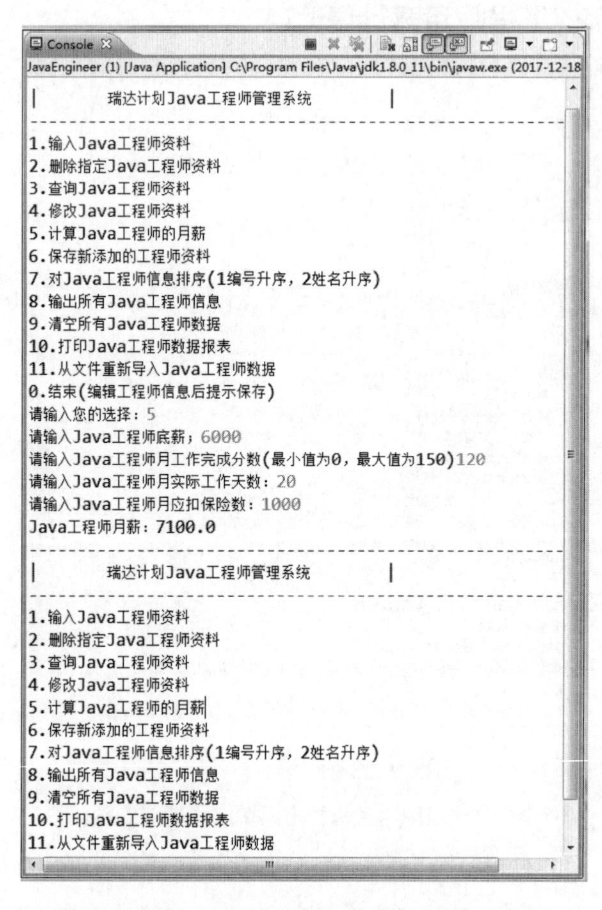

图1.26 使用while循环输出“瑞达系统”主界面

时间： 20分钟。

工具： Eclipse。

实现思路： 参考图1.26对应程序的实现思路。

参考答案：

```
import java.util.Scanner;
public class JavaEngineer
{
    public static void main(String[] args)
    {
      double engSalary=0.0;                    //Java工程师月薪
      int basSalary=3000;                      //底薪
      int comResult=100;                       //月工作完成分数(最
小值为0,最大值为150)
      double workDay=22;                       //月实际工作天数
      double insurance=3000*0.105;             //月应扣保险数

      Scanner input=new Scanner(System.in);    //从控制台获取输入的
对象
      int userSel=-1;                          //用户选择的数
      while(true)//使用while(true)，在单个模块功能执行结束后，重
新输出主界面，继续循环
      {
        //显示主界面
        System.out.println("-----------------------------------------------");
        System.out.println("|    瑞达计划Java工程师管理系统|");
        System.out.println("-----------------------------------------------");
        System.out.println("1.输入Java工程师资料");
        System.out.println("2.删除指定Java工程师资料");
        System.out.println("3.查询Java工程师资料");
        System.out.println("4.修改Java工程师资料");
        System.out.println("5.计算Java工程师的月薪");
        System.out.println("6.保存新添加的工程师资料");
        System.out.println("7.对Java工程师信息排序(1编号升序,2姓
名升序)");
        System.out.println("8.输出所有Java工程师信息");
        System.out.println("9.清空所有Java工程师数据");
```

```
System.out.println("10.打印Java工程师数据报表");
System.out.println("11.从文件重新导入Java工程师数据");
System.out.println("0.结束(编辑工程师信息后提示保存)");
System.out.print("请输入您的选择: ");
userSel=input.nextInt();
switch(userSel)
{
  case 1:
  System.out.println("本模块功能未实现");
  break;
  case 2:
  System.out.println("本模块功能未实现");
  break;
  case 3:
  System.out.println("本模块功能未实现");
  break;
  case 4:
  System.out.println("本模块功能未实现");
  break;
  case 5:
  System.out.print("请输入Java工程师底薪;");
  basSalary=input.nextInt();//从控制台获取输入的底薪，将其赋值给basSalary
  System.out.print("请输入Java工程师月工作完成分数(最小值为0，最大值为150)");
  comResult=input.nextInt();          //从控制台获取输入的月工作完成分数，赋值给comResult
  System.out.print("请输入Java工程师月实际工作天数：");
  workDay=input.nextDouble();         //从控制台获取输入的月实际工作天数，赋值给workDay
  System.out.print("请输入Java工程师月应扣保险数：");
  insurance=input.nextDouble();//从控制台获取输入的月应扣保险数，赋值给insurance
  /*Java工程师月薪=底薪+底薪×25%×月工作完成分数/100+15×月实际工作天数-月应扣保险数;*/
  engSalary=basSalary+basSalary*0.25*comResult/100+15*
```

```
workDay-insurance;
            System.out.println("Java工程师月薪："+engSalary);
            break;
            case 6:
            System.out.println("本模块功能未实现");
            break;
            case 7:
            System.out.println("本模块功能未实现");
            break;
            case 8:
            System.out.println("本模块功能未实现");
            break;
            case 9:
            System.out.println("本模块功能未实现");
            break;
            case 10:
            System.out.println("本模块功能未实现");
            break;
            case 11:
            System.out.println("本模块功能未实现");
            break;
            case 0:
            System.out.println("程序结束");
            break;
            default:
            System.out.println("数据输入错误！");
            break;
          }
          if(userSel==0)//当用户输入0时，退出while循环，结束程序
          {
            break;
          }
        }
      }
}
```

综合训练

1. Java字节码文件的后缀为（　　）。（选择一项）

A .docx

B .java

C .class

D 以上答案都不对

2. 下列描述中说法正确的是（　　）。（选择一项）

A 机器语言执行速度最快

B 汇编语言执行速度最快

C 高级语言执行速度最快

D 机器语言、汇编语言和高级语言执行速度都一样

3. 下列哪个注解不是Java内建注解（　　）。（选择一项）

A @Target

B @Override

C @Deprecated

D @SuppressWarnings

4. 下列选项中，（　　）是Java中的关键字。（选择一项）

A name

B hello

C false

D good

5. Java中用于定义实数的类型有________和________，后者精度高于前者。

6. JDK 5有哪些主要新特性？

7. 什么是Java的垃圾回收机制？

8. 为什么Java能实现目标代码级的平台无关性？

9. 请列出Java有哪几个内建注解，并描述每个内建注解的含义？

10. 请列出Java有哪几个元注解，并描述每个元注解的含义？

11. 请描述@SuppressWarnings注解的value属性有哪些属性值？

12. 请描述@Target元注解的value属性有哪些属性值？

13. Java中有goto关键字吗？

14. 请描述Java有哪些基本数据类型？

15. Java的字符型可以存一个汉字吗？

16. 请说明final、finally、finalize的区别（需要结合后面的章节才能回答此问题）。

第2章 控制结构、方法与数组应用

学习目标

- 掌握控制结构的使用方法。
- 掌握方法的定义与调用。
- 掌握数组的使用方法。

任务引导

代码按照顺序执行的方式依次执行，即进入方法体内，依次执行完所有的语句，这样的语句结构称为顺序结构。但是在某些情况下，需要满足某一条件时才能执行一些操作，而不满足条件则执行其他操作。例如，从控制台输入王云Java考试的成绩，如果成绩大于等于60分，则输出“恭喜你，考试合格!”的信息，否则输出“很难过地通知你，考试不及格，需要补考！”。遇到这样的问题，如何编写Java程序呢？下面从if语句开始，通过本章的内容全面学习Java流程控制语句。

编写“瑞达系统”代码时，所有的代码都写在main方法里面，这个方法首先定义了一些局部变量，然后使用while循环输出“瑞达系统”主界面，之后获取用户选择，再根据用户选择，完成相应模块的功能。随着将各个模块的功能逐步完善到“瑞达系统”中，这个main方法将会越来越庞大，代码越来越多，阅读起来会非常困难，不利于开发维护。怎么解决这个问题呢？接下来会通过在类中使用方法的形式，解决这个问题。另外，现在“瑞达系统”中存的是一个Java工程师的相关信息，例如编号、姓名、底薪……，这类信息可以使用engNo、engName、basSalary等变量来存储具体的值。但如果“瑞达系统”需要存100个Java工程师，难道需要定义100个编号变量、100个姓名变量和100个底薪变量吗？显然，这样的做法不现实。本章将会系统地介绍数组，通过使用数组来解决这个问题。

相关知识

2.1 if语句

本章简介中提到的问题，其实利用现有的知识，在不使用if语句的情况下也能解决，代码如下。

```
import java.util.Scanner;
public class TestIfl
{
   public static void main(String[] args)
   {
      int JavaScore=-1;      //Java考试成绩
      Scanner input=new Scanner(System.in);
      System.out.print("请输入王云同学Java考试成绩: ");
      JavaScore=input.nextInt();    //从控制台获取Java考试成绩
      //使用(表达式1)?(表达式2):(表达式3)这个三目运算符进行判断输
出
      System.outprintln(JavaScore>=60?("恭喜你，考试合格！"):("很难
过地通知你，考试不及格，需要补考！"));
   }
}
```

这样的写法可以解决这个问题，但不够灵活。通过if语句，可以更加灵活地编写条件判断程序。

2.1.1 if语句的语法

if语句有以下3种语法形式。

第一种形式为基本形式，其语法形式如下。

```
if（表达式）
{
      代码块
}
```

其语义：如果表达式的值为true，则执行其后的代码块，否则不执行该代码块，执行过程如图2.1所示。

需要强调的是，在if语句中，表达式的类型必须是布尔类型，例如可以写成a==3，但不要误写成a=3（赋值语句）。

if语句的第二种语法形式如下。

```
if（表达式）
{
      代码块A
}
```

```
else
{
    代码块B
}
```

其语义：如果表达式的值为true，则执行其后的代码块A，否则执行代码块B，执行过程如图2.2所示。

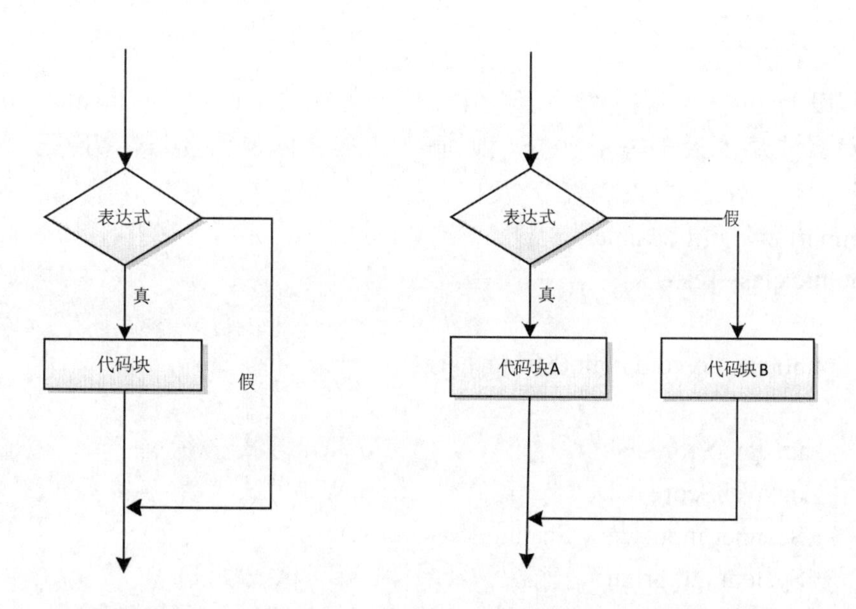

图2.1 if语句语法形式一　　图2.2 if语句语法形式二

将前面使用三目运算符完成的程序换成使用if语句，代码如下所示。

```
import java.util.Scanner;
public class TestIf2
{
  public static void main(String[] args)
  {
    int JavaScore=-1;                          //Java考试成绩
    Scanner input=new Scanner(System.in);
    System.out.print("请输入王云同学Java考试成绩: ");
    JavaScore=input.nextInt();                 //从控制台获取Java考试成绩
    //使用if...else...实现
    if(JavaScore>=60)
    {
```

```
            System.out.println("恭喜你，考试合格！")
        }
        else
        {
            System.out.println("很难过地通知你，考试不及格，需要补考！");
        }
    }
}
```

假设上面的程序需求发生了变化，更改为如果王云同学的Java考试成绩和Web考试成绩都大于等于60分，则输出“恭喜你，获得Java初级工程师认证！”，否则输出“你有考试不及格，需要补考！”，具体的代码如下所示。

```
import java.util.Scanncr;
public class TestIf3
{
  public static void main(String[] args)
  {
    int JavaScore=-l;                  //Java考试成绩
    int WebScore=-l;                   //Web考试成绩
    Scanner input=new Scanner(System.in);
    System.out.print("请输入王云同学Java考试成绩: ");
    JavaScore=input.nextInt();   //从控制台获取Java考试成绩
    System.out.print("请输入王云同学Web考试成绩: ");
    WebScore=input.nextInt();    //从控制台获取Web考试成绩
    //使用if...else...实现
    if(JavaScore>=60&&WebScore>=60)
    {
        System.out.println("恭喜你,获得Java初级工程师认证！");
    }
    else
    {
      System.out.println("你有考试不及格,需要补考！");
    }
  }
}
```

if语句的第三种语法形式如下。

if（表达式1）

```
{
    代码块A
}
else if（表达式2）
{
    代码块B
}
else if（表达式3）
{
    代码块C
...
}
else
{
    代码块X
}
```

其语义：依次判断表达式的值，当出现某个表达式的值为true时，则执行其对应的代码块，然后跳到整个if语句之后继续执行程序；如果所有的表达式均为flase，则执行代码块X，然后继续执行后续程序，执行过程如图2.3所示。

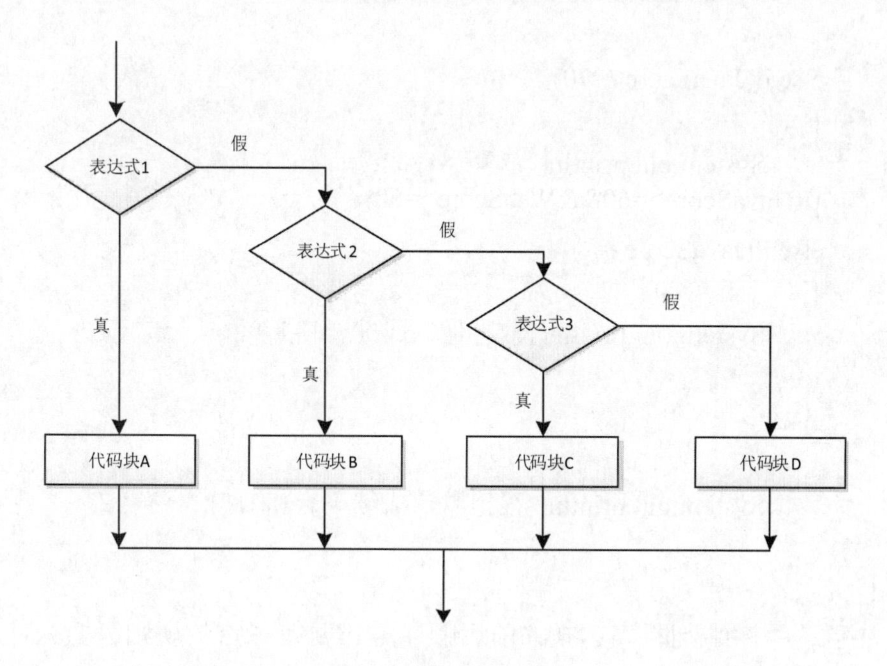

图2.3 if语句语法形式三

还是前面的例子，需求更改为王云同学的Java考试成绩为x，则按以下要求输出结果。

- x≥85，则输出“恭喜你，成绩优秀！”。
- 70≤x<85，则输出“恭喜你，成绩良好！”。
- 60≤x<70，则输出“恭喜你，成绩合格！”。
- x<60，则输出“很抱歉，成绩不合格！”。

具体代码如下所示。

```
import java.until.Scanner;
public class TestIf4
{
   public static void main(String[] args)
   {
      int JavaScore=-1;                        //Java考试成绩
      Scanner input=new Scanner(System.in);
      System.out.print("请输入王云同学Java考试成绩: ");
      JavaScore=input.nextInt();               //从控制台获取Java考试成绩
      //使用if...else if…实现
      if(JavaScore>=85)
      {
            System.out.println("恭喜你，成绩优秀！");
      }
      else if(JavaScore>=70)
      {
            System.out.println("恭喜你，成绩良好！");
      }
      else if(JavaScore>=60)
      {
            System.out.println("恭喜你，成绩合格！");
      }
      else
      {
            System.out.println("很抱歉，成绩不合格！");
   }
}
```

注意，程序中判断表达式的前后顺序务必要有一定的规则，要么从大到小，要么从小到大，否则会出现错误。还是刚才的案例，如果把

JavaScore>=70表达式及其之后的语句和JavaScore>=60表达式及其之后的语句换个位置，编译运行，当用户输入75的时候，就会输出“恭喜你，成绩合格!”，软件出现缺陷。

2.1.2 嵌套if语句

有这样的需求：某小学需要从该校五、六年级学生中挑选一部分学生参加市数学竞赛，现对该校所有五、六年级学生进行了一次摸底考试，根据考试成绩，大于等于80分的可以参加数学竞赛，之后再根据年级分别进入五年级组和六年级组。

首先要判断学生考试成绩是否大于等于80分，在大于等于80分的基础上再判断是进入五年级组还是进入六年级组。所以可以使用嵌套的if语句，语法形式如下，具体的流程如图2.4所示。

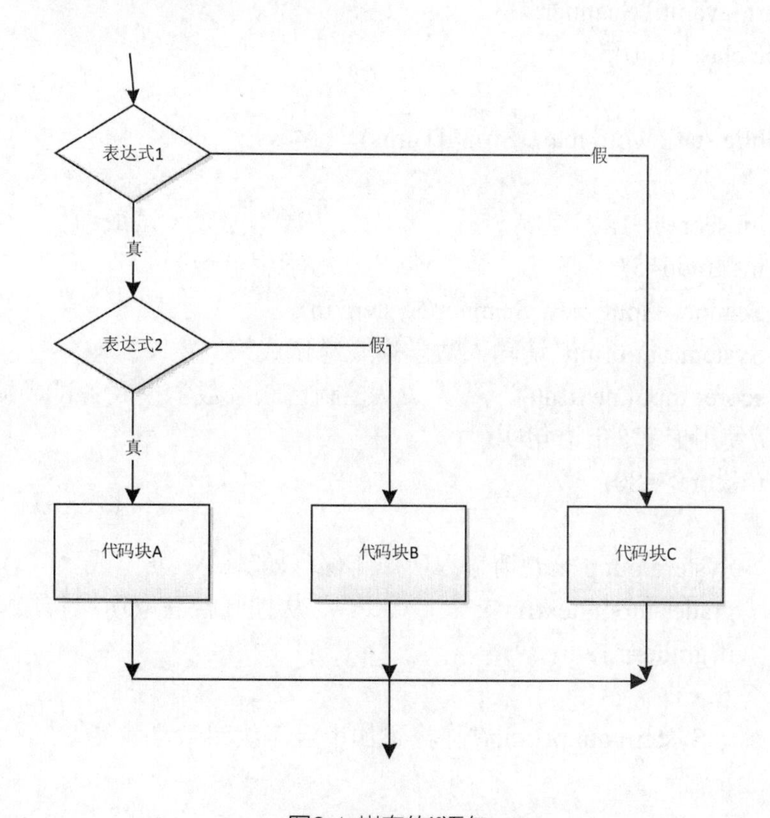

图2.4　嵌套的if语句

```
if（表达式1）
{
    if（表达式2）
```

```
    {
        代码块A
    }
    else
    {
        代码块B
    }
else
{
        代码块C
}
```

具体程序代码如下所示。

```
import java.util.Scanner;
public class TestIf5
{
  public static void main(String[] args)
  {
    int score=-1;                          //数学摸底考试成绩
    int grade=5;                           //学生年级数
    Scanner input=new Scanner(System.in);
    System.out.print("请输入数学摸底考试成绩: ");
    score=input.nextInt();          //从控制台获取数学摸底考试成绩
    //使用嵌套的if语句实现
    if(score>=80)
    {
      System.out.print("请输入所属年级(只能输入“5”或“6”)：");
      grade=input.nextInt();               //从控制台获取所属年级
      if(grade=5)
      {
        System.out.println("你将参加市五年级组数学竞赛！");
      }
      else
      {
        System.out.println("你将参加市六年级组数学竞赛！");
      }
    }
```

```
        else
        {
            System.out.println("抱歉，不能参加市数学竞赛！")
        }
    }
}
```

2.2 switch语句

编写程序，完成如下需求。

学生张明参加了少年宫组织的美术学习班，当学习班结束的时候，张明的父亲告诉张明：

如果学习班结业评价是1等，则会“暑假带张明去九寨沟旅游！”；

如果学习班结业评价是2等，则会“奖励一个变形金刚！”；

如果学习班结业评价是3等，则会“不奖不罚，需要继续努力！”；

如果学习班结业评价是4等，则会“负责家里洗碗一周！”。

这样的需求，通过前面介绍的if语句完全可以解决，但是作为程序员，总会觉得有些麻烦，有些不舒服。接下来，通过switch语句解决这个问题。

2.2.1 switch语句概述

switch语句的语法形式如下。

```
switch（表达式）
{
    case  常量1:
      代码块A;
      break;
    case常量2:
      代码块B;
      break;
    ...
    default:
      代码块X;
      break;
}
```

switch关键字表示“开关”，其针对的是后面表达式的值。尤其需要注意的是，这个表达式的值只允许是byte、short、int和char类型（在JDK 7.0中表达式的值可以是String类型）。

case后必须要跟一个与表达式类型对应的常量，case可以有多个，且顺序可以改变，但是每个case后面的常量值必须不同。当表达式的实际值与case后的常量相等时，其后的代码块就会被执行。

default表示当表达式的实际值没有匹配到前面对应的任何case常量时，default后面的默认代码块会被执行，default通常放在末尾。

break表示跳出当前结构，必须注意不要忘记。

2.2.2 switch语句的使用

根据前面的需求，使用switch语句编写代码如下。

```
import java.util.Scanner;
public class TestSwitch1
{
  public static void main(String[] args)
  {
    int score=-1;                    //美术学习班结业评价
    Scanner input=new Scanner(System.in);
    System.out.print("请输入张明美术学习班结业评价(只能输入1、
2、3、4)：");
    score=input.nextInt(); //从控制台获取张明美术学习班结业评价
    switch(score)
    {
      case 1:
      System.out.println("暑假带张明去九寨沟旅游！");
      break;
      case 2:
      System.out.println("奖励一个变形金刚！");
      break;
      case 3:
      System.out.println("不奖不罚，需要继续努力！");
      break;
      case 4:
      System.out.println("负责家里洗碗一周！");
```

```
            break;
            default:
            System.cmt.println("输入错误,请重新输入！");
            break;
        }
    }
}
```

通过观察可以看出，switch语句的判断条件只能是等值判断，而且对表达式的类型有要求。

前面提到过，语句块后面需要跟上break，不能忘记，如果忘了会出现什么情况呢？把上面代码中的break语句全部去掉，编译运行程序，程序运行结果如图2.5所示。

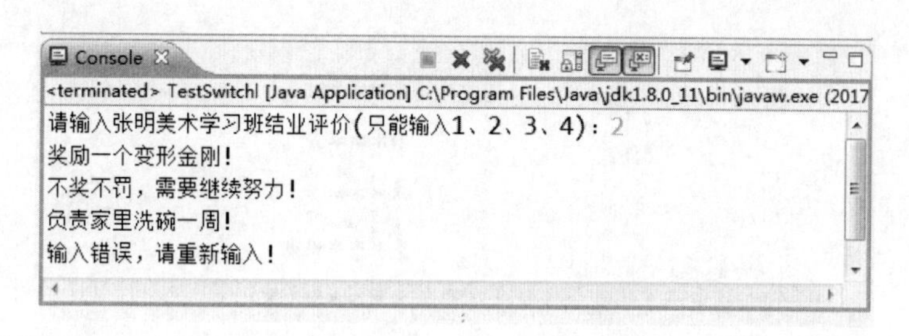

图2.5 去除break的switch语句

从运行结果可以看出，当用户输入“2”后，执行case 2后面的代码块，而且将不再判断case 2之后的所有case语句，直接执行后面所有的代码块。利用这个特点，可以完成针对几个不同的值，执行一类代码的操作。例如上面的例子，需求进行如下调整：

如果学习班结业评价是1等或2等，则会“暑假带张明去九寨沟旅游！”；

如果学习班结业评价是3等或4等，则会“不奖不罚，需要继续努力！”。

则对应的代码可以修改为以下形式（仅显示部分代码）。

```
switch(score)
{
    case 1:
    case 2:
    System.out.println("暑假带张明去九寨沟旅游！");
    break;
    case 3:
    case 4:
```

```
System.out.println("不奖不罚,需要继续努力！");
break;
default:
System.out.println("输入错误,请重新输入！");
break;
}
```

2.3 循环语句

为什么要使用循环语句呢?

如果需要在控制台输出图2.6和图2.7所示的两组图形，如何输出呢?

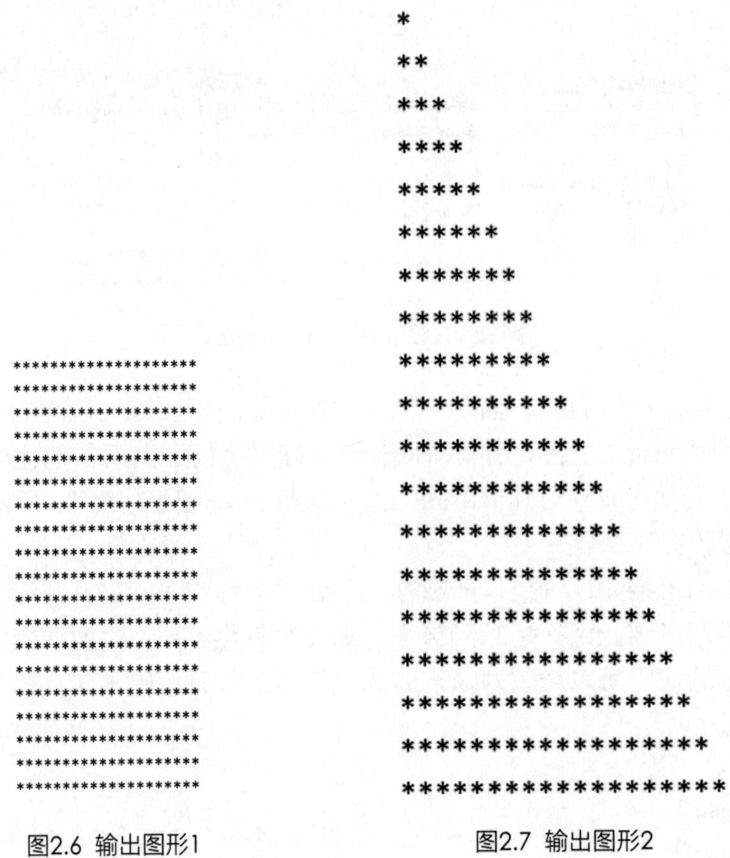

图2.6 输出图形1

图2.7 输出图形2

用之前学过的知识，可以输出这些图形，逐行输出每行的内容即可。但是，如果要输出100、1000行，怎么办？接下来，使用循环语句解决这个问题。

2.3.1 while循环

while循环的语法形式如下。

while（循环条件）

{

　　循环代码块

}

其语义：如果循环条件的值为true，则执行循环代码块，否则跳出循环，其执行过程如图2.8所示。

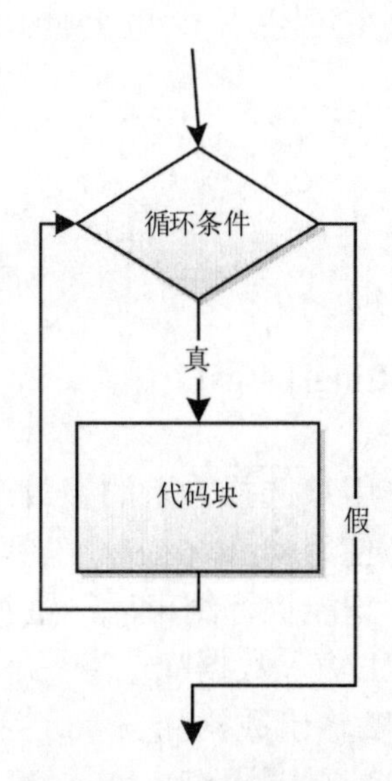

图2.8 while循环执行过程

使用while循环，代码如下。

```
public class TestWhile1
{
  public static void main(String[] args)
  {
    int i=0;                              //声明循环参数
    //循环20次，每次输出20个*
    while(i<20){                     //循环条件为i<20
      System.out.println("********************")
      i++;                               //循环参数+1
    }
  }
}
```

在使用while循环以及下面介绍的do...while循环时，必须要注意，在循环体中要改变循环条件中的参数（例如本例中的i++）或者有其他跳出循环的语句，这样才能跳出循环，否则就会出现死循环。

下面使用while循环再完成一个案例，这个案例的需求如下。

程序的主界面包括输入数据、输出数据和退出程序。

请选择你的输入（只能输入1、2、3）：当用户输入1时，执行模块1的功能，执行完毕之后，继续输出主界面；当用户输入2时，执行模块2的功能，执行完毕之后，继续输出主界面；当用户输入3时，则退出程序。具体代码如下所示，在“租车系统”中也会使用类似的代码结构，需要注意。

```
import java.util.Scanner;
public class TestWhile2
{

  public static void main(String[] args)
  {
    int userSel=-1;          //用户选择输入的参数
    while(true)              //使用while(true)，在单个模块
    {                          功能执行结束后，重新输出主界面，继续循环
      System.out.println("1.输入数据");
      System.out.println("2.输出数据");
      System.out.println("3.退出程序");
      System.out.print("请选择你的输入(只能输入1、2、3): ");
      Scanner input=new Scanner(System.in);
      userSel=input.nextInt();   //从控制台获取用户输入的选择
      switch(userSel)
      {
        case 1:
        System.out.println("执行1.输入数据模块");
        System.out.println("******************");
        System.out.println("******************");
        break;
        case 2:
        System.out.println("执行2.输出数据模块");
        System.out.println("******************");
        System.out.println("******************");
```

```
            break;
            case 3:
            System.out.println("结束程序！ ");
            break;
            default:
            System.out.println("输入数据不正确！ ");
            break;
          }
          if(userSel==3)       //当用户输入3时，退出while循环，结束程序
          {
            break;
          }
        }
      }

}
```

程序运行结果如图2.9所示。

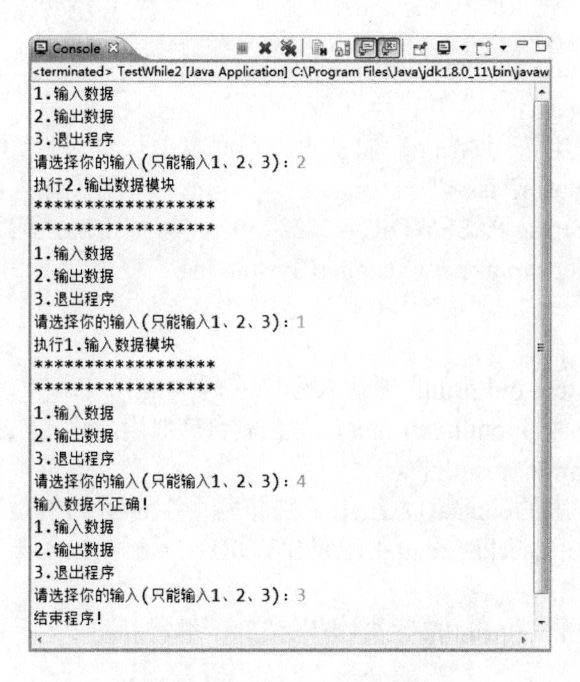

图2.9 使用while循环输出主界面

如图2.9所示，当用户输入2时，执行case2后面的代码并跳出switch语句，之后再通过if语句判断用户输入的是否是3，如果是3，则跳出while循环，结束

程序，如果不是3，则继续执行while循环，输出主界面。

2.3.2 do...while循环

do...while循环的语法形式如下。

```
do
{
    循环代码块
}while（循环条件）;
```

do...while循环和while循环类似，不同点在于do...while循环以do开头，先执行循环代码块，然后再判断循环条件，如果循环条件满足，则继续循环。由此可见，do...while循环中的循环代码块至少会被执行一次。

下面完成一个案例，这个案例的需求是让用户输入正确的程序密码之后，才可以执行下面的代码，否则继续让用户输入，直到输入正确为止，具体代码实现如下。

```
import java.util.Scanner;
public class TestWhile3
{
    public static void main(String[] args)
    {
      //使用字符串String存储密码，后面章节会详细介绍String类
      String userPass="";                    //用户输入的密码
      final String PASSWORD="123456";        //正确密码为123456
      Scanner input=new Scanner(System.in);
      do
      {
        System.out.print("请输入程序密码: ");
      userPass=input.nextLine();//从控制台获取用户输入的密码
      System.out.println();
      //字符串的equals()方法用于判断两个字符串的值是否相同
      }while(!userPass.equals(PASSWORD));//密码输入不正确，继续
循环，重新输入
      System.out.println("程序密码正确，继续执行！");
    }
}
```

程序运行结果如图2.10所示。

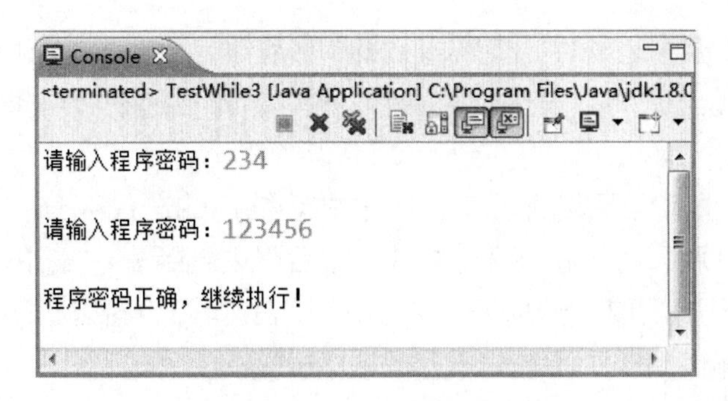

图2.10 do...while循环

2.3.3 for循环

前文介绍了while循环和do...while循环，其实程序员在编程过程中，使用比较多的循环结构是for循环。for循环的主要特点是结构清晰，易于理解，在解决能确定循环次数的问题时，首选for循环。for循环的语法形式如下。

```
for（表达式1;表达式2;表达式3）
{
    循环代码块
}
```

前文通过while循环完成了图形的输出，下面使用for循环完成同样的功能，具体代码如下。

```
public class TestFor1
{
  public static void main(String[] args)
  {
        int i;//声明循环参数
        //循环20次，每次输出20个*号
        for(i=0;i<20;i++)
        {
          System.out.println("********************");
        }
  }
}
```

for循环的重点在于其3个表达式。

- 表达式1通常是赋值语句，一般是循环语句的初始部分，为循环参数赋初值。表达式1可以省略，但需要在for语句前给循环参数先赋值。

• 表达式2通常是条件语句，即为循环条件，当该条件满足时，进入循环，不满足则跳出循环。表达式2也可以省略，即不判断循环条件，也就形成了死循环。

• 表达式3通常也是赋值语句，属于循环结构的迭代部分，当一次循环代码块执行完毕以后，程序执行表达式3，然后再去判断表达式2的循环条件是否满足。表达式3通常用来更改循环参数的值。表达式3也可以省略，如果省略，通常需要在循环代码块中添加修改循环参数的语句。

如果需要求出1 ~ 1000所有奇数的和，实现代码如下。

```
public class TestFor2
{
  public static void main(String[] args)
  {
    int sum=0;              //存放和
    //循环参数从1开始，步长为2(奇数和)，循环条件为i<=1000
    for(int i=l;i<=1000;i=i+2)
    {
        sum=sum+i;
    }
    System.out.println("l～1000所有奇数的和为"+sum);
  }
}
```

假设“瑞达系统”中可以存放10个Java工程师信息，现在需要分别输入这10个Java工程师的底薪，并计算出底薪大于等于6000的高薪人员比例以及这些高薪人员的底薪平均值，程序运行结果如图2.11所示。

图2.11 计算高薪人员比例及平均底薪

具体代码如下。

```
import java.util.Scanner;
public class TestFor3
{
   public static void main(String[] args)
   {
      int highNum=0;                //底薪大于等于6000的Java工程师人数
      int sumBasSalary=0; //高薪人员底薪总和
      Scanner input=new Scanner(System.in);
      for(int i=1;i<=10;i++)
      {
            System.out.print("请输入第"+i+"个工程师底薪: ");
            int basSalary=input.nextInt();
            if(basSalary>=6000)
            {
               highNum=highNum+1;                       //高薪人员计数
               sumBasSalary=sumBasSalary+basSalary;     //高薪人员底薪
求和
            }
            }
      System.out.println("10个Java工程师中，高薪人员比例："+highNum/
10.0*100+"%");
      System.out.println("高薪人员平均底薪："+sumBasSalary/highNum);
   }

}
```

细心的读者会发现，该程序在计算过程中有一个缺陷。sumBasSalary是一个int型的整数，存放的是高薪人员底薪之和，highNum也是一个int型的整数，存放的是高薪人员人数，两个int型的数相除，结果还是int型的数，会丢失小数点后面的精度。

2.3.4 双重for循环

前面的章节在介绍if语句的时候，提到了嵌套的if语句。同样，在for循环里，也可以嵌套for循环，如果只嵌套一次，就构成双重for循环。

需要在控制台输出20行，每行输出20个*，采用for循环20次，每次输出20个*，即输出图2.6中的图形。图2.7是需要在控制台输出19行，但每行输出的*的个数不同，第i行输出i个*，所以采用单次循环无法解决这个问题。接下来，通过双重for循环，输出图2.7中的图形，具体代码如下。

```
public class TestFor4
{
  public static void main(String[]args)
  {
    int i,j;                       //声明循环参数
    for(i=l;i<=19;i++)             //循环19次
    {
      for(j=1;j<=i;j++)            //每次输出当次个*
      {
        System.out.print("*");
      }
      System.out.println();
    }
  }
}
```

双重for循环的重点在于，内循环的循环条件往往和外循环的循环参数有关，例如本例中内循环的循环条件为j<=i，其中i是外循环的循环参数。

下面使用双重for循环再完成一个案例，这个案例的需求很简单，输出1至100的质数，具体实现代码如下，程序逻辑参考代码中的注释，其中continue语句后面会详细介绍。

```
public class TestFor5
{
  //输出1～100的质数
  public static void main(String[] args)
  {
    int i,j;//声明循环参数
    outer: for(i=2;i<100;i++)              //从2开始，逐个递增进行判断
    {
      //Math.sqrt(i)方法是求i的平方根
      for(j=2;j<=Math.sqrt(i);j++)         //从2开始，逐个递增到外循
环的平方根
```

```
        {
            if(i%j==0)//外循环数除以内循环数，余0非质数，跳出内循环
            continue outer;//跳出内循环到outer标识的位置继续循环
         }
         System.out.println(i);//否则显示质数
        }
      }
    }
```

2.3.5 跳转语句

在介绍switch语句的时候，首次接触了break语句，其作用是跳出switch代码块，执行switch语句后面的代码。在介绍双重for循环时，用到了continue语句，continue语句的主要作用为跳出当次循环，继续执行下一次循环。其中break、continue以及后面要学到的return语句，都是让程序从一部分跳转到另一部分，习惯上都称为跳转语句。

在循环体内，break语句和continue语句的区别在于使用break语句是跳出循环执行循环之后的语句，而continue语句是中止本次循环继续执行下一次循环。在企业面试的时候，这个问题经常被问到。大家通过前面的案例以及后面的上机任务，能体会到两者的区别，掌握其具体使用方法，这里不再详细举例。

2.4 方法

方法是Java中一个命名的代码块，如同在数学中用到的函数，在其他语言中常直接称为函数。

方法通常是为完成一定的功能，把程序中特定的代码块组合在一起而构成的，其主要优点体现在两个方面，一个是可以重用，另一个是使程序结构更加清晰。

2.4.1 Java方法概述

2.3.4节通过双重for循环完成图2.12所示的输出。现在假设需求做了调整，需要输出3个类似的图形（规则一样），第一个图形是5行*，第二个图形是8行*，第三个图形是12行*，如图2.13所示，具体的代码如下。

```
*
**
***
****
*****
******
*******
********
*********
**********
***********
************
*************
**************
***************
****************
*****************
******************
*******************
```

图2.12 输出图形1

```
*
**
***
****
*****
*
**
***
****
*****
******
*******
********
*
**
***
****
*****
******
*******
********
*********
**********
***********
************
```

图2.13 输出图形2

```
public class TestMethod1
{
  public static void main(String[] args)
  {
    //输出第一个图形，5行*
    for(int i=1;i<=5;i++)
    {
      for(int j=1;j<=i;j++)
      {
        System.out.print("*")
      }
      System.out.println();
    }
    //输出第二个图形，8行*
```

```
        for(int i=1;i<=8;i++)
        {
            for(int j=l;j<=i;j++)
            {
                System.out.print("*");
            }
        System.out.println();
        }
        //输出第三个图形，12行*
        for(int i=l;i<=12;i++)
        {
            for(int j=1;j<=i;j++)
            {
                System.out.print("*");
            }
        System.out.println();
        }
    }
}
```

虽然使用上面的代码可以实现图2.13所示图形的输出，但给程序员的感觉是编写了大量重复的代码。并且如果这个输出图形的规则发生变化，则需要分别在输出图形的代码块中进行更改，比较麻烦且容易忘记。

接下来用Java的方法解决这个问题，Java方法声明的语法形式如下。

```
[修饰符] 返回值类型                方法名([形参列表]){
        方法体
}
```

其中，大括号前面的内容称为方法头，大括号里面的称为方法体。下面具体介绍Java方法声明中的各元素。

• 修饰符：用来规定方法的一些特征，包括它的可见范围以及如何被调用。例如，我们一直在使用的main方法，其中的public static就是修饰符，public表示这个方法的可见范围，而static表示main方法是一个静态方法，这些内容后面的章节会详细介绍。

• 返回值类型：表示该方法返回什么样类型的值。方法可以没有返回值，这时需要用void表示返回值类型。当一个方法需要返回值时，那么方法体里就必须使用return语句返回此类型的值，举例如下。

```
public void drawCircular(){...}          //该方法没有返回值
public int returnInt()                   //该方法返回值为int类型
{
        int x=10;
        ...
        return x;
}
```

这里需要强调，return也是一种跳转语句，和前面学过的break语句和continue语句一样，不同点在于方法执行到return语句后，会返回给主调方法。

• 方法名：必须符合标识符的命名规则，并且能够望文知意，前面在介绍标识符时详细介绍过。

• 形参列表：参数用来接收外界传来的信息，可以是一个或多个，也可以没有参数，但无论是否有参数，必须有小括号。方法中的这些参数称为形式参数，简称形参，形参必须说明数据类型，举例如下。

```
public int returnAdd(intx,int y)
{
        return x+y;
}
```

这个方法中有两个形参，都是int型的，返回值也是int型。

接下来，把前面输出图形的功能用一个方法来实现，这个方法没有返回值，方法名为drawStar，有1个参数：输出*的行数x，具体代码如下。

```
public static void drawStar(int x)
{
        for(int i=l;i<=x;i++)
        {
            for(int j=l;j<=I;j++)
            {
                System.out.print("*");
            }
            System.out.println();
        }
}
```

上面的代码只声明了方法，接下来介绍如何使用方法，即方法的调用。这里只介绍类内部方法的调用，关于调用其他类的方法，在后面面向对象的章节中会进行讲解。在类内部调用方法很简单，只需给出方法名以及方法的实际参数列表（实参列表的数据类型必须与形参列表一致或可以自动转换成形参列表的格式）即可。如果方法有返回值，则可以赋值给相应类型的变量。例如以下形式。

```
int x=returnAdd(3+5);
drawStar(8);
```

综合以上学习的内容，采用方法调用的方式实现输出图2.13所示图形的代码如下。

```
public class TestMethod2
{
  public static void main(String[] args)
  {
    drawStar(5);          //调用drawStar方法，实参为5，表示行数
    drawStar(8);          //调用drawStar方法，实参为8，表示行数
    drawStar(12);         //调用drawStar方法，实参为12，表示行数
  }
  //输出一个图形，共x行，每行输出的*的个数与行数相等
  public static void drawStar(int x)
  {
    for(int i=1;i<=x;i++)
    {
    for(int j=1;j<=i;j++)
    {
      System.out.print("*");
    }
    System.out.println();
  }
  }
}
```

通过比较实现相同功能的两组不同的代码可以看出，使用方法调用的形式，代码结构清晰，方法声明可以被复用。

以上提到的方法都是用户自定义方法，JDK本身也提供了很多方法，我们一直都在使用。例如，System.out.println()为用户向控制台输出方法，nextInt()方法（Scanner类）为从控制台获取用户输入的整数方法，Math.sqrt(i)为求i的平方根方法等。具体JDK方法的使用，请读者查阅JDK API文档。

2.4.2 Java方法的使用

介绍while循环时，完成了如图2.14所示功能的程序，其中所有的代码都写在main方法里。接下来使用方法调用的方式组织程序结构，完成相同的功能。

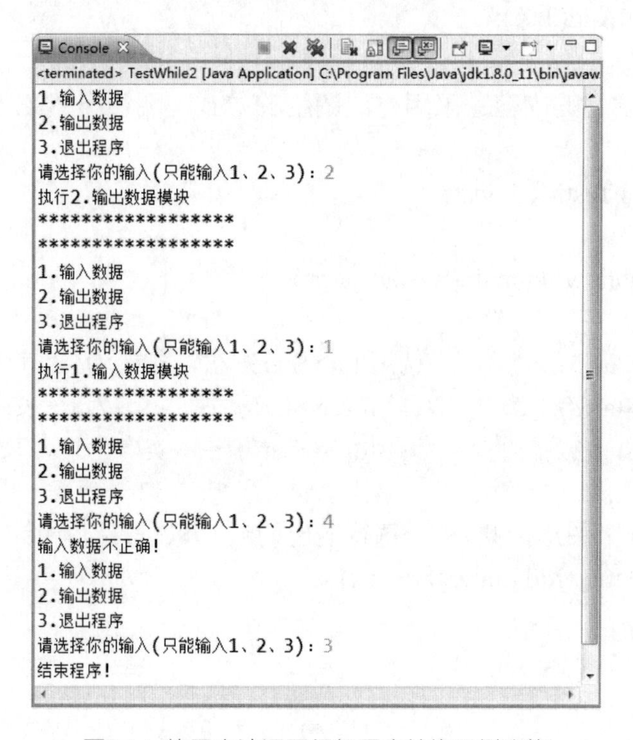

图2.14 使用方法调用组织程序结构示例功能

程序包含如下方法。

public static int showMenu(){...}：该方法显示程序主界面，返回用户输入的功能菜单数。

public static void inputData(){...}：该方法执行模块1，完成输入数据的功能。

public static void outputData(){...}：该方法执行模块2，完成输出数据的功能。

public static void main(String[] args)：程序入口方法，使用while循环输出主界面，调用showMenu()方法获得用户输入，根据用户输入值使用switch语句，分别调用inputData()和outputData()方法。另外，原来的userSel是main方法中的局部变量，现在需要改为成员变量，由多个方法共享。具体代码如下所示。

```
import java.util.Scanner;

public class TestMethod3
```

```
{
  // 原来的userSel是main方法中的局部变量，现在需要改为成员变量，由多个方法共享
  static int userSel = -1;

  public static void main(String[] args)
  {
    while (true)
    {
        userSel = showMenu(); // 调用showMenu()方法获得用户输入
        switch (userSel)
        {
            case 1:
            inputData(); // 调用inputData()方法
            break;
            case 2:
            outputData(); // 调用outputData()方法
            break;
            case 3:
            System.out.println("结束程序！");
            break;
            default:
            System.out.println("输入数据不正确！");
            break;
        }
        if (userSel == 3) // 当用户输入3时，退出while循环，结束程序
        {
            break;
        }
    }
  }

  // 该方法显示程序主界面，返回用户输入的功能菜单数
  public static int showMenu()
  {
      System.out.println("1.输入数据");
```

```
        System.out.println("2.输出数据");
        System.out.println("3.退出程序");
        System.out.print("请选择你的输入(只能输入1、2、3): ");
        Scanner input = new Scanner(System.in);// 从控制台获取用户输
入的选择
        userSel = input.nextInt();
        return userSel;
    }
    // 该方法执行模块1，完成输入数据的功能
    public static void inputData()
    {
        System.out.println("执行1.输入数据模块");
        System.out.println("******************");
        System.out.println("******************");
    }

    // 该方法执行模块2，完成输出数据的功能
    public static void outputData() {
        System.out.println("执行2.输出数据模块");
        System.out.println("******************");
        System.out.println("******************");
    }
}
```

2.4.3 方法递归调用

递归调用是指一个方法在它的方法体内调用它自身。Java允许方法的递归调用，在递归调用中，主调方法同时也是被调方法。执行递归方法将反复调用其自身，每调用一次就再进入一次本方法。

递归调用存在这样一个问题：如果递归调用没有退出的条件，则递归方法将无休止地调用其自身，这显然是不正确的。为了防止递归调用无休止地进行，必须在方法内有终止递归调用的手段。通常的做法是增加条件判断，满足某条件后就不再进行递归调用，然后逐层返回。

接下来使用递归调用计算整数n的阶乘，具体代码如下。

```
public class TestMethod4
{
```

```
    public static void main(String[] args)
    {
        System.out.println(factorial(5));
    }

    // 求n的阶乘的方法
    static long factorial(int n)
    {
        if (n = l) // 判断条件，一旦满足就不再递归，逐层返回
        {
            return 1;
        }
        long sum = factorial(n−1); // 递归调用
        return sum * n; // 逐层返回求阶乘
    }
}
```

使用递归调用虽然使程序编写会简单一些，但是不易于理解，在实际编程过程中建议不要使用递归调用。

2.5 数组

在本章简介中提到，“瑞达系统”中存的是一个Java工程师，如果“瑞达系统”需要存100个Java工程师，难道需要定义100个编号变量、100个姓名变量和100个底薪变量吗？显然，编程语言不会这么“傻”。Java提供了一种称为数组的数据类型，数组不是基本数据类型，而是引用数据类型。

数组是把相同类型的若干变量按一定顺序组织起来，这些按序排列的同类型数据元素的集合称为数组。数组有两个核心要素：相同类型的变量和按一定的顺序排列。数组中的元素在内存中是连续存储的。数组中的数据元素可以是基本类型，也可以是引用类型。

2.5.1 一维数组

使用数组时，需要声明、创建、赋值和使用这几个步骤。

1. 数组的声明

声明数组的语法形式如下，推荐使用前一种。

“数据类型[] 数组名;”或“数据类型 数组名[];”。

声明数组就是告诉计算机，该数组中元素是什么类型的，例如以下形式。

int engNo[];

double[]engSalary;

String[]engName;//String字符串是引用类型，engName数组里存放的是引用类型元素

必须注意的是，Java中声明数组的时候不可以指定数组长度，例如int engNo[100]是非法的。

2. 创建数组

所谓创建数组，就是要为数组分配内存空间，不分配内存是不能存放数组元素的，创建数组就是在内存中划分出几个连续的空间用于依次存储数组中的数据元素，其语法形式如下。

数组名=new数据类型[数组长度];

可以把数组声明和数组创建合并，其语法形式如下。

数据类型[] 数组名=new数据类型[数组长度];

其中数组长度就是数组中存放的元素个数，必须是整数。例如以下形式。

int[] engNo=new int[5];

String[] engName=new String[5];

3. 数组元素赋值和使用

创建完数组之后，就可以给数组赋值并使用数组了。在使用数组时，主要通过下标来访问数组元素。给数组赋值的语法形式如下。

数组名[数组下标]=数值;

尤其需要注意的是，数组下标从0开始编号，数组名[0]代表数组中第1个元素，数组名[1]代表数组中第2个元素……数组下标的最大值为数组长度减1，如果下标值超过最大值会出现数组下标越界问题。例如以下形式。

engNo[0]=1001;

engNo[l]=1002;

engName[4]="孙传杰";

假设“瑞达系统”中可以存放10个Java工程师信息，现在需要分别输入这10个Java工程师的底薪，计算出底薪大于等于6000的高薪人员比例以及这些高薪人员的底薪平均值，程序运行结果如图2.15所示。

之前的做法是使用for循环，在用户输入的时候，立刻进行判断，统计出高薪人员的人数和高薪人员底薪总和，然后计算得出结果。但如果需要保留这10个Java工程师底薪的信息，并需要根据用户选择输出这个工程师的底薪（如图2.15所示），这样的做法就完成不了任务了。接下来采用数组来完成这个案例，具体代码如下。

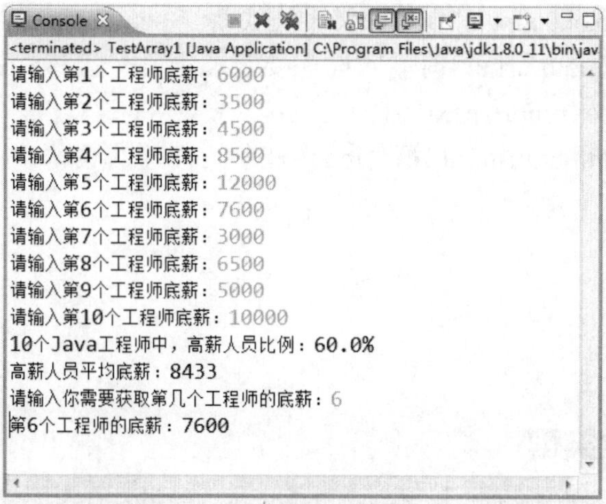

```
Console
<terminated> TestArray1 [Java Application] C:\Program Files\Java\jdk1.8.0_11\bin\jav
请输入第1个工程师底薪：6000
请输入第2个工程师底薪：3500
请输入第3个工程师底薪：4500
请输入第4个工程师底薪：8500
请输入第5个工程师底薪：12000
请输入第6个工程师底薪：7600
请输入第7个工程师底薪：3000
请输入第8个工程师底薪：6500
请输入第9个工程师底薪：5000
请输入第10个工程师底薪：10000
10个Java工程师中，高薪人员比例：60.0%
高薪人员平均底薪：8433
请输入你需要获取第几个工程师的底薪：6
第6个工程师的底薪：7600
```

图2.15 用数组存放Java工程师底薪

```
import java.util.Scanner;
public class TestArray1
{
    public static void main(String[] args)
    {
      int highNum=0; //底薪大于等于6000的Java工程师人数
      int sumBasSalary=0; //高薪人员底薪总和
      int[] basSalary=new int[10]; //创建一个长度为10的整型数组
      Scanner input=new Scanner(System.in);
      for(int i=1;i<=10;i++)
      {
        System.out.print("请输入第"+i+"个工程师底薪: ");
        //依次让用户输入第i个工程师的底薪，注意下标是i-1
        basSalary[i-1]=input.nextInt();
        if(basSalary[i-1]>=6000)
        {
          highNum=highNum+1; //高薪人员计数
          sumBasSalary=sumBasSalary+basSalary[i-1]; //高薪人员底
薪求和
        }
      }
      System.out.println("10个Java工程师中，高薪人员比例："+highNum/
10.0*100+"%");
```

```
            System.out.println("高薪人员平均底薪: "+sumBasSalary/highNum);
            System.out.print("请输入你需要获取第几个工程师的底薪: ");
            int index=input.nextInt();
            System.out.println("第"+index+"个工程师的底薪: "+basSalary
[index-1]);
        }

    }
```

2.5.2 引用数据类型

前面学习Java基本数据类型的时候提到，Java数据类型分为两大类，分别是基本数据类型和引用数据类型，接下来会从存储空间的角度讲解引用数据类型。

假设要声明Java工程师的底薪变量basSalary并对其赋值，其语句如下。

```
Int basSalary=6000;
```

其内存操作为，首先系统给变量basSalary分配了4字节的内存空间，然后把6000这个int型的数值赋给变量basSalary。

如果用数组（引用数据类型）存放5个Java工程师的底薪，其中第1个工程师的底薪为6000，其语句如下。

```
int[] basSalary;
basSalary=new int[5];
basSalary[0]=6000;
```

其内存操作为，声明一个basSalary变量，这个变量是在栈中存放的一个地址，用于指向实际int型数组存放的位置。

在堆内存中创建5个连续的、存放int型元素的空间，并把存储空间的首地址赋给变量basSalary，使变量basSalary指向数组存放的位置。

在堆内存创建5个连续的、存放int型元素的空间时，会默认进行初始化，如图2.16所示。如果数组元素的类型为基本数据类型，其默认初始化的值为0、0.0、'\u0000'或false；如果是引用数据类型，默认初始化的值为null。

把6000这个int型的数值放入通过basSalary指向的数组存储空间的第1个位置，如图2.17所示。

内存存储形式的不同是基本数据类型和引用数据类型的本质区别，引用数据类型的名称实际代表的是存放引用数据类型的地址，不是引用数据类型本身。在Java中，数组是引用数据类型，类以及后面要学到的接口也是引用数据类型，前面用到的存放字符串的String类型就是引用数据类型。

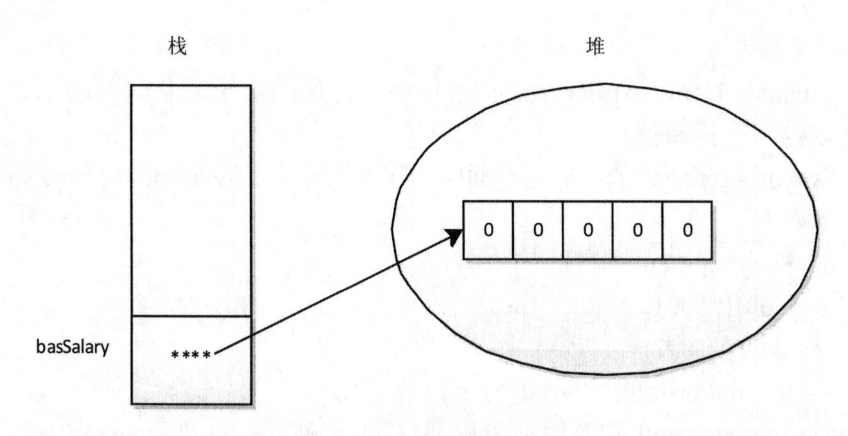

图2.16　引用数据类型初始化

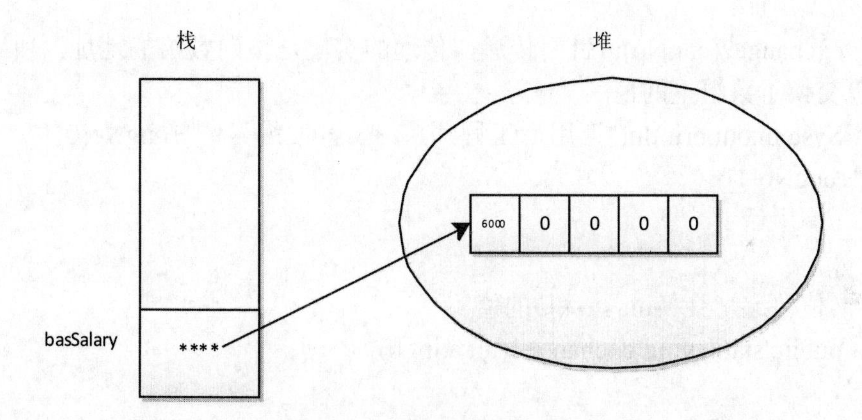

图2.17　引用数据类型赋值

2.5.3 值传递与引用传递

值传递和引用传递是调用方法时必须注意的问题。接下来看这样一段代码。

```
public class TestArray2
{

  public static void main(String[] args)
  {
  int engNo1=1001;
  int engNo2=1002;
  System.out.println("值传递交换数值");
  System.out.println("调用前工程师1、工程师2编号："+engNo1+"\
t"+engNo2);
```

```
    //调用前
    exchange1(engNo1,engNo2);//值传递，传递的实质是数值的副本，
所以没有交换原值
    System.out.println("调用后工程师1、工程师2编号："+engNo1+"\t"+engNo2);
    //调用后
    int[] engNo=new int[2];
    engNo[0]=1001;
    engNo[1]=1002;
    System.out.println("引用传递交换数值");
    System.out.println("调用前工程师1、工程师2编号："+engNo[0]+"\
t"+engNo[1]);
    //调用前
    exchange2(engNo);//引用传递，传递的实质是指向数组的地址，所
以交换了数组里的值
    System.out.println("调用后工程师1、工程师2编号："+engNo[0]+"\
t"+engNo[1]);
    //调用后
    }
    //值传递，交换int型a和b的值
    public static void exchange1(int a,int b)
    {
      int temp=a;
      a=b;
      b=temp;
    }
    //引用传递，交换数组x第1个元素和第2个元素的值
    public static void exchange2(int[] x)
    {
      int temp=x[0];
      x[0]=x[1];
      x[1]=temp;
    }


}
```

采用值传递时，其传递的实质是数值的副本，所以在调用使用值传递交换数据的方法时，只是在方法内将值的副本的数据内容进行了交换，其原数据本

身并没有发生变化。

而采用引用传递时，其传递的实质为引用的地址，本例中传递的是数组的地址，在调用使用引用传递交换数据的方法时，是对这个地址指向的数据进行了交换，即对原数组的值进行了交换。

程序运行结果如图2.18所示。

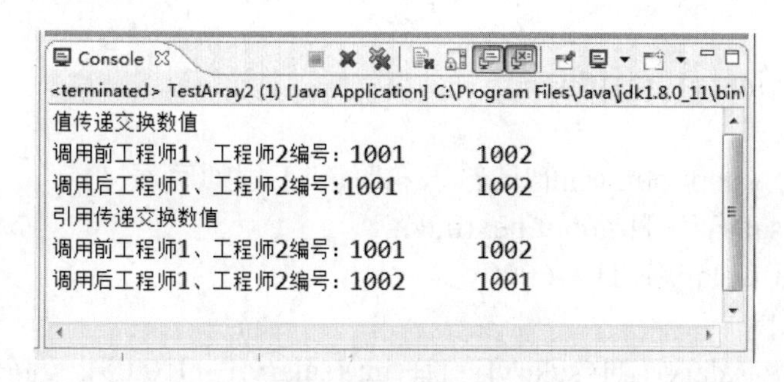

图2.18 值传递和引用传递

上述案例，系统中可以存放10个Java工程师的信息，容许用户输入这10个Java工程师的底薪，当时的需求如下。

（1）计算出底薪大于等于6000的高薪人员比例以及这些高薪人员的底薪平均值。

（2）输出用户选择的某个工程师的底薪。

现在调整需求，在用户输入这10个Java工程师的底薪后，对他们的底薪进行加薪，加薪标准如下。

（1）底薪大于等于6000元的高薪人员，加薪5%。

（2）非高薪人员，加薪10%。

最后输出用户选择的某个工程师加薪后的底薪，程序代码如下所示。

```
import java.util.Scanner;
public class TestArray3
{

    static int[] basSalary=new int[10];     //创建一个长度为10的整型数
组，存放工程师底薪
    static Scanner input=new Scanner(System.in);
    public static void main(String[] args)
    {
      //调用inputEngSalary方法输入工程师底薪并执行加薪操作
      inputEngSalary(basSalary); //采用引用传递
```

```
        System.out.print("请输入你需要获取第几个工程师加薪后的底薪：");
        int index=input.nextInt();
        System.out.println("第"+index+"个工程师加薪后的底薪："
+basSalary[index-1]);
    }
    public static void inputEngSalary(int[] salary)
    {
        for(int i=1;i<=10;i++)
        {
            System.out.print("请输入第"+i+"工程师底薪: ");
            salary[i-1]=input.nextInt();
            if(salary[i-1]>=6000)
            {
                salary[i-1]=salary[i-1]+(int)(salary[i-1]*0.05); //高薪人员
加薪5%
        }
        else
        {
                salary[i-1]=salary[i-1]+(int)(salary[i-1]*0.1); //非高薪人员
计数10%
            }
        }
    }

}
```

程序运行结果如图2.19所示。

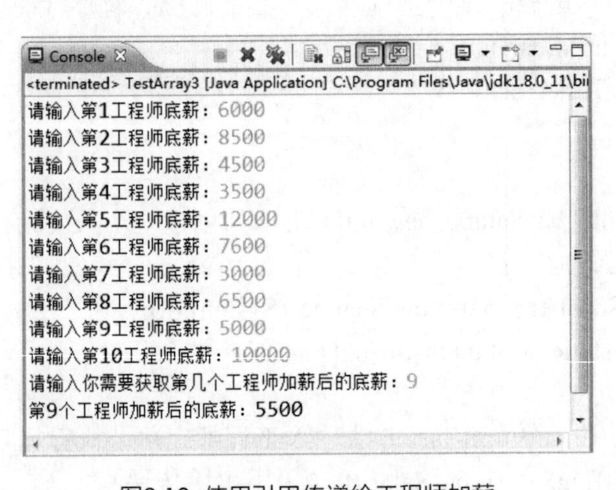

图2.19 使用引用传递给工程师加薪

2.5.4 一维数组初始化

在前面的案例中，一般采用for循环的方式给数组赋值，接下来介绍一维数组初始化的方法。

在声明、创建的时候同时初始化，例如以下形式。

int[] engNo=new int[]{1001,1002,1003,1004,1005};

String[] engName=new String[]{"柳海龙","孙传杰","孙悦");

甚至可以直接写成如下形式。

int[] engNo={1001,1002,1003,1004,1005};

String[] engName={"柳海龙","孙传杰","孙悦"};

int型、String型数组初始化时，内存中的结构如图2.20和图2.21所示。

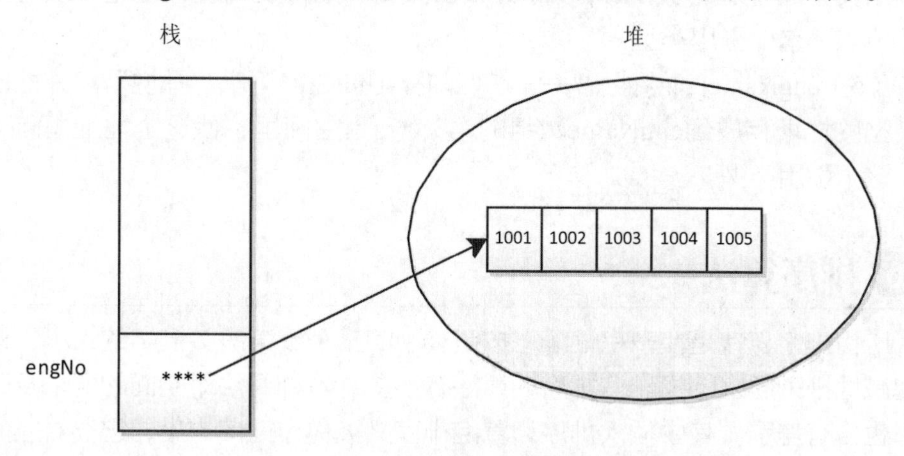

图2.20 int型数组初始化

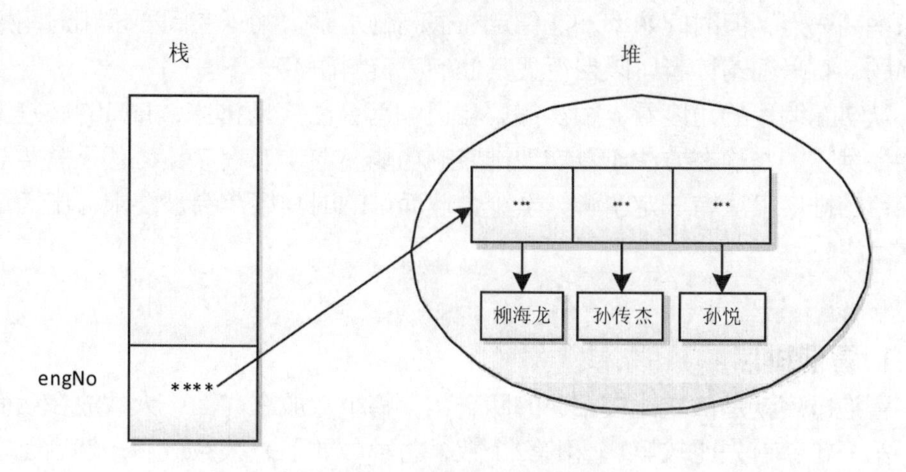

图2.21 String型数组初始化

语句String[] engName={"柳海龙","孙传杰","孙悦"}对数组声明、创建并初始化的过程可以细分为如下几步。

（1）String[] engName——在栈内存中分配1个空间，用于存放字符串数组的地址。

（2）engName=new String[3]——在堆内存中分配3个连续空间，并把地址赋给engName，使栈内存中的地址指向这3个连续的内存空间，这3个空间里存放的默认初始值为null。

（3）engName[0]="柳海龙"——在堆内存中创建字符串“柳海龙”，并把该引用类型的地址存放到engName数组的第1个元素空间里，使这个地址指向“柳海龙”这个引用类型。

（4）engName[l]="孙传杰"——在堆内存中创建字符串“孙传杰”，并把该引用类型的地址存放到engName数组的第2个元素空间里，使这个地址指向“孙传杰”这个引用类型。

（5）engNanie[2]="孙悦"——在堆内存中创建字符串“孙悦”，并把该引用类型的地址存放到engName数组的第3个元素空间里，使这个地址指向“孙悦”这个引用类型。

2.6 排序算法

所谓排序，就是使一串记录，按照其中的某个或某些关键字的大小，递增或递减地排列起来的操作。排序的算法有很多，各种算法对空间的要求及时间效率也各有差别。其中插入排序和冒泡排序又被称作简单排序，它们对空间的要求不高，但时间效率不稳定。而其他一些排序相对简单排序来说，对空间的要求稍高一点，但时间效率却能稳定在很高的水平。关于空间要求和时间效率的问题，有兴趣的读者可以自行找其他参考资料研究一下。

从实际编程的角度看，很少需要自己编写算法实现排序，Java的一些工具类中提供了一些静态方法可以实现排序的功能。但作为程序员，还是需要对一些简单的排序算法有一定了解，至少企业面试的时候经常会被要求写出指定的排序算法。

2.6.1 冒泡排序

冒泡排序就是依次比较相邻的两个数，将小数放在前面，大数放在后面。

第一轮：首先比较第1个和第2个数，将小数放前，大数放后；然后比较第2个数和第3个数，将小数放前，大数放后，如此继续，直至比较最后两个数，将小数放前，大数放后；至此第一轮结束，将最大的数放到了最后。

第二轮：仍从第一对数开始比较，将小数放前，大数放后，一直比较到倒数第二个数（倒数第一的位置上已经是最大的数），第二轮结束，在倒数第二的位置上得到一个新的最大数（其实在整个数列中是第二大的数）。

按此规律操作，直至最终完成排序。由于在排序过程中总是小数往前放，大数往后放，类似于小的气泡往上升，所以称作冒泡排序。

通过上面的分析可以看出，假设需要排序的序列的个数是n，则需要经过n-1轮，最终完成排序。在第一轮中，比较的次数是n-1次，之后每轮减少1次。

用Java语言实现冒泡排序，可以用双重for循环实现，其核心代码如下。

```
static void bubbleSort(int[] a) //引用传递
{
    int temp;
    //数组的长度可以通过"数组名.length"获得
    for(int i=0;i<a.length-1;i++) //需要比较n-1轮
    {
        for(int j=0;j<a.length-i-1;j++) //根据a.length-i-1，每轮需要
比较的次数逐轮减少1次
        {
            if(a[j]>a[j+1]) //相邻数进行比较，符合条件进行替换
            {
                temp=a[j];
                a[j]=a[j+1];
                a[j+1]=temp;
            }
        }
    }
}
```

2.6.2 插入排序

插入排序包括直接插入排序、二分插入排序、链表插入排序和希尔排序。接下来介绍比较简单的直接插入排序。

直接插入排序存在两个表，一个是有序表，另一个是无序表。每次从无序表中取出第一个元素，把它插入到有序表的合适位置，使有序表仍然有序。

第一轮：比较无序表中前两个数，然后按顺序插入到有序表中，剩下的数仍在无序表中。

第二轮：把无序表中剩下的第一个数与有序表的两个数进行比较，然后把这个数插入到合适位置。

按此规律操作，直至无序表中的数全部插入到有序表，完成排序。

用Java实现直接插入排序的核心代码如下。

```
Static void insertSort(int[] a)  //引用传递
{
    for(inti=1;i<a.length;i++)
    {
      int j=-1;
      while(j<=i&&a[i]>a[++j]); //找到a[i]应该摆放的位置
      if(j<i)
      {
          //将j之后的数据移动一位，然后把a[i]移动到j处
          int temp=a[i];
          for(int k=i-1;k>=j;k--)
          {
              a[k+1]=a[k];
          }
          a[j]=temp;
      }
    }
}
```

直接插入排序没有充分地利用“已插入的数据已经排序”这个事实，因此有很多针对直接插入排序改进的算法，例如二分插入排序，这里不再赘述。

2.7 二维数组

前面介绍的数组只有一个维度，称为一维数组，其数组元素也只有一个下标变量。在实际问题中有很多情况是二维或多维的，Java允许构造多维数组存储多维数据。多维数组的数组元素有多个下标，以标识它在数组中的位置。在编程中，经常会用到二维数组，更高维度的数组在实际编程中很少使用，所以这里仅介绍二维数组。

2.7.1 二维数组简介

声明并创建二维数组的语法形式如下。

“数据类型[][]数组名;”或“数据类型 数组名[][];”两种形式均可创建二维数组。

数组名=new数据类型[第一维长度][第二维长度];

在创建的时候，可以同时设置第一维长度和第二维长度，也可以只设置第一维长度，但不可以只设置第二维长度。例如以下形式。

int[][]arr=new int[3][4];

直观来看，上面的例子就是定义了一个3行4列的二维数组，数组名为arr。该数组的下标变量共有12（3 × 4）个，即以下形式。

arr[0][0],arr[0][1],arr[0][2],arr[0][3]

arr[1][0],arr[1][1],arr[1][2],arr[1][3]

arr[2][0],arr[2][1],arr[2][2],an[2][3]

二维数组本质是一维数组，其中这个一维数组的每个元素都是引用类型，分别指向不同的一维数组，其内存结构和之前介绍的String型一维数组类似。

二维数组的赋值和使用与一维数组类似，都是通过下标访问数组元素，不同的是一维数组只有一个下标，而二维数组有两个下标，分别表示该元素所在数组的行数和列数。例如arr[0][3]，其表示的是数组arr中第1行第4列的元素。

在声明并创建数组（int[][]arr=new int[3][4];）之后，可使用的数组下标范围为arr[0][0] ~ arr[2][3]，这一点和一维数组类似，需要注意数组下标越界的问题。

同一维数组一样，二维数组在创建的时候也可以初始化，例如以下形式。

int[][]arr1={{2,3},{1,5},{3,9}};//初始化一个3行2列的整型二维数组

int[][]arr2={{1,2,3},{1,5},{3,9)};//初始化一个3行的整型二维数组

其中数组arr2第一行有3个元素，第二行和第三行有2个元素，对于这类每行元素数不同的二维数组，在使用时尤其需要注意数组下标越界的问题。

2.7.2 二维数组的使用

接下来完成一个案例：某学习小组有4个学生，每个学生有3门课的考试成绩，如表2.1所示。求各科目的平均成绩和总平均成绩。

表2.1　学生成绩表

科目\姓名	王云	刘静涛	南天华	雷静
Java基础	77	65	91	84
前端技术	56	71	88	79
后端技术	80	81	85	66

程序运行结果如图2.22所示，具体代码如下。

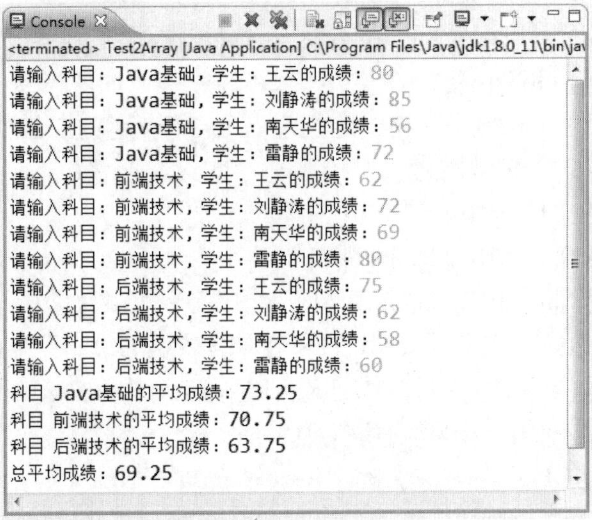

```
Console
<terminated> Test2Array [Java Application] C:\Program Files\Java\jdk1.8.0_11\bin\jav
请输入科目：Java基础，学生：王云的成绩：80
请输入科目：Java基础，学生：刘静涛的成绩：85
请输入科目：Java基础，学生：南天华的成绩：56
请输入科目：Java基础，学生：雷静的成绩：72
请输入科目：前端技术，学生：王云的成绩：62
请输入科目：前端技术，学生：刘静涛的成绩：72
请输入科目：前端技术，学生：南天华的成绩：69
请输入科目：前端技术，学生：雷静的成绩：80
请输入科目：后端技术，学生：王云的成绩：75
请输入科目：后端技术，学生：刘静涛的成绩：62
请输入科目：后端技术，学生：南天华的成绩：58
请输入科目：后端技术，学生：雷静的成绩：60
科目 Java基础的平均成绩：73.25
科目 前端技术的平均成绩：70.75
科目 后端技术的平均成绩：63.75
总平均成绩：69.25
```

图2.22 二维数组的应用

```
import java.util.Scanner;
public class Test2Array
{
    public static void main(String[] args)
    {
      int i=0;
      int j=0;
      String[] course={"Java基础","前端技术","后端技术"};
      String[] name={"王云","刘静涛","南天华","雷静"};
      int[][] stuScore=new int[3][4]; //存放所有学生各科成绩
      int[]singleSum=new int[]{0,0,0}; //存放各科成绩的和
      int allScore=0; //存放总成绩
      Scanner input=new Scanner(System.in);
      //输入成绩，对单科成绩累加，对总成绩累加
      for(i=0;i<3;i++)
      {
          for(j=0;j<4;j++)
          {
             System.out.print("请输入科目："+course[i]+"，学生："
+name[j]+"的成绩：");
```

```
                stuScore[i][j]=input.nextInt(); //读取学生成绩
                singleSum[i]=singleSum[i]+stuScore[i][j]; //单科成绩累加
            }
            allScore=allScore+singleSum[i]; //总成绩累加
        }
        for(i=0;i<3;i++)
        {
            System.out.println("科目"+course[i]+"的平均成绩："+singleSum[i]/4.0);
        }
        System.out.println("总平均成绩: "+allScore/12.0);
    }

}
```

任务实施

2.8 任务1 控制结构应用

2.8.1 子任务1 商城送礼

目标：

新建一个程序，完成如下功能。

一个商城在国庆节期间根据用户积分数决定给用户送哪种礼物，在控制台允许用户输入积分数x，根据用户的输入在控制台输出所送礼物。

- $x<5000$，则输出“国庆节快乐，送您一张贺卡!”。
- $5000\leqslant x<10000$，则输出“国庆节快乐，送您一个杯子！”。
- $10000\leqslant x<30000$，则输出“国庆节快乐，送您一套餐具！”。
- $x\geqslant 30000$，则输出“国庆节快乐，送您一套精美骨质瓷器！”。

时间：10分钟。

工具：Eclipse。

2.8.2 子任务2 学习班结业

目标：完成本章2.2节的所有程序。

时间：20分钟。

工具：Eclipse。

2.8.3 子任务3 功能模块跳转

目标：

修改“瑞达系统”，当用户输入某个数（非0）时，执行该模块的功能，执行完毕之后，继续输出主界面。当用户输入0，则退出程序。程序运行结果如图2.23所示。

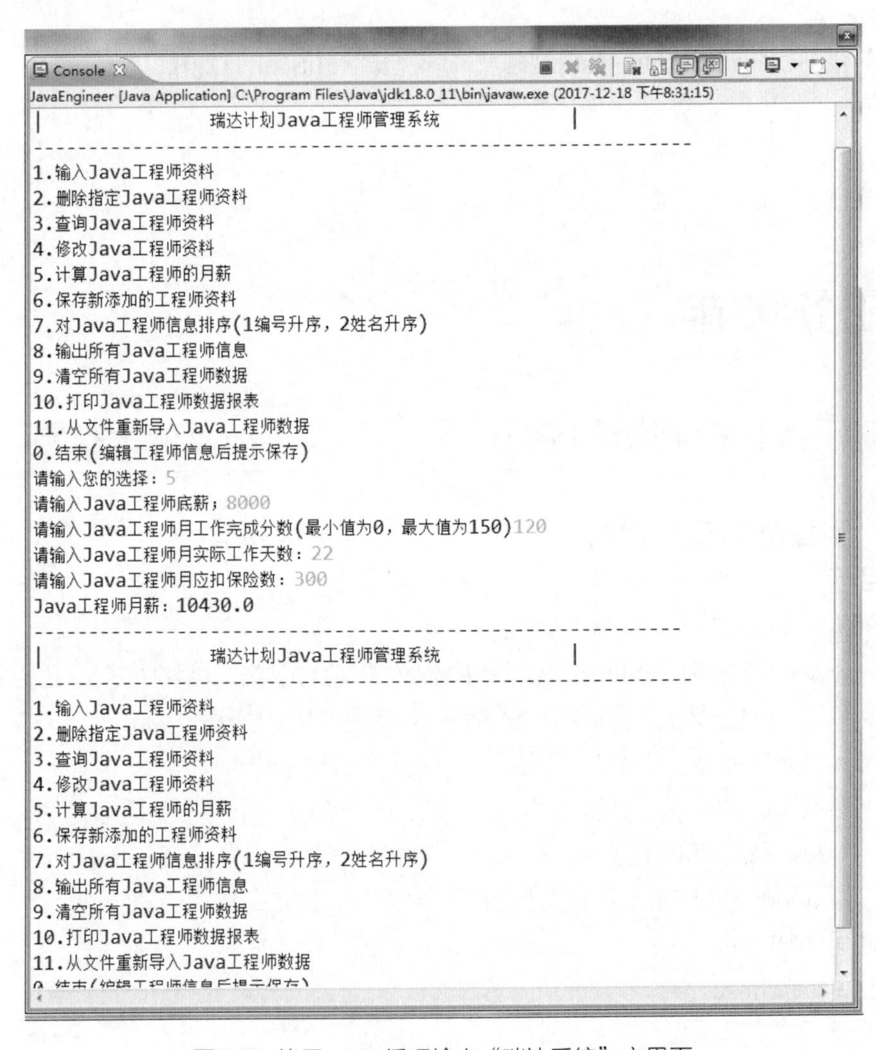

图2.23 使用while循环输出“瑞达系统”主界面

时间：20分钟。

工具：Eclipse。

实现思路： 参考图2.23对应程序的实现思路。

参考答案：

```
import java.util.Scanner;
public class JavaEngineer
{
    public static void main(String[] args)
    {
      double engSalary=0.0;                    //Java工程师月薪
      int basSalary=3000;                      //底薪
      int comResult=100;
//月工作完成分数(最小值为0，最大值为150)
      double workDay=22;                       //月实际工作天数
      double insurance=3000*0.105;             //月应扣保险数
      Scanner input=new Scanner(System.in);
//从控制台获取输入的对象
      int userSel=-1;                          //用户选择的数
      while(true)//使用whik(true)，在单个模块功能执行结束后，重
新输出主界面，继续循环
      {
        //显示主界面
        System.out.printin("-----------------------------------------------");
        System.out.println("|瑞达计划Java工程师管理系统|");
        System.out.println("-----------------------------------------------");
        System.out.println("1.输入Java工程师资料");
        System.out.println("2.删除指定Java工程师资料");
        System.out.println("3.查询Java工程师资料");
        System.out.println("4.修改Java工程师资料");
        System.out.println("5.计算Java工程师的月薪");
        System.out.prmtln("6.保存新添加的工程师资料");
        System.out.println("7.对Java工程师信息排序(1编号升序，2姓
名升序)");
        System.out.println("8.输出所有Java工程师信息");
        System.out.println("9.清空所有Java工程师数据");
        System.out.println("10.打印Java工程师数据报表");
        System.out.println("11.从文件重新导入Java工程师数据");
```

```
            System.out.println("0.结束(编辑工程师信息后提示保存)");
            System.out.print("请输入您的选择: ");
            userSel=input.nextInt();
            switch(userSel)
            {
                  case1:
                  System.out.println("本模块功能未实现");
                  break;
                  case2:
                  System.out.println("本模块功能未实现");
                  break;
                  case3:
                  System.out.println("本模块功能未实现");
                  break;
                  case4:
                  System.out.println("本模块功能未实现");
                  break;
                  case5:
                  System.out.print("请输入Java工程师底薪；");
                  basSalary=input.nextint();//从控制台获取输入的底薪，
将其赋值给basSalary
                  System.out.print("请输入Java工程师月工作完成分数
(最小值为0，最大值为150)");
                  comResult=input.nextInt();     //从控制台获取输入的
月工作完成分数，赋值给comResult
                  System.out.print("请输入Java工程师月实际工作天
数：");
                  workDay=input.nextDouble(); //从控制台获取输入的
月实际工作天数，赋值给workDay
                  System.out.print("请输入Java工程师月应扣保险数: ");
                  insurance=input.nextDouble();//从控制台获取输入的
月应扣保险数，赋值给insurance
                  /*Java工程师月薪=底薪+底薪×25%×月工作完成
分数/100+15×月实际工作天数−月应扣保险数;*/
```

```
                engSalary=basSalary+basSalary*0.25*comResult/100+
15*workDay-insurance;
                System.out.println("Java工程师月薪: "+engSalary);
                break;
                case6:
                System.out.println("本模块功能未实现");
                break;
                case7:
                System.out.println("本模块功能未实现");
                break;
                case8:
                System.out.println("本模块功能未实现");
                break;
                case9:
                System.out.println("本模块功能未实现");
                break;
                case10:
                System.out.println("本模块功能未实现");
                break;
                case11:
                System.out.println("本模块功能未实现");
                break;
                case0:
                System.out.println("程序结束");
                break;
                default:
                System.out.println("数据输入错误！");
                break;
            }
            if(userSel=0)//当用户输入0时，退出while循环，结束程序
            {
              break;
            }
        }
    }
}
```

2.9 任务2 方法应用

目标：

（1）规范“瑞达系统”中Java工程师信息，主要包括以下内容。

//以下是Java工程师资料，在输入Java工程师资料时输入的内容
static int engNo=-1; //Java工程师编号——编号不能为负值
static String engName=""; //Java工程师姓名——姓名不能为空
static int engSex=-l; //Java工程师性别(1代表男，2代表女)——性别只能输入1或2
static int engEdu=-I; //Java工程师学历(1代表大专，2代表本科，3代表硕士，4代表博士，5代表其他)——学历只能输入1、2、3、4、5
static int basSalary=3000; //Java工程师底薪——底薪不能为负值
static double insurance=3000*0.105; //Java工程师月应扣保险数——月应扣保险数不能为负值
//以下是Java工程师月工作情况资料，在计算Java工程师月薪时再输入
static int comResult=100; //Java工程师月工作完成分数(最小值为0，最大值为150)——数值范围为0～150
static double workDay=22; //Java工程师月实际工作天数——数值范围为0～31
//以下是由Java工程师资料和Java工程师月工作情况资料计算出来的Java工程师的月薪
static double engSalary=0.0; //Java工程师月薪

（2）重新组织“瑞达系统”代码结构，使结构清晰，易于维护。

（3）完成“瑞达系统”第一个模块“输入Java工程师资料”功能，用户按提示逐行输入Java工程师信息（月工作完成分数和月实际工作天数在“计算Java工程师的月薪”功能中输入），如果输入错误，会要求用户从头开始重新输入Java工程师资料。

程序运行结果如图2.24所示。

实现思路：

（1）将Java工程师资料设置为成员变量，能被各方法调用；

（2）使用方法调用重新组织“瑞达系统”的结构，使用方法实现显示主界面以及实现各模块功能的代码；

（3）原先“计算Java工程师的月薪”功能中需要用户输入的部分内容，调整到“输入Java工程师资料”功能中输入；

（4）在“输入Java工程师资料”前需要判断是否已输入，如果已输入则输出提示信息，在“计算Java工程师的月薪”前需要判断是否已输入Java工程

师资料，如果未输入则输出提示信息，可以通过status这个布尔值判断Java工程师资料是否已经输入完毕；

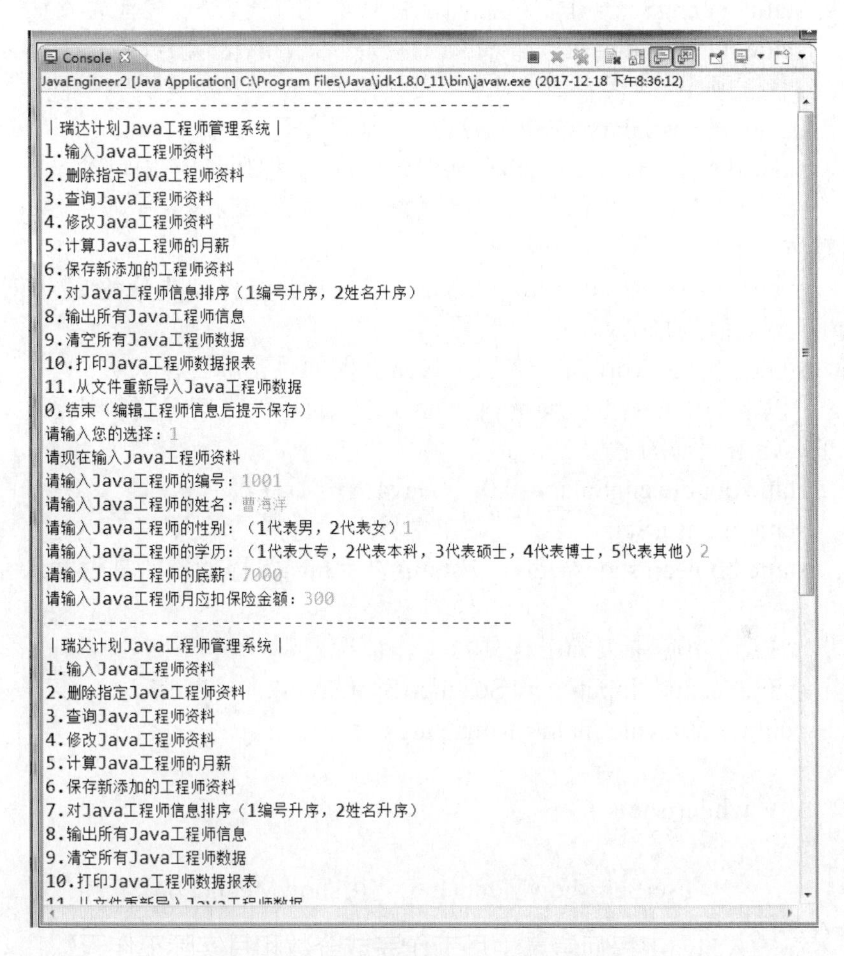

图2.24 使用方法调用优化“瑞达系统”

（5）在“输入Java工程师资料”时，需要根据需求对输入进行条件判断。

时间：100分钟。

工具：Eclipse。

参考答案：

此次参考答案为完整代码，由于篇幅限制，此后的上机任务将只提供核心代码。

```
import java.util.Scanner;
public class JavaEngineer2
{
    //以下是Java工程师资料，在输入Java工程师资料时输入的内容
```

```
    static int engNo=-1;      //Java工程师编号
    static String engName=""; //Java工程师姓名
    static int engSex=-1;     //Java工程师性别(1代表男，2代表女)
    static int engEdu=-1;     //Java工程师学历(1代表大专，2代表本
科，3代表硕士，4代表博士，5代表其他)
    static int basSalary=3000; //Java工程师底薪
    static double insurance=3000*0.105; //Java工程师月应扣保险金额
    //以下是Java工程师月工作情况资料，在计算Java工程师月薪时
再输入
    static int comResult=100;     //Java工程师月工作完成分数(最小值
为0，最大值为150)
    static double workDay=22;  //Java工程师月实际工作天数
    //以下是由Java工程师资料和Java工程师月工作情况资料计算出
来的Java工程师的月薪
    static double engSalary=0.0;  //Java工程师月薪
    static int userSel;       //用户在主界面上选择的输入
    static boolean status=false; //status表示Java工程师资料是否输入完
毕
    //注意，不包括Java工程师月工作情况资料
    static Scanner input=new Scanner(System.in);
    public static void main(String[] args)
    {
        while(true)
        {
            userSel=showMenu(); //调用showMenu()方法获得用户
输入
            switch(userSel)
            {
                case 1:
                System.out.println("请现在输入Java工程师资料");
                inputEngInf(); //调用方法输入Java工程师资料
                break;
                case 2:
                System.out.println("正删除Java工程师资料...");
                deleteEngInf(); //调用方法删除Java工程师资料
                break;
                case 3:
                System.out.println("正查询Java工程师的资料...");
                searchEngInf(); //调用方法查询Java工程师资料
```

```
                break;
                case 4:
                System.out.println("正修改Java工程师的资料...");
                modifyEngInf(); //调用方法修改Java工程师资料
                break;
                case 5:
                //调用方法计算Java工程师薪水，计算前需要获取
月工作完成分数和月实际工作天数两个数值
                calEngSalary();
                break;
                case 6:
                System.out.println("本模块功能未实现");
                break;
                case 7:
                System.out.println("本模块功能未实现");
                break;
                case 8:
                System.out.println("本模块功能未实现");
                break;
                case 9:
                System.out.println("本模块功能未实现");
                break;
                case 10:
                System.out.println("本模块功能未实现");
                break;
                case 11:
                System.out.println("本模块功能未实现");
                break;
                case 0:
                System.out.println("程序结束！");
                break;
                default:
                System.out.println("数据输入错误！");
                break;
            }
            if(userSel==0) //当用户输入0时，退出while循环，结束程序
            {
                break;
            }
```

```
        }
    }
    //该方法显示程序主界面，返回用户选择的功能菜单数
    public static int showMenu()
    {
            System.out.println("--------------------------------------------");
            System.out.println("｜瑞达计划Java工程师管理系统｜");
            System.out.println("1.输入Java工程师资料");
            System.out.println("2.删除指定Java工程师资料");
            System.out.println("3.查询Java工程师资料");
            System.out.println("4.修改Java工程师资料");
            System.out.println("5.计算Java工程师的月薪");
            System.out.println("6.保存新添加的工程师资料");
            System.out.println("7.对Java工程师信息排序(1编号升序，
2姓名升序)");
            System.out.println("8.输出所有Java工程师信息");
            Systcm.out.println("9.清空所有Java工程师数据");
            System.out.println("10.打印Java工程师数据报表");
            System.out.println("11.从文件重新导入Java工程师数据");
            System.out.println("0.结束(编辑工程师信息后提示保存)");
            System.out.print("请输入您的选择: ");
            userSel=input.nextInt();
            return userSel;
    }
    //1.输入Java工程师资料，月工作完成分数和月实际工作天数不在
此处输入
    public static void inputEngInf()
    {
        if(status==true)  //表示Java工程师资料已经输入完毕
        {
            System.out.println("Java工程师资料已输入完毕，可以选
择4进行修改！");
        }
        else
        {
            while(!status.) //如果Java工程师信息输入不完整，则全
部重新输入
            {
                System.out.print("请输入Java工程师的编号: ");
```

```
                    engNo=input.nextInt();
                    if(engNo<=0)      //Java工程师编号不能为负值
                    {
                        status=false; //Java工程师信息输入不正确
                        System.out.print("Java工程师编号不能为
负值！");
                        continue;      //跳出本次循环，执行下一
次输入Java工程师资料循环
                    }
                    else
                    {
                        status=true; //表示到目前为止，Java工程
师信息输入正确
                    }
                    System.out.print("请输入Java工程师的姓名: ");
                        engName=input.next();
                        if(engName.length()=0)  //没有输入姓名，
姓名的长度为0
                        {
                            status=false; //Java工程师信息输入不
正确
                            System.out.print("Java工程师姓名不
能为空！");
                            continue;        //跳出本次循环，执
行下一次输入Java工程师资料循环
                        }
                        else
                        {
                            status=true; //表示到目前为止，Java
工程师信息输入正确
                        }
                        System.out.print("请输入Java工程师的性
别：(1代表男，2代表女)");
                        engSex=input.nextInt();
                        if(engSex!=1&&engSex!=2) //Java工程师
性别既不是1，也不是2
                        {
                            status=false; //Java工程师信息输入不
正确
```

```
                        System.out.print("性别只能输入1或
2!");
                        continue;        //跳出本次循环，执
行下一次输入工程师资料循环
                    }
                else
                {
                    status=true; //表示到目前为止，Java工程
师信息输入正确
                }
            System.out.print("请输入Java工程师的学历：(1代表
大专，2代表本科，3代表硕士，4代表博士，5代表其他)");
                engEdu=input.nextInt();
                if(engEdu!=1&&engEdu!=2&&engEdu!=3&&en
gEdu!=4&&engEdu!=5)
                //工程师学历不是1、2、3、4、5
                {
                    status=false; //Java工程师信息输入不正确
                    System.out.print("学历只能输入1、2、3、
4、5——(1代表大专，2代表本科，3代表硕士，4代表博士，5代表其
他)！");
                    continue; //跳出本次循环，执行下一次输
入Java工程师资料循环
                }
                else
                {
                    status=true; //表示到目前为止，Java工程
师信息输入正确
                }
                System.out.print("请输入Java工程师的底薪：");
                basSalary=input.nextInt();
                if(basSalary<=0) //Java工程师底薪不能为负值
                {
                    status=false; //Java工程师信息输入不正确
                    System.out.print("Java工程师底薪不能为
负值！");
                    continue; //跳出本次循环，执行下一次输
入Java工程师资料循环
                }
```

```
                        else
                        {
                            status=true; //表示到目前为止，Java工程
师信息输入正确
                        }
                            System.out.print("请输入Java工程师月应
扣保险金额：");
                            insurance=input.nextDouble();
                            if(insurance<=0) //Java工程师月应扣保险
金额不能为负值
                        {
                            status=false; //Java工程师信息输入不正确
                            System.out.print("Java工程师月应扣保险
金额不能为负值！");
                            continue;     //跳出本次循环，执行下一
次输入Java工程师资料循环
                        }
                        else
                        {
                            status=true; //表示到目前为止，Java工程
师信息输入正确
                        }
                    }
                }
        }
        //2.删除Java工程师资料，实际是把Java工程师相关信息设置
为初始值
        public static void deleteEngInf(){}
        //3.查询Java工程师资料，实际是把Java工程师信息资料逐行
输出
        public static void searchEngInf(){}
        //4.修改Java工程师资料，和输入Java工程师资料功能类似，
区别在于需要先输出原信息
        //再让用户输入新修改的信息
        public static void modifyEngInf(){}
        //5.计算Java工程师的月薪，返回月薪值
        //计算之前需要获取月工作完成分数和月实际工作天数两个
数值
        public static void calEngSalary()
```

```
        {
            if(status=false) //表示Java工程师资料未输入或已删除
            {
                System.out.println("Java工程师资料未输入或已删
除，不能计算！");
            }
            else
            {
                while(true)
                {
                    System.out.print("请输入Java工程师月工作完
成分数(最小值为0，最大值为150)：");
                    comResult=input.nextInt(); //从控制台获取月工
作完成分数，赋值给comResult
                    if(comResult<0 || comResult>150) //月工作完成
分数(最小值为0，最大值为150)
                    {
                        System.out.println("输入错误，请重新输入！");
                        continue;    //跳出本次循环，执行下一
次循环
                    }
                    else
                    {
                        break;
                    }
                }
                while(true)
                {
                    System.out.print("请输入Java工程师月实际工
作天数(最小值为0，最大值为31)：");
                    workDay=input.nextDouble(); //从控制台获取
月实际工作天数，赋值给workDay
                    if(workDay<0||workDay>31)      //月实际工作
天数(最小值为0，最大值为31)
                    {
                        System.out.println("输入错误，请重新输
入！");
```

```
                        continue;      //跳出本次循环，执行下一
次循环
                    }
                    else
                    {
                        break;
                    }
                }
                //调用CalEngSalaryValue计算Java工程师月薪
                //输入底薪、月工作完成分数、月实际工作天数、
月应扣保险数
                engSalary=calEngSalary VaIue(basSalary,comResult,
workDay,insurance);
                System.out.println("Java工程师"+engName+"月薪为
"+engSalary);
            }
        }
        public static double calEngSalaryValue(int basSalary,int
comResult,double workDay,double insurance)
{
        //Java工程师月薪=底薪+底薪×25%×月工作完成分数
/100+15×月实际工作天数-月应扣保险金额
        return basSalary+basSalary*0.25*comResult/100+15*workDay-
insurance;
        }
}
```

2.10 任务3 数组应用

2.10.1 子任务1 分数数列前20项求和

目标：有一分数序列2/1，3/2，5/3，8/5，13/8，21/13，求出这个数列的前20项之和。

时间：15分钟。

工具：Eclipse。

实现思路：

（1）从序列中可以找出规律，后一个分数的分子是前一个分数分子与分母之和，后一个分数的分母是前一个分数的分子；

（2）声明一个长度为21的整型数组a，前20个整数用于存放这个序列前20项的分母，第21个整数用于存放这个序列第20项的分子，a[0]=1;a[1]=2;a[2]=a[0]+a[1];

（3）第i项的分数为a[i]/a[i−1]（需要强制转换成double类型）。

2.10.2 子任务2 杨辉三角形打印

目标：使用二维数组打印出杨辉三角，程序运行结果如图2.25所示。

```
1
1 1
1 2 1
1 3 3 1
1 4 6 4 1
1 5 10 10 5 1
1 6 15 20 15 6 1
1 7 21 35 35 21 7 1
1 8 28 56 70 56 28 8 1
1 9 36 84 126 126 84 36 9 1
```

图2.25 使用二维数组打印杨辉三角

时间：20分钟。

工具：Eclipse。

参考答案：

```
public class Test2Array2
{
    public static void main(String[] args)
    {
      int i,j;
      int[][] a=new int[10][10];
      a[0][0]=1; //给第一行数组元素赋值
      for(i=l;i<10;i++) //给二维数组元素赋值
      {
          a[i][0]=1; //给第一列元素赋值
          a[i][i]=1; //给对角线元素赋值
          for(j=l;j<i;j++)
          {
              a[i][j]=a[i-1][j]+a[i-1][j-1]; //按杨辉三角规则赋值
```

```
            }
        }
        for(i=0;i<10;i++) //打印杨辉三角
        {
            for(j=0;j<=i;j++) //控制每行打印的个数
            System.out.print(""+a[i][j]+"");
            System.out.println();
        }
    }
}
```

拓展训练

“瑞达系统”删除和查询模块实现

目标：

（1）完成“瑞达系统”第二个模块“删除Java工程师资料”功能，实际是把Java工程师相关信息置为初始值，也需要将月工作完成分数、月实际工作天数和月薪置为初始值；

（2）完成“瑞达系统”第三个模块“查询Java工程师资料”功能，实际是把Java工程师信息资料逐行输出，性别和学历不能输出数字，要输出真实文字，不显示月工作完成分数、月实际工作天数和月薪，程序运行结果如图2.26所示；

```
--------------------------------------------------
|瑞达计划Java工程师管理系统|
1.输入Java工程师资料
2.删除指定Java工程师资料
3.查询Java工程师资料
4.修改Java工程师资料
5.计算Java工程师的月薪
6.保存新添加的工程师资料
7.对Java工程师信息排序（1编号升序，2姓名升序）
8.输出所有Java工程师信息
9.清空所有Java工程师数据
10.打印Java工程师数据报表
11.从文件重新导入Java工程师数据
0.结束（编辑工程师信息后提示保存）
请输入您的选择：3
正查询Java工程师的资料...
Java工程师编号：1001
Java工程师姓名：曹海洋
Java工程师性别：男
Java工程师学历：本科
Java工程师底薪：7000
Java工程师月应扣保险数：300.0
--------------------------------------------------
|瑞达计划Java工程师管理系统|
```

图2.26 查询Java工程师资料

（3）完成“瑞达系统”第四个模块”修改Java工程师资料”功能，和输入Java工程师资料功能类似，区别在于需要先输出原信息后再让用户输入新修改的信息，性别和学历不能输出数字，要输出真实文字，不修改月工作完成分数、月实际工作天数和月薪，程序运行结果如图2.27所示。

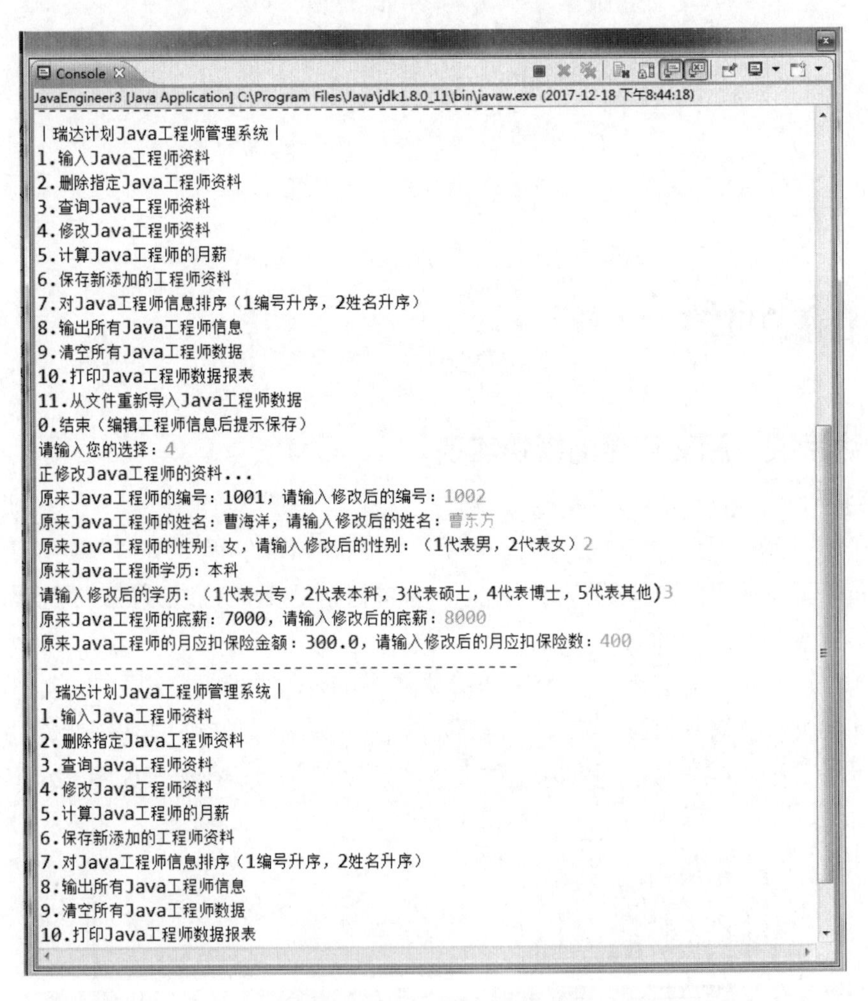

图2.27　修改Java工程师资料

时间：100分钟。

工具：Eclipse。

参考答案：

```
//1.删除Java工程师资料，实际是把Java工程师相关信息置为初始值
public static void deleteEngInf()
{
    if{status==false) //表示Java工程师资料未输入或已删除
```

```
        {
            System.out.println("Java工程师资料未输入或已删除！");
        }
        else
        {
            engNo=-1;
            engName="";
            engSex=-l;
            engEdu=-1;
            basSalary=3000;
            comResult=100;
            workDay=22;
            insurance=3000*0.105;
            engSalary=0.0;
            status=false; //表示Java工程师资料未输入或已删除
        }
    }
    //2.查询Java工程师资料，实际是把Java工程师信息资料逐行输出
    public static void searchEngInf()
    {
        if(status=false) //表示Java工程师资料未输入或已删除
        {
            System.out.println("Java工程师资料未输入或已删除！");
        }
        else
        {
            System.out.println("Java工程师编号: "+engNo);
            System.out.println("Java工程师姓名: "+engName);
            System.out.println("Java工程师性别: "+(engSex=1?"男":"女"));
            switch(engEdu) //1代表大专，2代表本科，3代表硕士，4代
    表博士，5代表其他
            {
                case 1:
                System.out.println("Java工程师学历: 大专");
                break;
                case 2:
                System.out.println("Java工程师学历: 本科");
                break;
                case 3:
```

```
                System.out.println("Java工程师学历: 硕士");
                break;
                case 4:
                System.out.println("Java工程师学历: 博士");
                break;
                case 5:
                System.out.println("Java工程师学历: 其他");
                break;
                default:
                System.out.println("Java工程师学历输入不正确");
                break;
        }
        System.out.println("Java工程师底薪: "+basSalary);
        System.out.println("Java工程师月应扣保险数: "+insurance);
    }
}
//3.修改Java工程师资料，和输入Java工程师资料功能类似，区别在于
需要先输出原信息再让用户输入新修改的信息
public static void modifyEngInf()
{
    if(status=false)  //表示Java工程师资料未输入或已删除
    {
        System.out.println("Java工程师资料未输入或已删除，不能修
改！");
    }
    else
    {
        status=false;  //将Java工程师资料是否输入完毕置为否，需要
修改
        while(!status)  //如果Java工程师信息修改不完整，则全部重
新修改
        {
            System.out.print("原来Java工程师的编号："+engNo+"，请
输入修改后的编号：");
            engNo=input.nextInt();
            if(engNo<=0)  //Java工程师编号不能为负值
            {
                status=false;  //Java工程师信息输入不正确
```

```
                System.out.print("Java工程师编号不能为负值！");
                continue;        //跳出本次循环，执行下一次输入
Java工程师资料循环
            }
            else
            {
                status=true; //表示到目前为止，Java工程师信息输
入正确
            }
            System.out.print("原来Java工程师的姓名："+engName+"，
                        请输入修改后的姓名: ");
            engName=input.next();
            if(engName.length()=0)     //没有输入姓名，姓名的长度为0
            {
                status=false; //Java工程师信息输入不正确
                System.out.print("Java工程师姓名不能为空！");
                cominue;        //跳出本次循环，执行下一次输入
Java工程师资料循环
            }
            else
            {
                status=true; //表示到目前为止，Java工程师信息输
入正确
            }
            System.out.print("原来Java工程师的性别："+(engSex=1? "
男":"女")+"，请输入修改后的性别：(1代表男，2代表女)");
            engSex=input.nextInt();
            if(engSex!=1&&engSex!=2) //Java工程师性别既不是1，
也不是2
            {
                status=false; //Java工程师信息输入不正确
                System.out.print("Java工程师性别只能输入1或2！");
                continue; //跳出本次循环，执行下一次输入Java工
程师资料循环
            }
            else
            {
                status=true; //表示到目前为止，Java工程师信息输
入正确
```

```
        }
            switch(engEdu) //1代表大专，2代表本科，3代表硕
士，4代表博士，5代表其他
        {
            case 1:
            System.out.println("原来Java工程师学历: 大专");
            break;
            case 2:
            System.out.println("原来Java工程师学历: 本科");
            break;
            case 3:
            System.out.println("原来Java工程师学历: 硕士");
            break;
            case 4:
            System.out.println("原来Java工程师学历: 博士");
            break;
            case 5:
            System.out.println("原来Java工程师学历: 其他");
            break;
            default:
            System.out.println("原来Java工程师学历不正确！");
            break;
        }
        System.out.print("请输入修改后的学历：(1代表大专，2
代表本科，3代表硕士，4代表博士，5代表其他)");
        engEdu=input.nextInt();
        if(engEdu!=1&&engEdu!=2&&engEdu!=3&&engEdu!=4
&&engEdu!=5)
        //工程师学历不是1、2、3、4、5
        {
            status=false; //Java工程师信息输入不正确
            System.out.print("学历只能输入1、2、3、4、5
——(1代表大专，2代表本科，3代表硕士，4代表博士，5代表其他)！");
            continue; //跳出本次循环，执行下一次输入Java工
程师资料循环
        }
```

```
                else
                {
                    status=true; //表示到目前为止，Java工程师信息输
入正确
                }
                System.out.print("原来Java工程师的底薪："+basSalary+"，
请输入修改后的底薪：");
                basSalary=input.nextInt();
                if(basSalary<=0) //Java工程师底薪不能为负值
                {
                    status=false; //Java工程师信息输入不正确
                    System.out.print("Java工程师底薪不能为负值！");
                    continue; //跳出本次循环，执行下一次输入Java工
程师资料循环
                }
                else
                {
                    status=true; //表示到目前为止，工程师信息输入正确
                }
                System.out.print("原来Java工程师的月应扣保险金额：
"+insurance+"，请输入修改后的月应扣保险数：");
                insurance=input.nextDouble();
                if(insurance<=0) //Java工程师月应扣保险数不能为负值
                {
                    status=false; //Java工程师信息输入不正确
                    System.out.print("Java工程师月应扣保险数不能为
负值！");
                    continue; //跳出本次循环，执行下一次输入Java工
程师资料循环
                }
                else
                {
                    status=true; //表示到目前为止，Java工程师信息输
入正确
            }
        }
    }
}
```

综合训练

1. 以下表达式中，（　　）不可以作为循环条件。（选择两项）

A x=10

B y>=80

C inputPass=truePass

D x|y

2. 假设有数组名为arr的数组，获取其长度的形式为（　　）。（选择一项）

A arr.size

B arr.size()

C arr.length

D arr.length()

3. 在使用switch语句时，如果在case语句后忘了加上break，会出现什么样的结果？

4. 请介绍“==”和“=”的区别。

5. switch语句对应的表达式可以是哪些类型？

6. 请描述break和continue的区别。

7. 请描述基本数据类型和引用数据类型在内存使用上的区别。

8. 请描述值传递和引用传递的区别。

9. 请描述以下程序编译、运行的结果，并说明原因。

```
public class TestA
{
    public static void main(String[] args)
    {
        int[][] arr={{1,2,3},{1,5},{3,9}};
        for(int i=0;i<3;i++){
            for(int j=0;j<=i;j++)
            {
                System.out.println(""+arr[i][j]+"");
            }
        }
    }
}
```

10. 编写一个方法static void bubbleSort(int[] a)，使用冒泡排序算法对数组a进行排序。

第3章 类与对象应用

学习目标

- 掌握类定义与实现的方法。
- 掌握类的继承与多态的使用方法。
- 掌握抽象类与接口的使用方法。

任务引导

在介绍Java的特点时，提到过Java是一种面向对象的程序设计语言。为什么要用面向对象的思想设计程序呢？什么是面向对象？面向对象有哪些特征？如何使用面向对象程序设计语言开发程序？这些问题是本章要给读者介绍的核心内容。面向对象是20世纪90年代兴起的软件设计开发方法，现在主流的应用软件大部分都采用面向对象方法设计开发，所以对程序员而言，面向对象程序设计是必须掌握的技能之一。如今，面向对象的概念和应用已超越了程序设计和软件开发领域，扩展到更广的范围，例如数据库系统、交互式界面、应用结构、应用平台、分布式系统、网络管理结构、CAD技术、人工智能等领域。

如果编写的程序规模小，只用到为数不多的类，将这些类文件放在一个文件夹下即可。如果要编写规模大、功能多的程序，就需要编写为数众多的若干个类，要是还在一个文件夹中存放这么多类，类的管理将会相当混乱。本章将介绍使用包的形式组织程序中各种类型的类，使类组织结构清晰，易于管理。关于访问权限，本章将全面系统地介绍不同的访问权限修饰符的区别，读者要认真掌握，在今后的学习中会经常用到。本章最后，会介绍static关键字。这个关键字在前面的章节中一直在用，main方法就使用了static关键字进行修饰，其含义和作用也将在本章系统介绍。

本章将用面向对象的思想，完成“租车系统”的一些功能，让读者深入体会抽象、封装、继承和多态这些特性在面向对象分析设计中的运用。并且还会着重讲解Java中另外一个非常重要的概念——接口，在编程中常说“面向接口编程”，可见接口在程序设计中的重要性。本章还会介绍抽象类的概念，抽象类和接口的区别也是企业面试中常被问到的问题。

相关知识

3.1 类和对象概述

面向对象程序设计是一种程序设计范型，同时也是一种程序开发的方法。对象指的是类的案例。它将对象作为程序的基本单元，将程序和数据封装其中，以提高软件的灵活性和扩展性。早期的计算机编程是面向过程的，解决的都是一些相对简单的问题。随着IT行业不断发展，计算机被用于解决越来越复杂的问题。通过面向对象的方式，将现实世界的事物抽象成对象，现实世界中的关系抽象成关联、继承、实现、依赖等关系，从而帮助人们实现对现实世界的抽象与建模。通过面向对象的方法，用更容易理解的方式对复杂系统进行分析、设计与开发。同时，面向对象也能有效提高编程的效率，通过封装技术和消息机制可以像搭积木一样快速开发出一个全新的系统。

3.1.1 面向过程与面向对象

什么是面向过程？面向过程与面向对象的区别是什么？通过介绍下面这个案例，可以帮助读者理解面向过程和面向对象的区别。

例如，要编写一个五子棋的游戏，用面向过程的设计思路，其分析步骤如下。

（1）开始游戏，绘制基本画面。

（2）黑棋先走，绘制走完画面。

（3）判断黑棋是否赢棋。

（4）白棋走棋，绘制走完画面。

（5）判断白棋是否赢棋。

（6）返回步骤（2），继续执行。

（7）输出五子棋输赢结果。

通过之前学过的流程控制和Java方法，这个问题可以采用面向过程的方法解决。而面向对象则完全采用了另外一套设计思路，整个五子棋系统可以分为以下3个部分。

（1）棋盘部分：负责绘制基本画面以及黑棋、白棋走完后的画面。

（2）黑棋、白棋部分：除了颜色不一样外，其行为是一样的。

（3）规则部分：负责判定输赢和犯规。

有了这3个部分，整个五子棋系统运作方式如下。

（1）首先棋盘部分先绘制基本画面。

（2）然后黑棋、白棋部分接受用户输入，执行黑棋、白棋部分的行为，并告知棋盘部分。

（3）棋盘部分接收黑棋、白棋部分的行为，绘制黑棋、白棋走完后的画面。

（4）棋盘部分发生变化后，规则部分对棋局进行判定。

可以明显地看出，面向对象是根据各个部分（对象）来划分系统的，而不是根据步骤，每个对象拥有自己的属性（例如棋的颜色）和行为（例如绘制画面）。编写程序就是调用不同对象来执行相应的行为，影响其他对象的属性或调用其他对象的行为，最终完成程序的功能。

采用面向对象有这样的好处，例如同样是绘制棋盘画面，这样的行为在面向过程的设计中分散在了很多步骤中，很可能出现不同的绘制棋盘画面的代码版本。而在面向对象的设计中，绘制棋盘画面只可能出现在棋盘部分，从而保证了绘制棋盘画面代码的统一。

功能上的统一保证了面向对象程序设计的可扩展性。例如程序员要加入悔棋的功能，如果采用的是面向过程的设计，需要改动面向过程代码中所有行棋、棋盘画面绘制部分。如果是面向对象，只用改动棋盘部分就行了，棋盘部分保存了黑棋、白棋双方的棋谱，简单回溯就可以了，不用调整其他部分，同时整个调用的对象功能顺序都没有变化，改动只是局部的。

3.1.2 类和对象的概念

Java是一种面向对象的语言，因此，Java开发人员要学会用面向对象的思想考虑问题和编写程序。从现实世界中客观存在的事物出发来构造软件系统，并在系统的构造中尽可能运用人的自然思维方式，这是面向对象设计思想的核心。面向对象更加强调运用人在日常思维逻辑中经常采用的思想方法与原则，如封装、抽象、继承和多态等。

什么是对象呢？现实世界中，万物皆对象，例如“瑞达系统”中Java工程师是对象，一辆汽车、一间房子、一张支票、一个桌子也是对象，甚至一项计划、一个思想都是对象。

下面以现实生活中的两个对象为例简要介绍一下对象。例如讲授Java基础课的蒋老师是一个对象，蒋老师具有的属性包括姓名、性别、年龄、学历等，具有的行为包括讲课、批改作业等。蒋老师开的小轿车也是一个对象，小轿车这个对象具有的属性包括品牌、颜色、价格等，具有的行为包括行驶、停止、喇叭响等。

在Java面向对象编程中，将这些对象的属性仍然称为属性，将对象具有的行为称为方法。例如，老师具有姓名、性别、年龄、学历等属性，小轿车具有品牌、颜色、价格等属性，这些属性具体的值称为属性值。老师具有讲课、批改作业等行为，小轿车具有行驶、停止、喇叭响等行为，这些行为称为方法。

什么是类？类是对具有相同属性和相同行为的对象的抽象。例如，某个班级中有学生王云、刘静涛、南天华、雷静，他们4个都是现实世界的学生对象，而学生这个角色是我们大脑中的抽象概念，是对这些类似对象进行的抽象。在计算机世界里，学生就是类。通过学生这个类，可以创建出一个一个的对象，通常也称为实例化出一个一个对象，如图3.1所示。

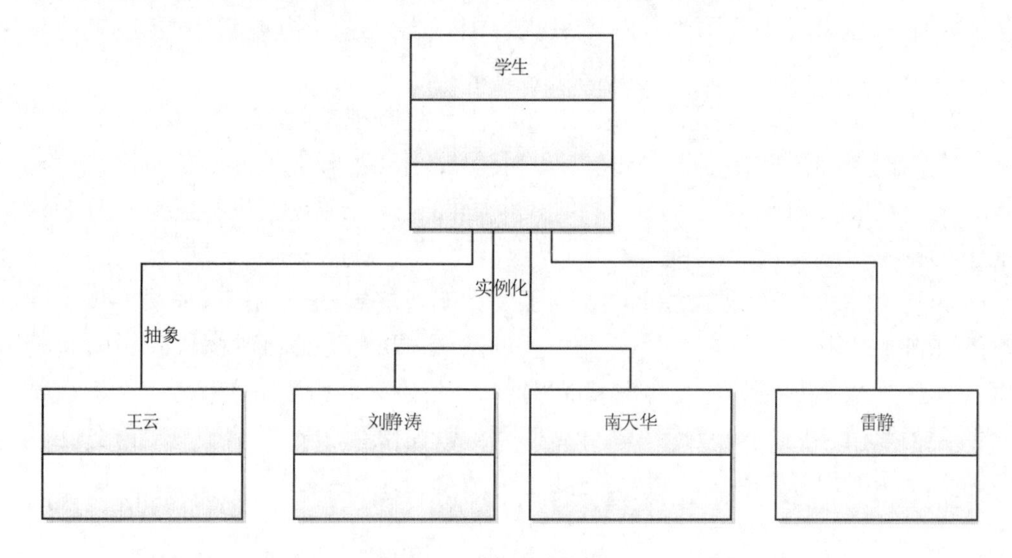

图3.1 对象和类的关系

通过对王云、刘静涛、南天华、雷静这些现实世界学生对象的抽象，可以分析出学生这个类具有的属性包括姓名、年龄、性别、年级等，方法包括听课、写作业等，如图3.2所示。

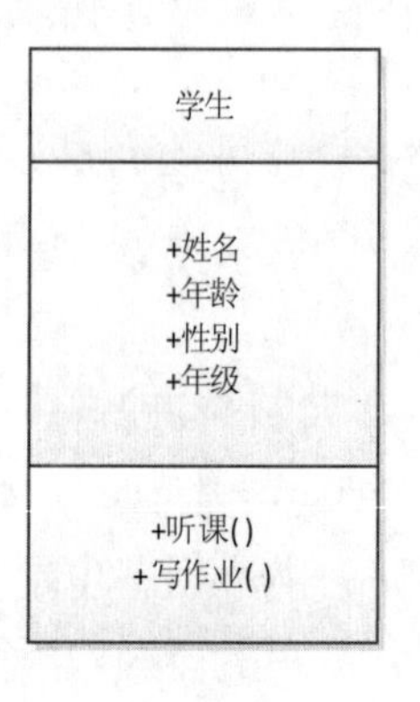

图3.2 学生类

3.2 Java类

Java API提供了一些现有的类，程序员可以使用这些类来创建对象，例如第4章将要介绍的String类。除了使用现有的Java类，程序员还可以自定义Java类，接下来会详细地介绍如何定义和使用Java类。

3.2.1 Java类的定义

在编写第一个Java程序时就已经知道，类是Java程序的基本单元。Java是面向对象的程序设计语言，所有程序都是由类组织起来的。下面是类定义的语法形式。

```
public class类名
{
    //定义类属性
    属性1类型:属性1名;
    属性2类型:属性2名;
    ...
    //定义方法
    方法1定义
    方法2定义
    ...
}
```

在Java中，class是用来定义类的关键字，class关键字后面要定义类的名称，然后有一对大括号，大括号里写的是类的主要内容。

类的主要内容也分两部分，第一部分是类的属性定义，在前面的章节中讲解过，在类内部、方法外部定义的变量称为成员变量，这里类的属性就是类的成员变量，这两个概念是相同的。第二部分是类的方法定义，通过方法的定义，描述类具有的行为，这些方法也可以称为成员方法。

接下来通过定义学生类，熟悉Java类定义的方法，具体代码如下所示。

```
public class Student
{
  String stuName; // 学生姓名
  int stuAge; // 学生年龄
  int stuSex; // 学生性别
  int stuGrade; // 学生年级
  // 定义听课的方法，在控制台直接输出
```

```
    public void learn()
    {
        System.out.println(stuName + "正在认真听课！");
    }
    // 定义写作业的方法，输入时间，返回字符串
    public String doHomework(int hour)
    {
        return "现在是北京时间" + hour + "点，" + stuName + "正在
写作业！";
    }
}
```

需要注意的是，这个类里面没有main方法，所以只能编译，不能运行。

3.2.2 Java类的创建和使用

定义好Student类后，就可以根据这个类创建（实例化）对象了。类就相当于一个模板，可以创建多个对象。创建对象的语法形式如下。

类名 对象名=new类名();

在学习使用String类创建String字符串时，其实已经创建了类的对象，所以大家对这样的语法形式并不陌生。创建对象时，要使用new关键字，后面要跟着类名。

根据上面创建对象的语法，创建王云这个学生对象的代码如下。

```
Student wangYun=new Student();
```

这里，只创建了wangYun这个对象，并没有对这个对象的属性赋值，考虑到每个对象的属性值不一样，所以通常在创建对象后给对象的属性赋值。在Java中，通过“.”操作符来引用对象的属性和方法，具体的语法形式如下。

对象名.属性;

对象名.方法;

通过上面的语法形式，可以给对象的属性赋值，也可以更改对象属性的值或者调用对象的方法，具体代码如下所示。

```
wangYun.stuName="王云";
wangYun.stuAge=22;
wangYun.stuSex=1; //1代表男，2代表女
wangYun.stuGrade=4; //4代表大学四年级
wangYun.learn(); //调用学生听课的方法
wangYun.doHomework(22); //调用学生写作业的方法，输入值22代表
现在是22点
//该方法返回一个String类型的字符串
```

接下来通过创建一个测试类TestStudent（这个测试类需要和之前编译过的Student类在同一个目录），来测试Student类的创建和使用，具体代码如下所示。

```
public class TestStudent
{
    public static void main(String[] args)
    {
        Student wangYun=new Student(); //创建wangYun学生类对象
        wangYun.stuName="王云";
        wangYun.stuAge==22;
        wangYun.stuSex=1; //1代表男，2代表女
        wangYun.stuGrade=4; //4代表大学四年级
        wangYun.learn(); //调用学生听课的方法
        String rstString=wangYun.doHomework(22);//调用学生写作业
的方法，输入值22代表现在是22点
        System.out.println(rstString);
    }
}
```

编译并运行该程序，运行结果如图3.3所示。

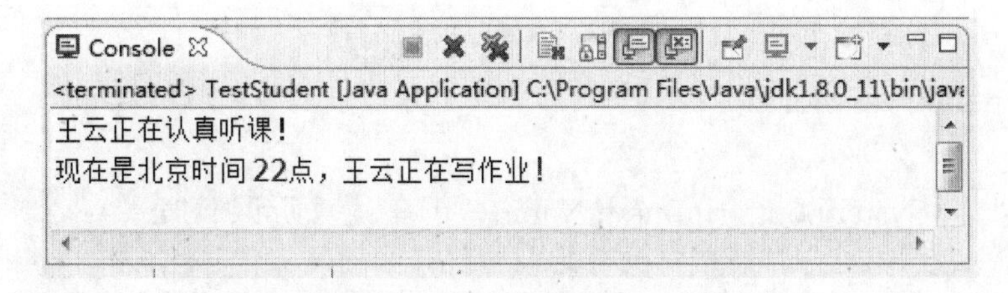

图3.3 创建和使用Student类

这个程序虽然非常简单，但却是我们第一次使用两个类完成的程序。其中TestStudent类是测试类，测试类中包含main方法，提供程序运行的入口。在main方法内，创建Student类的对象并给对象属性赋值，然后调用对象的方法。

这个程序有两个Java文件，每个Java文件中编写了一个Java类，编译完成后形成2个class文件。也可以将两个Java类写在一个Java文件里，但其中只能有一个类用public修饰，并且这个Java文件的名称必须用这个public类的类名命名，具体代码如下所示。

```
public class TestStudent
{
```

```
        public static void mam(String[] args)
        {
            Student wangYun=newStudent(); //创建wangYun学生类对象
            wangYun.stuName="王云";
            wangYun.stuAge=22;
            wangYun.stuSex=1; //1代表男，2代表女
            wangYun.stuGrade=4; //4代表大学四年级
            wangYun.learn(); //调用学生听课的方法
            String rstString=wangYun.doHomework(22);//调用学生写作业
    的方法，输入值22代表现在是22点
            System.out.println(rstString);
        }
    }
    class Student //不能使用public修饰
    {
        String stuName; //学生姓名
        int stuAge; //学生年龄
        int stuSex; //学生性别
        int stuGrade; //学生年级
        //定义听课的方法，在控制台直接输出
        public void learn()
        {
            System.out.println(stuName+"正在认真听课！");
        }
        //定义写作业的方法，输入时间，返回字符串
        public String doHomework(int hour)
        {
            return"现在是北京时间"+hour+"点，"+stuName+"正在写作业！";
        }
    }
```

在上面的一些例子中，对对象的属性都是先赋值后使用，如果没有赋值就直接使用对象的属性，会有什么样的结果呢？

下面将TestStudent测试类的代码修改成如下形式。

```
    public class TestStudent
    {
        public static void main(String[] args)
```

```
    {
        Student wangYun=new Student(); //创建wangYun学生类对象
        System.out.println("未赋值前的学生姓名: "+wangYun.stuName);
        System.out.println("未赋值前的学生年龄: "+wangYun.stuAge);
        System.out.println("未赋值前的学生性别数值: "+wangYun.stuSex);
        System.out.println("未赋值前的学生年级: "+wangYun.stuGrade);
        //给对象的属性赋值
        wangYun.stuName="王云";
        wangYun.stuAge=22;
        wangYun.stuSex=1; //1代表男，2代表女
        wangYun.stuGrade=4; //4代表大学四年级
        System.out.println("赋值后的学生姓名: "+wangYun.stuName);
        System.out.println("赋值后的学生年龄: "+wangYun.stuAge);
        System.out.println("赋值后的学生性别数值: "+wangYun.stuSex);
        System.out.println("赋值后的学生年级: "+wangYun.stuGrade);
    }
}
```

程序运行结果如图3.4所示。

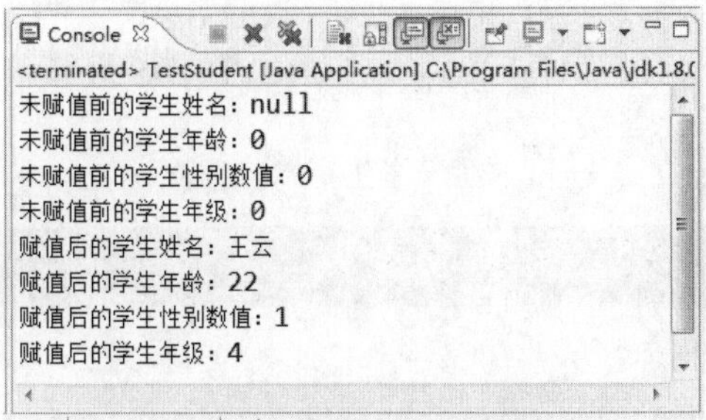

```
Console
<terminated> TestStudent [Java Application] C:\Program Files\Java\jdk1.8.(
未赋值前的学生姓名：null
未赋值前的学生年龄：0
未赋值前的学生性别数值：0
未赋值前的学生年级：0
赋值后的学生姓名：王云
赋值后的学生年龄：22
赋值后的学生性别数值：1
赋值后的学生年级：4
```

图3.4　未赋值对象属性的值

从图3.4所示的程序运行结果可以看出，在未给对象属性赋值前使用属性时，如果该属性为引用数据类型，其初始默认值为null，如果该属性是int型，其初始默认值为0。

3.2.3　Java类的简单运用

在上一小节中，定义了Student类后，使用TestStudent测试类创建了一个Student类的对象wangYun，然后给wangYun对象的属性赋值并介绍了调用对象的方法。接下来再定义一个老师类Teacher，Teacher类具有的属性和方法如图3.5所示。

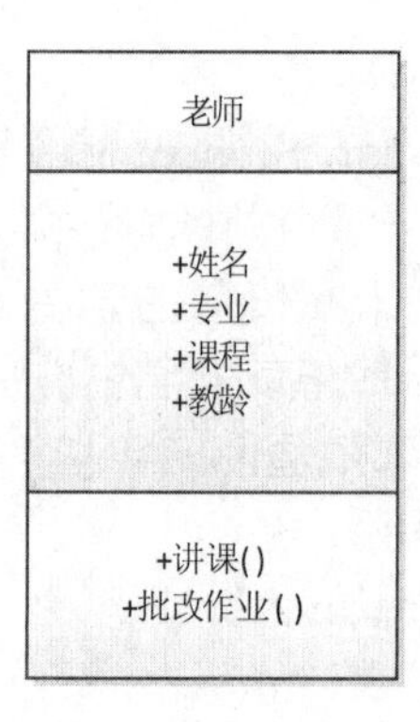

图3.5 老师类

下面将新定义一个TestStuTea类，用于组织这个新程序的程序结构。该程序中包含2个老师对象（基本信息如表3.1所示）和4个学生对象（基本信息如表3.2所示）。

表3.1　老师基本信息表

姓名	专业	课程	教龄
蒋涵	计算机应用	Java基础	5
田斌	软件工程	前端技术	10

表3.2　学生基本信息表

姓名	年龄	性别	年级
王云	22	男	4
刘静涛	21	女	3
南天华	20	男	3
雷静	22	女	4

程序要完成的功能描述如下。

（1）在程序开始运行时，需要在控制台依次输入所有老师和学生的基本信息。

（2）在控制台输入老师和学生的基本信息后，调用第一个老师讲课的方法，在控制台输出“**（该老师的姓名）老师正在辛苦讲**（该老师所授课程）课程”的信息。

（3）依次调用所有学生听课的方法，在控制台输出“**（该学生姓名）学生正在认真听课!”的信息。

（4）依次调用所有学生写作业的方法，在控制台输出“现在是北京时间20点，**（该学生姓名）正在写作业!”的信息，其中20作为参数传递给写作业的方法。

（5）调用第二个老师批改作业的方法，依次批改所有学生的作业，在控制台输出“讲授**（该老师所授课程）课程的老师**（该老师姓名）已经批改完毕：**（该学生姓名）的作业！”。

程序运行结果如图3.6所示。

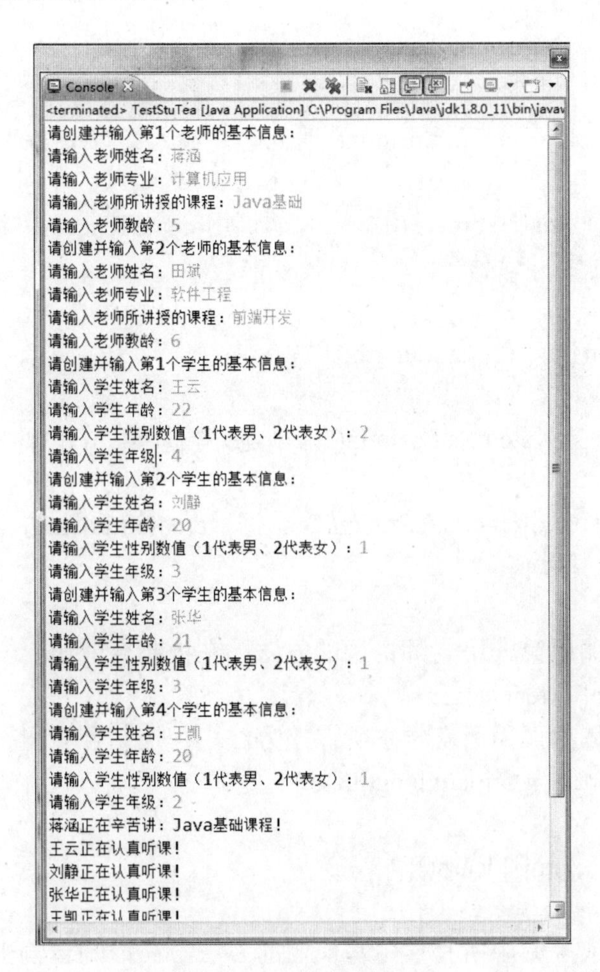

图3.6 Java类的简单运用

程序代码如下所示，其中使用了两个数组，分别存放了2个老师对象和4个学生对象，使用createTeacher()、createStudent()创建对象并给对象赋值，之后再使用循环并调用对象方法按要求输出结果。

```
import java.util.Scanner;
public class TestStuTea
```

```
{
    static Scanner input=new Scanner(System.in);
    public static void main(String[] args)
    {
        Teacher[] tea=new Teacher[2]; //创建长度为2的数组tea，用于
存放2个老师对象
        Student[] stu=new Student[4]; //创建长度为4的数组stu，用于
存放4个学生对象
        for(int i=0;i<tea.length;i++)
        {
            System.out.println("请创建并输入第"+(i+1)+"个老师的
基本信息：");
            tea[i]=createTeacher(); //调用createTeacher方法创建第
i+1个老师对象并赋值
        }
        for(int j=0;j<stu.length;j++)
        {
            System.out.println("请创建并输入第"+(j+1)+"个学生的
基本信息：");
            stu[j]=createStudent(); //调用createStudent方法创建第j+1
个学生对象并赋值
        }
        //调用第一个老师讲课的方法，在控制台输出
        tea[0].teach();
        //依次调用所有学生听课的方法，在控制台输出
        for(int j=0;j<stu.length;j++)
        {
            stu[j].learn();
        }
        //依次调用所有学生写作业的方法，在控制台输出
        for(int j=0;j<stu.length;j++)
        {
            String tempStr=stu[j].doHomework(20); //其中20是作为
参数传递给写作业的方法的
            System.out.println(tempStr);
        }
```

```
            for(int j=0;j<stu.length;j++)
            {
                //调用第二个老师批改作业的方法，依次批改所有学生的作业，在控制台输出
                tea[1].checkHomework(stu[j]);
            }
        }
        //创建老师对象并赋值
        public static Teacher createTeacher()
        {
            Teacher tea=new Teacher();
            System.out.print("请输入老师姓名: ");
            tea.teaName=input.next();
            System.out.print("请输入老师专业: ");
            tea.teaSpecialty=input.next();
            System.out.print("请输入老师所讲授的课程: ");
            tea.teaCourse=input.next();
            System.out.print("请输入老师教龄: ");
            tea.teaYears=input.nextInt();
            return tea;
        }
        //创建学生对象并赋值
        public static Student createStudent()
        {
            Student stu=new Student();
            System.out.print("请输入学生姓名: ");
            stu.stuName=input.next();
            System.out.print("请输入学生年龄: ");
            stu.stuAge=input.nextInt();
            System.out.print("请输入学生性别数值(1代表男、2代表女): ");
            stu.stuSex=input.nextInt();
            System.out.print("请输入学生年级: ");
            stu.stuGrade=input.nextInt();
            return stu;
        }
}
```

```
class Teacher //不能使用public修饰
{
    String teaName; //老师姓名
    String teaSpecialty; //老师专业
    String teaCourse; //老师所讲授的课程
    int teaYears; //老师教龄
    //定义讲课的方法，在控制台直接输出
    public void teach()
    {
        System.out.println(teaName+"正在辛苦讲："+teaCourse+"课程！");
    }
    //定义批改作业的方法，输入值为一个学生对象，在控制台直接
输出结果
    public void checkHomework(Student stu)
    {
        System.out.println("讲授："+teaCourse+"课程的老师：
"+teaName+"已经批改完毕："+stu.stuName+"的作业！");
    }
}
class Student //不能使用public修饰
{
    String stuName; //学生姓名
    int stuAge; //学生年龄
    int stuSex; //学生性别
    int stuGrade; //学生年级
    //定义听课的方法，在控制台直接输出
    public void learn()
    {
        System.out.println(stuName+"正在认真听课！");
    }
    //定义写作业的方法，输入时间，返回字符串
    public String doHomework(int hour)
    {
    return"现在是北京时间"+hour+"点，"+stuName+"正在写作业！";
   }
}
```

3.2.4 封装

在企业面试的过程中，经常会被问到，面向对象有哪些基本特性？答案应该是封装、继承和多态。如果要求4个答案的话，可以增加一个抽象。继承和多态在后面的章节会详细介绍，这里先给读者简要介绍一下封装。

封装就是将抽象得到的属性和行为结合起来，形成一个有机的整体，形成类。类里面的一些属性和方法（尤其是属性），需要隐藏起来，不希望直接对外公开，但同时提供供外部访问的方法来访问这些需要隐藏的属性和方法。

封装的目的是增强安全性和简化编程，使用者不必了解具体类的内部实现细节，而只是通过提供给外部访问的方法，来有限制地访问类隐藏的属性和方法。

还是使用学生的案例，例如要求一旦对学生对象的性别赋值之后就不能修改，但可以在赋值以后，通过“学生对象名.stuSex=2”语句，把学生对象的性别从男变成女。这样的做法就不符合程序的需求，如何解决这个问题呢？

采用封装的形式，用private（私有的）关键字去修饰stuSex变量，其含义是把stuSex变量封装到类的内部，只有在类的内部才可以访问stuSex变量，从而保证了这个变量不能被其他类的对象修改。这样的做法只起到了隐藏的作用，要想更好地使用这个变量，则应该提供一个对外的public（公有的）方法，其他对象可以通过这个方法访问这个私有的变量。

所谓良好的封装，就是使用private对属性进行封装，从而保护信息的安全。使用public修饰方法时，外界可以调用该方法，通常将设置私有属性的值和获取私有属性值的方法称为setter和getter方法。接下来按照良好封装的要求，重新编写Student类，具体代码如下所示。

```
public class Student
{
    private String stuName;  //学生姓名——私有属性
    private int stuAge; //学生年龄——私有属性
    private int stuSex; //学生性别——私有属性
    private int stuGrade; //学生年级——私有属性
    public String getStuName() //公有方法获得学生姓名
    {
        //这里的this表示本对象
        return this.stuName; //返回这个类的私有属性stuName
    }
    //公有方法设置学生姓名，参数为要设置的学生姓名
    public void setStuName(String name)
```

```
{
    this.stuName=name;
}
public int getStuAge()  //公有方法获得学生年龄
{
    return this.stuAge;
}
//公有方法设置学生年龄，参数为要设置的学生年龄
public void setStuAge(int age)
{
    this.stuAge=age;
}
public int getStuSex()  //公有方法获得学生性别
{
    return this.stuSex;
}
//公有方法设置学生性别，参数为要设置的学生性别
public void setStuSex(int sex)
{
    this.stuSex=sex;
}
public int getStuGrade()  //公有方法获得学生年级
{
    return this.stuGrade;
}
//公有方法设置学生年级，参数为要设置的学生年级
public void setStuGrade(int grade)
{
    this.stuGrade=grade;
}
//定义听课的方法，在控制台直接输出
public void learn()
{
    System.out.printn(stuName+"正在认真听课！");
}
//定义写作业的方法，输入时间，返回字符串
```

```
    public String doHomework(int hour)
    {
        return"现在是北京时间"+hour+"点，"+stuName+"正在写作业！";
    }
}
```

如果使用下面的代码创建Student对象并给对象属性赋值，将不会编译通过，原因是不能在类外给类的私有属性赋值，具体参见代码注释。

```
public class TestStudent3
{
    public static void main(String[] args)
    {
        Student wangYun=new Student(); //创建wangYun学生类对象
        wangYun.stuName="王云"; //不能给私有属性stuName赋值
        wangYun.stuAge=22; //不能给私有属性stuAge赋值
        wangYun.stuSex=1; //不能给私有属性stuSex赋值
        wangYun.stuGrade=4; //不能给私有属性stuGrade赋值
        wangYun.learn(); //可以调用公有的学生听课的learn()方
法
        String rstString=wangYun.doHomework(22);//可以调用公
有的学生写作业的doHomework(22)方法
        System.out.println(rstString);
    }
}
```

正确的代码如下。

```
public class TestStudent4
{
    public static void main(String[] args)
    {
        Student wangYun=new Student(); //创建wangYun学生类
对象
        wangYun.setStuName("王云"); //调用公有方法给stuName
赋值
        wangYun.setStuAge(22); //调用公有方法给stuAge赋值
        wangYun.setStuSex(1); //调用公有方法给stuSex赋值
        wangYun.setStuGrade(4); //调用公有方法给stuGrade赋值
        wangYun.learn(); //调用公有的学生听课的learn()方法
```

```
            String rstString=wangYun.doHomework(22); //调用公有的
学生写作业的doHomework(22)方法
            System.out.println(rstString);
    }
}
```

3.3 构造方法

在前面介绍封装的时候，一旦给学生对象的性别赋值之后就不能修改的这个需求其实并没有实现，因为通过Student wangYun=new Student();创建对象，然后通过wangYun.setStuSex(1);方法给学生对象wangYun的stuSex属性赋int型“1”这个值，之后仍然可以使用wangYun.setStuSex(2);方法将wangYun的stuSex属性值从“1”改为“2”，所以没有实现一旦赋值之后就不能修改的需求。

3.3.1 构造方法解决问题

接下来通过构造方法的形式，实现上面的功能，将Student类的代码改为如下形式。为了节省篇幅，省略了Student类中的其他方法。但需要注意的是，为了实现一旦给学生对象的性别赋值之后就不能修改的功能，所以去掉了setStuSex(int sex)的方法，保证其他对象不能修改学生对象的性别。

```
public class Student
{
    private String stuName;
    private int stuAge;
    private int stuSex;
    private int stuGrade;
    //构造方法，用户初始化对象的成员变量
    public Student(String name,int age,int sex,int grade)
    {
        this.stuName=name;
        this.stuAge=age;
        this.stuSex=sex;
        this.stuGrade=grade;
    }
    //省略了Student类中的其他方法
}
```

测试类TestStudent5的代码如下。

```
public class TestStudent5
{
    public static void main(String[] args)
    {
        //使用带参的构造方法，创建wangYun学生类对象并初始化对象
        Student wangYun=new Student("王云",22,1,4);
        wangYun.learn();
        String rstString=wangYun.doHomework(22);
        System.out.println(rstString);
    }
}
```

编译运行程序，其结果如图3.7所示。

图3.7 使用构造方法创建并初始化对象

3.3.2 构造方法的使用

构造方法（也称为构造函数）是一种特殊的方法，它具有以下特点。

- 构造方法的方法名必须与类名相同。
- 构造方法没有返回类型，也不能定义为void，在方法名前不声明返回类型。

其实构造方法是有返回值的，返回的是刚刚被初始化完成的当前对象的引用。既然构造方法返回被初始化对象的引用，为什么不写返回值类型呢？例如Student类构造方法为什么不写成public Student Student （参数列表）{...}呢?

因为Java设计人员把这种方法名（类名）和返回类型的类名相同的方法看成一个普通方法，只是名称“碰巧”相同罢了，编译器识别时也会认为它是一个方法。为了和普通方法进行区别，Java设计人员规定构造方法不写返回值，编译器通过这一规定识别构造方法，而不是说构造方法真的没有返回值。

构造方法的主要作用是完成对象的初始化工作，它能够把定义对象时的参数传给对象。一个类可以定义多个构造方法，根据参数的个数、类型或排列顺

序来区分不同的构造方法。

```
public class Student
{
    private String stuName;
    private int stuAge;
    private int stuSex;
    private int stuGrade;
    //构造方法，用户初始化对象的属性
    public Student(String name,int age,int sex,int grade)
    {
        this.stuName = name;
        this.stuAge = age;
        this.stuSex = sex;
        this.stuGrade = grade;
    }
    //构造方法，用户初始化对象的属性(不带年级参数，设置年级默
认值为4)
    public Studenl(String name,int age,int sex)
        {
            this.stuName = name;
            this.stuAge = age;
            this.stuSex = sex;
            this.stuGrade = 4;
    }
    //构造方法，用户初始化对象的属性
    //不带年龄、年级参数，设置年龄默认值为22，年级默认值为4
    public Student(String name,int sex)
    {
        this.stuName = name;
        this.stuAge = 22;
        this.stuSex = sex;
        this.stuGrade = 4;
    }
    //省略了Student类中的其他方法
}
```

新建测试类TestStudent6，具体代码如下所示，运行结果如图3.8所示。

```
public class TestStudent6
{
    public static void main(String[] args)
    {
        //使用不同参数列表的构造方法创建wangYun、liuJT、
nanTH这3个学生类对象
        Student wangYun = new Student("王云",22,1,4);
        Student liuJT = new Student("刘静涛",21,2);
        Student nanTH = new Student("南天华",1);
        wangYun.learn();
        String rstString = wangYun.doHomework(22);
        System.out.println(rstString);
        liuJT.learn();      //调用liuJT对象的learn()方法
        //调用liuJT对象的getStuName()和getStuGrade()方法获得属性
值
       System.out.println(liuJT.getStuName()+"正在读大学"+ liuJT.
getStuGrade()+"年级");
        System.out.println(nanTH.doHomework(23));
//调用nanTH对象的doHomework(23)方法
    }
}
```

如果在定义类时没有定义构造方法，则编译系统会自动插入一个无参数的默认构造方法，这个构造方法不执行任何代码。如果在定义类时定义了有参的构造方法，没有显式定义无参的构造方法，那么在使用构造方法创建类对象时，则不能使用默认的无参构造方法。

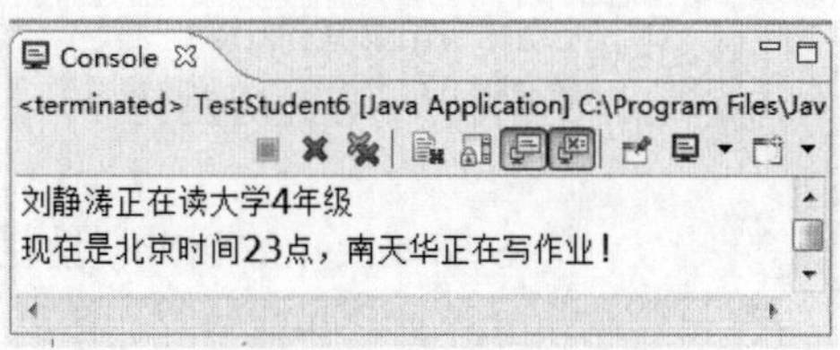

图3.8　使用类的多个构造方法

例如，在TestStudent6程序的main方法内添加一行语句：Student leiJing = new Student();，编译器会报错，提示没有找到无参的构造方法。

3.4 对象初始化过程

通过前面的学习，知道类中的成员变量初始化有以下几种情况。

- 创建对象时默认初始化成员变量。
- 定义类时，给成员变量赋初值。

- 调用构造方法时，使用构造方法所带的参数初始化成员变量。

在使用new关键字创建并初始化对象的过程中，具体的初始化步骤如下。

（1）给对象的实例变量分配空间，默认初始化成员变量。

（2）成员变量声明时的初始化。

（3）初始化块初始化。

（4）构造方法初始化。

3.4.1 初始化块

初始化块就是在类中用一对大括号括起来的代码块，语法形式如下所示。

```
{
  代码块
}
```

初始化块可以用来初始化类的成员变量。但正如前文所述，使用初始化块初始化成员变量的顺序是在默认初始化成员变量以及成员变量声明赋值之后，在使用构造方法初始化之前，请看下面的代码。

```
public class Student
{
    private String stuName ="";
    private int stuAge = −1;
    private int stuSex = −1;
    private int stuGrade =−1;
    //使用初始化块初始化
    {
        System.out.println("使用初始化块初始化");
        this.stuName = "雷静";
        this.stuAge = 22;
        this.stuSex = 2;
        this.stuGrade = 4;
    }
    //无参构造方法
    public Student()
    {
        System.out.println("使用无参构造函数初始化");
    }
    //构造方法，用户初始化对象的成员变量
    public Student(String name,int age,int sex,int grade)
```

```
	{
		System.out.println("使用有参构造函数初始化");
		this.stuName = name;
		this.stuAge = age;
		this.stuSex = sex;
		this.stuGrade = grade;
	}
	//省略了Student类中的其他方法
}
```

新建测试类TestStudent7，具体代码如下所示，运行结果如图3.9所示。

```
public class TestStudent7
{
	public static void main(String[] args)
	{
		Student temp = new Student();
		System.out.println(temp.getStuName() + " 正在读大学"+ temp.
getStuGrade() + "年级");
		//构造方法初始化成员变量在初始化块初始化之后
		Student wangYun = new Student("王云",22,1,4);
		System.out.println(wangYun.getStuName() + "正在读大学"+
wangYun.getStuGrade() + "年级");
	}
}
```

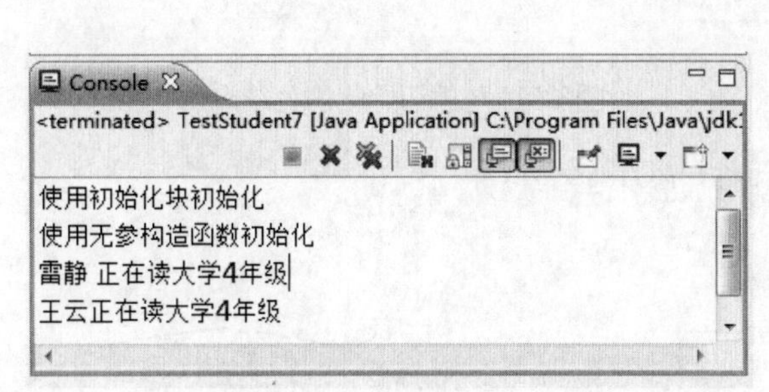

图3.9　对象初始化过程

3.4.2 对象初始化内存结构

刚才通过案例演示的方式，了解了对象初始化的过程，接下来通过图示内存结构的形式，让读者更加直观地了解对象初始化过程。

代码Student temp = new Student（"王云",22,1,4）;运行后，内存结构如图3.10 ~ 图3.13所示。

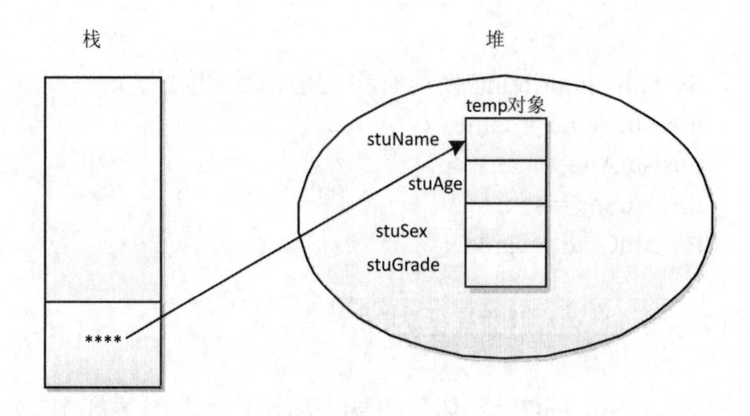

图3.10 对象初始化内存结构一

（1）给对象的实例变量分配空间，默认初始化成员变量。

（2）成员变量声明时的初始化。

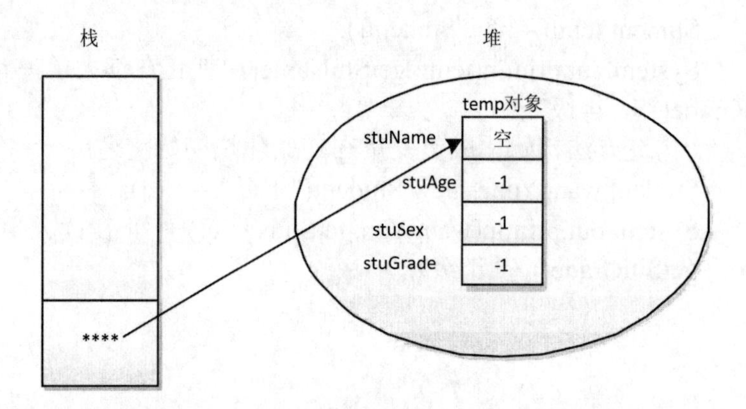

图3.11 对象初始化内存结构二

（3）初始化块初始化。

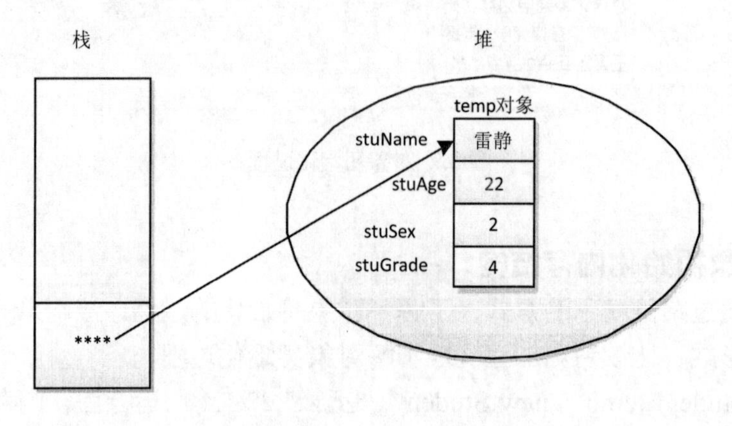

图3.12 对象初始化内存结构三

（4）有参构造函数初始化。

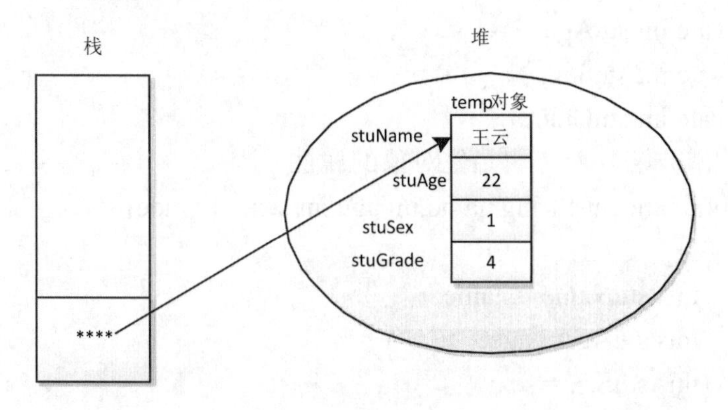

图3.13 对象初始化内存结构四

3.5 重载

3.5.1 重载的定义

在同一个类中，可以有两个或两个以上的方法具有相同的方法名，但它们的参数列表不同。在这种情况下，该方法就被称为重载（overload）。其中参数列表不同包括以下3种情形。

- 参数的数量不同。
- 参数的类型不同。
- 参数的顺序不同。

需要注意的是，仅返回值不同的方法不叫重载方法。

其实重载的方法之间并没有任何关系，只是“碰巧”名称相同罢了，既然方法名称相同，在使用相同的名称调用方法时，编译器怎么确定调用哪个方法呢?这就要靠传入参数的不同来确定调用哪个方法。返回值是运行时才决定的，而重载方法的调用是编译时就决定的，所以当编译器碰到只有返回值不同的两个方法时，就“糊涂”了，认为它是同一个方法，不知道调用哪个，所以就会报错。

在介绍一个类可以定义多个构造方法的时候，已经对构造方法进行了重载，接下来通过案例来学习普通方法的重载。

3.5.2 重载方法的使用

看下面的代码，其中的重点是普通learn方法的重载。

```
public class Student
{
```

```
    private String stuName;
    private int stuAge;
    private int stuSex;
    private int stuGrade;
    //构造方法，用户初始化对象的属性
    public Student(String name,int age,int sex,int grade)
    {
        this.stuName = name;
        this.stuAge = age;
        this.stuSex = sex;
        this.stuGrade = grade;
    }
    //构造方法，用户初始化对象的属性(不带年级参数，设置年级默
认值为4)
    public Student(String name,int age,int sex)
    {
        this.stuName = name;
        this.stuAge = age;
        this.stuSex = sex;
        this.stuGrade = 4;
    }
    //构造方法，用户初始化对象的属性
    //不带年龄、年级参数，设置年龄默认值为22，年级默认值为4
    public Student(String name,int sex)
    {
        this.stuName = name;
        this.stuAge = 22;
        this.stuSex = sex;
        this.stuGrade = 4;
    }
    //无参构造方法
    public Student()
    {
    }
    //省略了Student类中的其他方法
    //传入参数name、age、sex和grade的值，输出结果
```

```
    public void learn(String name,int age,int sex,int grade)
    {
        String sexStr = (sex==1)?"男生":" 女生";
        System.out.println(age + "岁的大学"+ grade + "年级" + sexStr +
name + "正在认真听课！");
    }
    //传入参数name、age和sex的值，grade值取4，输出结果
    public void learn(String name,int age,int sex)
    {
        learn(name,age,sex,4);
    }
    //传入参数name和sex的值，age的值取22，grade值取4，输出结果
    public void learn(String name,int sex)
    {
        learn(name,22,sex,4);
    }
    //无参的听课方法，使用成员变量的值作为参数
    public void learn()
    {
        learn(this.stuName,this.stuAge,this.stuSex,this.stuGrade);
    }
}
```

上面的代码重载了learn方法，测试类main方法中的代码如下所示。

```
Student stu = new Student("王云",22,1,4);
stu.learn("刘静涛",21,2,3);
stu.learn("南天华",20,1);
stu.learn("雷静",2);
stu.learn();
```

程序运行结果如图3.14所示。

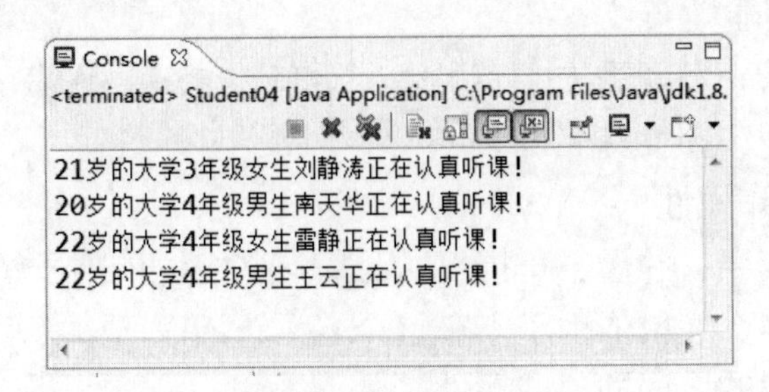

图3.14　重载方法使用

有些读者可能已经注意到了，在一些重载方法的方法体内，调用了其他重载方法。这种情况在类重载方法的使用上非常普遍，有利于代码的重用和维护。

3.6 抽象和封装

面向对象设计首先要做的就是抽象。根据用户的业务需求抽象出类，并关注这些类的属性和方法，将现实世界中的对象抽象成程序设计中的类。接下来分析一下“租车系统”的部分需求。

（1）在控制台输出“请选择要租车的类型：（1代表轿车，2代表卡车）”，等待用户输入。

（2）如果用户选择的是轿车，则在控制台输出“请选择轿车品牌：（1代表红旗，2代表长城）”，等待用户输入。

（3）如果用户选择的是卡车，则在控制台输出“请选择卡车吨位：（1代表5吨，2代表10吨）”，等待用户输入。

（4）在控制台输出“请给所租的车起名：”，等待用户输入车名。

（5）所租的车油量默认值为20升，车辆损耗度为0（表示刚保养完的车，无损耗）。

（6）具有显示所租车辆信息功能，显示的信息包括车名、品牌/吨位、油量和车损度。

3.6.1 类抽象

程序员开发出来的软件是需要满足用户需求的，所以程序员做分析和设计的依据是用户需求，通常是软件开发前期形成的需求规格说明书。面向对象设计时，要阅读用户需求，找出需求中的名词部分确定类和属性，找出动词部分确定方法。

进行类抽象就是发现类并定义类的属性和方法。具体步骤如下。

（1）发现名词

通过阅读需求，发现需求中有类型、轿车、卡车、品牌、红旗、长城、吨位、车名、油量、车损度等名词。

（2）确定类和属性

通过分析，车名、油量、车损度、品牌这些名词依附于轿车这个名词，车名、油量、车损度、吨位依附于卡车这个名词，所以可以将轿车、卡车抽象成类，依附于这些类的名词抽象成属性。

需要补充一点，不是所有依附于类的名词都需要抽象成属性，因为在分析需求的过程中会发现其中某些名词不需要关注，所以在抽象出类的过程中可以放弃这些名词，不将其抽象成属性。例如红旗、长城，这是两个轿车的品牌，属于属性值，不需要抽象成类或属性。

（3）确定方法

通过分析需求的动词，发现显示车辆信息是轿车和卡车的行为，所以可以将这个行为抽象成类的方法。同样，不是所有依附于类名词的动词都需要抽象成类的方法，只有需要参与业务处理的动词才能确定成方法。

根据对轿车和卡车的类抽象，可以得到如图3.15和图3.16所示的结果。

Car
+name:String
+oil:int
+loss:int
+brand:String
+show( ):void

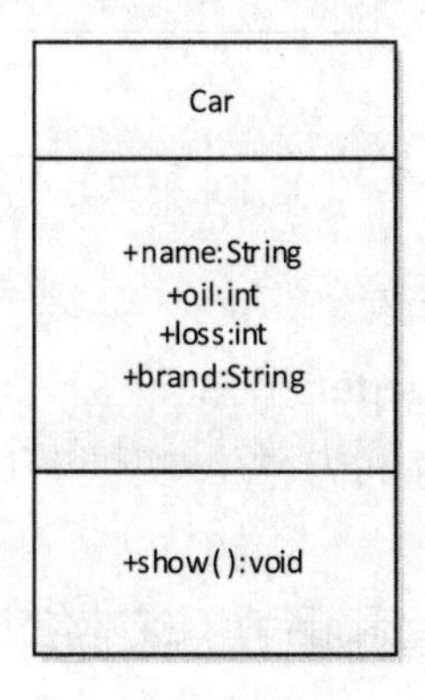

图3.15　轿车类

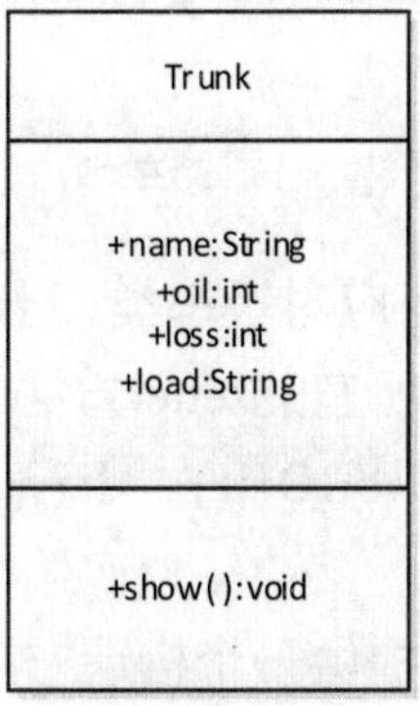

Trunk
+name:String
+oil:int
+loss:int
+load:String
+show( ):void

图3.16　卡车类

3.6.2 类封装

类抽象的目的在于抽象出类，并确定属性和方法，而接下来的类封装，则要在封装的角度隐藏类的属性，提供公有的方法来访问这些属性。

比较简单的操作方法就是，把所有的属性都设置为私有属性（表示私有属性和方法时，需在类中的属性和方法前加上“-”号），每个私有属性都提供getter和setter公有的方法（表示公有属性和方法时，需在类中的属性和方法前加上“+”号），封装后的类如图3.17和图3.18所示，在类中设定了类的成员变量的初始值。

这样的封装过于简单，没有考虑需求，接下来进一步分析需求，可以发现以下几点。

（1）租车时可以指定车的类型和品牌（或吨位），之后不允许修改。

（2）租车时油量和车损度取默认值，只能通过车的加油和行驶的行为改变其油量和车损度值，不允许直接修改。

Car
-name:String=飞箭 -oil:int=20 -loss:int=0 -brand:String=红旗
+show( ):void +setName( ):void +getName( ):String +setOil( ):void +getOil( ):int +setLoss( ):void +getLoss( ):int +setBrand( ):void +getBrand( ):String

图3.17 轿车类

Trunk
-name:String=大力士 -oil:int=20 -loss:int=0 -load:String=10吨
+show( ):void +setName( ):void +getName( ):String +setOil( ):void +getOil( ):int +setLoss( ):void +getLoss( ):int +setLoad( ):void +getLoad( ):String

图3.18 卡车类

根据需求，应对轿车类和卡车类做如下修改。

（1）去掉所有的setter方法，保留所有的getter方法。

（2）提供addOil()、drive()这两个公有的方法，实现车的加油和行驶的行为。

（3）至少提供一个构造方法，实现对类型和品牌（或吨位）的初始化。

调整后的类如图3.19和图3.20所示。

Car
-name:String=飞箭 -oil:int=20 -loss:int=0 -brand:String=红旗
+show( ):void +Car(name:String,brand:String) +getName( ):String +getOil( ):int +getLoss( ):int +getBrand( ):String +addOil( ):void +drive( ):void

图3.19 调整后的轿车类

Trunk
-name:String=大力士 -oil:int=20 -loss:int=0 -load:String=10吨
+show( ):void +Trunk(name:String,load:String) +getName( ):String +getOil( ):int +getLoss( ):int +getLoad( ):String +addOil( ):void +drive( ):void

图3.20 调整后的卡车类

封装后的Car类代码如下所示，具体内容看注释。

```
package org.unithree;
//轿车类
```

```
public class Car
{
    private String name ="飞箭";//车名
    private int oil = 20;                   //油量
    private int loss = 0;                   //车损度
    private String brand ="红旗";           //品牌
    //构造方法，指定车名和品牌
    public Car(String name,String brand)
    {
        this.name = name;
        this.brand = brand;
    }
    //显示车辆信息
    public void show()
    {
        System.out.println("显示车辆信息:\n车辆名称为"+this.name+ "，
品牌是"+this.brand +"，油量是" + this.oil +"，车损度为" + this.loss);
    }
    //获取车名
    public String getName()
    {
        return name;
    }
    //获取油量
    public int getOil()
    {
        return oil;
    }
    //获取车损度
    public int getLoss()
    {
        return loss;
    }
    //获取品牌
    public String getBrand()
    {
```

```
        return brand;
    }
    //加油
    public void addOil()
    {
        //加油功能未实现
    }
    //行驶
        public void drive()
    {
        //行驶功能未实现
    }
}
```

封装后的Truck类代码如下所示。

```
package org.unitthree;
//卡车类
public class Truck
{
    private String name ="大力士";        //车名
    private int oil = 20;   //油量
    private int loss = 0;   //车损度
    private String load = "10吨"; //吨位
    //构造方法，指定车名和品牌
    public Truck(String name,String load)
    {
        this.name = name;
        this.load = load;
    }
    //显示车辆信息
    public void show()
    {
        System.out.println("显示车辆信息：\n车辆名称为" + this.name +
"，吨位是"+ this.load +"，油量是" + this.oil +"，车损度为" + this.loss);
    }
    //获取车名
    public String getName()
```

```
    {
        return name;
    }
    //获取油量
    public int getOil()
    {
        return oil;
    }
    //获取车损度
    public int getLoss()
    {
        return loss;
    }
    //获取吨位
    public String getLoad()
    {
        return load;
    }
    //加油
    public void addOil()
    {
        //加油功能未实现
    }
    //行驶
    public void drive()
    {
        //行驶功能未实现
    }
}
```

将之前“租车系统”的需求总结如下。

（1）在控制台输出“请选择要租车的类型：（1代表轿车，2代表卡车）”，等待用户输入。

（2）如果用户选择的是轿车，则在控制台输出“请选择轿车品牌：（1代表红旗，2代表长城）”，等待用户输入。

（3）如果用户选择的是卡车，则在控制台输出“请选择卡车吨位：（1代表5吨，2代表10吨）”，等待用户输入。

（4）在控制台输出“请给所租的车起名：”，等待用户输入车名。

（5）所租的车油量默认值为20升，车辆损耗度为0（表示刚保养完的车，无损耗）。

（6）具有显示所租车辆信息的功能，显示的信息包括车名、品牌/吨位、油量和车损度。

（7）租车时指定车的类型和品牌（或吨位），之后不允许修改。

（8）租车时油量和车损度取默认值，只能通过车的加油和行驶的行为改变其油量和车损度值，不允许直接修改。

按需求完成代码如下，程序运行结果如图3.21所示。

```
import java.util.Scanner;
import org.unitthree.*;
public class TestZuChe
{
    public static void main(String[] args)
    {
        String name = null;         //车名
            int oil = 20;   //油量
            int loss = 0;   //车损度
            String brand = null;   //品牌
            String load = null;      //吨位
            Scanner input = new Scanner(System.in);
            System.out.println("***欢迎来到租车系统***");
            System.out.print("请选择要租车的类型：(1代表轿车，2代
表卡车)");.
            int select = input.nextInt();
            switch(select)
            {
                case 1:   //选择租轿车
                System.out.print("请选择轿车品牌：(1代表红旗，2代
表长城)");
                select = input.nextInt();
                if(select==1)      //选择红旗品牌
                    brand = "红旗";
                }else      //选择长城品牌
                {
                    brand ="长城";
```

```
            }
            System.out.print("请给所租的车起名: ");
            name = input.next();       //输入车名
            Car car = new Car(name,brand); //使用构造方法初始化
车名和品牌
            car.show();          //输出车辆信息
            break;
            case 2:   //选择租卡车
            System.out.print("请选择卡车吨位：(1代表5吨，2代
表10吨)");
            select = input.nextInt();
            if(select==1)      //选择5吨卡车
            {
                load= "5吨";
            }
            else        //选择10吨卡车
            {
                load = "10吨";
            }
            System.out.print("请给所租的车起名: ");
            name = input.next();       //输入车名
            Truck truck = new Truck(name,load);     //使用构造方法
初始化车名和吨位
            truck.show();     //输出车辆信息
            break;
        }
    }
}
```

```
Console
<terminated> TestZuChe [Java Application] C:\Program Files\Java\jdk1.8.0_11\
请选择要租车的类型：（1代表轿车，2代表卡车）1
请选择轿车品牌：（1代表红旗，2代表长城）1
请给所租的车起名：战神
显示车辆信息：
车辆名称为战神，品牌是红旗，油量是20，车损度为0
```

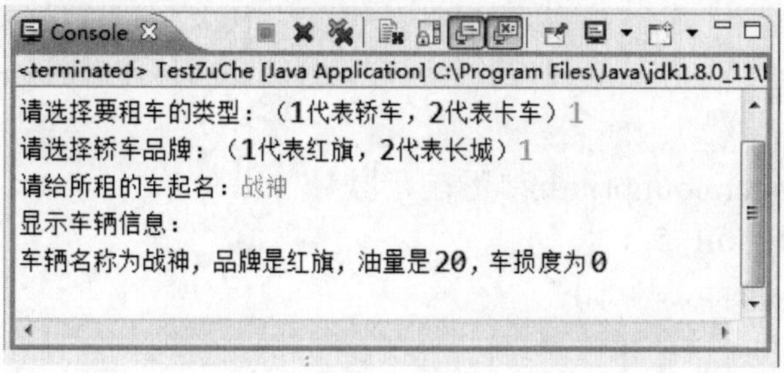

图3.21　“租车系统”运行结果

3.6.3 方法的实现

在Car类和Truck类的代码中，addOil()方法和drive()方法的功能还没有实现，接下来结合需求，分别完成Car类和Truck类中的这两个方法。

“租车系统”增加如下需求。

（1）不论是轿车还是卡车，油箱最多可以装60升汽油，每次给车加油，增加油量20升。如果加油20升超过油箱容量，则加到60升即可，并在控制台输出“油箱已加满！”。

（2）汽车行驶1次，耗油5升，车损度增加10，如果油量低于10升，则不允许行驶，直接在控制台输出“油量不足10升，需要加油！”。

具体实现代码如下所示。

```
//加油
public void addOil()
{
    if(oil > 40)   //如果加油20升将超过油箱容量，则加到60升即可
    {
        oil = 60;
        System.out.println("邮箱已加满！");
    }
    else
    {
        oil = oil + 20;    //加油20升
    }
    System .out.println("加油完成！");
}
//行驶
public void drive()
{
    if(oil<10)
    {
        System.out.println("油量不足10升，需要加油！");
    }
    else
    {
        System.out.println("正在行驶！");
        oil = oil−5;
        loss = loss + 10;
    }
}
```

执行下面的代码，注意观察油量和车损度的变化，程序运行结果如图3.22所示。

```
import java.util.Scanner;
import org.unitthree.*;
public class TestZuChe2
{
	public static void main(String[] args)
	{
		Car car = new Car("战神","长城");//初始化轿车对象car
		car.show();	//输出车辆信息
		car.drive();	//让car行驶1次，油量剩下15升，车损度为10
		car.show();	//输出车辆信息
		car.drive();	//让car再行驶1次，油量剩下10升，车损度为20
		car.drive();	//让car再行驶1次，油量剩下5升，车损度为30
		car.drive();	//让car再行驶1次，因油量不足10升，不行驶，
提示需要加油
		car.addOil();	//让car加油1次，油量增加20升，达到25升
		car.show();	//输出车辆信息
	}
}
```

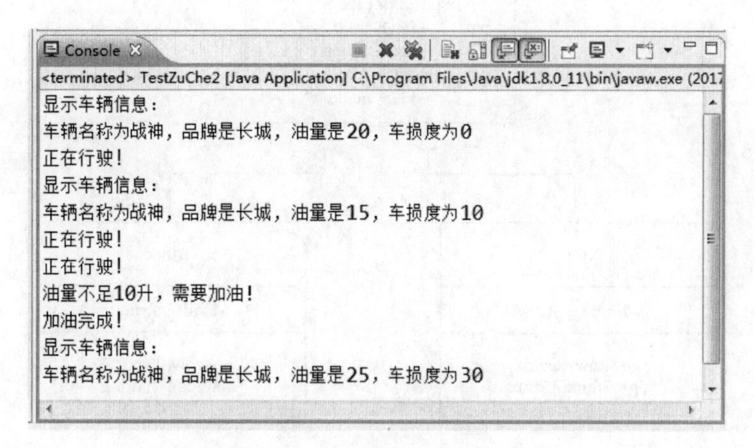

图3.22　“租车系统”测试结果

3.7 继承

在面向对象的程序设计中，继承是一个不可分割的重要组成部分，没有使用继承的程序设计，就不能称为面向对象的程序设计。继承的重要性和特殊性可以通过本章的学习得以领会。

3.7.1 继承的概念

在前面的章节中，根据“租车系统”的需求抽象出了Car类和Truck类，在这两个类中有许多相同的属性和方法，例如name、oil、loss属性以及相应的getter方法，还有addOil()和drive()方法。这样做有两个问题，一是代码大量重复，二是如果要修改，两个类都要修改，会很麻烦，而且容易忘记修改部分内容。怎么解决这个问题呢？使用继承解决这个问题。

Java继承是使用已存在的类的定义作为基础建立新类的技术，新类的定义可以增加新的属性或新的方法，也可以用已存在的类的属性和方法。这种技术复用以前的代码非常容易，可以大大缩短开发周期，降低开发费用。

了解Java继承的概念后，接下来使用继承来解决Car类和Truck类重复代码的问题。作为程序设计人员，可以将Car类和Truck类重复的代码挑出来，提取到一个单独的Vehicle类中，然后让Car类和Truck类继承Vehicle类，这样可以在保留Vehicle类的属性和方法的同时，增加不同的属性和方法。继承的类如图3.23所示。

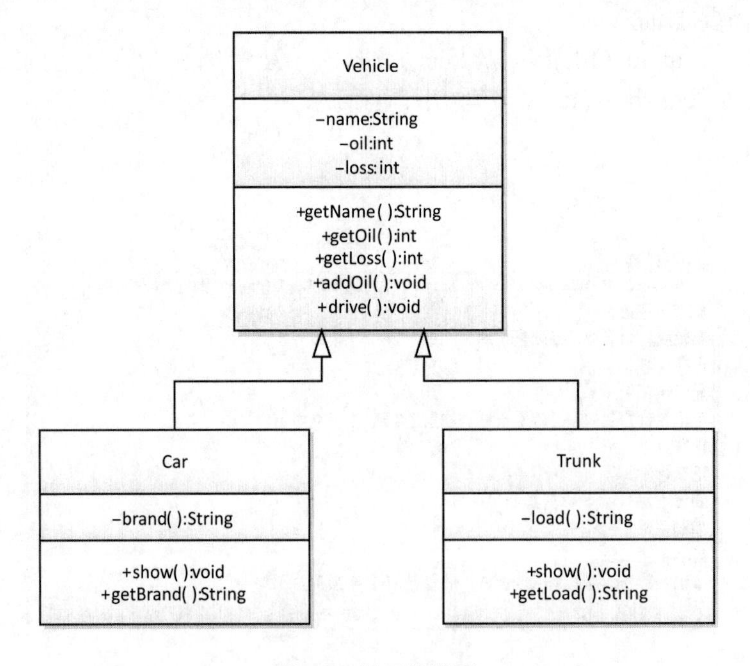

图3.23 继承的类图

继承的语法形式如下。

```
class A extends B
{
    类定义部分
}
```

即A类继承B类，B类称为父类、超类或基类，A类称为子类、衍生类或导出类。

3.7.2 继承的使用

根据图3.23编写Vehicle类、Car类和Truck类，和之前的类略有不同的是，在Vehicle类中，增加两个构造方法，一个是有参的，另一个是无参的，Vehicle类的代码如下所示。

```
package org.unitthree;
//车类是父类
public class Vehicle
{
    private String name ="汽车";//车名
    private.int oil = 20;   //油量
    private int loss = 0;   //车损度
    //无参构造方法
    public Vehicle()
    {
    }
    //构造方法，指定车名
    public Vehicle(String name)
    {
        this.name = name;
    }
    //获取车名
    public String getName()
    {
        return name;
    }
    //获取油量
    public int getOil()
    {
        return oil;
    }
    //获取车损度
    public int getLoss()
```

```
    {
        return loss;
    }
    //加油
    public void addOil()
    {
        if(oil>40)          //如果加油20升将超过油箱容量，则加到60
升即可
        {
            oil = 60;
            System.out.println("邮箱已加满！ ");
        }
        else
        {
            oil = oil + 20;         //加油20升
        }
        System.out.println("加油完成！ ");
    }
    //行驶
    public void drive()
    {
        if(oil < 10)
        {
            System.out.println("油量不足10升，需要加油！ ");
        }
        else
        {
            System.out.println("正在行驶！ ");
            oil = oil−5;
            loss = loss + 10;
        }
    }
}
```

下面是Car类的定义，也是增加了一个有参的构造方法。

```
package org.unitthree;
//轿车类是子类，继承Vehicle类
```

```
public class Car extends Vehicle
{
    private String brand ="红旗";            //品牌
    //构造方法，指定车名和品牌
    public Car(String name,String brand)
    {
        super(name);    //使用super关键字，调用父类的构造方法
        this.brand = brand;
    }
    //显示车辆信息
    public void show()
    {
        System.out.println("显示车辆信息:\n车辆名称为"+this.name +
", 品牌是" +this.brand +", 油量是" + this.oil + ", 车损度为" + this.loss);
    }
    //获取品牌
    public String getBrand()
    {
        return brand;
    }
}
```

需要注意的是，在Car类的构造方法中，有super(name)这条语句，其含义为调用父类有参的构造方法。

前面已经学过，在一个类中，this关键字代表这个类对象本身。与this关键字类似，super关键字代表当前对象的直接父类对象的默认引用，在子类中可以通过super关键字来访问父类的成员。

编译上面代码，编译器报错，如图3.24所示。

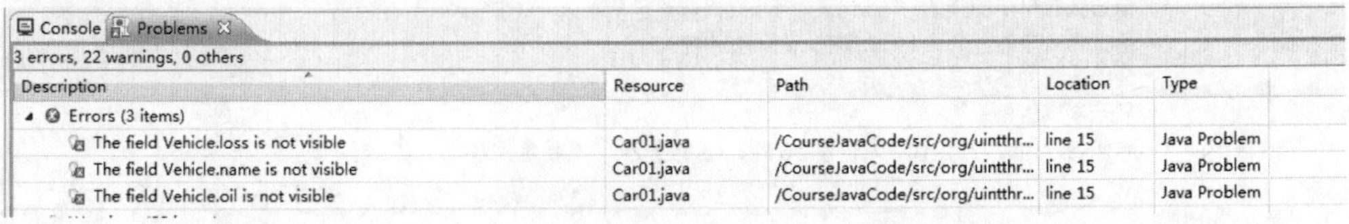

Console　Problems

3 errors, 22 warnings, 0 others

Description	Resource	Path	Location	Type
Errors (3 items)				
The field Vehicle.loss is not visible	Car01.java	/CourseJavaCode/src/org/uintthr...	line 15	Java Problem
The field Vehicle.name is not visible	Car01.java	/CourseJavaCode/src/org/uintthr...	line 15	Java Problem
The field Vehicle.oil is not visible	Car01.java	/CourseJavaCode/src/org/uintthr...	line 15	Java Problem

图3.24　private类型继承时报错

这里暂且不讨论报错的原因，这是下一小节介绍的重点，只需要把Vehicle类私有的成员变量name、oil和loss改成默认类型，编译即可通过。

下面是Truck类的定义。

```
package org.unitthree;
//卡车类是子类，继承Vehicle类
public class Truck extends Vehicle
{
    private String load = "10吨"; //吨位
    //构造方法，指定车名和吨位
    public Truck(String name,String load)
    {
        super(name);    //使用super关键字，调用父类的构造方法
        this.load = load;
    }
    //显示车辆信息
    public void show()
    {
        System.out.println("显示车辆信息：\n车辆名称为"+this.name +
"，吨位是" +this.load+"，油量是" + this.oil+ "，车损度为" + this.loss);
    }
    //获取品牌
    public String getBrand()
    {
        return load;
    }
}
```

运行TestZuChe类，运行结果如图3.25所示。

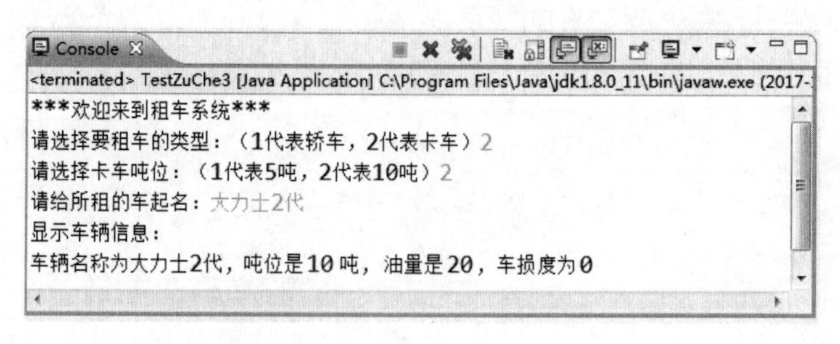

图3.25　“租车系统”运行结果

修改TestZuChe2类的代码，将原先创建的Car类对象替换成Truck类对象，具体代码如下所示，运行结果如图3.26所示。

```
import java.util.Scanner;
import org.unitthree.*;
class TestZuChe2
{
    public static void main(String[] args)
    {
        Truck truck = new Truck("大力士2代","10吨");//初始化卡车对象
        truck truck.show();        //输出车辆信息
        truck.drive();    //让truck行驶1次，油量剩下15升，车损度为10
        truck.show();     //输出车辆信息
        truck.drive();    //让truck再行驶1次，油量剩下10升，车损度为20
        truck.drive();    //让truck再行驶1次，油量剩下5升，车损度为30
        truck.drive();    //让truck再行驶1次，因油量不足10升，不行驶，提示需要加油
        truck.addOil(); //让truck加油1次，油量增加20升，达到25升
        truck.show();     //输出车辆信息
    }
}
```

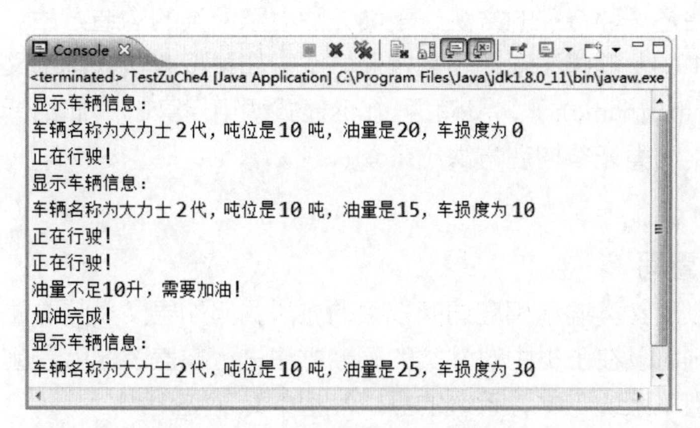

图3.26　“租车系统”测试结果

3.7.3 继承和访问权限

前面在“租车系统”中，Car类和Truck类继承自Vehicle类，通过它们介绍了如何使用继承。接下来，需要了解继承和访问权限之间的关系。

继承的优点是，子类可以从父类中继承属性和方法，那么子类是不是能继承父类所有的属性和方法呢？具体情况说明如下。

• 子类可以继承父类中访问权限修饰符为public和protected的属性和方法。

• 子类可以继承父类中用默认访问权限修饰的属性和方法，但子类和父类必须在同一个包中。

• 子类无法继承父类中访问权限修饰符为private的属性和方法。

• 子类无法继承父类的构造方法。

上一节用Car类继承Vehicle类，Vehicle类中name、oil和loss都是私有属性，Car类在继承Vehicle类时，是不能继承这些属性的，所以在Car类show()方法的代码中访问name、oil和loss属性时，编译器就会报错。之后，通过将name、oil和loss这3个属性的访问权限修饰符从private调整为default，且Car类和Vehicle类在同一个包中，所以Car类继承了Vehicle类默认的属性name、oil和loss，解决了这个问题。

针对这样的情况，还有一种解决方式是将show()方法里直接访问name、oil和loss属性的代码修改为这些属性对应公有的getter方法的代码，修改完的代码如下所示。

```
System.out.println("显示车辆信息：\n车辆名称为" + getNarae() + "，品牌是" + this.brand + "，油量是" + getOil() + "，车损度为" + getLoss());
```

构造方法是一种特殊的方法，子类无法继承父类的构造方法。那么在子类的构造方法中，尤其要注意，子类构造方法中如果没有显式调用父类有参构造方法（例如super(name);），没有通过this显式调用自身的其他构造方法，则系统会默认调用父类无参构造方法（super();）。

3.7.4 方法重写

子类可以从父类继承相应访问权限的方法，但如果父类的方法不能满足子类的需要，则可以在子类中对父类的同名方法进行覆盖，这就是重写。

假设“租车系统”中，系统的需求发生了如下变化。

卡车每行驶1次，耗油从5升提升为10升，增加车损度10，如果油量低于15升，则不允许行驶，直接在控制台输出“油量不足15升，需要加油！”

在Truck类中添加如下代码，重写父类的drive()方法。

```
//子类重写父类的drive()方法
public void drive()
{
    if(oil < 15)
    {
```

```
            System.out.println("油量不足15升,需要加油！");
        }
        else
        {
            System.out.println("正在行驶！");
            oil = oil-10;
            loss = loss + 10;
        }
    }
```

使用下面的代码进行测试，注意测试代码的注释，运行结果如图3.27所示。

```
import java.util.Scanner;
import org.unitthree.*;
class TestZuChe3
{
    public static void main(String[] args)
    {
        Truck truck = new Truck("大力士2代","10吨");//初始化卡车对象
        truck truck.show();        //输出车辆信息
        truck.drive();     //让truck行驶1次，油量剩下10升，车损度为10
        truck.show();     //输出车辆信息
        track.drive();     //让truck再行驶1次，因油量不足15升，不行驶，提示需要加油
        truck.drive(); //让truck再行驶1次，因油量不足15升，不行驶，提示需要加油
        truck.drive(); //让truck再行驶1次，因油量不足15升，不行驶，提示需要加油
        truck.addOil(); //让truck加油1次，油量增加20升，达到30升
        truck.show(); //输出车辆信息
    }
}
```

在上面的例子中，子类Truck完全重写了父类Vehicle的drive()方法。还有一种在方法重写的过程中经常遇到的情况是，子类并不需要全部重写父类的方法，而只是需要在父类方法的基础上增加一些功能，这样可以在子类重写的方法中编写“super.父类方法名();”的代码，调用父类被重写的方法。

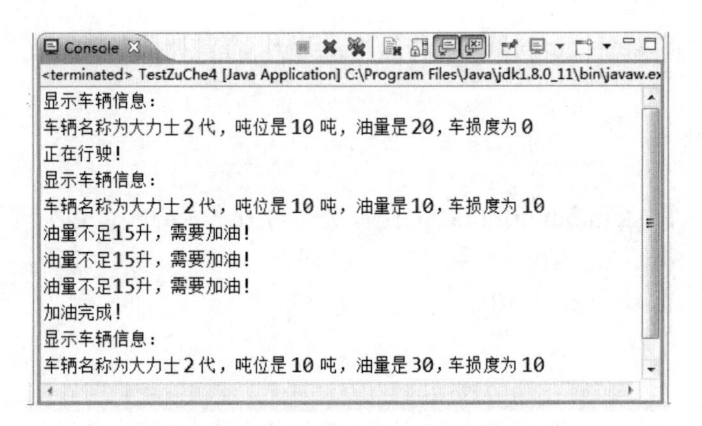

图3.27 子类重写父类方法

另外，重写需要满足如下条件。

• 重写方法与被重写方法同名，参数列表也必须相同。

• 重写方法的返回值类型必须和被重写方法的返回值类型相同或是其子类。

• 重写方法不能缩小被重写方法的访问权限。

在前面的章节中，学过final关键字，用final修饰的变量即为常量，只能赋值一次。如果用final修饰方法，则该方法不能被子类重写。用final修饰类，则这个类不能被继承。

3.7.5 属性覆盖

子类可以重写父类的方法，完成子类特定的功能。如果子类覆盖父类的属性，会有什么样的结果呢？

```
public class Sub extends Super
{
    public int i = 100 ;    //子类同名属性i，赋值100
    public static void main(String[] args)
    {
        Sub sub = new Sub();   //创建子类对象
        System.out.println(sub.i);        //输出子类对象的i属性
    }
}
class Super
{
    public int i = 50 ;     //父类属性i，赋值50
}
```

程序运行的结果是100，说明子类的属性（值为100）覆盖了父类的属性（值为50）。将代码修改为如下内容。

```
public class Sub extends Super
{
    public int i= 100;      //子类同名属性i，赋值100
    public static void main(String[] args)
    {
        Super sup = new Sub(); //创建父类对象，用子类实现
        System.out.println(sup.i); //输出sup的i属性
    }
}
class Super
{
    public int i = 50 ;     //父类属性i，赋值50
}
```

程序运行结果是50，说明创建父类对象，实现的时候用子类实现，此时这个对象的属性为父类的属性，不被子类覆盖。

如果创建的是父类对象，实现的时候用子类实现，再调用这个对象的方法（子类重写了父类的该方法），其结果又如何呢？父类的方法会被子类方法覆盖吗？请看下面的代码。

```
public class Sub extends Super
{
    public int i = 100;
    public void show()    //子类方法重写，显示“子类方法”
    {
        System .out.println("子类方法");
    }
    public static void main(String[] args)
    {
        Super sup = new Sub(); //创建父类对象，用子类实现
        sup.show();       //调用的是子类方法，覆盖了父类方法
        System .out.println(sup.i);
    }
}
class Super
{
```

```
        public int i = 50;
        public void show()    //父类方法，显示“父类方法”
        {
            System.out.println("父类方法");
        }
    }
```

程序输出为“子类方法”和“50”。通过运行结果可以说明，父类的方法被子类覆盖，调用了子类重写的方法，显示出“子类方法”。

3.7.6 继承中的初始化

前面的章节已经介绍了对象初始化过程，不过那时候还没有学习继承的概念。接下来通过一个案例，分析在继承的条件下，父类、子类中的静态块、非静态块、构造方法的执行顺序，看下面的代码。

```
public class InitDemo
{
    public static void main(String[] args)
    {
        System.out.println("第一次实例化子类");
        new Sub();
        System.out.println("第二次实例化子类");
        new Sub();
    }
}
class Super
{
    static
    {
        System.out.println("显示: 父类中的静态块！");
    }
    {
        System.out.println("显示: 父类中的非静态块！");
    }
    Super()
    {
        System.out.println("显示: 父类构造方法！");
```

```
	}
}
class Sub extends Super
{
	static
	{
		System.out.println("显示: 子类中的静态块！ ");
	}
	{
		System.out.println("显示: 子类中的非静态块！ ");
	}
	Sub()
	{
		System.out.println("显示: 子类构造方法！ ");
	}
}
```

程序运行结果如图3.28所示。

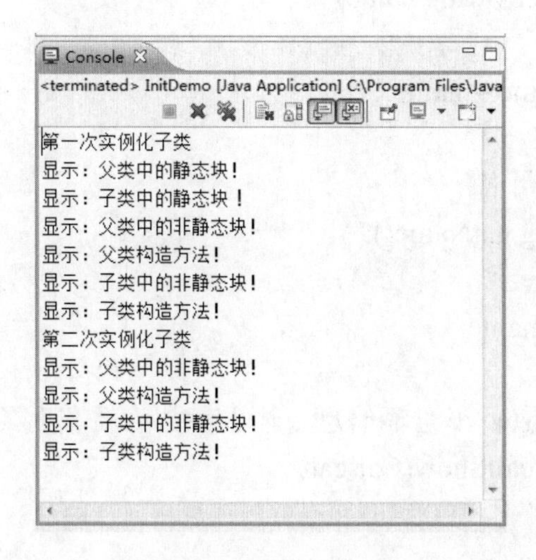

图3.28　继承中的初始化

通过运行结果可以看出，在第一次实例化子类时，先调用父类的静态块，再调用子类的静态块，之后再调用父类的非静态块和构造方法，最后调用子类的非静态块和构造方法。注意，当第二次实例化子类时，父类和子类的静态块都不会再被调用，因为它们是静态块，属于类级别的，只会被调用一次。

3.8 多态

抽象、封装和继承的学习已告一段落，接下来要学习面向对象设计与开发中比较难理解的一个概念——多态。直接描述多态的概念，对于一个没有体会过多态好处的人来说，是一件困难的事情，所以本节仍然以“租车系统”为例，给读者介绍多态。

3.8.1 向上转型

根据“租车系统”的需求，发现程序中需要新建一个驾驶员（租车者）类，这个类有一个姓名的属性，还有两个获取车辆信息的方法，具体代码如下所示。

```
package org.unitthree;
//驾驶员(租车者)类
public class Driver
{
    String name ="驾驶员";//驾驶员姓名
    //构造方法，指定驾驶员名
    public Driver(String name)
    {
        this.name = name;
    }
    //获取驾驶员名
    public String getName()
    {
        return name;
    }
    //驾驶员获取轿车车辆信息，输入参数为轿车对象
    public void callShow(Car car)
    {
        car.show();
    }
    //驾驶员获取卡车车辆信息，输入参数为卡车对象
    public void callShow(Truck truck)
    {
        truck.show();
    }
}
```

使用下面的代码进行测试，运行结果如图3.29所示。

```
import org.unitthree.*;
class TestZuChe4
{
    public static void main(String[] args)
    {
        Car car = new Car("战神","长城");        //初始化轿车对象car
        Truck truck = new Truck("大力士2代","10吨");//初始化卡车对象truck
        Driver dl = new Driver("柳海龙");         //创建并初始化驾驶员对象
        dl.callShow(car);           //调用驾驶员对象相应的方法
        dl.callShow(truck);         //调用驾驶员对象相应的方法
    }
}
```

```
Console
<terminated> TestZuChe5 [Java Application] C:\Program Files\Java\jdk1.8.0_11\bin\javaw.exe (2017
显示车辆信息：
车辆名称为战神，品牌是长城，油量是20，车损度为0
显示车辆信息：
车辆名称为大力士2代，吨位是10 吨，油量是 0，车损度为0
```

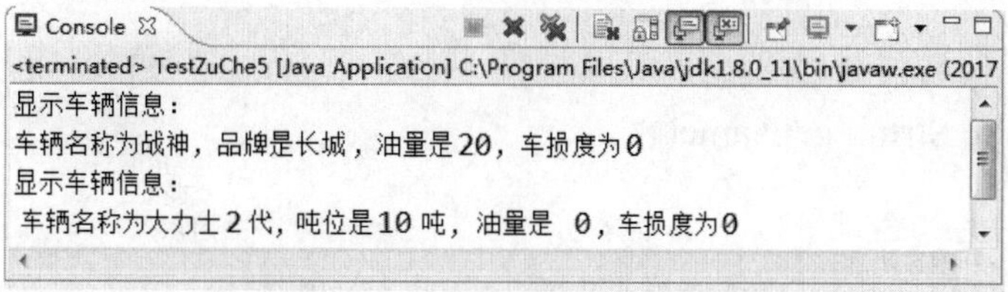

图3.29 “租车系统”运行结果

在写Driver类的过程中，驾驶员获取车辆信息的功能用了两个重载方法，如果要获取轿车信息，则输入的是轿车对象，方法体内调用轿车对象的方法；如果要获取卡车信息，则输入的是卡车对象，方法体内调用卡车对象的方法。如果需要从Vehicle类继承出10种车辆类型，则在Driver类需要中写10个方法。

接下来用多态的方式解决这个问题。

首先要在Vehicle类中增加一个show()方法，方法体为空，这样Car类和Truck类中的show()方法实际是重写了Vehicle类中的show()方法，具体代码如下所示。

```
public class Vehicle
{
    //省略其他代码
    //显示车辆信息
    public void show()
```

```
        {
        }
}
```

接下来修改Driver类，将原来两个callShow()方法合并成一个方法，输入参数不再是具体的车辆类型，而是这些车辆类型的父类Vehicle，在方法体内调用父类的show()方法。

```
package org.unitthree;
//驾驶员(租车者)类
public class Driver
{
    String name = "驾驶员";      //驾驶员姓名
    //构造方法，指定驾驶员名
    public Driver(String name)
    {
        this.name = name;
    }
    //获取驾驶员名
    public String getName()
    {
        return name;
    }
    //驾驶员获取车辆信息，输入参数为车对象
    public void callShow(Vehicle v)
    {
        v.show();
    }
}
```

运行以下测试代码，程序正常运行。

```
import org.unitthree.*;
class TestZuChe5
{
    public static void main(String[] args)
    {
        Car car = new Car("战神","长城");      //初始化轿车对象car
        Truck truck = new Truck("大力士2代","10吨");//初始化卡车对
象brack
```

```
        truck Driver dl = new Driver("柳海龙");          //创建并初始化
驾驶员对象
        dl .callShow(car);         //调用驾驶员对象的相应方法
        dl .callShow(truck);       //调用驾驶员对象的相应方法
    }
}
```

总结如下。

（1）在父类Vehicle类中有show()方法。

（2）在子类Car类和Truck类中重写了show()方法，实现了不同的功能。

（3）在Driver类中，callShow(Vehicle v)方法的形参是一个父类对象。

（4）在测试类的代码中，dl.callShow(car)和dl.callShow(truck)这两行语句调用callShow(Vehicle v)方法时，实际传入的是子类对象，最终执行的是子类对象重写的show()方法，而不是父类对象的show()方法。

这就是多态非常重要的一种形式：向上转型，即父类的引用指向子类对象，也就是上面例子中Vehicle类的引用，指向了car和truck这两个对象。

向上转型的好处，不仅在Driver类中不需要针对Vehicle类的多个子类写多个方法，减少代码编写量，而且增加了程序的扩展性。即在现有程序架构的基础上，可以再设计开发出若干个Vehicle类的子类（重写show()方法），这样在不用更改Driver类的情况下，就可以通过在测试类中创建新的子类，调用Driver类的callShow(Vehicle v)方法，实现对新的子类功能扩展。

向上转型虽然可以减少代码量增加程序的可扩展性，但同时也有自身的问题。例如，在Driver类的callShow(Vehicle v)方法中，只能调用Vehicle类的方法，不能调用Vehicle类子类特有的方法（例如Car类中getBrand()方法），这就是向上转型的局限性。

3.8.2 向下转型

向上转型是父类引用指向子类对象，也就是Vehicle类的引用，指向了car和truck这两个对象。那么，向下转型就是子类引用指向父类对象，也就是说可能明明需要一个Car类引用，却提供了一个Vehicle类的对象。显然，这样的做法是不安全的。

下面来看一个例子。

```
import org.unitthree.*;
class TestZuChe6
{
```

```
    public static void main(String[] args)
    {
        Vehicle v = new Car("战神","长城");//声明父类对象，实例化
出子类对象
        v.show();         //实际调用子类重写父类的show()方法
        //System.out.println(v.getBrand());;      //编译错误，无法调用
子类特有的方法
        Car car = (Car)v;          //将对象v强制类型转换成Car类对象
        System.out.println(car.getBrand());       //调用Car类特有方法
getBrand()
        Truck truck = (Truck)v; //将对象v强制类型转换成Truck类对
象
        System.out.println(truck.getLoad());      //调用Truck类特有方
法getLoad()
    }
}
```

程序运行结果如图3.30所示。

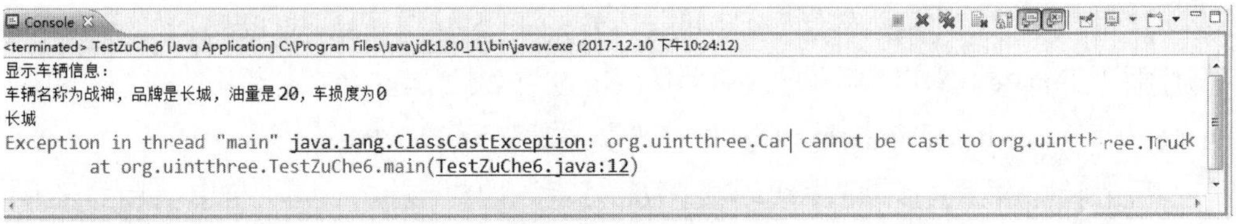

```
Console
<terminated> TestZuChe6 [Java Application] C:\Program Files\Java\jdk1.8.0_11\bin\javaw.exe (2017-12-10 下午10:24:12)
显示车辆信息：
车辆名称为战神，品牌是长城，油量是20，车损度为0
长城
Exception in thread "main" java.lang.ClassCastException: org.uintthree.Car cannot be cast to org.uintthree.Truck
	at org.uintthree.TestZuChe6.main(TestZuChe6.java:12)
```

图3.30 向下转型

从运行结果可以看出，对象v是可以强制类型转换成Car类型的，因为它本身实例化的时候就是Car类型，所以可以进行强制类型转换，并且转换完之后可以调用Car类特有的方法getBrand()。但是对象v是不可以强制类型转换成Truck类型的，对象v实例化的时候是Car类型，把Car类型转换成Truck类型，会抛出异常。

程序员编程的过程中，在进行对象的强制类型转换时，不知道具体运行时是否会抛出异常，这种情况是不能接受的。Java提供了instanceof运算符（不是方法），可以进行类型判断，避免抛出异常。instanceof运算符的语法形式如下。

对象instanceof类

该运算符判断一个对象是否属于一个类，返回值为true或false。看下面的例子。

```
import org.unitthree.*;
class TestZuChe7
{
    public static void main(String[] args)
    {
        //Vehicle v = new Car("战神","长城"); //声明父类对象，实例
化出子类对象
        Vehicle v = newTruck("大力士2代","10吨");
        v.show();
        if( v instanceof Car)      //对象v属于Car类型
        {
            Car car = (Car)v;   //将对象v强制类型转换成Car类对象
            System.out.println(car.getBrand()); //调用Car类的特有方
法getBrand()
        }else          //对象v不属于Car类型
        {
            Truck truck = (Truck)v;     //将对象v强制类型较换成
Truck类对象
            System.out.println(truck.getLoad());         //调用Truck类
的特有方法getLoad()
        }
    }
}
```

通过instanceof判断对象v属于哪个类，再进行强制类型转换，降低强制类型转换抛出异常的可能性。程序运行结果如图3.31所示。

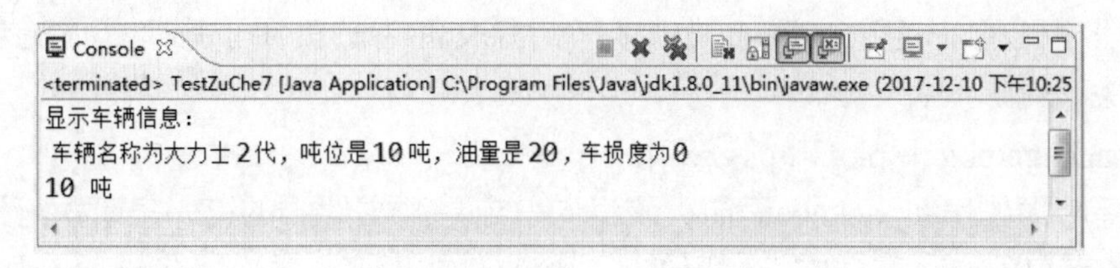

图3.31 instanceof运算符使用

3.9 包和访问控制

在计算机中存放了若干类型的文档，为了管理方便，操作系统采用了树形结构的文件夹形式存放这些文档，并对文档进行管理。

例如，在Windows操作系统中，可以将硬盘划分为C、D、E、F这4个分区（简称C、D、E、F盘）。为了达到分类管理的目的，可以将程序安装在C盘，把工作用到的文档放在D盘，把生活中产生的文档放在E盘，最后用F盘作为备份盘，用于备份文件。

这样做的好处是不仅可以将文档分门别类地存储，易于查找，同时还可以在不同的盘符下存放同名的文件，解决了文件名冲突的问题。

为了更好地组织类，Java提供了包机制。包是类的容器，用于分隔类名空间。如果没有指定包名，所有的类都属于一个默认的无名包。

Java中的包一般都包含功能相关的类。例如，Java中通用的工具类，一般都放在java.util包中。

总的来说，包有以下3个方面的作用。

（1）提供了类似于操作系统树形文件夹的组织形式，能分门别类地存储、管理类，易于查找并使用类。

（2）解决了同名类的命名冲突问题。学生王云定义了一个类，类名叫TestStudent，学生刘静涛也定义了一个叫TestStudent的类。如果在同一个文件夹下，就会产生命名冲突的问题。使用包的机制就可以把王云定义的类放在wangyun包下，把刘静涛定义的类放在liujingtao包下，那么就可以通过wangyun.TestStudent和liujingtao.TestStudent访问不同的类，解决命名冲突的问题。

（3）包允许在更广的范围内保护类、属性和方法。关于这方面的作用，在本章后面介绍访问权限的时候，读者就能体会到。

3.9.1 Java包

包的使用

程序员可以使用package关键字指明源文件中的类属于哪个具体的包，包的语法形式如下。

```
package pkg1[. pkg2[. pkg3...]];
```

程序中如果有package语句，该语句一定是源文件中的第一条可执行语句，它的前面只能有注释或空行。另外，一个文件中最多只能有一条package语句。

包的名字有层次关系，各层之间以点分隔，包层次必须与Java开发环境文件系统的层次结构相同。通常包名全部用小写字母，这与类名以大写字母开头且各单词的首字母也大写的命名约定有所不同。关于包的命名，现在使用得较多的规则是使用internet域名，并将其中的元素颠倒过来。例如abc公司的域名为www.abc.com，该公司开发部门开发了一个叫fly的项目，在这个项目中有一个工具类的包，则这个工具包的包名可以为com.abc.fly.tools。

来看下面的例子。

```
//声明包
public class TestPackage
{
    public static void main(String[] args)
    {
        System.out.println("one.two.test");
    }
}
```

包结构如图3.32所示。

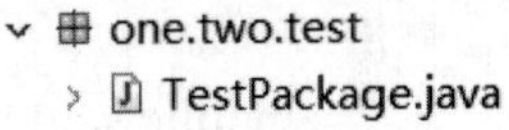

one.two.test
TestPackage.java

图3.32 包结构

JDK中的包

JDK的类库被分成许多包，这些包是分层次组织的，就像在硬盘上嵌套有各级子目录一样。最高一级的包名是java和javax，其下一级的包名有lang、util、io、owt等，如图3.33所示。

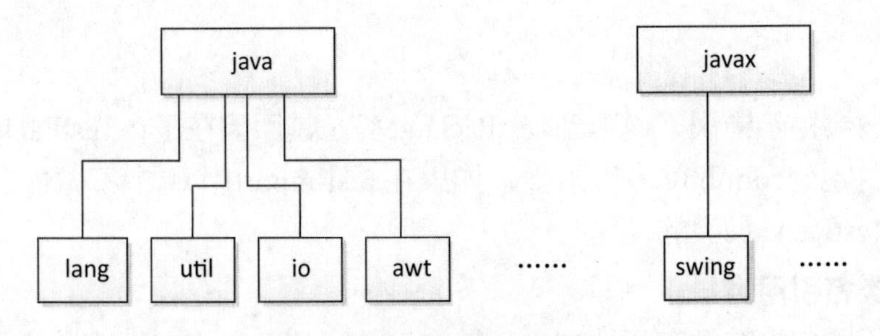

图3.33 JDK包结构

下面简要介绍JDK类库中不同包的主要功能。

- java.lang：提供利用Java进行程序开发的基础类，例如String、Math、Integer、System和Thread等。
- java.util：Java工具类，包含对集合的操作、事件模型、日期和时间设置、国际化和各种实用工具类。
- java.io：通过数据流、序列化和文件系统提供系统输入和输出。
- java.net：为实现网络应用程序而提供的类。
- java.awt：包含用于创建用户界面和绘制图形图像的类。

3.9.2 引用包

接着上面的例子，将TestPackage.java（详见3.9.1节）调整为如下内容。

```
public class TestPackage
{
```

```
        Public void show()
        {
            System.out.println("package com.bd.test");
        }
    }
```

假设在当前目录（example1目录）下新建了一个Java程序TestImport1.java，在程序中需要新建一个TestPackage类的对象，并调用该对象的show()方法，具体代码如下所示。

```
public class TestImport1
{
    public static void main(String[] args)
    {
        TestPackage tp = new TestPackage();
        tp.show();
    }
}
```

编译时会提示错误，找不到TestPackage类。其原因在于，TestPackage这个类已经被打包到com\bd\test目录下，如果在Testlmportl代码中不做任何操作，是找不到TestPackage类的。

完整类名引用类

引用不同包中的类有两种方法，其中一种非常直观的方法就是使用完整类名引用类。例如，将上面TestImport1类修改为如下内容。

```
public class TestImport2
{
    public static void main(String[] args)
    {
        //使用完整包名引用包
        com.bd.test.TestPackage tp = new com.bd.test.TestPackage();
        tp.show();
    }
}
```

导入包

使用完整类名引用类的方法虽然直观，但书写的内容多，且当使用的类比较多时，编辑和阅读都非常困难。接下来学习的是采用导入包的形式引用类，导入包的语法形式如下。

import包名.类名;

这里的包名、类名既可以是JDK提供的包和类的名称，也可以是用户自定义的包名和类名。

如果要使用一个包中的某些类，可以使用import包名.*的形式导入这个包中所有的类。不过，包的导入不是迭代的，就是说当导入java.util.*时，只会导入java.util包中所有的公共类，不会导入这个包下其他文件夹中的类。

另外，import语句需要放在package语句后，在类定义之前。

例如，现在需要通过Java程序求出64的算术平方根。通过查询JDK API，找到java.lang.Math类有一个sqrt(double *a*)方法，返回*a*的算术平方根，具体实现代码如下所示。

```
import java.lang.Math;     //导入java.lang.Math类，可以省略
public class TestImport3
{
    public static void main(String[] args)
    {
        System.out.println("64的算术平方根为"+Math.sqrt(64)); //使
用Math类的sqrt方法
    }
}
```

编译、运行程序，输出正确结果：8.0。

如果删除import java.lang.Math这条语句后重新编译、运行，发现程序仍然可以正确输出8.0的结果。为什么呢？其因为在于，对于java.lang包中的所有公共类，系统都默认导入到程序中，不需要程序员显式导入。

假设现在需要输出当前的日期和时间。通过查询JDK API，找到java.util.Date类有一个toString()方法，按一定的格式输出日期和时间，具体实现代码如下所示。

```
import java.util.*; //导入java.util包中的所有公共类，不可以省略
public class TestImport4
{
    public static void main(String[] args)
    {
        Date now = new Date();
        System.out.println("现在的日期："+ now.toString()); //使用
Date类的toString方法
    }
}
```

程序运行结果如图3.34所示。

```
Console ☒
<terminated> TestImport4 [Java Application] C:\Program Files\Java\jdk1.8.0_11\bin\javaw.exe (2017-12-10 下午10:3:
现在的日期：Sun Dec 10 22:31:04 CST 2017
```

图3.34　导入包输出日期

本小节的两个例子都是导入了JDK类库中的包，接下来修改 “完整类名引用类”的例子，采用导入包的形式引用类，具体代码如下所示。

```
public class TestImport5
{
    public static void main(String[] args)
    {
        TestPackage tp = new TestPackage();    //直接使用导入的类
        tp.show();
    }
}
```

3.9.3 访问权限

一个商业的Java应用系统有很多类，其中有些类并不希望被其他类使用。每个类中都有属性和方法，但是并不是所有的属性和方法都允许被其他类调用。如何能做到这样的访问控制呢？这就需要使用访问权限修饰符。

Java中的访问权限修饰符有4种，但却只有3个关键字。因为不写访问权限修饰符时，在Java中被称为默认权限（同包权限），本书中以default代替。其他3个访问权限修饰符分别为private、protected和public。

对类的访问控制

对于类而言，能使用的访问权限修饰符只有public和default。如果使用public修饰，则表示该类在任何地方都能被访问，如果不写访问权限修饰符，则该类只能在本包中使用。

继续上面的例子，将TestPackage.java文件中定义类的语句“public class TestPackage”中的public去掉，使该类的访问权限变为只能在本包中使用，再次编译TestPackage.java和TestImport5.java，在编译TestImport5.java时，编译器会报出如图3.35所示的错误。

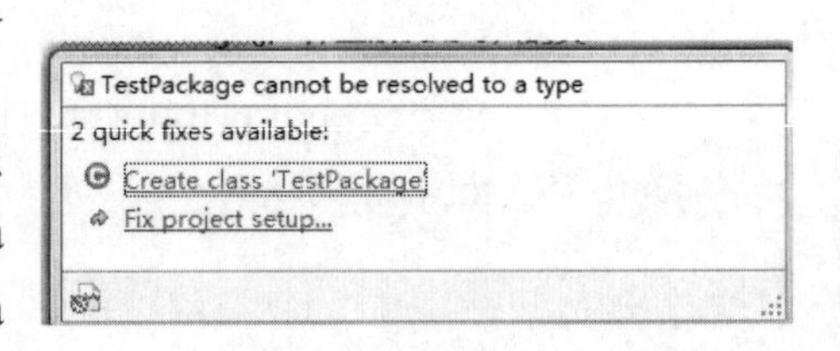

图3.35　在不同的包中使用默认类

对类成员的访问控制

对于类的成员（属性和方法）而言，4种访问权限修饰符都可以使用。下面按照权限从小到大的顺序对4种访问权限修饰符分别进行介绍。

1. 私有权限private

private可以修饰属性、构造方法、普通方法。被private修饰的类成员只能在定义它们的类中使用，在其他类中不能访问。

在介绍封装的时候，已经使用了private这个私有的访问权限修饰符。对于封装良好的程序而言，一般将属性私有化，提供公有的getter和setter方法，供其他类调用。

下面介绍构造方法私有化。所谓构造方法私有化，就是说使用private修饰这个类的构造方法，具体代码如下所示。

```
public class Student
{
    String stuName;        //学生姓名
    //构造方法私有化
    private Student(String name)
    {
        this.stuName = name;
        System.out.println("学生姓名: " + this.stuName);
    }
}
```

使用下面的代码测试Student类，编译时报错，如图3.36所示。

```
public class TestStudent
{
    public static void main(String[] args)
    {
        Student wangYun = new Student("王云");        //使用构造方法
创建学生对象
    }
}
```

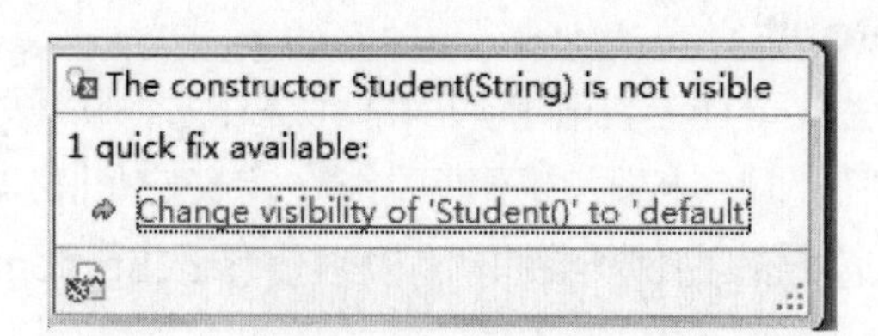

图3.36 对构造方法私有化的类进行实例化

如果想在外部使用这个Student类，则只能在这个类内部实例化一个静态的Student类对象，并提供一个静态的、公有的方法获取这个类对象，具体代码如下所示。

```
public class Student
{
    String stuName; //学生姓名
    static Student stu = new Student("王云");
    //构造方法私有化
    private Student(String name)
    {
        this.stuName = name;
        System.out.println("学生姓名：" + this.stuName);
    }
    //静态公有方法返回类对象
    public static Student getStudent(){
        return stu;
    }
}
```

使用下面的代码获取Student类对象，程序可以正确运行。

```
public class TestStudent2
{
    public static void main(String[] args)
    {
        Student stu = Student.getStudent();
    }
}
```

注意，此处Student类是一个单例模式的类。通过将构造方法私有化，使这个类的创建只能在类的内部完成，并且用一个公有的方法返回了这个类的实例。这样做可以保证这个类只有一个实例，不会出现其他类中为这个类创建多个实例的情况，这就是单例模式。

2. 默认权限default

属性、构造方法、普通方法都能使用默认权限，即不写任何关键字。默认权限也称为同包权限。同包权限的元素只能在定义它们的类中以及同包的类中被调用。下面以普通方法为例介绍同包权限。修改Student类，具体代码如下所示。

```
public class Student
{
    String stuName;
    public Student(String name)
    {
        this.stuName = name;
    }
    //访问权限为default
    void showName()
    {
        System.out.println(" 学生姓名: "+this.stuName);
    }
}
```

使用下面的代码测试调用Student类的默认访问权限的showName()方法。注意，两个类不在同一个包中，编译时报错，如图3.37所示。

```
//TestStudent3类在当前目录
public class TestStudent3
{
    public static void main(String[] args)
    {
        Student wangYun = new Student("王云");//使用构造方法创建
学生对象
        wangYun.showName();
    }
}
```

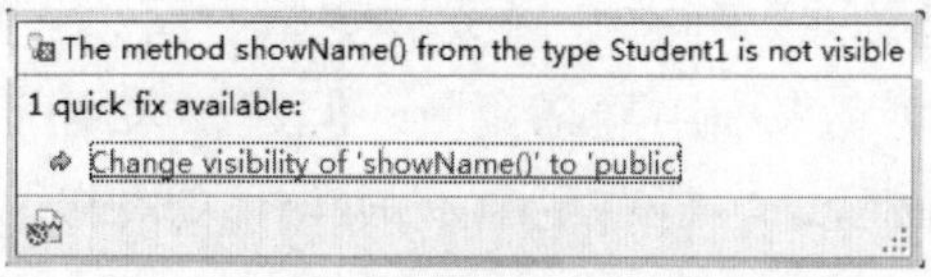

The method showName() from the type Student1 is not visible
1 quick fix available:
Change visibility of 'showName()' to 'public'

图3.37 默认权限包访问

在void showName()方法前添加public关键字，编译并运行程序，可正常运行。

3. 受保护权限protected

protected可修饰属性、构造方法、普通方法，能在定义它们的类中以及同包的类中调用被protected修饰的成员。如果有不同包中的类想调用它们，那么这个类必须是这些成员所属类的子类。关于子类及相关概念，将会在讲解继承的时候详细介绍。

4. 公共权限public

public可以修饰属性、构造方法和普通方法。被public修饰的成员，可以在任何一个类中被调用，是权限最大的访问权限修饰符之一。

访问权限修饰符总结

访问权限修饰符使用范围总结如表3.3所示。

表3.3 访问权限修饰符总结

修饰符	类内部	同一个包中	子类	任何地方
private	Yes			
default	Yes	Yes		
protected	Yes	Yes	Yes	
public	Yes	Yes	Yes	Yes

3.9.4 static关键字

在通常情况下，要使用一个类对象（实例）的公有成员变量，需要通过这个类实例化出对象，再通过“对象名.变量名”的形式访问。作为程序员，有时需要定义一个类级别的变量，它的使用完全独立于该类的任何对象，可以直接通过“类名.变量名”的形式进行访问。

在类成员的声明前，加上static（静态的）关键字，就能创建出这样的静态类成员。static成员常见的例子是main方法。因为在程序开始执行时必须调用main方法，所以将它声明为static。

声明为static的变量称为静态变量或类变量。可以直接通过类名引用静态变量，也可以通过实例名来引用静态变量，但建议采用前者，因为采用后者容易混淆静态变量和实例变量。静态变量是跟类相关联的，类的所有实例共同拥有一个静态变量。

声明为static的方法称为静态方法或类方法。静态方法可以直接调用静态方法，访问静态变量，但是不能直接访问实例变量和实例方法。静态方法中不能使用this关键字，因为静态方法不属于任何一个实例。

static关键字的使用

1. 用static修饰类的成员变量

用static修饰的类的成员变量是静态变量，对该类的所有实例来说，只有一个静态值存在，所有实例共用一个变量。静态变量是指不管类实例化出多少个对象，系统仅在第一次调用类的时候为静态变量分配内存。先来看下面的例子。

```
public class TestStatic
{
    public static void main(String[] args)
    {
        Student wangYun = new Student();
        wangYun.avgAge = 22; //将Student类变量的值设置为22
        System.out.println("王云所在班平均年龄: " + wangYun.avgAge);
        Student liuJT = new Student();
        liuJT.avgAge = 21;       //将Student类变量的值设置为21
        System.out.println("王云所在班平均年龄: "+wangYun.avgAge);
        System.out.println("刘静涛所在班平均年龄: "+ liuJT.avgAge);
    }
}
class Student
{
    public static int avgAge;       //类变量，存放平均年龄
}
```

程序运行结果如图3.38所示。

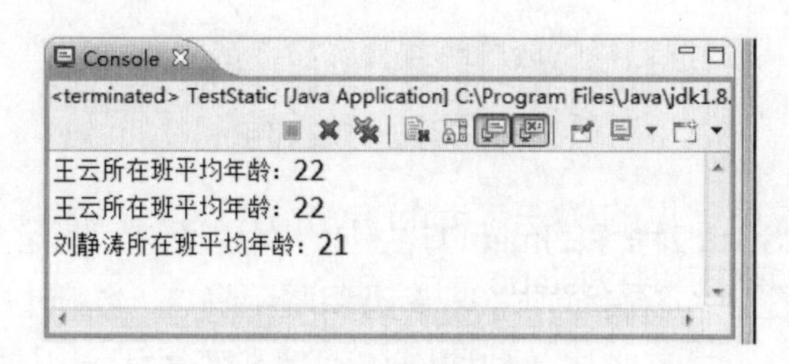

图3.38 类变量使用

通过程序运行结果可以看出，所有Sutdent类的实例wangYun和liuJT都共用了静态变量avgAge，当给其中任何一个实例的静态变量赋值时，都是对这一个静态变量进行操作。

2. 用static修饰类的成员方法

用static修饰类的成员方法，表示该方法被绑定于类本身，而不是类的实例。看下面的例子。

```
public class TestStatic2
{
```

```
    public static void main(String[] args)
    {
        Student.showavg Age(); //调用静态方法
        System.out.println("静态变量输出所在班平均年龄:"+ Student.
avgAge);
    }
}
class Student
{
    public static int avgAge = 22;          //类变量，存放平均年龄
    public static void showavgAge()         //静态方法输出班平均年龄
    {
        System.out.println("静态方法输出所在班平均年龄: 22");
    }
}
```

程序运行结果如图3.39所示。

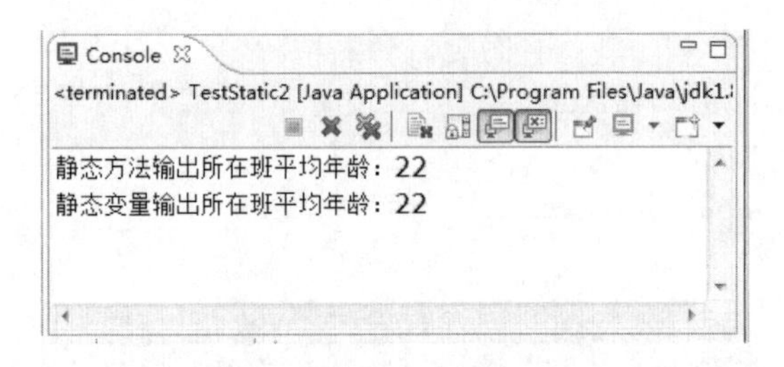

图3.39 静态方法使用

注意，在TestStatic2程序的main方法中，都是通过“类名.静态变量名”和“类名.静态方法名”的形式访问静态变量和调用静态方法的。通过“类实例.静态变量”和“类实例.静态方法”也可以访问静态变量和调用静态方法，但不推荐使用。

3. 静态方法不能操作实例变量

静态方法可以操作静态变量，不能操作实例变量，可以通过下面的例子看出。

```
public class Student
{
    public int avgAge = 22;        //实例变量，存放平均年龄
    public static void showavgAge() //静态方法调用实例变量——编译
出错
```

```
    {
        System.out.println("静态方法输出所在班平均年龄："+avgAge);
    }
}
```

编译时报错，如图3.40所示。

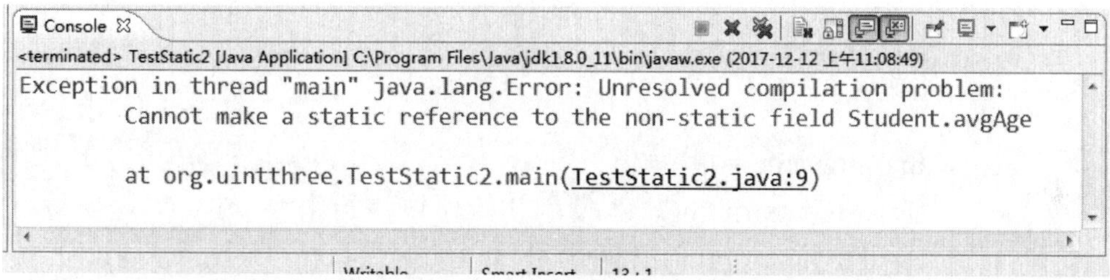

```
Console
<terminated> TestStatic2 [Java Application] C:\Program Files\Java\jdk1.8.0_11\bin\javaw.exe (2017-12-12 上午11:08:49)
Exception in thread "main" java.lang.Error: Unresolved compilation problem:
	Cannot make a static reference to the non-static field Student.avgAge

	at org.uintthree.TestStatic2.main(TestStatic2.java:9)
```

图3.40　静态方法调用实例变量

Java静态块

3.4节讲解了对象的初始化过程，在使用new关键字创建并初始化对象的过程中，具体的初始化分为以下4步。

（1）给对象的实例变量分配空间，默认初始化成员变量。

（2）成员变量声明时的初始化。

（3）初始化块初始化。

（4）构造方法初始化。

接下来将会介绍什么是Java静态块，并结合对象的初始化过程，介绍静态变量、静态块的执行顺序。

静态块的语法形式如下。

```
static
{
    语句块
}
```

Java类首次装入Java虚拟机时，会对静态变量（含静态块）或方法进行一次初始化，方法不被调用是不会执行的，就是说静态变量和静态块是在类首次装载进Java虚拟机时被执行的。

运行如下的程序，运行结果如图3.41所示。

```
public class Student
{
    private static String staticName = "静态姓名";        //静态变量
```

```
    private String stuName =""; //学生姓名——私有变量
    //使用静态初始化块初始化
    Static
    {
        System.out.println("***使用静态初始化块初始化***");
        System.out.println("静态块里显示静态变量值: "+ staticName);
    }
    //使用初始化块初始化
    {
        this.stuName ="雷静";
        System.out.println("*** 使用初始化块初始化 ***");
        System.out.println("普通块里显示实例变量值: "+ stuName);
        System.out.println("普通块里显示静态变量值: "+ staticName);
    }
    //构造方法，用户初始化对象的员变量
    public Student(String name)
    {
        this.stuName = name;
        System.out.println("***使用有参构造函数初始化***");
        System.out.println("构造方法里显示实例变量值: "+stuName);
        System.out.println("构造方法里显示静态变量值: "+ staticName);
    }
    public static void main(String[] args)
    {
        Student stu = new Student("王云");
    }
}
```

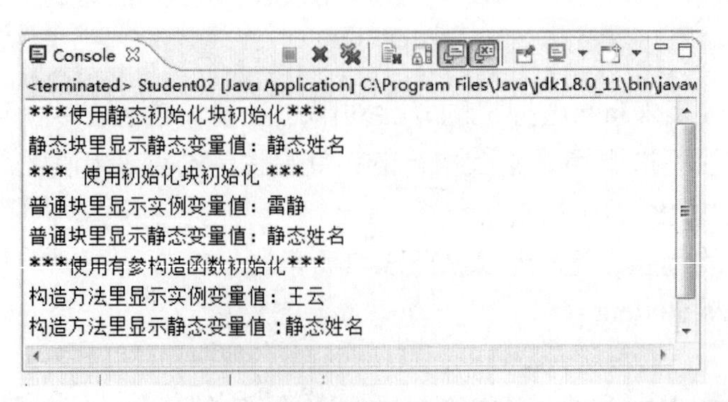

图3.41 使用静态块初始化变量

通过上面的例子可以看出，静态变量和静态块都是在类实例化对象前被执行的。

3.10 抽象类

在面向对象的世界里，所有的对象都是通过类来实例化的，但并不是所有的类都是直接用来实例化对象的。如果一个类中没有包含足够的信息来描绘一个具体的事务，这样的类可以形成抽象类。

抽象类往往用来表示在对事务进行分析、设计后得出的抽象概念，是对一系列看上去不同，但是本质上相同的具体概念的抽象。例如，如果进行一个图形编辑软件的开发，就会发现需要操作圆、三角形这样一些具体的图形概念。这些具体的概念虽然是不同的，但是它们又都属于形状这样一个不是真实存在的抽象概念，这个抽象的概念是不能实例化出一个具体的形状对象的。

3.10.1 抽象类的概念

在面向对象分析和设计的过程中，经过抽象、封装和继承的分析之后，会需要先创建一个抽象的父类，该父类定义了其所有子类共享的一般形式，具体细节由子类来完成。

这样的父类作为规约，其需要子类完成的方法在父类中往往是空方法，方法本身没有实际意义。而且这些父类本身就比较抽象，根据这些抽象的父类实例化出的对象通常也缺乏实际意义，更多的是利用父类的规约创建出子类，再使用子类实例化出有意义的对象。

Java中提供了一种专门供子类来继承的类，这个类就是抽象类，其语法形式如下所示。

```
abstract class类名{
}
```

Java也提供了一种特殊的方法，这个方法不是一个完整的方法，只含有方法的声明，没有方法体，这样的方法叫作抽象方法，其语法形式如下所示。

```
其他修饰符abstract返回值方法名();
```

3.10.2 抽象类的使用

接下来通过一个例子，来了解抽象类的使用。

现有Person类、Chinese类和American类这3个类，其中Person类为抽象类，含有eat()和work()两个抽象方法，其类关系如图3.42所示。

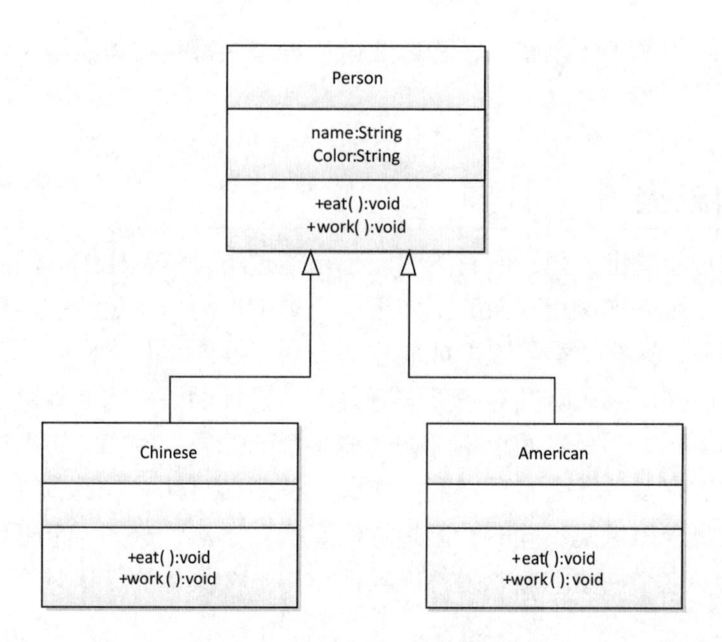

图3.42 抽象类之间的类图关系

Person类的代码如下所示。

```
public abstract class Person
{
    String name = "人";
    String color ="肤色";
    //定义吃饭的抽象方法eat()
    public abstract void eat();
    //定义工作的抽象方法work()
    public abstract void work();
}
```

Chinese类的代码如下所示。

```
//子类Chinese继承自抽象父类Person
public class Chinese extends Person
{
    //实现父类eat()的抽象方法
    public void eat()
    {
        System.out.println("中国人用筷子吃饭！");
    }
    //实现父类work()的抽象方法
```

```
    public void work()
    {
        System.out.println("中国人勤劳工作！");
    }
}
```

American类的代码如下所示。

```
//子类American继承自抽象父类Person
public class American extends Person
{
    //实现父类eat()的抽象方法
    public void eat()
    {
        System.out.println("美国人用刀叉吃饭！");
    }
    //实现父类work()的抽象方法
    public void work()
    {
        System.out.println("美国人快乐工作！");
    }
}
```

测试类的代码如下所示。

```
public class TestAbstract
{
    public static void main(String[] args)
    {
        Person liuHL = new Chinese();  //创建一个中国人对象
        System.out.println("*** 中国人的行为***");
        liuHL.eat();       //调用中国人吃饭的方法
        liuHL.work();      //调用中国人工作的方法
        Person jacky = new American();//创建一个美国人对象
        System.out.println("* * *美国人的行为 * * * ");
        jacky.eat();       //调用美国人吃饭的方法
        jacky.work();      //调用美国人工作的方法
    }
}
```

程序运行结果如图3.43所示。

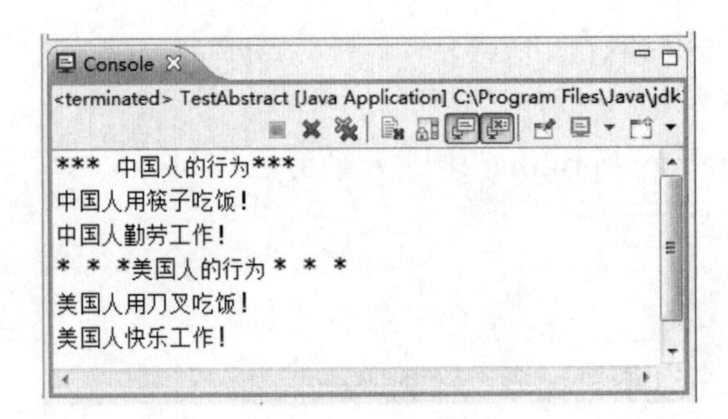

图3.43 抽象类使用

3.10.3 抽象类的特征

在上面例子的基础上，可以进一步了解抽象类的特征。

（1）抽象类不能被直接实例化

例如，在测试类的代码中写如下语句。

```
//子类重写父类的drive()抽象方法
public void drive()
{
    if(oil < 10)
    {
        System.out.println("油量不足10升，需要加油！");
    }
    else
    {
        System.out.println("正在行驶！");
        oil = oil-5;
        loss = loss + 10;
    }
    //省略了构造方法、getter方法
}
```

Truck类和Driver类的代码都没发生变化，测试类的代码如下所示。

```
import org.unitthree.*;
class TestZuChe
{
    public static void main(String[] args)
    {
```

```
        Vehicle car = new Car("战神","长城"); //初始化轿车对象car
        Vehicle truck = new Truck("大力士2代","10吨"); //初始化卡车
对象truck
        Driver dl = new Driver("柳海龙");//创建并初始化驾驶员对象
        dl.callShow(car);          //调用驾驶员对象的相应方法
        dl.callShow(truck);        //调用驾驶员对象的相应方法
    }
}
```

运行结果如图3.44所示。

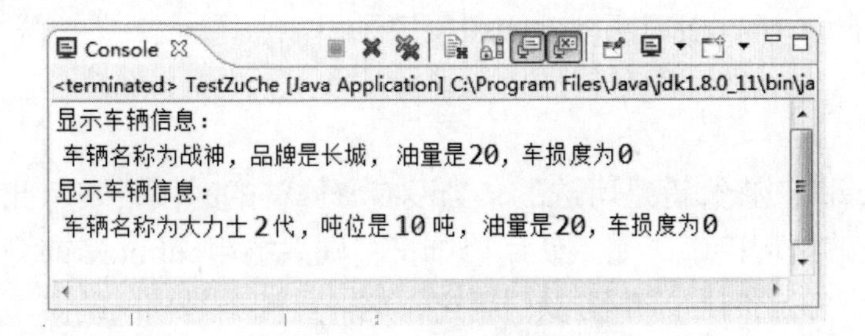

图3.44 用抽象类完成“租车系统”

3.11 接口

抽象类中可以有抽象方法，也可以有普通方法，但是有抽象方法的类必须是抽象类。如果抽象类中的方法都是抽象方法，那么由这些抽象方法组成的特殊的抽象类就是所说的接口。

3.11.1 接口的概念

接口是一系列方法的声明，是一些抽象方法的集合。一个接口只有方法的声明，没有方法的实现，因此这些方法可以在不同的地方被不同的类实现，而这些实现类可以具有不同的行为。

虽然我们常说，接口是一种特殊的抽象类，但是在面向对象编程的设计思想层面，两者还是有显著区别的。抽象类更侧重于对相似的类进行抽象，形成抽象的父类以供子类继承使用，而接口往往在程序设计的时候，定义模块与模块之间应满足的规约，使各模块之间能协调工作。接下来通过一个实际的例子来说明接口的作用。

如今，蓝牙技术已经在社会生活中广泛应用。移动电话、蓝牙耳机、蓝牙鼠标、平板电脑等IT设备都支持通过蓝牙实现设备间短距离通信。那为什么这

些不同的设备能通过蓝牙技术进行数据交换呢？其本质在于蓝牙提供了一组规范和标准，规定了频段、速率、传输方式等要求，各设备制造商按照蓝牙规范约定制造出来的设备，就可以按照约定的模式实现短距离通信。蓝牙提供的这组规范和标准，就是所谓的接口。

蓝牙接口创建和使用步骤如下。

（1）各相关组织、厂商约定蓝牙接口标准。

（2）相关设备制造商按约定接口标准制作蓝牙设备。

（3）符合蓝牙接口标准的设备可以实现短距离通信。

Java接口定义的语法形式如下所示。

```
[修饰符]interface接口名[extends][接口列表]{
接口体
}
```

interface前的修饰符是可选的，当没有修饰符的时候，表示此接口的访问只限于同包的类和接口。如果使用修饰符，则只能用public修饰符，表示此接口是公有的，在任何地方都可以引用它，这一点和类是相同的。

接口和类是同一层次的，所以接口名的命名规则参考类名的命名规则即可。

extends关键词和类语法中的extends类似，用来定义直接的父接口。和类不同的是，一个这样的接口可以继承多个父接口，当extends后面有多个父接口时，它们之间用逗号隔开。

接口体就是用大括号括起来的那部分，接口体里定义接口的成员，包括常量和抽象方法。

类实现接口的语法形式如下所示。

```
[类修饰符]class类名implements接口列表{
类体
}
```

类实现接口用implements关键字，Java中的类只能是单继承的，但一个Java类可以实现多个接口，这也是Java解决多继承的方法。

下面通过代码来模拟蓝牙接口规范的创建和使用步骤。

（1）定义蓝牙接口

假设蓝牙接口通过input()和output()两个方法提供服务，这时就需要在蓝牙接口中定义这两个抽象方法，具体代码如下所示。

```
//定义蓝牙接口
public interface BlueTooth
{
```

```
    //提供输入服务
    public void input();
    //提供输出服务
    public void output();
}
```

（2）定义蓝牙耳机类，实现蓝牙接口

```
public class Earphone implements BlueTooth
{
    String name ="蓝牙耳机";
    //实现蓝牙耳机输入功能
    public void input()
    {
        System.out.println(name +"正在输入音频数据…");
    }
    //实现蓝牙耳机输出功能
    public void output()
    {
        System.out.println(name + "正在输出反馈信息…");
    }
}
```

（3）定义iPad类，实现蓝牙接口

```
public class iPad implements BlueTooth
{
    String name = "iPad";
    //实现iPad输入功能
    public void input()
    {
        System.out.println(name + "正在输入数据...");
    }
    //实现iPad输出功能
    public void output()
    {
        System.out.prindn(name +" 正在输出数据…");
    }
}
```

编写测试类，对蓝牙耳机类和iPad类进行测试，具体代码如下所示，运行结果如图3.45所示。

```
public class TestInterface
{
    public static void main(String[] args)
    {
        BlueTooth ep = new Earphone(); //创建并实例化一个实现了蓝牙接口的蓝牙耳机对象ep
        ep.input();                    //调用ep的输入功能
        BlueTooth ip = newiPad();      //创建并实例化一个实现了蓝牙接口的iPad对象ip
        ip.input();                    //调用ip的输入功能
        ip.output();                   //调用ip的输出功能
    }
}
```

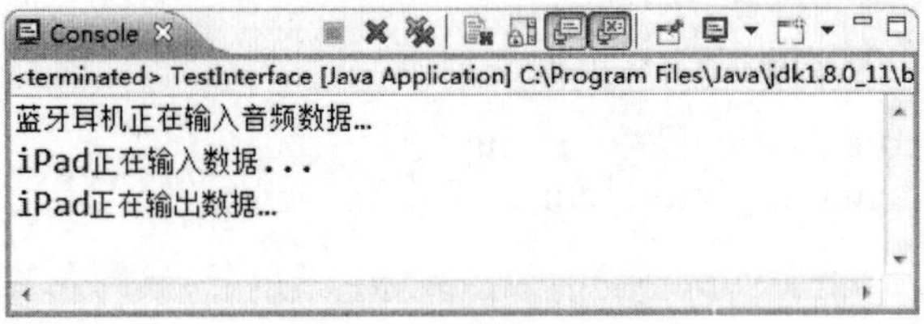

```
Console
<terminated> TestInterface [Java Application] C:\Program Files\Java\jdk1.8.0_11\b
蓝牙耳机正在输入音频数据...
iPad正在输入数据...
iPad正在输出数据...
```

图3.45 蓝牙接口使用

3.11.2 接口的使用

电子邮件现在是人们广泛使用的一种信息沟通形式，要创建一封电子邮件，至少需要发信者邮箱、收信者邮箱、邮件主题和邮件内容这4个部分。可以采用接口定义电子邮件的这些约定。电子邮件类要实现这个接口，则电子邮件必须满足这些约定的要求。

（1）定义电子邮件接口

```
public interface EmailInterface
{
    //设置发信者邮箱
    public void setSendAdd(String add);
    //设置收信者邮箱
    public void setReceiveAdd(String add);
    //设置邮件主题
```

```
    public void setEmailTitle(String title);
    //设置邮件内容
    public void writeEmail(String email);
}
```

（2）定义邮箱类，实现EmailInterface接口

注意，在实现接口中抽象方法的同时，邮箱类本身还有一个showEmail()方法。

```
import java.util.Scanner;
//定义Email，实现Email接口
public class Email implements EmailInterface
{
    String sendAdd =""; //发信者邮箱
    String receiveAdd ="";         //收信者邮箱
    String emailTitle ="";//邮件主题
    String email ="";      //邮件内容
    //实现设置发信者邮箱
    public void setSendAdd(String add)
    {
        this.sendAdd = add;
    }
    //实现设置收信者邮箱
    public void setReceiveAdd(String add)
    {
        this.receiveAdd = add;
    }
    //实现设置邮件主题
    public void setEmailTitle(String title)
    {
        this.emailTitle = title;
    }
    //实现设置邮件内容
    public void writeEmail(String email)
    {
        this.email = email;
    }
    //显示邮件全部信息
```

```
        public void showEmail()
        {
            System.out.println(" * * * 显示电子邮件内容* * *");
            System.out.println("发信者邮箱: "+ sendAdd);
            System.out.println("收信者邮箱: "+ receiveAdd);
            System.out.println("邮件主题: "+ emailTitle);
            System.out.println("邮件内容: "+ email);
        }
    }
```

（3）定义一个邮件作者类

邮件作者类中含静态方法writeEmail(EmailInterface email)，用于写邮件，具体代码如下所示。

```
    public class EmailWriter
    {
        //定义写邮件的静态方法，形参是EmailInterface接口
        public static void writeEmail(EmailInterface email)
        {
            Scanner input = new Scanner(System.in);
            System.out.print("请输入发信者邮箱: ");
            email.setSendAdd(input.next());
            System.out.print("请输入收信者邮箱: ");
            email.setReceiveAdd(input.next());
            System.out.print("请输入邮件主题: ");
            email.setEmailTitle(input.next());
            System.out.print("请输入邮件内容: ");
            email.writeEmail(input.next());
            //email.showEmail();  //编译无法通过，因为形参email是
    EmailInterface接口，没有此方法
        }
    }
```

（4）编写测试类

测试类代码首先创建并实例化出一个实现了电子邮件接口的对象email，然后调用EmailWriter类的静态方法writeEmail写邮件，最后将email对象强制类型转换成Email对象（不提倡此做法），调用Email类的showEmail()方法。具体代码如下所示，程序运行结果如图3.46所示。

```
    public class TestInterface2
    {
```

```
    public static void main(String[] args)
    {
        //创建并实例化一个实现了电子邮件接口的对象email
        EmailInterface email = new Email();
        //调用EmailWriter类的静态方法writeEmail写邮件
        EmailWriter.writeEmail(email);
        //强制类型转换，调用Email类的showEmail()方法(不是接口方法)
        ((Email)email).showEmail();
    }
}
```

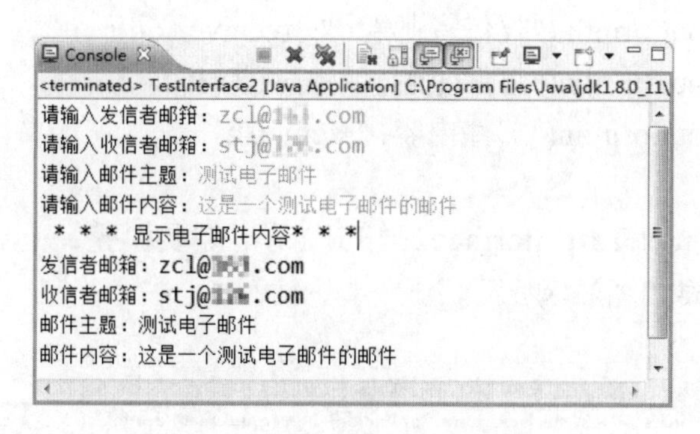

图3.46 电子邮箱接口的使用

3.11.3 接口的特征

接下来，逐个了解接口有哪些特征。

（1）接口中不允许有实体方法

例如，在EmailInterface接口中增加下面的实体方法。

```
//显示邮件全部信息
public void showEmail()
{
}
```

编译时就会报错，提示接口中不能有实体方法，如图3.47所示。

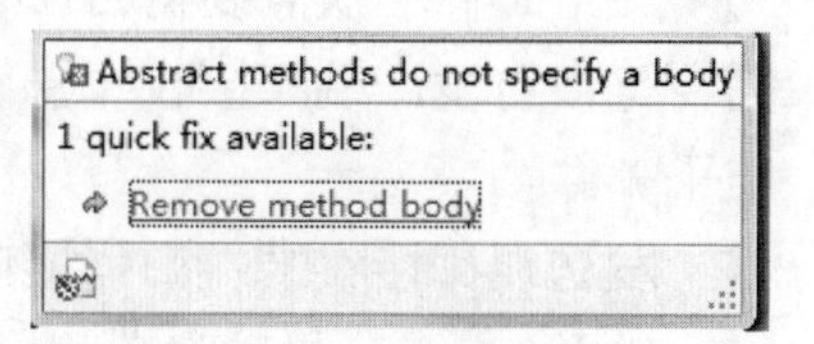

图3.47 接口中不能有实体方法

（2）接口中可以有成员变量，默认修饰符是public static final，接口中的抽象方法必须用public修辞

在EmailInterface接口中，增加邮件发送端口号的成员变量sendPort，具体代码如下所示。

```
int sendPort = 25;//必须赋静态最终值
```

在Email类的showEmail()方法中增加语句“System.out.println("发送端口号："+ sendPort);”，含义为访问EmailInterface接口中的sendPort并显示出来，具体代码如下所示。

```
//显示邮件全部信息
public void showEmail()
{
    System.out.println("*** 显示电子邮件内容***");
    System.out.println("发送端口号: " + sendPort);
    System.out.println("发信者邮箱: "+ sendAdd);
    System.out.println("收信者邮箱: "+ receiveAdd);
    System.out.println("邮件主题: "+ emailTitle);
    System.out.println("邮件内容: "+ email);
}
```

EmailWriter类和TestInterface2类的代码不需要调整，运行TestInterface2类，程序运行结果如图3.48所示。

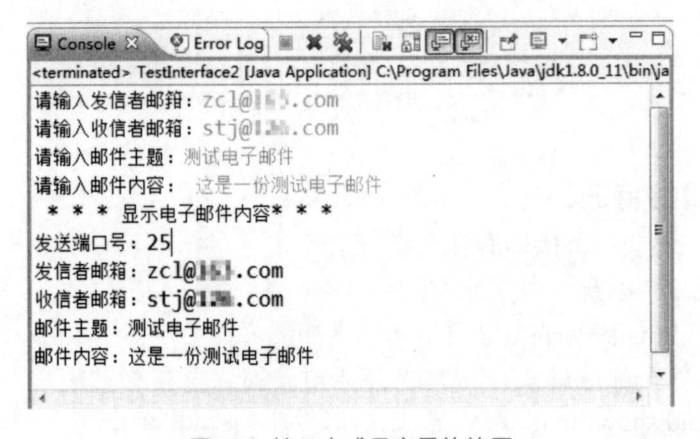

图3.48 接口中成员变量的使用

（3）一个类可以实现多个接口

一个邮件不仅需要符合EmailInterface接口对电子邮件规范的要求，而且还需要符合对发送端和接收端端口号接口规范的要求，这样才能成为一个合格的电子邮件。

发送端和接收端端口号接口的具体代码如下所示。

```
//定义发送端和接收端端口号接口
public interface PortInterface
{
```

```
    //设置发送端端口号
    public void setSendPort(int port);
    //设置接收端端口号
    public void setReceivePort(int port);
}
```

Email类不仅要实现EmailInterface接口，还要实现PortInterface接口，同时类方法中必须实现PortInterface接口的抽象方法。Email类的具体代码如下所示。

```
import java.util.Scanner;
//定义Email，实现EmailInterface和PortInterface接口
public class Email implements EmailInterface,PortInterface
{
    int sendPort = 25;      //发送端端口号
    int receivePort = 110;//接收端端口号
    //实现设置发送端端口号
    public void setSendPort(int port)
    {
        this.sendPort = port;
    }
    //实现设置接收端端口号
    public void setReceivePort(int port)
    {
        this.receivePort = port;
    }
    //显示邮件全部信息
    public void showEmail()
    {
        System.out.println("*** 显示电子邮件内容 ***");
        System.out.println("发送端口号: " + sendPort);
        System.out.println("接收端口号: "+ receivePort);
        System.out.println("发信者邮箱: "+ sendAdd);
        System.out.println("收信者邮箱: "+ receiveAdd);
        System.out.println("邮件主题: " + emailTitle);
        System.out.println("邮件内容: " + email);
    }
    //省略了其他属性和方法的代码
}
```

修改EmailWriter类和TestInterface2（形成TestInterface3）类时，尤其需要注意的是EmailWriter类的静态方法writeEmail(Emailemail)中的形参不再是

EmailInterface接口，而是Email类，否则无法在writeEmail方法中调用PortInterface接口的方法，不过这样做属于非面向接口编程，不提倡这么做。类似地，TestInterface3代码中声明email对象时，也从EmailInterface接口调整成Email类。具体代码如下所示。

```
import java.util.Scanner;
//定义邮件作者类
class EmailWriter
{
    //定义写邮件的静态方法，形参是Email类(非面向接口编程)
    //形参不能是EmailInterface接口，否则无法调用PortInterface接口
的方法
    public static void writeEmail(Email email)
    {
        Scanner input = new Scanner(System.in);
        System.out.print("请输入发送端口号: ");
        email.setSendPort(input.nextInt());
        System.out.print("请输入接收端口号: ");
        email.setReceivePort(input.nextInt());
        System.out.print("请输入发信者邮箱: ");
        email.setSendAdd(input.next());
        System.out.print("请输入收信者邮箱: ");
        email.setReceiveAdd(input.next());
        System.out.print("请输入邮件主题: ");
        email.setEmailTitle(input.next());
        System.out.print("请输入邮件内容: ");
        email.writeEmail(input,next());
    }
}
public class TestInterface3
{
    public static void main(String[] args)
    {
        //创建并实例化一个Email类的对象email
        Email email = new Email();
        //调用EmailWriter的静态方法writeEmail写邮件
        EmailWriter.writeEmail(email);
        //调用Email类的showEmail()方法(不是接口方法)
        email.showEmail();
    }
}
```

程序运行结果如图3.49所示。

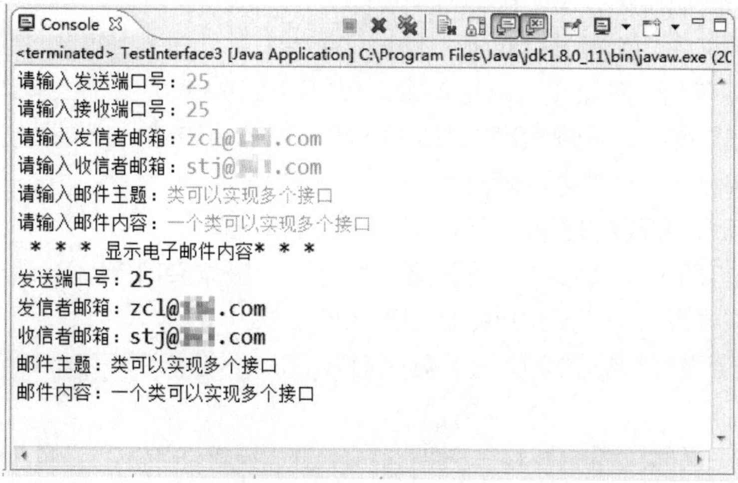

```
Console ⊠
<terminated> TestInterface3 [Java Application] C:\Program Files\Java\jdk1.8.0_11\bin\javaw.exe (2C
请输入发送端口号：25
请输入接收端口号：25
请输入发信者邮箱：zcl@[illegible].com
请输入收信者邮箱：stj@[illegible].com
请输入邮件主题：类可以实现多个接口
请输入邮件内容：一个类可以实现多个接口
 * * * 显示电子邮件内容* * *
发送端口号：25
发信者邮箱：zcl@[illegible].com
收信者邮箱：stj@[illegible].com
邮件主题：类可以实现多个接口
邮件内容：一个类可以实现多个接口
```

图3.49 实现多个接口的类

（4）接口可以继承其他接口，实现接口合并的功能

在刚才的代码中，让一个类实现了多个接口，但是再调用这个类的时候，形参就必须是这个类，而不能是该类实现的某个接口，这样做就不是面向接口编程，程序的多态性得不到充分的体现。接下来在刚才例子的基础上，用接口继承的方式解决这个问题。

EmailInterface类的具体代码如下所示。

```
//定义电子邮件接口，继承自PortInterface接口
public interface EmailInterface extends PortInterface
{
    //设置发信者邮箱
    public void setSendAdd(String add);
    //设置收信者邮箱
    public void setReceiveAdd(String add);
    //设置邮件主题
    public void setEmailTitle(String title);
    //设置邮件内容
    public void writeEmail(String email);
}
```

PortInterface接口、Email类的代码不用调整，EmailWriter类和测试类TestInterface3中的声明为Email类，改回为EmailInterface接口的声明，这样的程序又恢复了面向接口编程的特性，可以实现多态性。

3.11.4 接口的应用

在接口的应用中，有一个非常典型的案例，就是实现打印机系统的功能。在打印机系统中，有打印机对象，有墨盒对象（可以是黑白墨盒，也可以是彩色墨盒），有纸张对象（可以是A4纸，也可以是B5纸）。怎么能让打印机、墨盒和纸张这些生产厂商生产的各自不同的设备，组装在一起成为打印机，还能正常打印呢？解决的办法就是接口。

打印机系统开发的主要步骤如下。

（1）打印机和墨盒之间需要接口，定义为墨盒接口PrintBox，打印机和纸张之间需要接口，定义为纸张接口PrintPaper。

（2）定义打印机类，引用墨盒接口PrintBox和纸张接口PrintPaper，实现打印功能。

（3）定义黑白墨盒和彩色墨盒实现墨盒接口PrintBox，定义A4纸和B5纸实现纸张接口PrintPaper。

（4）编写打印系统，调用打印机实施打印功能。

PrintBox和PrintPaper接口的具体代码如下所示。

```
//墨盒接口
public interface PrintBox
{
    //得到墨盒颜色，返回值为墨盒颜色
    public String getColor();
}
//纸张接口
public interface PrintPaper
{
    //得到纸张尺寸，返回值为纸张尺寸
    public String getSize();
}
```

打印机类Printer的具体代码如下所示。

```
//打印机类
public class Printer
{
    //使用墨盒在纸张上打印
    public void print(PrintBox box,PrintPaper paper)
    {
        System.out.println("正在使用 "+ box.getColor() + "墨盒在" +
paper.getSize() + "纸张上打印！ ");
    }
}
```

黑白墨盒类GrayPrintBox和彩色墨盒类ColorPrintBox的具体代码如下所示。

```
//黑白墨盒，实现了墨盒接口
public class GrayPrintBox implements PrintBox
{
    //实现getColor()方法，得到“黑白”
    public String getColor()
    {
        return"黑白";
    }
}
//彩色墨盒，实现了墨盒接口
public class ColorPrintBox implements PrintBox
{
    //实现getColor()方法，得到“彩色”
    public String getColor()
    {
        return"彩色";
    }
}
```

A4纸类A4Paper和B5纸类B5Paper的具体代码如下所示。

```
//A4纸张，实现了纸张接口
public class A4Paper implements PrintPaper
{
    //实现getSize()方法，得到“A4”
    public String getSize()
    {
        return "A4";
    }
}
//B5纸张，实现了纸张接口
public class B5Paper implements PrintPaper
{
    //实现getSize()方法，得到“B5”
    public String getSize()
    {
        return "B5";
    }
```

```
}
```

编写打印系统，具体代码如下所示，程序运行结果如图3.50所示。

```
public class TestPrinter
{
    public static void main(String[] args)
    {
        PrintBox box = null;                //墨盒
        PrintPaper paper = null; //纸张
        Printer printer = new Printer(); //打印机
        //使用彩色墨盒在B5纸上打印
        box = new ColorPrintBox();
        paper = new B5Paper();
        printer.print(box, paper);
        //使用黑白墨盒在A4纸上打印
        box = new GrayPrintBox();
        paper = new A4Paper();
        printer.print(box, paper);
    }
}
```

图3.50 打印系统接口的实现

任务实施

3.12 任务1 类和对象应用

3.12.1 子任务1 封装学生类和老师类

目标：按照良好封装的要求，完成本章3.2.4节的程序。

时间：15分钟。

工具：Eclipse。

3.12.2 子任务2 构造方法初始化学生类和老师类

目标：完成本章3.4.2节中的所有程序。

时间：20分钟。

工具：Eclipse。

3.12.3 子任务3 重载学习方法

目标：完成本章3.5.2节中的所有程序。

时间：30分钟。

工具：Eclipse。

3.13 任务2 包和访问控制应用

3.13.1 子任务1 导入类和包

目标：完成本章3.9.2节中的所有程序。

时间：20分钟。

工具：Eclipse。

3.13.2 子任务2 产生随机数

目标：用户随机输入一个整数，返回一个从1到这个整数之间的随机数。例如，用户输入200，程序返回一个大于等于1且小于等于200的随机数。

实现思路：

（1）使用java.lang.Math类的random()方法，返回double值，该值大于等于0.0且小于1.0；

（2）注意需要返回的值是大于等于1且小于等于200的一个随机数。

时间：10分钟。

工具：Eclipse。

3.13.3 子任务3 static关键作用范围测试

目标：完成本章3.9.4节的所有程序。

时间：30分钟。

工具： Eclipse。

3.14 任务3 抽象类与接口应用

3.14.1 子任务1 继承角度实现租车系统

目标： 完成本章3.7节中“租车系统”的程序。

时间： 30分钟。

工具： Eclipse。

3.14.2 子任务2 多态角度实现租车系统

目标： 完成本章3.7节中“租车系统”的程序。

时间： 60分钟。

工具： Eclipse。

3.14.3 子任务3 抽象类方式实现人与中国人的关系

目标： 完成本章3.10.2节的全部程序。

时间： 30分钟。

工具： Eclipse。

3.14.4 子任务4 接口方式实现打印机工作过程

目标： 完成本章3.10节中的所有程序。

时间： 60分钟。

工具： Eclipse。

拓展训练

使用接口优化“租车系统”

目标： 使用接口优化"租车系统"。

时间： 30分钟。

综合训练

1. 下列关于抽象类和接口描述正确的是（　　）。（选择一项）

A 抽象类里必须含有抽象方法

B 接口中不可以有普通方法

C 抽象类可以继承多个类，实现多继承

D 接口中可以定义局部变量

2. 程序员可以将多个Java类写在一个Java文件中，但其中只有一个类能用________修饰，并且这个Java文件的名称必须与这个类的类名相同。

3. 静态块在________时被执行，普通块在________时被执行。

4. 接口的成员变量默认的修饰符是________、________、________。

5. 下面代码的输出结果为________。

```
public class Sub extends Super
{
    public int i = 100 ;
    public static void main(String[] args)
    {
        Super sup = new Sub();
        Sub sub = new Sub();
        System.out.println((sup.i + sub.i));
    }
}
class Super
```

```
{
    public int i = 50 ; //父类属性i，赋值50
}
```

6. 请描述面向过程和面向对象的区别，并用自己的语言总结面向对象的优势和劣势。

7. 面向对象有哪些特性？什么是封装？

8. 请描述构造方法有哪些特点？

9. 在使用new关键字创建并初始化对象的过程中，具体的初始化过程分为哪4步？

10. 请描述Java包机制的主要作用。

11. 结合自己的理解，请描述为什么静态方法不能调用实例变量？

12. 请介绍4种访问权限修饰符的区别。

13. 请描述类变量和实例变量的区别。

14. 请描述类抽象的步骤。

15. String类可以被继承吗？为什么？

16. 请介绍重载和重写的区别。

17. 什么是多态？请使用一个例子进行说明。

18. 请描述抽象类和接口的区别（含使用范围）。

19. 使用一个类直接实现多个接口，或通过接口间继承形成一个扩展接口再让类继承，这两种方式都可以让类实现多个接口，它们在使用上的差别是什么？

20. 请描述什么是多态？

第4章 反射机制与常用类应用

学习目标

- 了解Java反射机制的原理和应用。
- 掌握字符相关类的常用方法。
- 掌握JDK API文档的使用方法。
- 掌握异常处理方法。

任务引导

本章将首先介绍什么是Java反射机制，之后介绍如何通过Java反射机制在程序运行时动态获取类的信息，并动态创建对象实例、改变属性值和调用方法，最后介绍如何使用反射机制动态创建数组，并存取数组元素。

通过采用方法的形式重新组织“瑞达系统”的代码结构。在本章中，会介绍在之前Java编程中已经使用，在之后的编程过程中还会用到的内容——String字符串。在“瑞达系统”的编写过程中，已经使用了String类来存放Java工程师姓名这个字符串变量，但是并没有具体介绍String类。接下来，将系统地学习String类及其常用方法。

异常（Exception）处理是程序设计中一个非常重要的方面，也是程序设计中的一大难点。也许用现有的知识，可能想到用if（!错误）{正常代码} else {错误代码}来控制错误，但这样做会非常痛苦。Java在设计的时候就考虑到了这个问题，提出了异常处理的机制，即用抛出、捕获机制来解决这样的问题。本章会详细介绍什么是异常，异常的继承关系，如何使用try...catch...finally语句处理异常，以及自定义异常的使用，最后会列出编程过程中常见异常让读者有所了解。

相关知识

4.1 Java反射机制

Java反射（Reflection）就是在运行Java程序时，可以加载、探知、使用编译期间完全未知的类。也就是说，Java程序可以加载一个运行时才得知类名的类，获得类的完整构造方法，并实例化出对象，给对象属性设定值或者调用对象的方法。这种在运行时动态获取类的信息以及动态调用对象的方法的功能称为Java的反射机制。

在“租车系统”中，编写过一个驾驶员（租车者）Driver类，这个类有一个callShow(Vehicle v)方法，输入参数类型为Vehicle，通过这个方法显示指定车辆的信息。改造一下之前的代码，将Driver类作为程序入口类，具体代码如下所示。

```
import org.unit four.*;
public class Driver
{
    String name="驾驶员";
    public Driver(String name)
    {
        this.name = name;
    }
    public static void main(String[] args)
    {
        Car car = new Car("战神","长城");
        Driver dl = new Driver("柳海龙");
        dl.callShow(car);
    }
    //编译时知道需要传入的参数是Vehicle类型
    public void callShow(Vehicle v)
    {
        v.show();//调用Vehicle类的相关方法
    }
}
```

很显然，程序员在编码时就已经确定Driver类的callShow(Vehicle v)方法，输入参数类型为Vehicle，在该方法内部，调用Vehicle类的show()方法，显示车辆信息。但是，如果在编译的时候并不知道传入参数的类型是什么，这时候就需要使用反射机制。

假设有这样的需求，程序在运行时要求用户输入一个Java类全名，然后需要程序列出这个Java类的所有方法，该如何办呢？请看下面的代码。

```
import java.util.Scanner;
import java.lang.reflect.*;
import org.unitthree.*;
public class TestRef
```

```
{
    public static void main(String[] args)
    {
        Scanner input = new Scanner(System.in);
        System.out.print("请输入一个Java类全名: ");
        String cName = input.next();
        showMethods(cName);
    }
    public static void showMethods(String name)
    {
        try
        {
            Class c = Class.forName(name);
            Method m[] = c.getDeclaredMethods();
            System.out.print("该Java类的方法有");
            for (int i = 0; i < m.length; i++)
            {
                System.out.println(m[i].toString());
            }
        }
        catch (Exception e)
        {
            e.printStackTrace();
        }
    }
}
```

编译、运行程序，在运行时分别输入java.lang.Object和org.unitthree.Car，运行结果如图4.1和图4.2所示，列出了Object类和Car类的所有方法。

这是个很有意思的案例，当用户输入类名的时候，程序能自动给用户列出这个类的所有方法。用过Eclipse这种集成开发环境的开发者可能会觉得似曾相识，比如程序员使用Eclipse定义了一个Car类，里面写了一些方法，再创建Car类对象car并输入car时，Eclipse会弹出car对象可用的方法给程序员选择，这就是反射机制最常见的例子之一。

作为程序员，编写简单的Java程序时，使用反射机制的机会不多。反射机制一般在框架中使用较多，因为框架要适用更多的情况，对灵活性要求较高，而反射机制正好能解决这种灵活性要求。

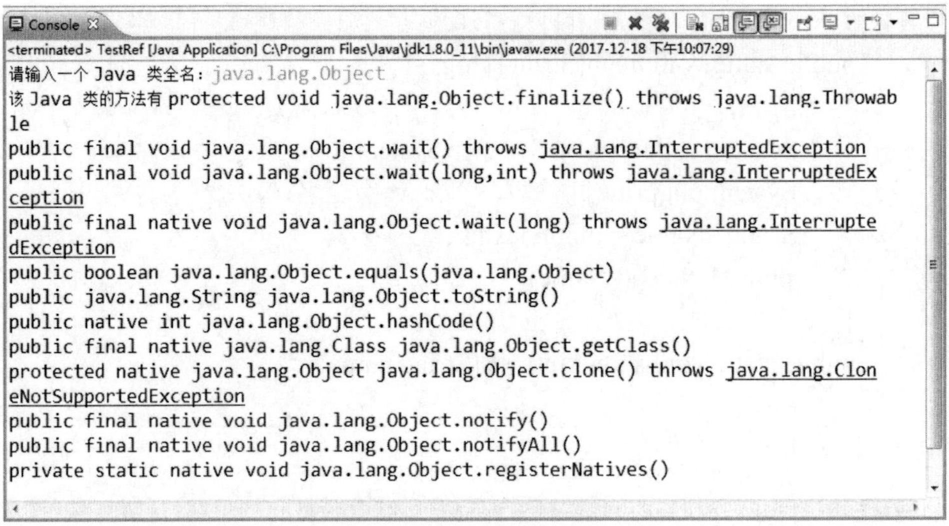

```
Console
<terminated> TestRef [Java Application] C:\Program Files\Java\jdk1.8.0_11\bin\javaw.exe (2017-12-18 下午10:07:29)
请输入一个 Java 类全名：java.lang.Object
该 Java 类的方法有 protected void java.lang.Object.finalize() throws java.lang.Throwab
le
public final void java.lang.Object.wait() throws java.lang.InterruptedException
public final void java.lang.Object.wait(long,int) throws java.lang.InterruptedEx
ception
public final native void java.lang.Object.wait(long) throws java.lang.Interrupte
dException
public boolean java.lang.Object.equals(java.lang.Object)
public java.lang.String java.lang.Object.toString()
public native int java.lang.Object.hashCode()
public final native java.lang.Class java.lang.Object.getClass()
protected native java.lang.Object java.lang.Object.clone() throws java.lang.Clon
eNotSupportedException
public final native void java.lang.Object.notify()
public final native void java.lang.Object.notifyAll()
private static native void java.lang.Object.registerNatives()
```

图4.1 Object类的所有方法

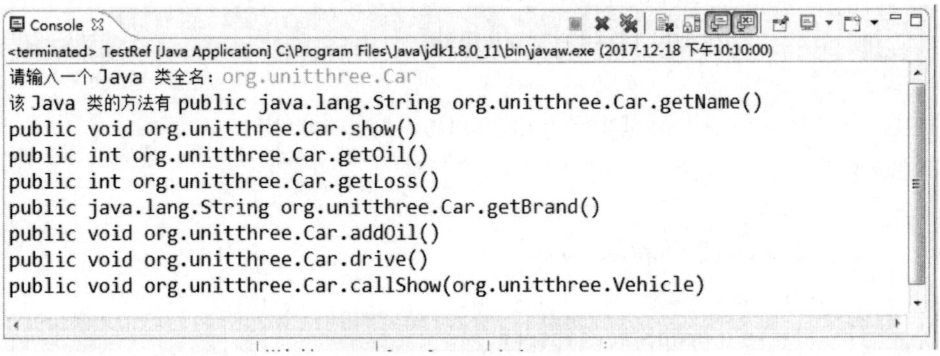

```
Console
<terminated> TestRef [Java Application] C:\Program Files\Java\jdk1.8.0_11\bin\javaw.exe (2017-12-18 下午10:10:00)
请输入一个 Java 类全名：org.unitthree.Car
该 Java 类的方法有 public java.lang.String org.unitthree.Car.getName()
public void org.unitthree.Car.show()
public int org.unitthree.Car.getOil()
public int org.unitthree.Car.getLoss()
public java.lang.String org.unitthree.Car.getBrand()
public void org.unitthree.Car.addOil()
public void org.unitthree.Car.drive()
public void org.unitthree.Car.callShow(org.unitthree.Vehicle)
```

图4.2 Car类的所有方法

4.2 Class类

在JDK中，java.lang.reflect包提供了类和接口，以获得关于类和对象的反射信息。反射机制允许通过编程，访问关于加载类的属性、方法和构造方法的信息，并允许使用反射对属性、方法和构造方法进行操作。java.lang包中的Class类和java.lang.reflect包中的Method类、Field类、Constructor类、Array类将是本章重点介绍的内容。

4.2.1 Class类概述

与多数反射机制用到的类不同，Class类在java.lang包中，不在java.lang.

reflect包中。Class类继承自Object类，是Java反射机制的入口，封装了一个类或接口运行时的信息，通过调用Class类的方法可以获取这些信息。例如刚才的例子，通过getDeclaredMethods()方法获取类的所有方法。下面列举了获取Class类的几种方法。

- Class.forName()

```
Class c = Class.forName("java.lang.Object");
```

- 类名.class

```
Class c = Car.class;
```

- 包装类.TYPE

```
Class c = Integer.TYPE;
```

- 对象名.getClass()

```
String name="大力士";
Class c = name.getClass();
```

- Class类.getSuperClass()

```
Class c = String.TYPE. getSuperClass();
```

这里务必要注意，只有通过Class类.getSuperClass()方法才能获得Class类的父类的Class类对象，不能通过name.getSuperClass()获取name对象父类的Class类对象。

下面通过一个案例演示使用以上几种方式获取Class类对象，程序运行结果如图4.3所示。

```
public class TestClass
{
    public static void main(String[] args)
    {
        //如果将被建模的类的类型未知，用Class<?>表示
        Class<?> cl = null;
        Class<?> c2 = null;
        Class<?> c3 = null;
        Class<?> c4 = null;
        Class<?> c5 = null;
        try
        {
            //建议采用这种形式
            cl = Class.forName("java.lang.Object");
        }
```

```
            catch(Exception e)
            {
                e.printStackTrace();
            }
            c2=new TestClass().getClass();
            c3 = TestClass.class;
            String name = new String("大力士");
            c4 = name.getClass();
            c5 = name.getClass().getSuperclass();
            System.out.println("Class.forName(\"java.lang.Object\")类名
称："+ c1.getName()); System.out.println("new TestClass().getClass() 类
名称：" + c2.getName()); System.out.println("TestClass.class类名称："
+ c3.getName());
            System.out.println("String name = \"大力士\"");
            System.out.println("name.getClass() 类名称："+ c4.getName());
            System.out.println("name.getClass().getSuperclass()类名称："+
c5.getName());
        }
}
```

```
Console
<terminated> TestClass [Java Application] C:\Program Files\Java\jdk1.8.0_11\bin\javaw.exe (2017-12-18 下午10:11:21
Class.forName("java.lang.Object")类名称:java.lang.Object
new TestClass().getClass() 类名称:org.unitfour.TestClass
TestClass.class 类名称:org.unitfour.TestClass
String name = "大力士"
name.getClass() 类名称:java.lang.String
name.getClass().getSuperclass()类名称:java.lang.Object
```

图4.3 获取Class类对象

4.2.2 Class类常用方法

下面列举了Class类的一些常用方法，在本章的案例中，这些方法将会被频繁使用。

- Field[] getFields()

返回一个包含Field对象的数组，存放该类或接口的所有可访问公共属性（含继承的公共属性）。

- Field[] getDeclaredFields()

返回一个包含Field对象的数组，存放该类或接口的所有属性（不含继承的属性）。

- Field getField(String name)

返回一个指定公共属性名的Field对象。

- Method[] getMethods()

返回一个包含Method对象的数组，存放该类或接口的所有可访问公共方法（含继承的公共方法）。

- Method[] getDeclaredMethods()

返回一个包含Method对象的数组，存放该类或接口的所有方法（不含继承的方法）。

- Constructor[] getConstrutors()

返回一个包含Constructor对象的数组，存放该类的所有公共构造方法。

- Constructor getConstrutor(Class[] args)

返回一个指定参数列表的Constructor对象。

- Class [] getInterfaces()

返回一个包含Class对象的数组，存放该类或接口实现的接口。

- T newInstance()

使用无参构造方法创建该类的一个新实例。

- String getName()

以String的形式返回该类（类、接口、数组类、基本类型或void）的完整名。

4.3 获取类信息

通过介绍Class类的常用方法，已经发现，Class类的一些方法会返回Method、Field、Constructor这些类的对象，接下来将会使用这些对象获取Class类的方法、属性、构造方法等方面的信息。

4.3.1 获取方法

通过Class类的getMethods()方法、getDeclaredMethods()方法、getMethod(String name, Class[]args)方法和getDeclaredMethod(String name, Class[]args)等方法，程序员可以获得对应类的特定方法组或方法，返回值为Method对象数组或Method对象。接下来，通过一个案例，演示如何详细获取

一个类的所有方法的信息（方法名、参数列表和异常列表）。

```
package org.unitfour;
import java.lang.reflect.Method;
public class TestMethod
{
    public static void main(String args[])
    {
        try
        {
            Class c = Class.forName("org.w3c.dom.NodeList");
            //返回Method对象数组，存放该类或接口的所有方法(不
含继承的)
            Method mlist[] = c.getDeclaredMethods();
            System.out.println("NodeList类getDeclaredMethods()得到
的方法如下:");
            //遍历所有方法
            for (int i = 0; i < mlist.length; i++)
            {
                System.out.println("*************************
***************");
                Method m = mlist[i];
                System.out.println("方法"+ (i+1) +"名称为"+ m.
getName());//得到方法名
                System.out.println("该方法所在的类或接口为" +
m.getDecladngClass());
                //返回Class对象数组，表示Method对象所表示的方
法的形参类型
                Class ptl[] = m.getParameterTypes();
                for (int j = 0; j < ptl.length; j++)
                System.out.println("形参" + (j+1) + "类型为"+ ptl[j]);
                //返回Class对象数组，表示Method对象所表示的方
法的异常列表
                Class etl[] = m.getExceptionTypes();
                for (int j = 0; j < etl.length; j++)
                System.out.println("异常" + (j+l) + "类型为" + etl[j]);
                System.out.println("返回值类型为"+ m.getReturnType());
```

```
                }
            }
            catch (Exception e)
            {
                e.printStackTrace();
            }
        }
    }
```

为了使程序输出的内容不要太多，所以选择了仅有两个方法的org.w3c.dom.NodeList接口，演示如何获取方法信息。案例中使用了Method类的getName()、getDeclaringClass()、getParameterTypes()、getExceptionTypes()、getReturnType()方法，作用分别为获得方法名称、方法所在的类或接口名、方法的参数列表、方法的异常列表以及方法的返回值类型。

程序运行结果如图4.4所示，因为NodeList接口的两个方法都没有必须要捕获的异常，所以程序运行结果中没有显示出异常列表的内容。

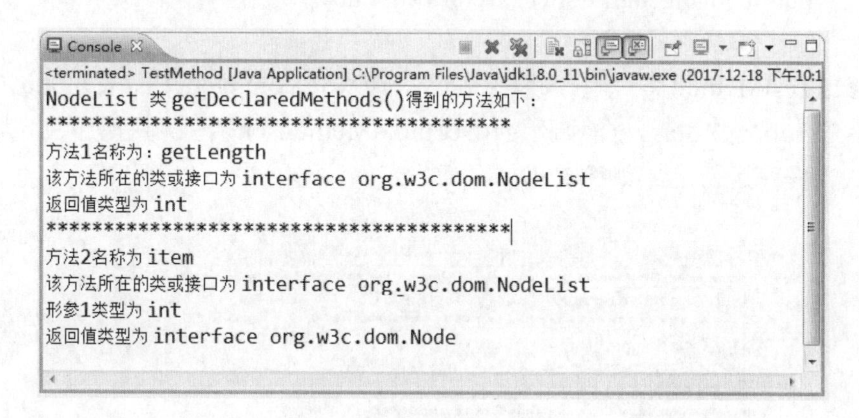

图4.4　获取类方法详细信息

接下来在上面案例的基础上，说明Class类的getDeclaredMethods()方法和getMethods()方法的区别。先创建Sub和Super两个类，其中Sub是继承自Super的子类，每个类中都有4种不同的访问权限方法，具体代码如下所示。

```
package org.unitfour;
public class Sub extends Super
{
    private int subPri = 11;
    int subPac = 12;
    protected double subPro =13;
```

```
        public String subPub = "14";
        private void subPrivate(){}
        int subPackage() {return subPac;}
        protected double subProtected(){return subPro;}
        public String subPublic() {return subPub;}
    }
    class Super
    {
        private int supPri = 1;
        int supPac = 2;
        protected double supPro = 3;
        public String supPub = "4";
        private void supPrivatc(){}
        int supPackage() {return supPac;}
        protected double supProtected(){return supPro;}
        public String supPublic() {return supPub;}
    }
```

修改TestMethod类代码，将装入类从org.w3c.dom.NodeList改为Sub，运行程序观察Sub类的Class对象调用getDeclaredMethods()方法，获得了Sub类的哪些方法，程序运行结果如图4.5所示。

图4.5 getDeclaredMethods()方法获得的方法

从运行结果可以看出，Class类的getDeclaredMethods()方法获得了Class所表示的Sub类的全部私有、默认、受保护和公有的方法，但不包括继承的方法

（如果Super类和Sub类在同一个Java源文件中进行编译，显示的结果会包括父类公有的方法）。让我们将TestMethod代码中的getDeclaredMethods()方法再改为getMethods()，程序运行结果如图4.6所示。

图4.6 getMethods()方法获得的方法

从运行结果（输出内容较多，仅节选了部分内容）可以看出，Class类的getMethods()方法获得了Class所表示的Sub类及其父类所有的公共方法。

4.3.2 获取属性

通过上一小节的学习，已经可以获得Class类的方法数组，并通过操作这些方法数组里的Method对象，获取方法的详细信息。一个类除了有方法之外，剩下的比较重要的部分应该就是属性了。接下来通过一个案例演示如何获取Sub类的相关属性。

```
import java.lang.reflect.*;
import java.util.Scanner;
public class TestField
{
    public static void main(String args[])
    {
        try
```

```
{
        Class c = CIass.forName("org.unitfour.Sub1");
        Scanner input = new Scanner(System.in);
        System.out.print("请输入你想获取Sub类的哪个属性的类
型：");
        String name = input.next();
        //通过指定属性名获取属性对象
        Field sf = c.getField(name);
        //得到属性类型
        System.out.println("Sub类" + name + "属性的类型为"+
sf.getType());
        System.out.println("********************************
************");
        //返回Field对象数组存放该类或接口的所有属性(不含继
承的)
        Field flist[] = c.getDeclaredFields();
        System.out.println("Sub类getDeclaredFields()得到的属性
如下：");
        //遍历所有属性
        for (int i = 0; i < flist.length; i++)
        {
            System.out println("************************");
            Field f=flist[i];
            System.out.println("属性" + (i+1) + "名称为"+ f.
getName());
            //得到属性名
            System.out.println("该属性所在的类或接口为"+
f.getDeclaringClass());
            System.out.println("该属性的类型为" + f.getType());
            //得到属性类型
            //以整数形式返回由此Field对象表示的属性的Java
访问权限修饰符
            int m = f.getModifiers();
            //使用Modifier类对表示访问权限修饰符的整数进
行解码显示
            System.out.println("该属性的修饰符为"+ Modifier.
toString(m));
```

```
            }
        }
        catch (Exception e)
        {
            e.printStackTrace();
        }
    }
}
```

案例中使用了Field类的getType()方法获取属性的类型，getName()方法获取属性名，getDeclaringClass()方法获取属性所在的类或接口名称，getModifiers()方法获取以整数形式返回由此Field对象表示的属性的Java访问权限修饰符（值为m），并通过Modifier.toString(m)获取Java访问权限修饰符字符串结果。

程序运行结果如图4.7所示。注意程序中首先使用了getDeclaredField(name)方法获取了指定属性名的属性对象。获取Sub类属性的方法是getDeclaredFields()，返回的是Sub类的全部属性（不含继承的属性）。如果想获得Sub类所有公共属性，则需要调用getFields()方法。将程序中getDeclaredFields()方法改为getFields()，再次编译运行，程序运行结果如图4.8所示。

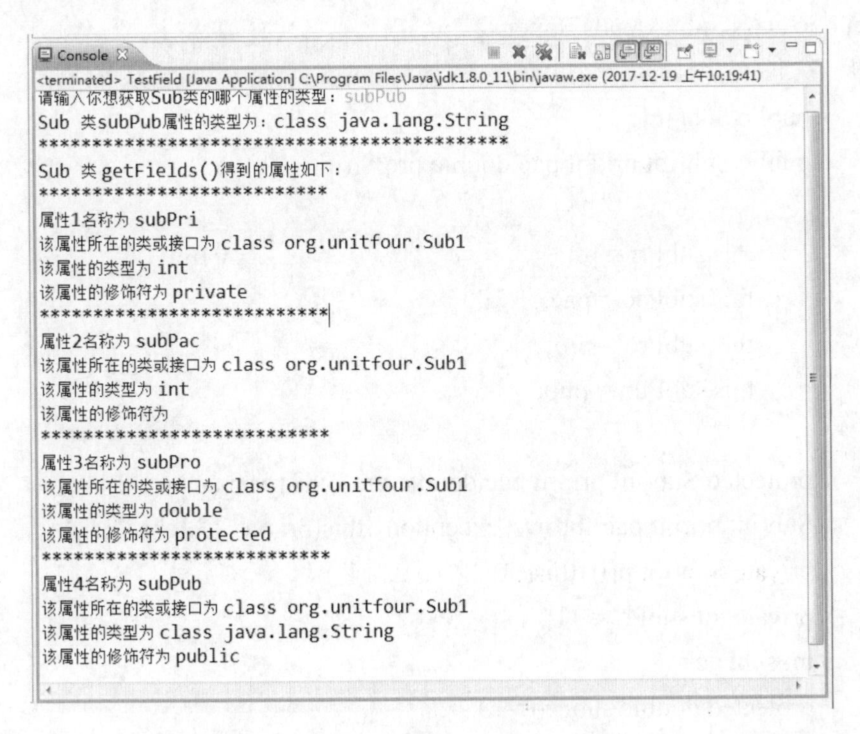

图4.7 getDeclaredFields()方法获得的属性

```
<terminated> TestField (2) [Java Application] C:\Program Files\Java\jdk1.8.0_11\bin\javaw.exe (2017年12月20日 上午10:39:47)
请输入你想获取Sub类的哪个属性的类型：subPub
Sub 类subPub属性的类型为class java.lang.String
*******************************************
Sub 类getFields()得到的属性如下：
***************************
属性1名称为subPub
该属性所在的类或接口为class org.unitfour.Sub1
该属性的类型为class java.lang.String
该属性的修饰符为public
***************************
属性2名称为supPub
该属性所在的类或接口为class org.unitfour.Super1
该属性的类型为class java.lang.String
该属性的修饰符为public
```

图4.8 getFields()方法获得的属性

4.3.3 获取构造方法

通过Class类，可以获得属性和方法，但是getDeclaredMethods()和getMethods()等只能获取普通方法，不能获得类的构造方法。接下来，通过Class类的getConstructors()方法和getDeclaredConstructors()方法，获得对应类的构造方法，返回值为Constructor对象数组。下面首先改造Sub类，具体代码如下所示。

```
public class Sub extends Super
{
    public Sub(){}
    public Sub(int pri,int pac,double pro,String pub)
    {
        this.subPri = pri;
        this.subPac = pac;
        this.subPro = pro;
        this.subPub = pub;
    }
    protected Sub(int pri,int pac,double pro){this(pri,pac,pro,"14");}
    Sub(int pri,int pac)throws Exception {this(pri,pac,13.0,"14");}
    private Sub(int pri){this(pri,12,13.0,"14");}
    private int subPri = 11;
    int subPac=12;
    protected double subPro =13;
    public String subPub = "14";
```

```
}
class Super
{
    public Super(){}
    public Super(int pri,int pac,double pro,String pub)
    {
        this.supPri = pri;
        this.supPac = pac;
        this.supPro = pro;
        this.supPub = pub;
    }
    protected Super(int pri,int pac,double pro){this(pri,pac,pro,"4");}
    Super(int pri,int pac)throws Exception{this(pri,pac,3.0,"4");}
    private Super(int pri){this(pri,2,3.0,"4");}
    private int supPri = 1;
    int supPac = 2;
    protected double supPro = 3;
    public String supPub = "4";
}
```

Sub类仍然继承Super类，每个类中都有1个无参构造方法和4个具有不同访问权限的有参构造方法。通过Class类获取构造方法的代码如下所示。

```
import java.lang.reflect.*;
public class TestConstructor
{
    public static void main(String args[])
    {
        try
        {
            Class c = Class.forName("Sub");
            //返回Constructor对象数组，存放该类或接口的所有构
造方法
            Constructor clist[] = c.getDeclaredConstructors();
            //返回Constructor对象数组，存放该类或接口的所有公
共构造方法
```

```
            //Constructor clist[] = c.getConstructors();
            System.out.println("Sub类getDeclaredConstructors()得到
的构造方法如下:");
            int i = 0;
            //遍历所有构造方法
            for(Constructor con:clist)
            {
                System.out.println("**************************
**************");
                System.out.println("构造方法"+ (i+1)+"名称为"+
con.getName());//得到方法名
                System.out.println("该构造方法所在的类或接口为"
+ con.getDeclaringClass());
                //返回Class对象数组，表示Constructor对象所表示
的构造方法的形参类型
                Class ptl[] = con.getParameterTypes();
                for (int j = 0; j < ptl.length; j++)
                System.out.println("形参"+ (j+1) +"类型为"+ ptl[j]);
                //返回Class对象数组，表示Constructor对象所表示
的方法的异常列表
                Class etl[] = con.getExceptionTypes();
                for (int j = 0;j < etl.length; j++)
                System.out.println("异常"+(j+1)+"类型为"+ etl[j]);
                i++;
            }
        }
        catch (Exception e)
        {
            e.printStackTrace();
        }
    }
}
```

分别调用Sub类所属Class的getDeclaredConstructors()和getConstructors()方法，运行结果如图4.9和图4.10所示。其中getDeclaredConstructors()方法得到了Sub类里声明的全部5个构造方法，而getConstructors()方法得到了Sub类里声明的2个公有的构造方法。

Console
<terminated> TestConstructor [Java Application] C:\Program Files\Java\jdk1.8.0_11\bin\javaw.exe (2017-12-19 上午10:25:39)
Sub 类 getDeclaredConstructors()得到的构造方法如下：
****
构造方法1名称为 org.unitfour.Sub2
该构造方法所在的类或接口为 class org.unitfour.Sub2
形参1类型为 int
****
构造方法2名称为 org.unitfour.Sub2
该构造方法所在的类或接口为 class org.unitfour.Sub2
形参1类型为 int
形参2类型为 int
异常1类型为 class java.lang.Exception
****
构造方法3名称为 org.unitfour.Sub2
该构造方法所在的类或接口为 class org.unitfour.Sub2
形参1类型为 int
形参2类型为 int
形参3类型为 double
****
构造方法4名称为 org.unitfour.Sub2
该构造方法所在的类或接口为 class org.unitfour.Sub2
形参1类型为 int
形参2类型为 int

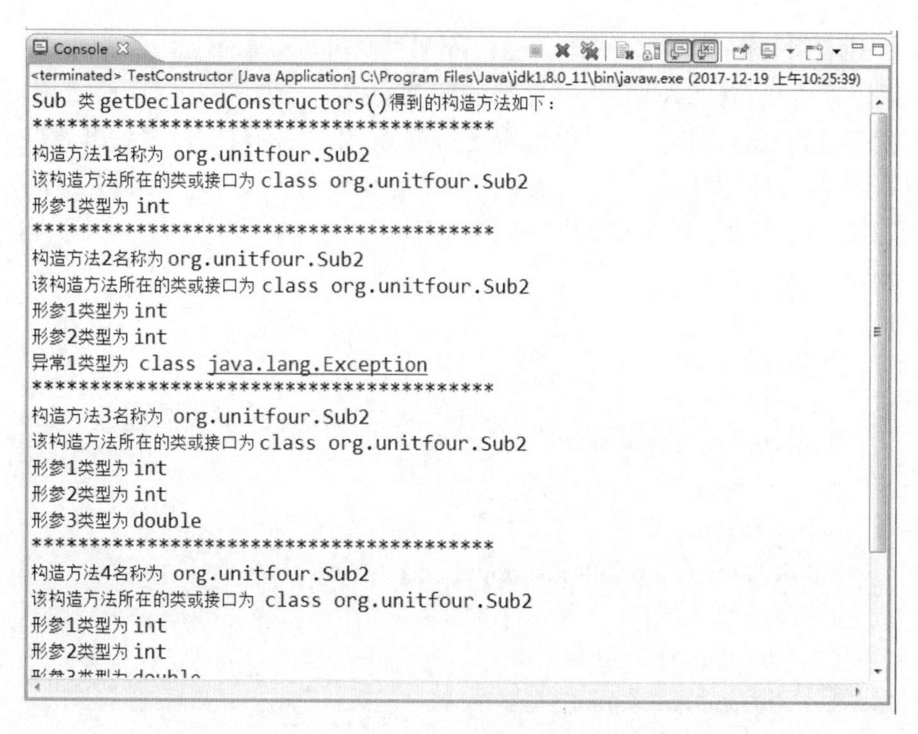

图4.9 getDeclaredConstmctors()方法获得的构造方法

Console
<terminated> TestConstructor [Java Application] C:\Program Files\Java\jdk1.8.0_11\bin\javaw.exe (2017-12-19
Sub 类 getConstructors()得到的构造方法如下：
****
构造方法1名称为 org.unitfour.Sub2
该构造方法所在的类或接口为 class org.unitfour.Sub2
形参1类型为int
形参2类型为int
形参3类型为double
形参4类型为class java.lang.String
****
构造方法2名称为 org.unitfour.Sub2
该构造方法所在的类或接口为 class org.unitfour.Sub2

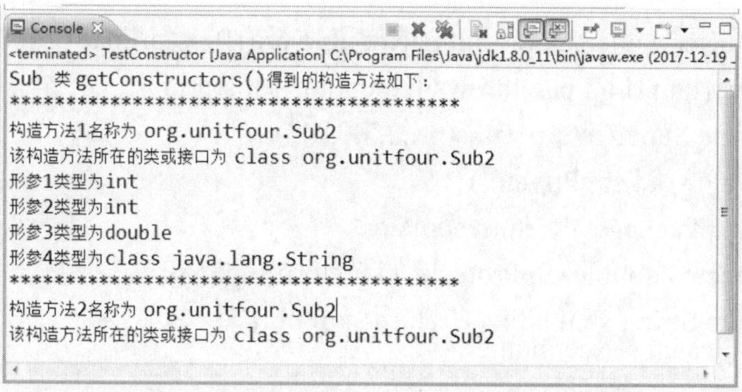

图4.10 getConstructors()方法获得的构造方法

4.4 动态调用

到目前为止，都是通过Class类的方法获取了对应类的属性、方法和构造方法的详细信息，如果只是获取类的相关信息，那么Java反射机制的意义就体现不出来了。接下来，将通过之前获取的属性、方法和构造方法的详细信息，来动态创建对象、修改属性和动态调用方法。

4.4.1 创建对象

前面已经通过Class类获得对应类的构造方法，一旦获取了对应类的构造方法，就可以通过这些构造方法创建出这些对应类的实例对象，之后再通过这些对象完成程序需要实现的目标。接下来继续通过案例，演示如何实例化对象。

为了方便演示，用来测试的对应类Super的代码调整如下。

```
public class Super
{
    private int supPri = 1;
    int supPac = 2;
    protected double supPro = 3;
    public String supPub = "4";
    public Super(){}
    public Super(int pri,int pac,double pro,String pub)
    {
        this.supPri = pri;
        this.supPac = pac;
        this.supPro = pro;
        this.supPub = pub;
    }
    protected Super(int pri, int pac,double pro){this(pri,pac,pro,"4");}
    Super(int pri,int pac)throws Exception {this(pri,pac,3.0,"4");}
    private Super(int pri){this(pri,2,3.0,"4");}
    private void supPrivate(){}
    int supPackage() {return supPac;}
    protected double supProtected() {return supPro;}
    public String supPublic(){return supPub;}
}
```

- 通过Class类的newInstance()方法创建对象

```
public class TestNewInstance
{
    public static void main(String args[])
    {
        try
        {
            Class c = Class.forName("Super");
            //通过Class类的newInstance()方法创建对象
```

```
            Super sup = (Super)c.newInstance();
            System.out.println(sup.supPublic());
        }
            catch (Exception e)
        {
            e.printStackTrace();
        }
    }
}
```

编译、运行程序，通过Class类的newInstance()方法创建Super对象（需要强制类型转换），然后调用这个对象的supPublic()方法，输出结果为4。

到目前为止，似乎可以看出点反射机制的端倪。我们可以根据用户运行时输入的信息，动态创建不同的对象，再调用对象的方法执行相关的功能。

通过Class类的newInstance()方法创建对象，该方法要求该Class对应类有无参构造方法。执行newInstance()方法实际上就是使用对应类的无参构造方法来创建该类的实例，其等价代码如下所示。

```
Super sup = new Super();
```

如果Super类没有无参构造方法，运行程序时则会出现如图4.11所示的问题，抛出一个InstantiationException实例化异常。

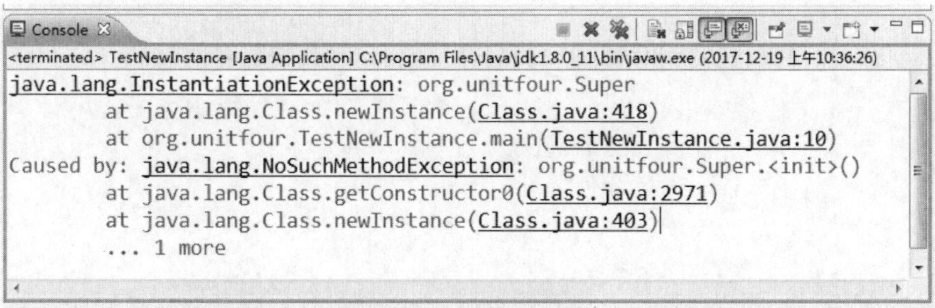

```
Console ⊠
<terminated> TestNewInstance [Java Application] C:\Program Files\Java\jdk1.8.0_11\bin\javaw.exe (2017-12-19 上午10:36:26)
java.lang.InstantiationException: org.unitfour.Super
        at java.lang.Class.newInstance(Class.java:418)
        at org.unitfour.TestNewInstance.main(TestNewInstance.java:10)
Caused by: java.lang.NoSuchMethodException: org.unitfour.Super.<init>()
        at java.lang.Class.getConstructor0(Class.java:2971)
        at java.lang.Class.newInstance(Class.java:403)
        ... 1 more
```

图4.11　newInstance()方法产生实例化异常

- 通过Constructor的newInstance(Object[] args)方法创建对象

如果要想使用有参构造方法创建对象，则需要先通过Class对象获取指定的Constructor对象，再调用Constructor对象的newInstance(Object[] args)方法来创建该Class对象对应类的实例。具体代码如下所示。

```
import java.lang.reflect. *;
public class TestNewInstance1
{
```

```
        public static void main(String args[])
        {
            try
            {
                Class c = Class.forName("Super");
                //返回一个指定参数列表(int.class,int.class)的Constructor对
    象
                Constructor con = c.getDeclaredConstructor(new Class[]
    {int.class,int.class});
                //通过Constructor的newInstance(Object[] args)方法创建
    对象，参数为对象列表
                //参数列表对基本数据类型支持自动装箱拆箱，所以也
                可以写成newInstance(21,22)
                Super sup = (Super)con.newInstance(new Object[]{21,22});
                System.out.println(sup.supPackage());
                //返回一个无参的Constructor对象
                Constructor con2 = c.getDeclaredConstructor();
                //通过Constructor的newInstance()方法创建无参对象
                Super sup2 = (Super)con2.newInstance();
                System.out.println(sup2.supProtected());
            }
            catch (Exception e)
            {
                e.printStackTrace();
            }
        }
    }
```

编译、运行程序，输出结果为22和3.0。需要注意的是，通过Class获得指定Constructor对象的方法getDeclaredConstructor((Class[] args))中，参数列表为Class类数组。本例中直接使用new Class[]{int.dass,int.class}语句创建了这个Class类数组，表示需要获取的构造方法内含有两个int型的形参。之后调用Constructor的newInstance(Object[]args)方法创建对象时，输入参数为Object对象数组，本例中直接使用new Object[]{21，22}创建了此对象数组。

通过Constructor的newInstance()方法，也可以创建无参对象，这样在调用getDeclaredConstructor((Class[] args))和newlnstance(Object[] args)方法时，参数列表为空即可。

4.4.2 修改属性

还是上面的Super类，其中有一个整形的私有属性supPri，初始值为1。因为Super类并没有提供针对supPri这个属性公有的getter和setter方法，所以在这个类外，以现有的知识是无法获得并修改这个属性值的。接下来通过Java反射机制提供的Field类，实现在程序运行时修改类中私有属性值的功能，具体代码如下所示。

```
import java.lang reflect.*;
public class TestChangeField
{
    public static void main(String args[])
    {
        try
        {
            Class c = Class.forName("Super");
            Super sup = (Super)c.newInstance();
            //通过属性名获得Field对象
            Field f= c.getDeclaredField("supPri");//supPri为私有属性
            //取消属性的访问权限控制，即使private属性也可以进
行访问
            f.setAccessible(true);
            //调用get(Object o)方法取得对象o对应的属性值
            System.out.println("取消访问权限控制后访问supPri，其
值为" + f.get(sup));
            //调用set(Object o,Object v)方法设置对象o对应的属性值
            f.set(sup,20);
            System.out.println("f:set(sup, 20)后访问supPri，其值为"
+ f.get(sup));
        }
        catch (Exception e)
        {

            e.printStackTrace();
        }
    }
}
```

代码中，首先通过Class对象的getDeclaredField("supPri")方法获得了Field对

象f，然后通过f.setAccessible(true)方法取消了supPri属性的访问控制权限（只是取消Field对象f对应属性supPri的访问控制权限，在Field对象内部起作用，仍不可以通过sup.supPri直接进行访问），之后再通过set(Object o,Object v)、get(Object o)，修改、获取该属性的值。编译、运行程序运行结果如图4.12所示。

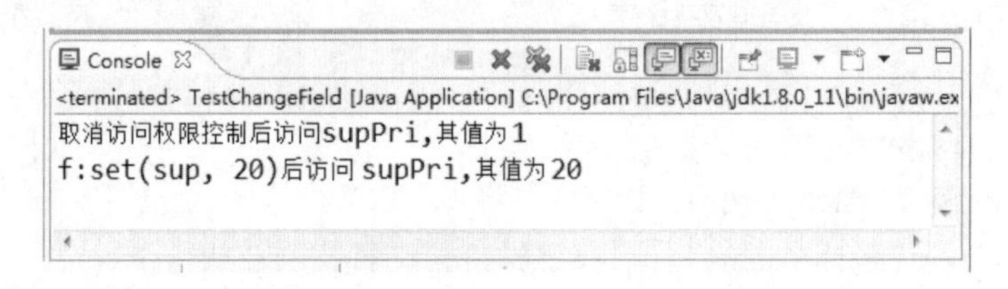

图4.12 通过Field对象修改私有属性

4.4.3 调用方法

通过反射机制，运行时可以根据用户的输入创建不同的对象，并且可以修改属性的访问控制权限及属性值。接下来将介绍使用反射机制，通过调用Method类的一些方法，动态执行Class对应类的方法。

前面介绍使用反射机制创建对象时，程序可以根据用户的输入动态创建一个对象。假设现在有这样的需求，需要在程序运行时，根据用户提供的方法名称、参数数量、参数类型，动态调用不同的方法完成不同的功能。

例如TestInvokeMethod类中有4个方法，public int add(int x, int y)、public int add(int x)、public int multiply(intx, inty)、public int multiply(intx)，分别实现的功能是求和、加一、求乘积、求平方这4个功能。程序运行时，用户输入方法和实参列表，程序动态调用对应的方法，将结果反馈给用户。具体代码如下所示，因为篇幅原因，程序中直接给出了方法和实参列表，没有要求户输入。

```
import java.lang.reflect.*;
public class TestInvokeMethod
{
    public int add(int x, int y)
    {
        return x + y;
    }
    public int add(int x)
    {
        return x + 1;
    }
```

```
    public int multiply(int x, int y)
    {
        return x * y;
    }
    public int multiply(int x)
    {
        return x * x;
    }
    public static void main(String args[])
    {
        try
        {
            Class c = TestInvokeMethod.class;
            Object obj = c.newInstance();
            //通过方法名、参数类型列表，获得Method对象
            Method m= c.getDeclaredMethod("multiply",new Class[]
{int.class,int.class});
            //invoke(Object o,Object[] args)方法调用对象o对应的方法
            System.out.println("调用方法：multiply，输入值为int型
3和4，结果为"
            + m.invoke(obj,new Object[]{3,4}));
            Method m2 = c.getDeclaredMethod("add",new Class[]{int.
class});
            System.out.println("调用方法：add，输入值为int型18，
结果为"
            + m2.invoke(obj,new Object[]{18}));
        }
        catch (Exception e)
        {
            e.printStackTrace();
        }
    }
}
```

程序运行时获得方法名multiply以及实参列表3和4，通过getDeclaredMethod("multiply", new Class[]{int.class, int.class})方法获得Method对象m，再通过m.invoke(obj, newObject[]{3, 4})方法调用对象obj（可能也是通过反射机制动态创建的）对应方法public int multiply(int x, int y)取得需要的结果。程序如果获得的方法名为add，参数列表为18，则反射机制的动态方法调用会执行对象的public int add(int x)方法。程序运行结果如图4.13所示。

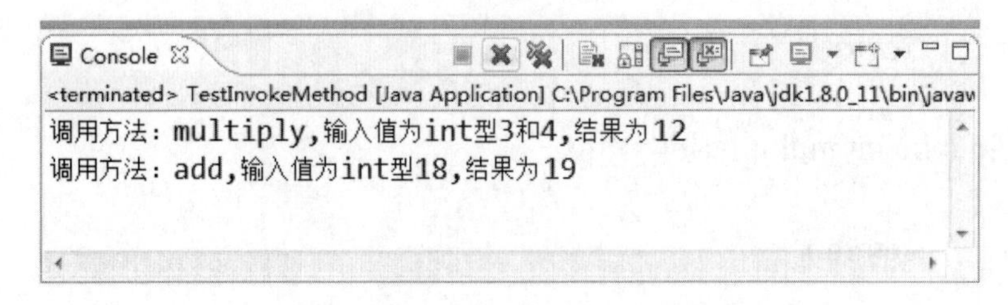

图4.13 通过Method对象动态调用方法

至此，反射机制的核心内容已介绍完毕。其中根据用户的输入，使用反射机制动态创建对象，动态调用方法是Java反射机制的精髓，学习它对后期框架内容的深入理解很有帮助。

4.5 操作动态数组

Java在创建数组的时候，需要指定数组长度，且数组长度不可变。而java.lang.reflect包下提供了一个Array类，这个类中包括一系列static方法，通过这些方法可以创建动态数组，对数组元素进行赋值、取值操作。

Array类提供的主要方法（均为静态方法）如下所示。

- Object newInstance(Class componentType, int length)

创建一个具有指定元素类型和长度的新数组。

- Object newInstance(Class componentType, int...dimensions)

创建一个具有指定元素类型和维度的多维数组。

- void setXxx(Object array, int index, xxx val)

将指定数组对象中索引元素的值设置为指定的xxx类型的val值。

- xxx getXxx(Object array, int index)

获取数组对象中指定索引元素的xxx类型的值。

4.5.1 操作一维动态数组

假设有这样的需求，每个班需要用一个字符串数组来存该班所有学生的姓名，但每个班的学生人数都不一样，需要每个班班主任在开学前统计该班班级人数填入到系统后，才能确定这个数组的长度，这就需要使用动态数组。并且还需要根据指定学号输入学生姓名，添入到数组中，具体代码如下所示。

```
import java.util.Scanner;
import java.lang.reflect.*;
```

```
public class TestArray
{
    public static void main(String args[])
    {
        try
        {
            Scanner input = new Scanner(System.in);
            Class c = Class.forName("java.lang.String");
            System.out.print("请输入班级人数: ");
            int stuNum = input.nextInt();
            //创建长度为stuNum的字符串数组
            Object arr = Array.newInstance(c,stuNum);
            System.out.Print("请输入需要给学号为？的学生输入学
号：");
            int stuNo = input.nextInt();
            System.out.print("请输入该学生姓名: ");
            String stuName = input.next();
            //使用Array类的set方法给数组赋值
            Array.set(arr, (stuNo-1), stuName);
            //使用Array类get方法获取元素的值
            System.out.println("学号为"stuNo + "的学生姓名为" +
Array.get(arr,(stuNo-l)));
        }
        catch (Exception e)
        {
            e.printStackTrace();
        }
    }
}
```

编译、运行程序，运行结果如图4.14所示。

```
Console
<terminated> TestArray [Java Application] C:\Program Files\Java\jdk1.8.0_11\bin\javaw.exe (2
请输入班级人数：40
请输入需要给学号为？的学生输入学号：20
请输入该学生姓名：雷静
学号为20的学生姓名为雷静
```

图4.14 使用Array类创建动态数组

4.5.2 操作多维动态数组

使用Array类创建一个多维动态数组的方法为newInstance(Class componentType, int... dimensions)，其中dimensions参数是表示新建数组维度的int数组。例如，想创建一个三维数组，维度分别为8、10、12，则需要定义一个长度为3的整形数组（int[]d={8, 10, 12}），再通过这个整形数组创建三维数组。

下面的代码创建了一个8 × 10二维整型动态数组，并给数组下标为[4][6]的数组元素赋值为20，具体代码如下所示。

```
import java.lang.reflect. *;
public class TestArray2
{
    public static void main(String args[])
    {
        try
        {
            Class c = Integer.TYPE;
            //创建一个8×10二维整型数组
            int dim[] = {8,10};
            Object arr = Array.newInstance(c,dim);
            //arr4为一维数组
            Object arr4 = Array.get(arr,4);
            //给arr[4][6]赋值为20
            Array.set(arr4,6, 20);
            //获取arr[4][6]的值
            System.out.println("arr[4][6]的值为"+ Array.get(arr4,6));
        }
        catch (Exception e)
        {
            e.printStackTrace();
        }
    }
}
```

在介绍数组的时候提到过，二维数组可以先理解为一个一维数组，这个一维的每个数组元素又是一个一维数组。代码中Array.get(arr, 4)语句获取下标为4的数组元素arr4，这个数组元素就是一个一维数组，再通过Array.set(arr4, 6, 20)语句设置arr4这个一维数组下标为6的数组元素的值为20，即完成了设置arr[4][6]的值为20的目的。编译、运行程序，输出结果为20。

4.6 Java API文档的使用

前面在介绍String字符串类的方法时，只是介绍了其中一小部分常用的方法。String字符串类有很多方法，如何记住它们呢？答案是记不住，也不用记！

Java给程序员提供了Java API文档，供Java程序员随时查阅。

Java提供了一些核心类库供Java程序员直接调用，程序员无须关注类库中方法的实现细节，只需关注其输入、输出和功能等，这些类库统称为API。在一个文档中统一定义类库中方法的输入、输出和功能描述，这个文档就是API文档。

在使用Java API文档时，需要注意API文档的版本号要和JDK的版本号一致，否则可能会出现随着JDK版本的更新导致的API文档与实际类库之间存在差异。

接下来介绍Java API文档的文档结构和如何使用Java API文档，这里以.chm格式的Java API文档为例进行介绍。

Java API文档的文档结构如图4.15所示。

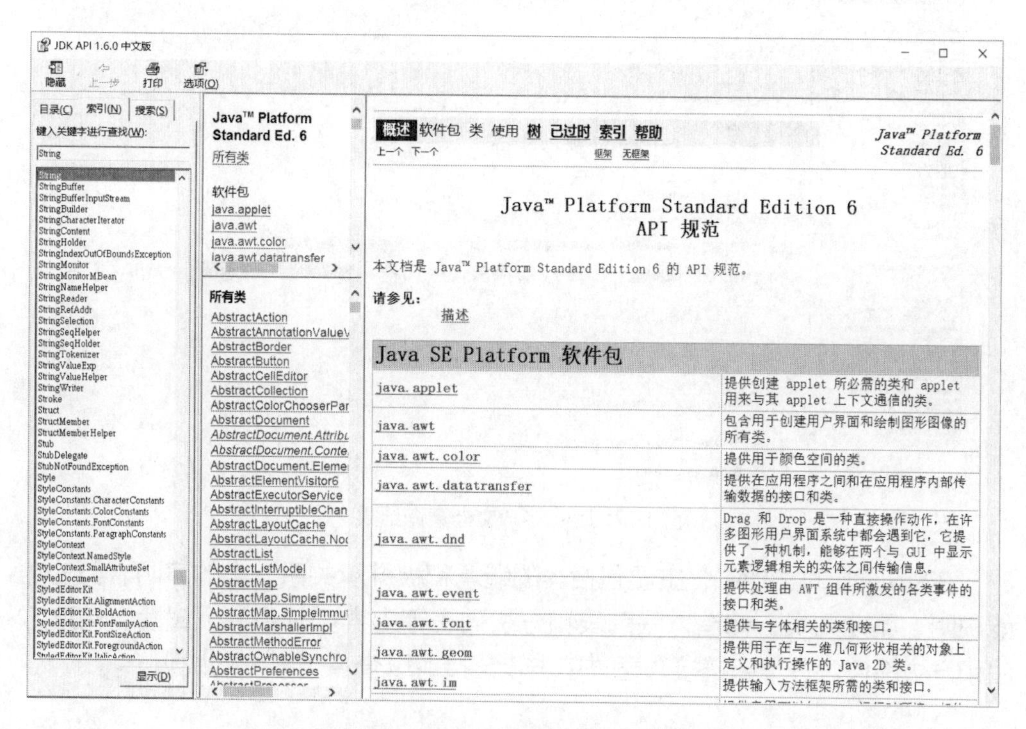

图4.15 Java API文档的文档结构

如果要查找String字符串类的其他方法，可以在“索引”处输入String，在弹出的对话框（见图4.16）中选择相关主题，单击“显示”按钮，就会显示String类的相关内容，如图4.17所示。

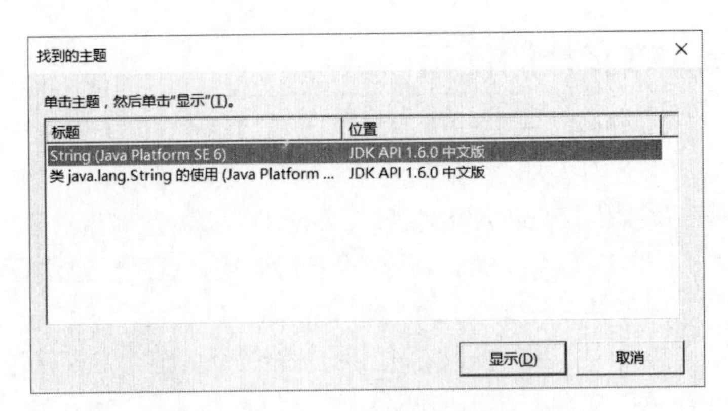

图4.16 在Java API文档中选择主题

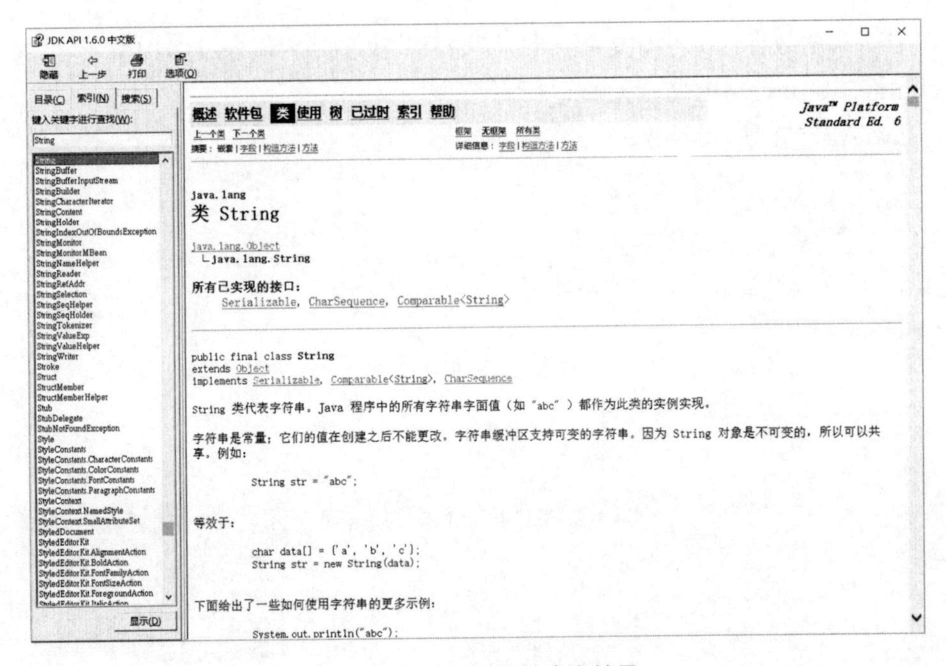

图4.17 Java API文档查询结果

在String类的文档中，主要包括类的继承和被继承关系、类的声明、类的功能说明、属性列表、构造方法列表和方法列表等内容。其中每个属性、构造方法和方法都包含一个超链接，通过单击该链接可以查看更详细的说明。

4.7 String类

String类表示字符串，Java程序中的所有字符串（例如“雷静”）都作为此类的对象。String类不是基本数据类型，它是一个类。因为对象的初始化默认值是null，所以String类对象的初始化默认值也是null。String是一种特殊的对象，具有其他对象没有的一些特性。

String字符串是常量，字符串的值在创建之后不能更改。

String类是最终类，不能被继承。

4.7.1 String类的概念

如何使用String类操作字符串呢？首先要定义并初始化字符串。String类包括以下常用的构造方法。

• String(Strings)：初始化一个新创建的String对象，使其表示一个与参数相同的字符序列。

• String(char[] value)：创建一个新的String对象，使其表示字符数组参数中当前包含的字符序列。

• String(char[] value, int offset, int count)：创建一个新的String对象，它包含取自字符数组参数的一个子数组的字符序列。offset参数是子数组第一个字符的索引（从0开始建立索引），count参数指定子数组的长度。

例如以下形式。

```
String stuName1=new String("王云");
char[] charArray={'刘','静','涛'};
String stuName2=new String(charArray);
String stuName3=new String(charArray,1,2); //从'静'字开始，截取2个字符，
结果是"静涛"。
```

实际上，比较常使用的创建String类字符串的方法如下。

```
String stuName1="王云";
```

在实际编程过程中，常常有这样的需求，需要在一个字符串后面增加一些内容，例如需要在stuName1后面增加字符串“同学”。查询相关资料，知道String类提供了一个concat(String str)的方法，可以在String类字符串后面增加字符串。有如下代码。

```
class TestString2
{
    public static void main(String[] args)
    {
        String stuName1=new String("王云");
        stuName1.concat("同学");
        System.out.println(stuName1);
    }
}
```

其输出结果是“王云”，而不是“王云同学”。为什么呢？

在本章开始就介绍过String字符串是常量，字符串的值在创建之后不能更改。concat(String str)方法的输出是，创建了一个新String字符串，用来存stuName1字符串加上“同学”的结果，而不是在原来stuName1字符串的后面增加内容，对于stuName1而言，它是常量，内容并没有变化。所以，如果想输出“王云同学”，可以将stuName1.concat（“同学”）表达式的结果赋给一个新的字符串，然后再输出该字符串即可。

再看下面的案例。

```
class TestString3
{
    public static void main(String[] args)
    {
            String stuName1=new String("王云");
            System.out.println(stuName1);
            stuName1="刘静涛";
            System.out.println(stuName1);
    }
}
```

代码的输出结果如下所示。

王云
刘静涛

不是说String字符串是不可变的常量吗？怎么两次输出stuName1，却发生变化了呢？究其原因，主要是这里说的不可变是指在堆内存中创建出来的String字符串不可变。事实上，stuName1="刘静涛"语句已经新创建了一个String字符串，并让stuName1指向了这个新的String字符串，原来存放“王云”的这个String字符串没有发生变化，如图4.18所示。

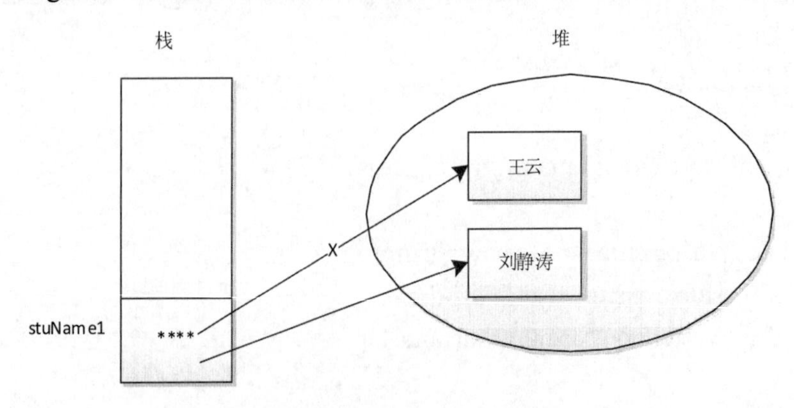

图4.18 引用类型变量重赋值

4.7.2 String类的使用

1. 连接字符串

前面介绍了采用public String concat(String str)方法连接字符串。事实上，采用较多的方法是使用“+”进行String字符串连接。之前的代码，在控制台输出程序运行结果的时候，都是使用“+”进行String字符串连接。

执行下面的程序，其运行结果如图4.19所示。

```
public class TestStringConcat
{
    public static void main(String[] args)
    {
        //使用"+"进行字符串连接
        System.out.println("使用'+'进行字符串连接");
        String s1="您好";
        s1=s1+"，蒋老师!"//创建一个新字符串用来连接两个字符串，并让s1指向这个新字符串
        System.out.println(s1);
        //使用public String concat(Stringstr)方法连接
        System.out.println("使用public String concat(Stringstr)方法连接");
        String s2="您好";
        //创建一个新字符串用来连接两个字符串，但没有变量指向这个新字符串
        s2.concat("，田老师！");
        //创建一个新字符串用来连接两个字符串，并让s3指向这个新字符串
        String s3=s2.concat("，田老师！");
        System.out.println(s2);
        System.out.println(s3);
    }
}
```

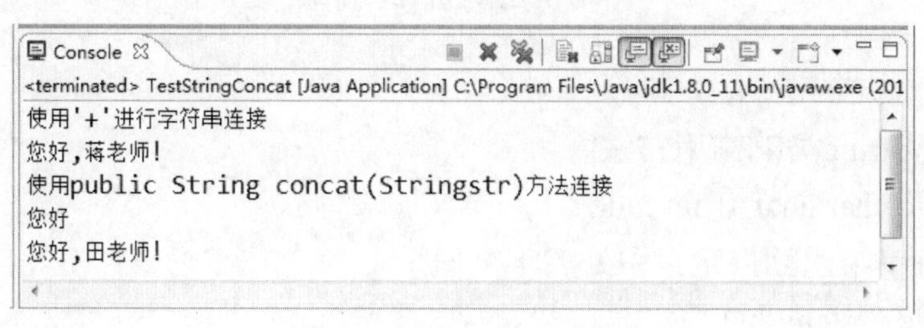

图4.19　连接String字符串

2. 比较字符串

比较字符串常用的两个方法是运算符“==”和String类的equals方法。

使用“==”比较两个字符串，是比较两个对象的地址是否一致，本质上就是判断两个变量是否指向同一个对象，如果是，则返回true，否则返回false。而String类的equals方法则是比较两个String字符串的内容是否一致，返回值也是一个布尔类型。

先看下面的例子。

```
public class TestStringEquals
{
        public static void main(Strmg[] args)
        {
                String s1="Java基础";
                String s2="Java基础";
                System.out.println(s1 ==s2); //返回true
                System.out.println(s1.equals(s2)); //返回true
                String s3=new String("前端技术");
                String s4=new String("前端技术");
                System.out.println(s3 ==s4); //返回false
                System.out.println(s3.equals(s4)); //返回true
        }
}
```

程序的运行结果如图4.20所示。

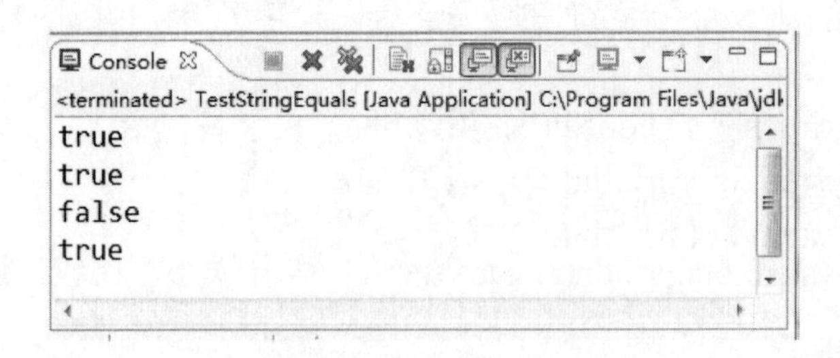

图4.20 比较String字符串

String类的常用方法

以下是String类的常用方法。

- public char charAt(int index)

从字符串中返回指定索引处的字符值。

- public int length()

返回此字符串的长度。这里需要和获取数组长度区别开，获取数组长度是通过“数组名.length”获取的。

- public int indexOf(String str)

返回指定子字符串在此字符串中第一次出现处的索引。

- public int indexOf(String str, int fromIndex)

返回指定子字符串在此字符串中第一次出现处的索引，从指定的索引开始搜索。

- public boolean equalsIgnoreCase(String another)

将此String与另一个String比较，不区分大小写。

- public String replace(char oldChar, char newChar)

返回一个新的字符串，它是通过用newChar替换此字符串中出现的所有oldChar得到的。

这里再重申一下，String类方法中的索引都是从0开始编号的。执行下面的程序，请注意程序注释，程序运行结果如图4.21所示。

```
public class TestArrayMethod
{
    public static void main(String[] args)
    {
        String s1="blue bridge";
        String s2="Blue Bridge";
        System.out.println(s1.charAt(1)); //查找第2个字符，结果为l
        System.out.println(s1.length()); //求s1的长度，结果为11
        System.out.println(s1.indexOf("bridge")); //查找bridge字符串
在s1中的位置，结果为5
        System.out.println(s1.indexOf("Bridge")); //查找Bridge字符串
在s1中的位置，没找到返回-1
        System.out.println(s1.equals(s2)); //区分大小写比较，返回false
        System.out.println(s1.equalsIgnoreCase(s2)); //不区分大小写
比较，返回true

        String s="我是学生，我在学Java!";
        String str=s.replace('我','你');     //把“我”替换成“你”
        System.out.println(str);
    }
}
```

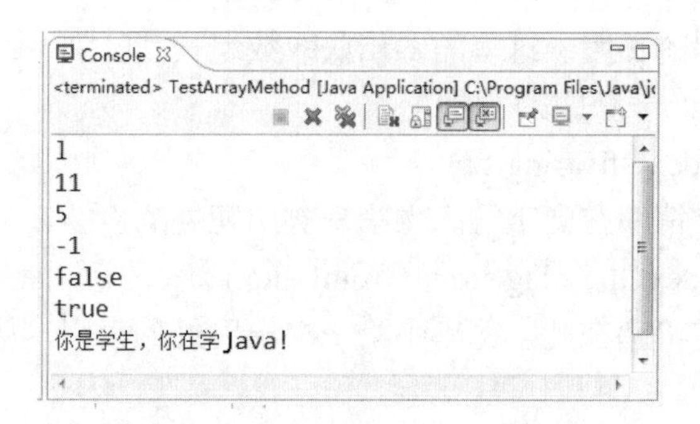

图4.21 String类常用方法综合实例一

• public boolean starts With(String prefix)

判断此字符串是否以指定的前缀开始。

• public boolean endsWith(String suffix)

判断此字符串是否以指定的后缀结束。

• public String toUpperCase()

将此String中的所有字符都转换为大写。

• public String toLowerCase()

将此String中的所有字符都转换为小写。

• public String substring(int beginIndex)

返回一个从beginIndex开始到结尾的新的子字符串。

• public String substring(int beginIndex, int endIndex)

返回一个从beginIndex开始到endIndex结尾（不含endIndex所指字符）的新的子字符串。

public String trim()

返回字符串的副本，忽略原字符串前后的空格。

下面继续通过一个案例，说明上述String类方法的使用。执行下面的程序，运行结果如图4.22所示。

```
public class TestStringMethod2
{
    public static void main(String[] args)
    {
        String fileName="20140801柳海龙Resume.docx";
        System.out.println(fileName.startsWith("2014"));          //判断
字符串是否以“2014”开头
        System.out.println(fileName.endsWith("docx"));          //判断
字符串是否以“docx”结尾
```

```
            System.out.println(fileName.endsWith("doc")); //判断字符串
是否以“doc”结尾
            System.out.println(fileName.toLowerCase()); //将大写变为小写
            System.out.println(fileName.toUpperCase()); //将小写变为大写
            System.out.println(fileName.substring(8)); //从第9个位置开始
到结尾截取字符串
            System.out.println(fileName.substring(8,11)); //从第9个位置开
始到第11个位置结尾截取字符串
            String fileName2=" 20150801柳海龙Resume .docx";
            System.out.println(fileName2.trim()); //忽略原字符串前后的
空格
    }
}
```

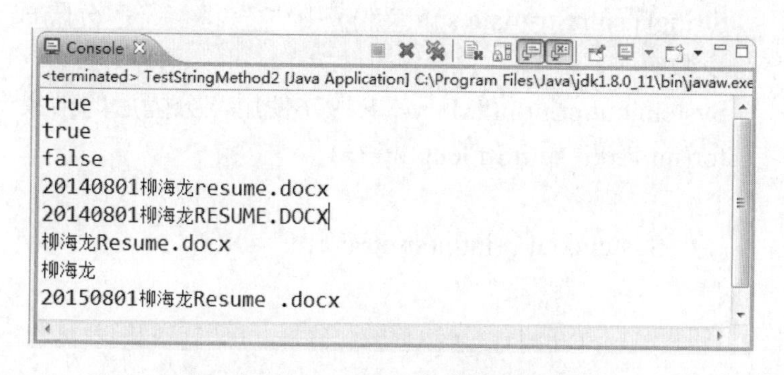

图4.22 String类常用方法综合实例二

- public static String valueOf（基本数据类型参数）

返回基本数据类型参数的字符串表示形式，例如以下形式。

public static String valueOf(int i)

public static String valueOf(double d)

这两个方法是String类的静态方法，关于静态方法后面的章节会详细介绍，这里需要注意的是静态方法是通过"类名.方法名"直接调用的，例如以下形式。

String result=String.valueOf(100);//将int型100转换为字符串“100”

- public String[] split(String regex)

通过指定的分隔符分隔字符串，返回分隔后的字符串数组。

通过下面这个案例，说明上述两个方法的使用。执行下面的程序，运行结果如图4.23所示。

```
import java.util.Scanner;
public class TestStringMethod3
```

```
{
    public static void main(String[] args)
    {
        String result=String.valueOf(100);
        Scanner input=new Scanner(System.in);
        System.out.print("请输入您去年一年的薪水总和: ");
        int lastSalary=input.nextInt();
        //通过String类的静态方法将lastSalary从int型转化成String字符串
        String strSalary=String.valueOf(lastSalary);
        System.out.print("您去年一年的薪水总和是"+strSalary.length()+"位数！");
        String date="Mary,F,1976";
        String[] splitStr=date.split(",");//用“,”将字符串分隔成一个新的字符串数组
        System.out.println("Mary，F,1976使用，分隔后的结果: ");
        for(int i=0;i<splitStr.length;i++)
        {
            System.out.println(splitStr[i]);
        }
    }
}
```

```
Console ⊠
<terminated> TestStringMethod3 [Java Application] C:\Program Files\Java\jdk1.8.0_11\bin
请输入您去年一年的薪水总和：12000
您去年一年的薪水总和是5位数！Mary,F,1976使用,分隔后的结果：
Mary
F
1976
```

图4.23 String类常用方法综合实例三

在上面的例子中，用“，”将字符串“Mary，F，1976”分隔成一个新的字符串数组，这个字符串数组的长度为3，每个元素存的内容分别是“Mary”“F”和“1976”。假设原来的字符串是“，Mary，F，1976”（第一个字符就是','）、“，Mary，F，1976”（第一个字符是空格，第二个字符是“，”），其结果又是如何呢？请读者自行练习获得结果。

4.8 StringBuffer类

4.8.1 StringBuffer类的使用

StringBuffer类也可以存放字符串。与String类不同的是，StringBuffer字符串代表的是可变的字符序列，可以对字符串对象的内容进行修改。

以下是StringBuffer类常用的构造方法。

- StringBuffer()：构造一个其中不带字符的字符串缓冲区，其初始容量为16个字符。
- StringBuffer(String str)：构造一个字符串缓冲区，并将其内容初始化为指定的字符串内容。

StringBuffer字符串使用场合为经常需要对字符串内容进行修改操作的场合。

以下是通过StringBuffer类的构造方法创建StringBuffer字符串的代码。

StringBuffer strB1=new StringBuffer();

通过strB1.length()返回长度是0，但在底层创建了一个长度为16的字符数组。

StringBuffer strB2=new StringBuffer("柳海龙");

通过strB2.length()返回长度是3，在底层创建了一个长度为3+16的字符数组。

StringBuffer上的主要操作是append和insert方法，将字符追加或插入到字符串缓冲区中。append方法始终将字符添加到缓冲区的末端，而insert方法则在指定的位置添加字符。

以下是StringBuffer类的常用方法。

- public StringBuffer append(String str)

将指定的字符串追加到此字符序列中。

- public StringBuffer append(StringBuffer str)

将指定的StringBuffer字符串追加到此序列中。

- public StringBuffer append(char[] str)

将字符数组参数的字符串表示形式追加到此序列中。

- public StringBuffer append(char[] str，int offset，int len)

将字符数组参数的子数组的字符串表示形式追加到此序列中，从索引offset开始，此字符序列的长度将增加len。

- public StringBuffer append(double d)

将double类型参数的字符串表示形式追加到此序列中。

• public StringBuffer append(Object obj)

将Object参数的字符串表示形式追加到此序列中。

• public StringBuffer insert(int offset，String str)

将字符串插入到此字符序列中，offset表示插入位置。

下面通过一个案例说明上述StringBuffer类方法的使用，执行下面的程序，运行结果如图4.24所示。

```
public class TestStringBuffer
{
    public static void main(String[] args)
    {
        System.out.println("创建StringBuffer对象");
        //使用StringBuffer()构造器创建对象
        StringBuffer strB1=new StringBuffer();
        System.out.println("new StringBuffer()创建对象的长
度:"+strB1.length());
        //使用StringBuffer(String str)构造器创建对象
        StringBuffer strB2=new StringBuffer("柳海龙");
        System.out.println("new StringBuffer(\"柳海龙\")创建对象的
长度:"+strB2.length());
        System.out.println("strB2里的内容: "+strB2);
        //使用append、insert方法追加、插入字符串
        System.out.println("使用append方法追加字符串");
        strB2.append("，您好！"); //在最后增加"，您好!"
        System.out.println(strB2);
        StrB2.insert(3,"工程师"); //从第4个位置开始，插入"工程师"
        System.out.println(strB2);
    }
}
```

```
Console ⊠
<terminated> TestStringBuffer [Java Application] C:\Program Files\Java\jdk1.8.0_11\bi
创建StringBuffer对象
new StringBuffer()创建对象的长度：0
new StringBuffer("柳海龙")创建对象的长度：3
strB2里的内容：柳海龙
使用append方法追加字符串
柳海龙，您好！
柳海龙工程师，您好！
```

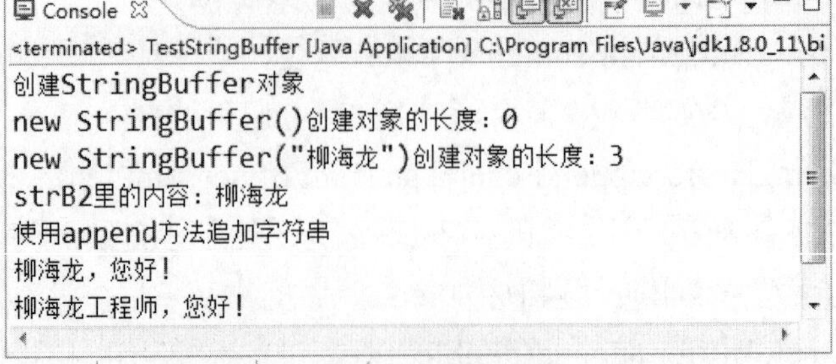

图4.24 StringBuffer常用方法

4.8.2 StringBuffer内存模型

StringBuffer是一个内容可变的字符序列，或者说它是一个内容可变的字符串类型。当使用StringBuffer strB1=new StringBuffer("柳海龙");语句创建StringBuffer对象时，内存结构示意图如图4.25所示。

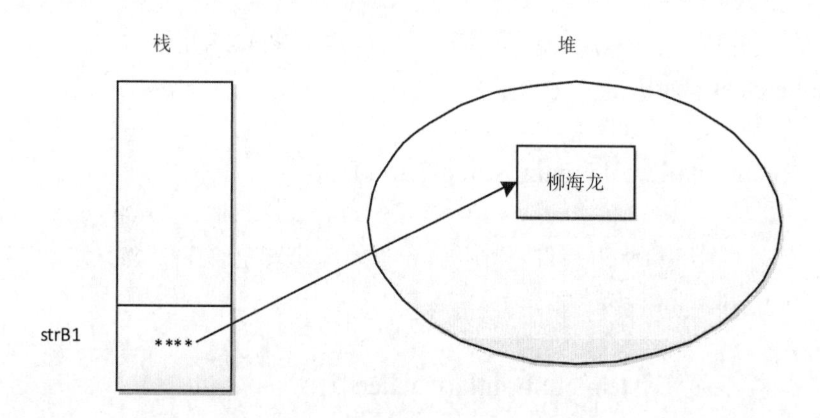

图4.25 StringBuffer内存结构示意图一

当使用strBl.append("工程师")方法时，将之前创建的StringBuffer对象的内容“柳海龙”修改成“柳海龙工程师”，内存结构示意图如图4.26所示。

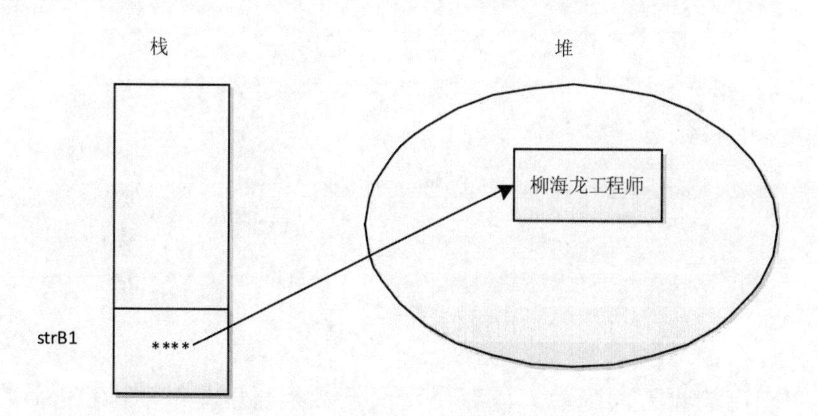

图4.26 StringBuffer内存结构示意图二

4.9 异常处理

在程序运行过程中，经常会出现一些意外的情况，这些意外会导致程序出错或者崩溃，从而影响程序的正常执行，如果不能很好地处理这些意外情况，程序的稳定性就会受到质疑。在Java中，将这些程序意外称为异常，出现异常时的处理称为异常处理，合理的异常处理可以使整个项目更加稳定，也使项目中正常的逻辑代码和错误处理的代码实现分离，便于代码的阅读和维护。

4.9.1 异常概述

异常引入

来看下面的一段程序，运行程序，其结果如图4.27所示。

```
public class TestEx
{
    public static void main(String[] args)
    {
        String teachers[]={"柳海龙","孙传杰","孙悦"};
        for(int i=0;i<4;i++)
        {
            System.out.println(teachers[i]);
        }
        System.out.println("显示完毕！");
    }
}
```

```
Console
<terminated> TestEx [Java Application] C:\Program Files\Java\jdk1.8.0_11\bin\javaw.exe (2017-1:
柳海龙
孙传杰
孙悦Exception in thread "main"
java.lang.ArrayIndexOutOfBoundsException: 3
        at org.unitfour.TestEx.main(TestEx.java:10)
```

图4.27 异常引入

程序出错的原因很简单，程序员定义的数组长度是3，而在使用数组时，却访问了下标为3的第4个数组元素，所以程序出现异常。

再看一个程序。

```
import java.util.Scanner;
public class TestEx2
{
    public static void main(String[] args)
    {
        int appleNum = 0;        //苹果数
```

```
        int stuNum = 0; //学生数
        System.out.println("***现在给孩子们分苹果***");
        Scanner input = new Scanner(System.in);
        System.out.print("请输入桌子上有几个苹果: ");
        appleNum = input.nextInt();
        System.out.print("请输入班上有几个孩子: ");
        stuNum = input.nextInt();
        System.out.println("班上每个孩子分得多少苹果: "+
appleNum/stuNum);
        System.out.println("孩子们非常开心! ");
    }
}
```

运行程序，分两次输入如下数值，程序运行结果如图4.28和图4.29所示。

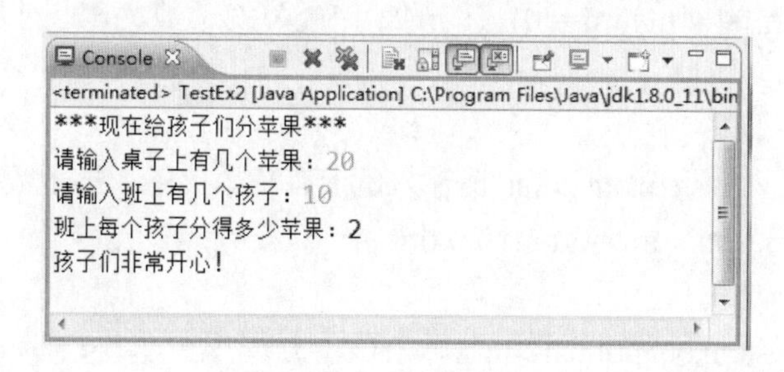

图4.28　正常引入

```
Console
<terminated> TestEx2 [Java Application] C:\Program Files\Java\jdk1.8.0_11\bin\javaw.exe (2017-12-19 上午10:52:55)
***现在给孩子们分苹果***
请输入桌子上有几个苹果：8
请输入班上有几个孩子：0
Exception in thread "main" java.lang.ArithmeticException: / by zero
	at org.unitfour.TestEx2.main(TestEx2.java:17)
```

图4.29　异常引入

如图4.28所示，把20个苹果分给10个孩子，每个孩子得到2个苹果。但是如果在输入的过程中，用户不小心在输入班上孩子数时，输入值为0，则出现了如图4.29所示的异常，程序运行结束。

如何解决上面的两个问题呢？

第一个案例解决方法很简单，在for循环的时候，将第二个表达式“i < 4”改成“i < teachers.length”即可，这样通过数组的长度控制了循环的次数，

保证不会出现数组下标越界的问题。

第二个案例的解决代码如下所示。

```
import java.utilScanner;
public class TestEx4
{
    public static void main(String[] args)
    {
        int appleNum = 0;        //苹果数
        int stuNum = 0; //学生数
        System.out.println("***现在给孩子们分苹果***");
        Scanner input = new Scanner(System.in);
        System.out.print("请输入桌子上有几个苹果: ");
        appleNum = input.nextInt();
        while( stuNum = 0)      //如果输入孩子数为0，则要求用户再
次输入
        {
            System.out.print("请输入班上有几个孩子（孩子数不能为0)：")；
            stuNum = input.nextlnt();
        }
        System.out.println("班上每个孩子分得多少苹果：" + appleNum/
stuNum);
        System.out.println("孩子们非常开心! ");
    }
}
```

在修改后的代码中，采用了while循环的方式进行判断，如果用户输入的孩子数为0，则要求用户继续输入，通过这种方式，解决了除数为0的异常的产生，程序运行结果如图4.30所示。

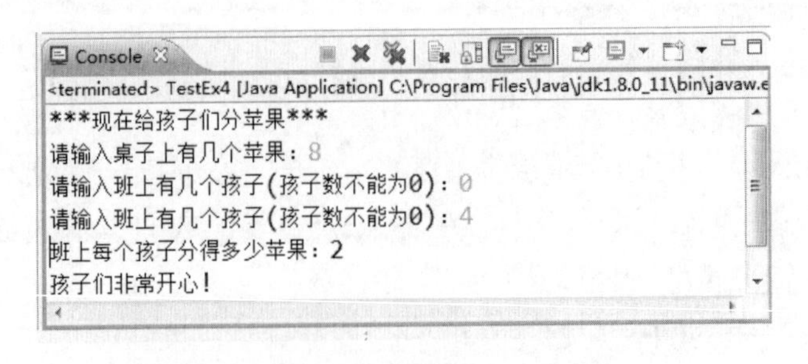

图4.30 异常引入

采用判断语句的方式进行异常处理，首先需要意识到哪些地方可能出现异常，在可能出现异常的地方加入判断语句和处理代码。这种处理方式对程序员的要求高，而且代码量大，程序结构混乱。

异常分类

想要知道异常的分类，了解Java异常的继承关系，首先通过图4.31来了解Java异常的层次结构。

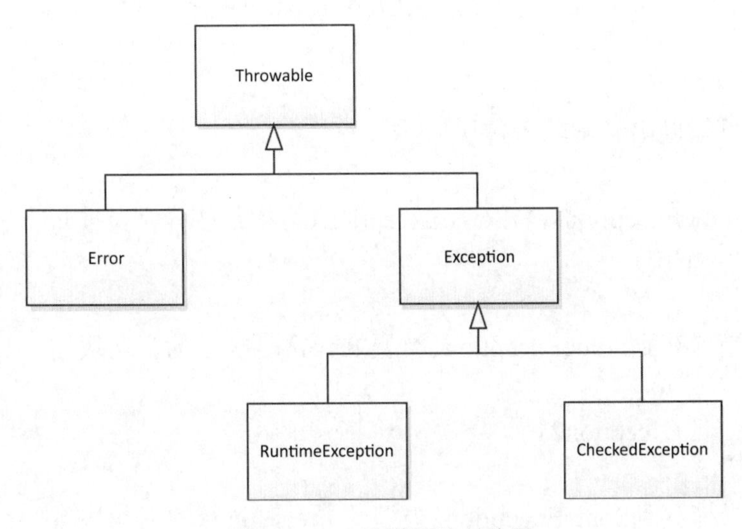

图4.31　Java异常层次结构图

所有异常都继承自java.lang.Throwable类，Throwable类有两个直接子类，Error类和Exception类。

Error类是Throwable类的子类，是Java应用程序本身无法恢复的严重错误，应用程序不需要捕获、处理这些严重错误。当程序发生这种严重错误时，通常的做法是通知用户并终止程序的执行。

Error表示Java应用程序本身无法恢复的严重错误，而不是这种Java应用程序无法恢复的严重错误，称为异常。异常可分为运行时异常（RuntimeException）和检查时异常（CheckedException）两种。

RuntimeException，运行时异常即程序运行时抛出的异常，即使程序员在编程时未对这些异常进行处理，程序也能编译通过。前面数组下标越界异常和除数为0的异常都是运行时异常。

CheckedException，检查时异常又称为非运行时异常，这样的异常要求程序员必须在编程时进行处理，否则程序编译就不会通过。例如在编译的时候发生类找不到的情况，这就是一个典型的检查时异常。

4.9.2 异常处理

所谓异常处理，就是发生异常之后，程序员要如何操作程序。

基本异常处理

Java对异常的处理采取的是抛出、捕获的机制，即由一段可能抛出异常的程序抛出异常（也可能正常执行，不抛出异常），在这段程序外有专门的异常处理程序进行处理，针对抛出的不同类型的异常捕获后进行处理，这就是Java异常处理机制。Java异常处理机制的语法形式如下所示。

```
try
{
    //可能抛出异常的语句块
}
catch(SomeExceptionl e)//SomeException1特指某些异常，非Java中具体异常，下同
{
    //当捕获到SomeException1类型的异常时执行的语句块
}
catch(SomeException2 e)
{
    //当捕获到SomeException2类型的异常时执行的语句块
}
finally
{
    //无论是否发生异常都会执行的代码
}
```

接下来还是先从程序开始，看看如何编写异常处理程序。

```
public class TestEx5
{
    public static void main(String[] args)
    {
        try
        {
            String teachers[]={"柳海龙","孙传杰","孙悦"};
            for(int i = 0;i < 4;i++)
            {
                System.out.println(teachers[i]);
            }
```

```
            }
            catch(Exception e)
            {
                System.out.println("数组下标越界，请修改程序！");
            }
            System.out.println("显示完毕!");
        }
    }
```

该程序中，将可能抛出异常的代码放在了try语句块里，使用catch语句对所有异常（因为异常类型是Exception）进行捕获。如发生异常，则输出"数组下标越界，请修改程序!"并且不退出程序，继续执行异常后面的代码，程序运行结果如图4.32所示。

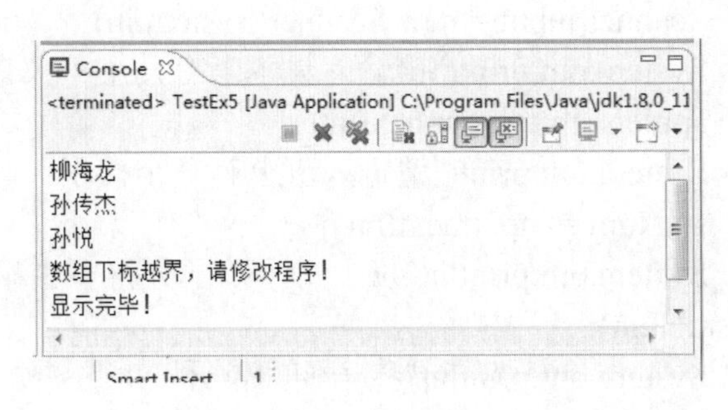

图4.32 try...catch...异常结构

如果try语句块中的代码不抛出异常，则执行完try语句块后，catch语句块中的代码不被执行；如果try语句块抛出异常，则try语句块中发生异常后的代码将不再会被执行，而由相应的catch语句进行捕获，catch语句块中的代码将会被执行。这里相应的catch语句是指，catch语句后面捕获异常声明的类型必须与try语句抛出异常的类型一致，或者是抛出异常类型的父类。

多个catch块

将上面的程序做如下修改。

（1）修改for循环的第二个表达式，将"i< 4"改成"i < teachers.length"，使该段程序不会抛出数组下标越界异常。

（2）将"给孩子们分苹果"的程序代码加入到本程序的try语句块中。

具体代码如下所示，编译、运行，输入苹果数为8，孩子数为0，观察程序运行结果，如图4.33所示。

```
import java.util.Scanner;
public class TestEx6
```

```
{
    public static void main(Strmg[] args)
    {
        try
        {
            String teachers[]={"柳海龙","孙传杰","孙悦"};
            for(int i = 0;i < teachers.length;i++)
            {
                System.out.println(teachers[i]);
            }
            int appleNum = 0;  //苹果数
            int stuNum = 0;     //学生数
            System.out.println("***现在给孩子们分苹果***");
            Scanner input = new Scanner(System.in);
            System.out.print("请输入桌子上有几个苹果：");
            appleNum = input.nextInt();
            System.out.print("请输入班上有几个孩子：");
            stuNum = input.nextInt();
            System.out.println("班上每个孩子分得多少苹果：
"+appleNum/stuNum);
            System.out.println("孩子们非常开心！");
        }
        catch(Exception e)
        {
            System.out.println("数组下标越界，请修改程序！");
        }
        System.out.println("显示完毕！");
    }
}
```

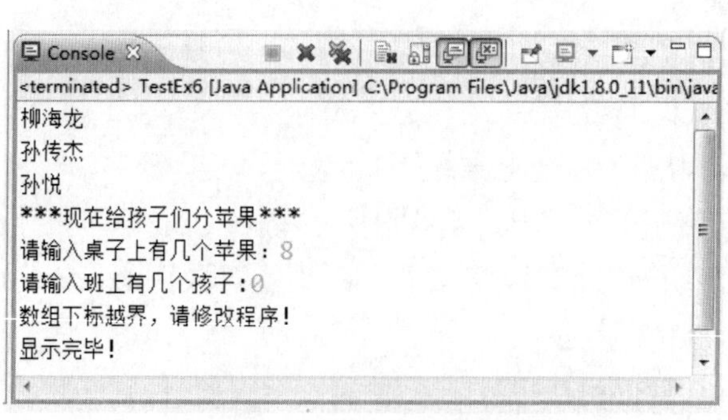

图4.33　异常处理中的问题

仔细观察程序运行结果会发现，程序中明明抛出的是除数为0的算数异常，但是显示的却是“数组下标越界，请修改程序！”的内容。出现这个问题的原因是，该程序catch语句后面捕获的是Exception类型的异常，即捕获所有类型的异常，包括除数为0的算数异常，并在捕获后执行显示“数组下标越界，请修改程序！”的代码。接下来修改上面的代码，思路为在catch语句后，针对不同类型的异常，执行不同的异常处理程序，具体代码如下所示。

```
import java.util.Scanner;
public class TestEx7
{
      public static void main(String[] args)
      {
            try
            {
                  String teachers[]={"柳海龙","孙传杰","孙悦"};
                  for(int i = 0;i < teachers.length;i++)
//可以将循环次数改回4，再次运行
                  {
                        System.out.println(teachers[i]);
                  }
                  //省略“给孩子们分苹果”程序的代码
            }
            catch(ArrayIndexOutOfBoundsException e) //捕获数组下标越
界异常
            {
                  System.out.println("数组下标越界，请修改程序！");
            }
            catch(ArithmeticException e)    //捕获算数异常
            {
                  System.out.println("算数异常，请检查程序！");
            }
            System.out.println("程序执行完毕！");
      }
}
```

编译、运行程序，依然输入苹果数为8，孩子数为0，如图4.34所示，显示“算数异常，请检查程序!”。

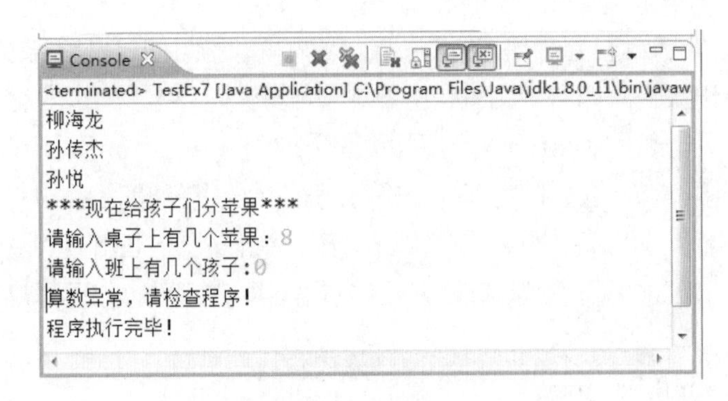

图4.34 异常处理中多个catch语句一

将for循环中“i<teachers.length”改回“i<4”，再次运行程序，如图4.35所示，显示“数组下标越界，请修改程序!”。这样处理的好处是，try语句块可能会抛出不同类型的异常，catch语句根据异常类型的不同分别进行捕获，执行不同的异常处理程序，使异常的处理更加合理。

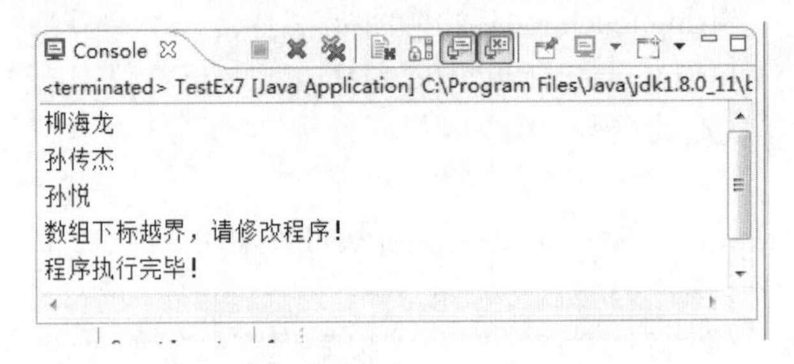

图4.35 异常处理中多个catch语句二

finally语句

接下来的案例是一个客户/服务器程序，其中使用的技术之前没有介绍过，但案例中已经进行了注释，需要读者能够读懂并理解含义。在以后的学习、工作中，不是所有的技术之前都系统学习过，肯定会碰到新技术、新问题，这就需要一边学一边掌握。

```
import java.net.*; //导入Java网络包
import java.io.*;  //导入I/O(输入/输出)包
public class TestEx8
{
  //声明服务器端套接字对象
  public static ServerSocket ss = null;
  //暂不理会throws IOException代码的含义，之后的章节会详细介绍
  public static void main(String[] args) throws IOException
```

```
{
        try
        {
            //实例化服务器端套接字，服务器端套接字等待请求
            通过网络传入
            ss = new ServerSocket(5678); //其中5678为端口号
            //侦听并接收到此套接字的连接
            Socket socket = ss.accept();
            //省略其他代码
            //当发生某种I/O异常时，抛出IOException异常
        }
        catch (IOException e)
        {
            //关闭此套接字
            ss.close();
            //省略其他代码
        }
        //省略其他代码
    }
}
```

阅读程序，在try语句块中实例化出一个服务器端套接字并进行了处理，如果try语句块中出现IOException异常，则catch语句块进行捕获和处理，关闭这个服务器端套接字，并执行其他操作。但如果程序没有抛出IOException异常，正常执行，则关闭服务器端套接字的代码将不会执行，这个套接字不会被关闭，继续占用了系统资源，这并不是程序开发人员希望的。接下来我们使用finally语句块，从而保证无论是否发生异常，finally语句块中的代码总被执行，具体代码如下所示。

```
import java.net.*;
import java.io.*;
public class TestEx9
{
    public static ServerSocket ss = null;
    public static void main(String[] args) throws IOException
    {
      try
      {
          ss = new ServerSocket(5678);
```

```
                Socket socket = ss.accept();
                //省略其他代码
            }
            catch (IOException e)
            {
                //省略其他代码
            }
            finally
            {
              //关闭此套接字
              ss.close();
             }
            //省略其他代码
        }
    }
```

使用finally语句块，保证了不论try语句块中是否出现异常，finally语句块中的代码都会被执行。本例中服务器端套接字ss对象都会被关闭。

在try...catch...finally异常处理结构中，try语句块是必需的，catch和finally语句块均为可选，但两个语句块要至少有一个。

也许有人会有这样的疑问，如果在try语句块中或者catch语句块中，存在return语句，finally语句块中的代码还会执行吗？不是说return语句的作用是将结果返回给调用者，而不再执行return语句后面的代码吗？Java异常处理机制对这个问题的处理是，当try或catch语句块中有return语句时，执行try或catch语句块中return语句之前的代码，再执行finally语句块中的代码，之后再返回。所以，即使在try或catch语句块中有return语句，finally语句块中的代码仍然会被执行。

在异常处理结构中，finally语句块不执行的唯一一种情况就是在catch语句中出现System.exit(l)的代码，则直接退出Java虚拟机，finally语句块不再执行。接下来通过修改数组下标越界的案例来进行验证，具体代码如下所示。

```
public class TestEx10
{
    public static void main(Strmg[] args)
    {
        try
        {
            String teachers[]={"柳海龙","孙传杰","孙悦"};
            for(int i = 0;i < 4;i++)
```

```
                {
                    System.out.println(teachers[i]);
                }
            }
            catch(Exception e)
            {
                System.out.println("数组下标越界，请修改程序！");
                //return;     // finally语句块仍然执行
                //System.exit(l); //直接退出Java虚拟机，finally语句块不
再执行
            }
            finally
            {
                System.out.println("显示完毕！");
            }
        }
}
```

编译、运行该程序，运行结果如图4.36所示。

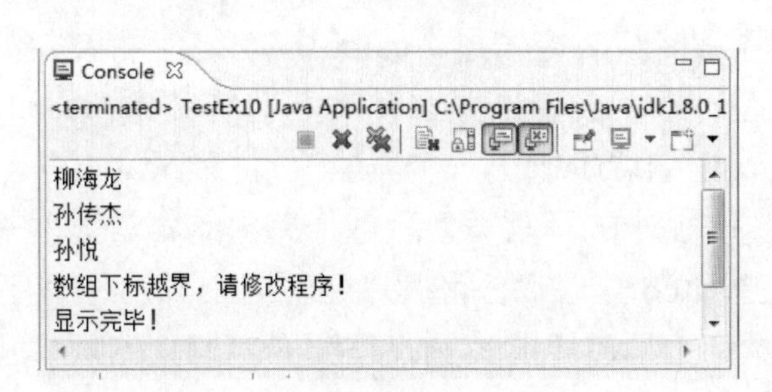

图4.36 finally语句块的使用一

删除return语句前的“//”，编译、运行该程序，发现finally语句块中的代码仍然会被执行，显示出“显示完毕!”的内容，运行结果如图4.37所示。

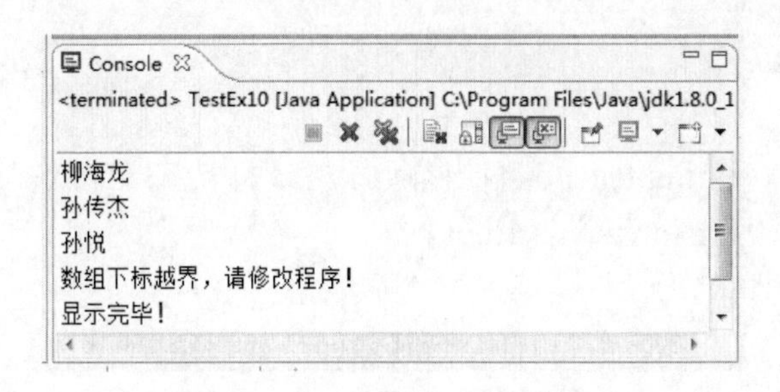

图4.37 finally语句块的使用二

注释掉return语句，删除System.exit(l)语句前的“//”，编译、运行该程序，发现直接退出Java虚拟机，finally语句块中的代码不再会被执行，运行结果如图4.38所示。

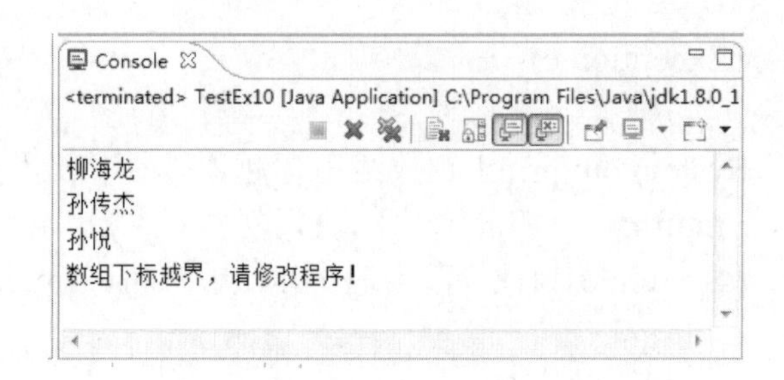

图4.38 finally语句块的使用三

4.9.3 异常使用注意事项

Java程序采用了try...catch...finally结构对异常进行处理，结构清晰，利于理解。下面总结一下在Java异常处理程序中需要注意的地方，避免出现问题。

异常捕获顺序

在前面介绍异常捕获时提到过，catch语句后的异常类型必须与try语句块中抛出异常的类型一致，或者是抛出异常类型的父类，catch语句块的代码才会被执行。如果try语句块中抛出一个异常，而多个catch语句后声明捕获的异常类型，分别是这个抛出的异常类型和这个抛出的异常类型的父类（包括父类的父类），则这些catch语句都能捕获并处理这个异常，程序该如何运行呢？接下来还是通过数组下标越界的案例来理解异常捕获的顺序问题，请看下面的代码。

```
public class TestEx11
{
    public static void main(String[] args)
    {
        try
        {
            String teachers[]={"柳海龙","孙传杰","孙悦"};
            for(inti = 0;i<4;i++)
            {
                System.out.println(teachers[i]);
            }
```

```
        }
        catch(RuntimeException e)       //捕获运行时异常
        {
            System.out.println("发生运行时异常，成功捕获！");
        }
        catch(ArrayIndexOutOfBoundsException e)     //捕获数组下标
越界异常
        {
            System.out.println("发生数组下标越界异常，成功捕获！");
        }
        catch(Exception e)       //捕获所有异常
        {
            System.out.println("发生异常，成功捕获！");
        }
        finally
        {
            System.out.println("显示完毕！");
        }
    }
}
```

编译上面的程序，编译器报错，显示错误信息如图4.39所示。

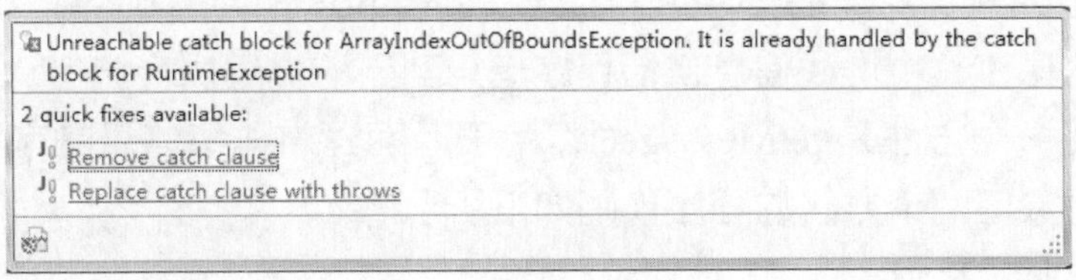

Unreachable catch block for ArrayIndexOutOfBoundsException. It is already handled by the catch block for RuntimeException

2 quick fixes available:

Remove catch clause

Replace catch clause with throws

图4.39　异常捕获顺序一

从继承关系上来说，数组下标越界异常ArrayLndexOutOfBoundsException是运行时异常RuntimeException的子类，而运行时异常RuntimeException又是Exception异常的子类，在捕获异常的时候，应该按照“从小到大”的顺序捕获异常，这样才能保证逐层捕获，从而避免对父类的大的异常进行了捕获，而对子类的小的异常无法进行捕获的情况。将上面的代码调整为先捕获数组下标越界异常ArrayIndexOutOfBoundsException，再捕获运行时异常RuntimeException，编译、运行，程序运行结果如图4.40所示。

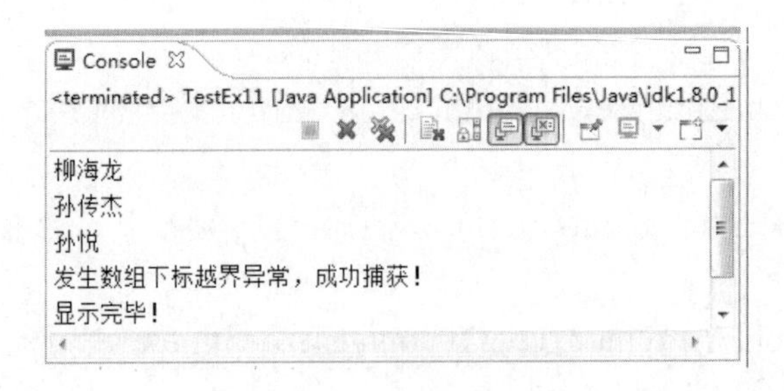

图4.40 异常捕获顺序二

异常对象

在前面编写异常处理代码时，catch语句后，针对捕获的不同类型的异常，都获取了该异常的对象。例如下面的代码中，对象e即表示捕获到的数组下标越界异常。

```
try
{
    //try代码块
}
catch(ArrayIndexOutOfBoundsException e)//捕获数组下标越界异常
{
    //异常处理代码
}
```

在前面的异常处理代码中，都没有使用这个捕获到的异常对象。在实际编程中，常用的异常对象的方法有两个，一个是printStackTrace()，用于输出异常的堆栈信息，其中堆栈信息包括程序运行到当前类的执行流程，显示方法调用序列；另一个方法是getMessage()，用于返回异常详细信息的字符串。具体使用异常对象这两个方法的程序代码如下所示。

```
public class TestEx13
{
    public static void main(String[] args)
    {
        try
        {
            String teachers[]={"柳海龙","孙传杰","孙悦"};
            for(int i = 0;i < 4;i++)
            {
                System.out.println(teachers[i]);
            }
```

```
            }
            catch(ArrayIndexOutOfBoundsException e)
            {
                System.out.println("调用异常对象的getMessage()方法: ");
                System.out.println(e.getMessage());
                System.out.println("调用异常对象的printStackTrace()方法: ");
                e.printStackTrace();
            }
            finally
            {
                System.out.println("显示完毕！ ");
            }
        }
    }
```

编译、运行程序，程序捕获数组下标越界异常之后，先输出异常对象的getMessage()方法的结果，之后再调用异常对象的printStackTrace()方法输出堆栈信息。程序运行结果如图4.41所示。

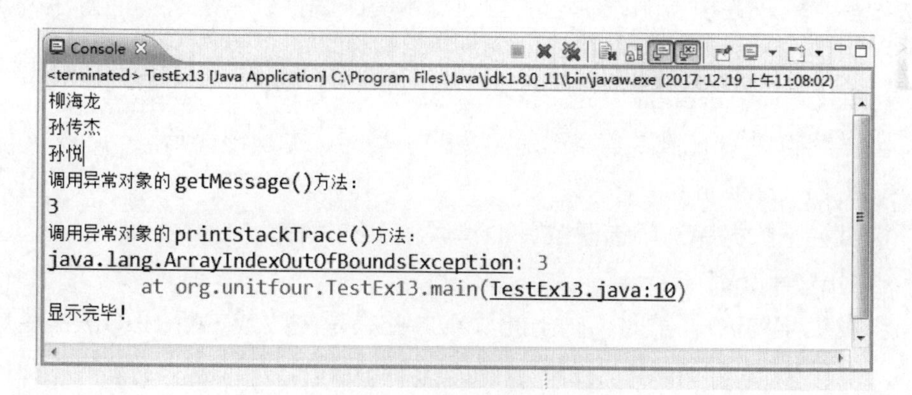

图4.41　异常对象的使用

常见异常

在今后的编程中，异常处理会被频繁使用，所以对于读者而言，了解一些常见的异常，即使这些异常现在来说还不能被完全理解，那也是非常有必要的。

- NullPointerException

程序员经常会遇到空指针异常，这属于运行时异常。程序遇到了空指针，简单地说就是调用了未经初始化的对象或者是不存在的对象，或者是访问、修改null对象的属性。比如说，对数组操作时出现空指针，很多情况下是程序员把数组的初始化和数组元素的初始化混淆起来了，如果在数组元素还没有初始化的情况下调用了该数组元素，则会抛出空指针异常。

- ClassNotFoundException

望文知义，该异常为类没能找到的异常。出现这种情况一般有3种原因，一是不存在该类；二是开发环境进行了调整，例如类的目录结构发生了变化，编译、运行路径发生了变化等；三是在修改类名时，没有修改调用该类的其他类，导致类找不到的情况。

- IllegalArgumentException

抛出该异常表明向方法传递了一个不合法或不正确的参数。

- InputMismatchException

由Scanner抛出，表明Scanner获取的内容与期望类型的模式不匹配，或者该内容超出期望类型的范围。例如需要输入的是能转换为int型的字符串，结果却输入了abc，则会抛出这个异常。

- IllegalAccessException

当应用程序试图创建一个实例、设置，或者获取一个属性，或者调用一个方法，但当前正在执行的方法无法访问指定类、属性、方法或构造方法的定义时，抛出IllegalAccessException。

- ClassCastException

当试图将对象强制转换为不是实例的子类时，抛出该异常。

- SQLException

提供关于数据库访问错误或其他错误信息的异常。

- IOException

当发生某种I/O异常时，抛出此异常。此类是失败或中断的I/O操作生成的异常的通用类。

4.9.4 抛出异常

异常处理介绍到现在，所有的异常都是由系统抛出的。作为程序员，有时需要手工抛出一个异常，让异常处理程序进行处理，接下来将介绍如何使用throw关键字手工抛出异常。

手工抛出异常

在Java中，可以使用throw关键字手工抛出一个异常，手工抛出异常的语法形式如下所示。

throw异常对象;

例如，手工抛出一个算数异常的代码如下所示。

throw new ArithmeticException();

观察下面的代码，通过throw new NullPointerException（“the”）;语句，手工抛出了一个空指针异常，指定信息为“the”。catch语句块对空指针异常进行捕获，输出异常对象m.getMessage()的值（即为“the”），程序运行结果如图4.42所示。

```
public class TestEx15
{
    public static void main(String[] args)
    {
        System.out.print("Now");
        try
        {
            System.out.print("is");
            throw new NullPointerException("the");    //抛出一个空指
针异常，指定信息为“the”
            //System.out.print("此句不会被执行!");
        }
        catch(NullPointerException e)  //捕获抛出的空指针异常
        {
            System.out.print(e.getMessage());
        }
        System.out.print(utime. \n");
    }
}
```

图4.42 手工抛出异常

再次抛出异常

catch语句捕获到的异常对象e，在catch语句块的处理程序中，可以使用throw e;语句再次将这个异常抛出，以便它能被外部catch语句捕获。再次抛出异常较常见的情况是允许多个程序处理一个异常。例如，需要一个异常处理代码块处理异常的一个方面，另一个异常处理代码块处理另一个方面，则可以在一个异常处理代码块处理完毕之后再次抛出该异常，让另一个异常处理代码块继续进行处理。通过下面的代码，具体了解如何在两个方法中处理同一个异常。

```
public class TestEx16
{
    public static void doEx1()
    {
        try
        {
            String teachers[]="柳海龙","孙传杰","孙悦"}
            for(int i = 0;i<4;i++)
            {
                System.out.println(teachers[i]);
            }
        }
        catch(ArrayIndexOutOfBoundsException e)      //捕获数组下标
越界异常
        {
            System.out.println("doEx1方法中处理数组下标越界异
常！");
            throw e;    //再次抛出该数组下标越界异常
        }
    }
    public static void main(String[] args)
    {
        try{
            doEx1();
        }
        catch(ArrayIndexOutOfBoundsException e)  //再次捕获数组
下标越界异常
        {
            System.out.println("main方法中处理数组下标越界异常！");
        }
        finally
        {
```

```
            System.out.println("程序结束！");
        }
    }
}
```

在该段程序中，doEx1()方法中的异常处理代码块捕获并处理了数组下标越界异常，在处理结束后，又将该异常抛出给调用doEx1()方法的main()方法进行异常处理，main()方法中的异常处理代码块又捕获处理了数组下标越界异常。程序运行结果如图4.43所示。

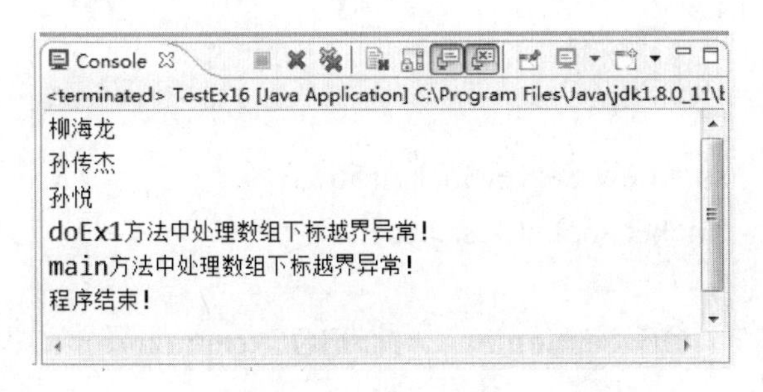

图4.43 再次抛出异常

数组下标越界异常属于运行时异常，所以main()方法在调用这个需要抛出数组下标越界异常的doEx1()方法时，即使不对这个抛出的异常进行捕获处理，也能编译通过，只是在运行时会抛出异常而已。去掉main()方法中的异常处理程序，只保留对doEx1()方法的调用，编译、运行程序，程序运行结果如图4.44所示。通过程序运行结果可以看出，在doEx1()方法中的捕获处理代码得到了运行，main()方法未捕获处理抛出的异常，所以运行时抛出异常。

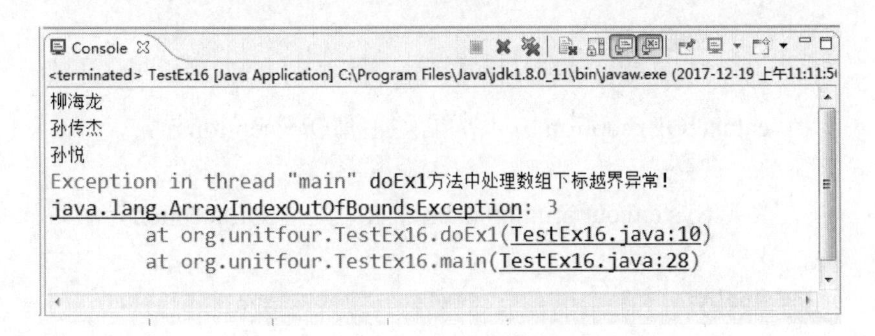

图4.44 运行时异常抛出不捕获处理

抛出检查时异常

前面介绍检查时异常的时候提到过，检查时异常要求程序员必须在程序中对异常进行捕获处理，否则程序不能编译通过。还是刚才的程序结构，只是

doEx1()方法里抛出的异常不再是运行时异常，而是检查时异常，那会出现什么样的结果呢？具体代码如下所示。

```
import java.net.*;
import java.io.*;
public class TestEx17
{
    public static ServerSocket ss = null;
    public static void doEx1()
    {
        try
        {
            ss = new ServerSocket(5678);
            Socket socket = ss.accept();
        }
        catch (IOException e)   //捕获IOException异常
        {
            System.out.println("doEx1方法中处理IOException异常！ ");
            //throw e;  //再次抛出该IOException异常
        }
    }
    public static void main(String[] args)
    {
        try
        {
            doEx1();
        }
        catch(IOException e)    //再次捕获IOException异常
        {
            System.out.println("main方法中处理IOException异常！ ");
        }
        finally
        {
            System.out.println("程序结束！ ");
        }
    }
}
```

编译程序，编译器报错，如图4.45所示。

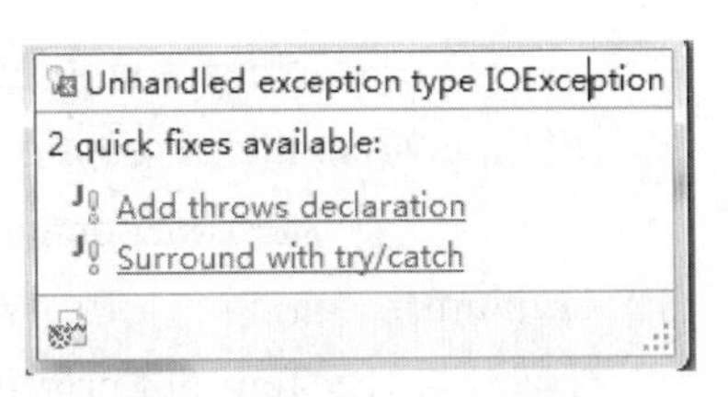

图4.45　检查时异常抛出不捕获

仔细查看错误原因，提示为throw e语句抛出一个检查时异常，必须要对其进行捕捉或声明以便抛出。该程序的目的就是再次抛出该异常，让调用doEx1()方法的main()方法再次进行异常捕获处理，所以如果在doEx1()方法里继续进行捕获则失去了该程序的定义。如何解决这个问题呢？接下来通过声明方法抛出异常的方式，处理这个问题。

声明方法抛出异常

所谓声明方法抛出异常，就是当方法本身不知道或者不愿意处理某个可能抛出的异常时，可以选择用throws关键字将该异常提交给调用该方法的方法进行处理。当这个异常是检查时异常时，该方法必须进行声明，调用该方法的方法必须进行处理或再次声明向外抛出。声明方法抛出异常很简单，需要在方法的参数列表之后，在方法体的大括号前，增加“throws异常列表”进行声明。

修改前面的代码，在doEx1()后增加throws IOException，声明doEx1()方法可能抛出IOException异常，因为在main()方法中已有对IOException异常的捕获和处理代码，所以程序可以编译通过。

使用声明方法抛出异常的方式，处理“给孩子们分苹果”的程序中，孩子数输入不能转换为数字的字符时的问题，具体代码如下所示。

```
import java.util.*; //InputMismatchExcepti on在java.util包下
public class TestEx18
{
    //抛出InputMismatchException异常，自己不处理，让方法的
    直接调用者来处理
    private static void p() throws InputMismatchException
    {
        int appleNum = 0;          //苹果数
        int stuNum = 0; //学生数
        System.out.println("***现在给孩子们分苹果***");
        Scanner input = new Scanner(System.in);
        System.out.print("请输入桌子上有几个苹果: ");
        appleNum = input.nextlnt0;
        System.out.print("请输入班上有几个孩子: ");
```

```
        stuNum = input.nextlnt();        //用户输入"abc"，则系统会抛
出InputMismatchException异常
        System.out.println("班上每个孩子分得多少苹果："+ appleNum/
stuNum);
        System.out.println("孩子们非常开心！");
    }
    public static void main(String args[])
    {
        try
        {
            p();          //方法的直接调用者捕获、处理异常
        }
        catch(InputMismatchException e)
        {
            System.out.println("main方法处理InputMismatchException
异常");
        }
    }
}
```

p()方法声明该方法可能抛出InputMismatchException异常，调用p()方法的main()方法处理了p()方法中不处理并声明抛出的这个异常。程序运行结果如图4.46所示。

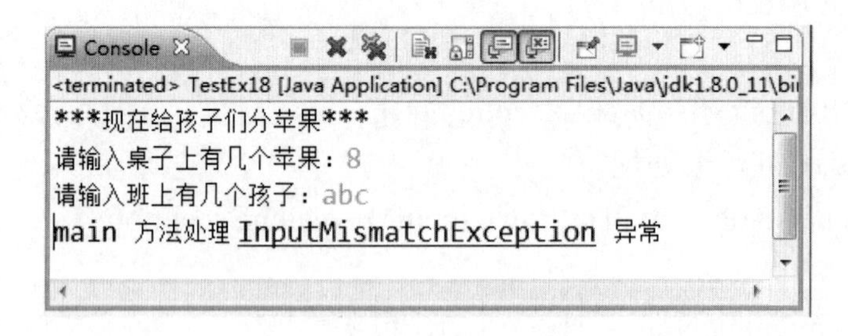

图4.46 声明方法抛出异常

4.9.5 自定义异常类

自定义异常，顾名思义，就是程序员自己定义的异常。当Java类库中的异常不能满足程序需求时，程序员可以自己定义并使用异常。下面结合一个实际

的例子，介绍如何定义并使用自定义异常。

自定义异常类定义

Exception类是Java中所有异常类的父类，所以定义自定义异常类时，通常继承自该类。现在定义一个自定义异常类AgeException，它有一个构造函数和一个toString()方法，具体代码如下所示。

```
//自定义异常类，处理年龄大于120或小于0的Person
public class AgeException extends Exception
{
    private String message;
    public AgeException(int age)//自定义异常类构造方法
    {
        message = "年龄设置为"+ age + "不合理!";
    }
    public String toString()        //自定义异常类toString()方法
    {
        return message;
    }
}
```

自定义异常类使用

接下来通过Person类和TestEx19这两个类，来使用这个自定义异常类。具体代码如下所示，其中注释简要说明了重要步骤的含义。

```
public class Person
{
    private int age;
    //声明setAge(int age)方法可能抛出AgeException自定义异常
    public void setAge(int age) throws AgeException
    {
        if(age <=0 || age >= 120)
        {
            throw new AgeException(age);//抛出AgeException自定义
异常
        }
        else
        {
            this.age = age;
```

```
            }
        }
        public int getAge()
        {
            return age;
        }
    }
    public class TestEx19
    {
        public static void main(String[] args)
        {
            Person p1 = new Person();
            Person p2 = new Person();
            try
            {
                pl.setAge(150);      //会抛出AgeException自定义异常
                System.out.println("正确输出年龄为"+ pl.getAge());
            }
            catch (AgeException e) //进行异常捕获处理
            {
                System.out.println(e.toString());
            }
            try
            {
                p2.setAge(60);       //不会抛出AgeException自定义异常
                System.out.println("正确输出年龄为"+ p2.getAge());
            }
            catch (AgeException el)
            {
                System.out.println(el .toString());
            }
        }
    }
```

程序运行结果如图4.47所示。

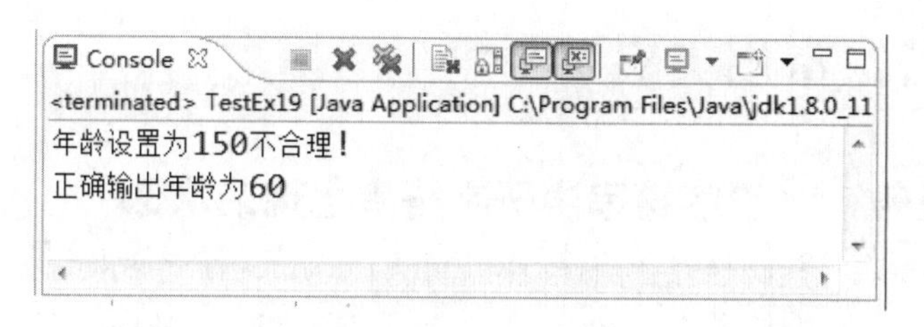

图4.47　自定义异常类使用

任务实施

4.10 任务1 反射机制应用

4.10.1 子任务1 Class类常用操作测试

目标：完成本章4.1节和4.2节中的所有程序。

时间：20分钟。

工具：Eclipse。

4.10.2 子任务2 方法结构获取

目标：完成本章4.3节中的所有程序。

时间：30分钟。

工具：Eclipse。

4.10.3 子任务3 动态创建对象、修改属性和动态调用方法

目标：完成本章4.4节中的所有程序。

时间：40分钟。

工具：Eclipse。

4.10.4 子任务4 动态数组实现不定员班级信息管理

目标：完成本章4.5节中的所有程序。

时间：30分钟。

工具：Eclipse。

4.11 任务2 常用类应用

4.11.1 子任务1 计算字符串中子字符串出现的次数

目标： 计算字符串中子字符串出现的次数，让用户分别输入字符串和子字符串，输出子字符串出现的次数，程序运行结果如图4.48所示。

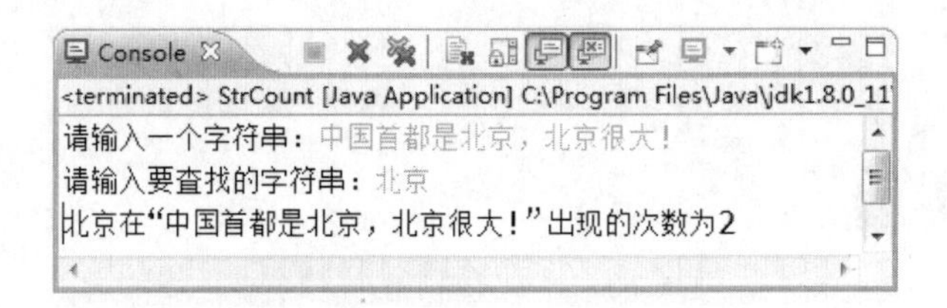

图4.48 统计子字符串出现的次数

时间： 10分钟。

工具： Eclipse。

参考答案：

```
import java.util.Scanner;
public class StrCount
{
    public static void main(String[] args)
    {
            int count=0; //用于计数的变量
            int start=0; //标识从哪个位置开始查找
            Scanner input=new Scanner(System.in);
            System.out.print("请输入一个字符串: ");
            String str=input.next();
            System.out.print("请输入要查找的字符串: ");
            String str1=input.next();
            while(str.indexOf(str1,start)>=0&&start<str.length())
            {
                count++;
                //找到子字符串后，查找位置移动到找到的这个字
                符串之后开始
                start=str.indexOf(str1,start)+str1.length();
        }
        System.out.println(str1+"在“"+str+"”出现的次数为"+count);
```

```
    }
}
```

4.11.2 子任务2 完成Java工程师注册的功能

目标：完成Java工程师注册的功能，具体需求如下，程序运行结果如图4.49所示。

（1）用户名长度不能小于6。

（2）密码长度不能小于8。

（3）两次输入的密码必须一致。

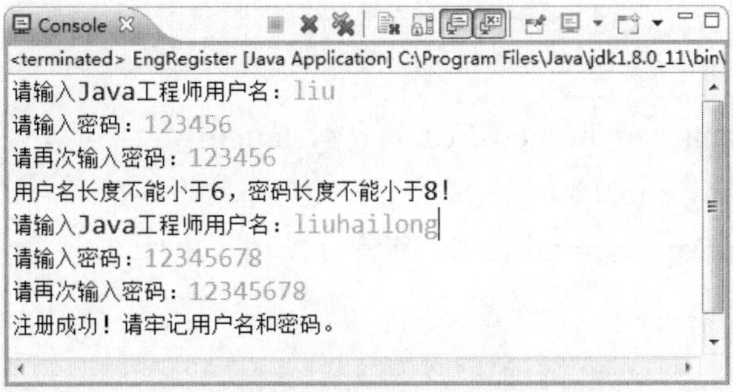

```
Console
<terminated> EngRegister [Java Application] C:\Program Files\Java\jdk1.8.0_11\bin\
请输入Java工程师用户名：liu
请输入密码：123456
请再次输入密码：123456
用户名长度不能小于6，密码长度不能小于8!
请输入Java工程师用户名：liuhailong
请输入密码：12345678
请再次输入密码：12345678
注册成功！请牢记用户名和密码。
```

图4.49 Java工程师注册功能的实现

时间：15分钟。

工具：Eclipse。

参考答案：

```
import java.util.Scanner;
public class EngRegister
{
    //使用verify方法对用户名、密码进行验证，返回是否成功
    public static boolean verify(String name,String pwd1,String pwd2)
    {
        boolean flag=false;//标识是否成功
        if(name.length()<6||pwd1.length()<8)
        {
            System.out.println("用户名长度不能小于6，密码长度不
能小于8！");
        }
        else if(!pwd1.equals(pwd2))
```

```
        {
            System.out.println("两次输入的密码不相同！");
        }
        else
        {
            System.out.println("注册成功！请牢记用户名和密码。");
            flag=true;
        }
        return flag;
    }
    public static void main(String[] args)
    {
        Scanner input=new Scanner(System.in);
        String engName,p1,p2;
        boolean resp=false;//标识是否成功
        do
        {
            System.out.print("请输入Java工程师用户名: ");
            engName=input.next();
            System.out.print("请输入密码: ");
            p1=input.next();
            System.out.print("请再次输入密码: ");
            p2=input.next();
            //调用verify方法对用户名、密码进行验证，返回是否成功
            resp=verify(engName,p1,p2);
        }
        while(!resp);
    }
}
```

4.11.3 子任务3 字符串分割

目标：定义字符串“九寨沟、昆明、三亚、黄山”，使用split方法分别输出“我想去九寨沟”“我想去昆明”……如图4.50所示。

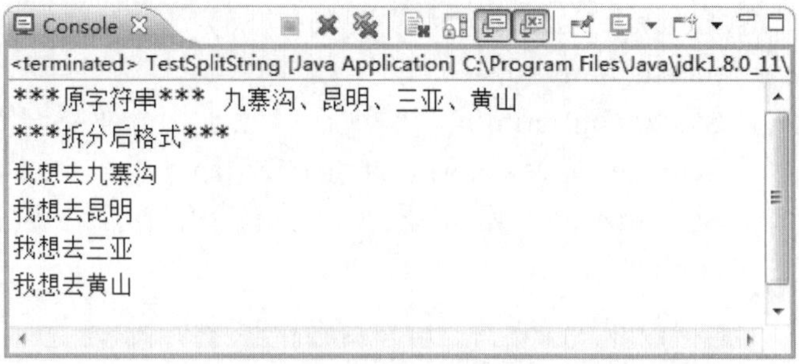

```
Console
<terminated> TestSplitString [Java Application] C:\Program Files\Java\jdk1.8.0_11\
***原字符串***  九寨沟、昆明、三亚、黄山
***拆分后格式***
我想去九寨沟
我想去昆明
我想去三亚
我想去黄山
```

图4.50　使用split方法拆分字符串

时间： 10分钟。

工具： Eclipse。

4.11.4　子任务4　使用Java API查找String类的方法并使用

目标： 使用Java API文档查找String字符串类的方法，并使用找到的方法。

（1）判断一个字符串是否为空的方法。

（2）将字符串转换为一个新的字符数组。

（3）按字典顺序比较两个字符串。

时间： 15分钟。

工具： Java API文档、Eclipse。

4.12　任务3　异常类应用

4.12.1　子任务1　根据现有程序添加合适的异常处理代码

目标：

（1）运行下面的程序代码，输入苹果数为10，孩子数为a，程序运行结果如图4.51所示，程序抛出异常并退出；

（2）增加异常处理代码，使程序能捕获该异常，不至于程序抛出异常后直接退出。

```
import java.util.Scanner;
public class TestEx14
{
    public static void main(String[] args)
    {
        try
        {
```

```
            int appleNum = 0;  //苹果数
            int stuNum = 0;     //学生数
            System.out.println("***现在给孩子们分苹果***");
            Scanner input = new Scanner(System.in);
            System.out.print("请输入桌子上有几个苹果: ");
            appleNum = input.nextInt();
            System.out.print("请输入班上有几个孩子: ");
            stuNum = input.nextInt();
            System.out.println("班上每个孩子分得多少苹果："+
appleNum/stuNum);
            System.out.println("孩子们非常开心！");
        }
        catch(ArrayIndexOutOfBoundsException e)
        {
            System.out.println("数组下标越界，请修改程序！");
        }
        System.out.println("程序执行完毕！");
    }
}
```

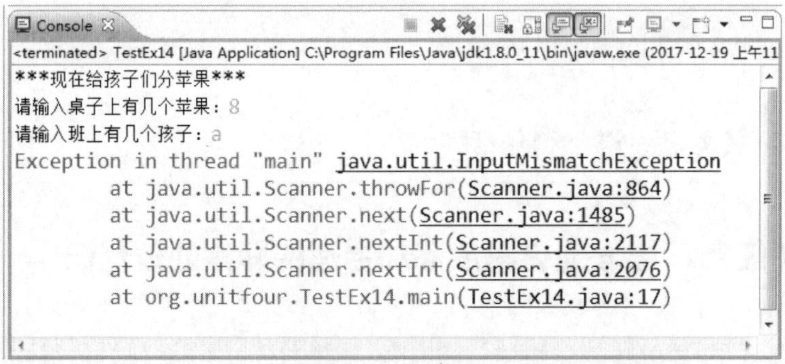

```
Console
<terminated> TestEx14 [Java Application] C:\Program Files\Java\jdk1.8.0_11\bin\javaw.exe (2017-12-19 上午11
***现在给孩子们分苹果***
请输入桌子上有几个苹果：8
请输入班上有几个孩子：a
Exception in thread "main" java.util.InputMismatchException
	at java.util.Scanner.throwFor(Scanner.java:864)
	at java.util.Scanner.next(Scanner.java:1485)
	at java.util.Scanner.nextInt(Scanner.java:2117)
	at java.util.Scanner.nextInt(Scanner.java:2076)
	at org.unitfour.TestEx14.main(TestEx14.java:17)
```

图4.51 获取输入与期望类型不匹配

时间：20分钟。

工具：Eclipse。

4.12.2 子任务2 手工抛出一个算数异常

目标：参考本章4.9.4节程序手工抛出一个算术异常。

时间：20分钟。

工具：Eclipse。

拓展训练

完成提交论文的功能

目标：完成提交论文的功能，具体需求如下，程序运行结果如图4.52、图4.53和图4.54所示。

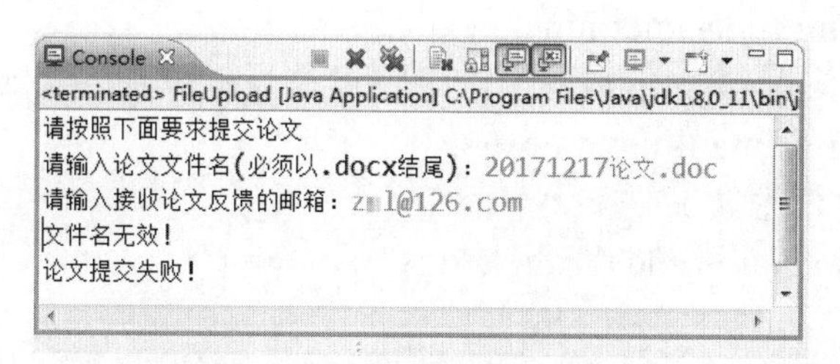

图4.52　检查文件名和邮箱一

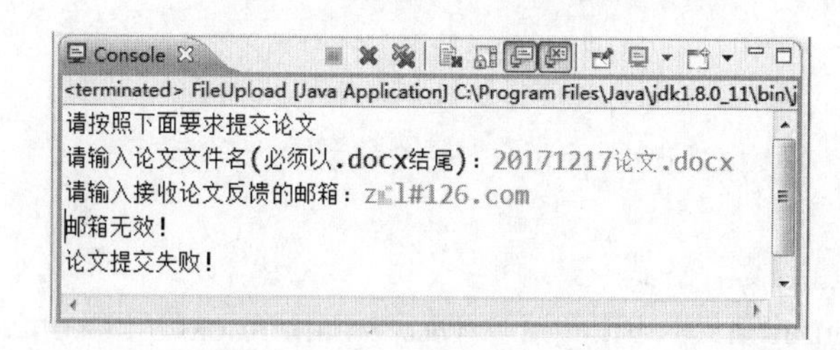

图4.53　检查文件名和邮箱二

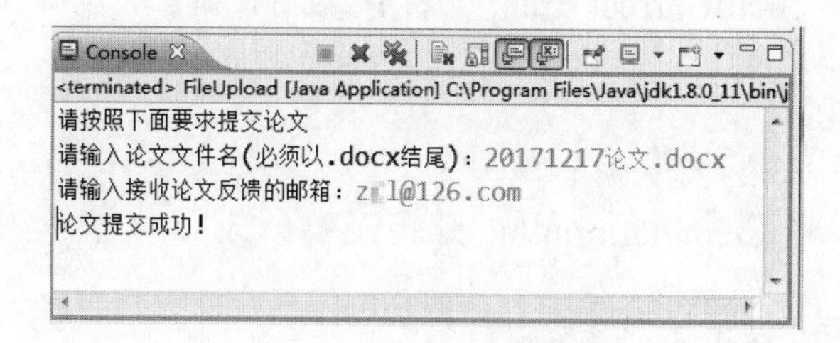

图4.54　检查文件名和邮箱三

（1）需要检查论文文件名，文件名必须以.docx结尾。

（2）需要检查接收论文反馈的邮箱，邮箱必须含“@”和“.”，且“.”在“@”之后。

时间：15分钟。

工具：Eclipse。

参考答案：

```
import java.util.Scanner;
public class FileUpload
```

```
{
    public static void main(String[] args){
        boolean fileCorrect=false; //标识论文文件名是否正确
        boolean emailCorrect=false; //标识邮箱是否正确
        System.out.println("请按照下面要求提交论文");
        Scanner input=new Scanner(System.in);
        System.out.print("请输入论文文件名（必须以.docx结尾）: ");
        String fileName=input.next();
        System.out.print("请输入接收论文反馈的邮箱: ");
        String email=input.next();
        //检查论文文件名
        if(fileName.endsWith(".docx"))
        {
            fileCorrect=true; //标识论文文件名正确
        }
        else
        {
            System.out.println("文件名无效！");
        }
        //检查邮箱格式
        if(email.indexOf('@')!=-1&&email.indexO('.')> email.
indexOf('@')){
            emailCorrect=true; //标识邮箱正确
        }
        else
        {
            System.out.println("邮箱无效！");
        }
        //输出结果
        if(fileCorrect&&emailCorrect)
        {
            System.out.println("论文提交成功！");
        }
        else
        {
            System.out.println("论文提交失败！");
        }
    }
}
```

综合训练

1. 下列关于Class类getDedaredFields()和getFields()两种方法的区别，描述错误的是（ ）。（选择一项）

A getDeclaredFields()方法返回一个包含Field对象的数组，存放该类或接口的所有属性（不含继承的属性）。

B getFields()方法返回一个包含Field对象的数组，存放该类或接口的所有可访问公共属性（含继承的公共属性）。

C getFields()方法返回一个包含Field对象的数组，存放该类或接口的所有可访问公共属性（含继承的公共属性，不含该类私有的属性）。

D getDedaredFields()方法返回一个包含Field对象的数组，存放该类或接口的属性（不含该类私有的属性）。

2. 下列String字符串类的（ ）方法实现了“将一个字符串按照指定的分隔符分隔，返回分隔后的字符串数组”的功能。（选择一项）

A substring（...）

B split（...）

C valueOf（...）

D replace（...）

3. 下列哪个异常表示向方法传递了一个不合法或不正确的参数。（选择一项）

A IllegalAccessException

B IllegalArgumentException

C ClassCastException

D InputMismatchException

4. 请介绍获取Class类有哪几种方法。

5. 请描述使用反射机制创建对象有哪两种方法。

6. 请简要介绍Java如何实现动态数组的功能。

7. 使用String类的split方法，用“，”对字符串“，Mary，F，1976”（第一个字符是“，”）和“，Mary，F，1976”（第一个字符是空格，第二个字符是“，”）进行分隔，得到的字符串数组的结果分别是什么?

8. String是基本数据类型吗？String类可以继承吗?

9. 请描述“==”和“equals”的区别。

10. 请描述String和StringBuffer的区别。

11. 请描述运行时异常和检查时异常的区别。

12. 请描述Java异常处理中try、catch、finally、throw、throws这些关键字的作用。

13. 多个catch语句捕获异常时，如果这些异常之间存在继承关系，则需要注意什么?

14. 请描述编程过程中的常见异常。

15. 请描述什么是Java反射机制。

第5章 数据结构应用

学习目标

- 了解数据的逻辑结构和物理结构。
- 理解常用查找算法。
- 理解常用排序算法。

任务引导

也许有读者看到本章名称时会有疑问，用Java进行程序开发，为什么还要学数据结构呢？客观地说，如果只是从事一些系统上层功能的开发，学习数据结构的用处可能不大，因为Java已经提供了一些类，封装了常用的数据结构。但如果要从事一些底层的开发，或者是一些系统性能的开发，学习数据结构的作用就会非常明显。作为一个Java工程师，要想在软件设计、开发领域能有发展，学好数据结构是必需的。

相关知识

5.1 数据逻辑结构

数据结构可以分为逻辑结构和存储结构。逻辑结构还可以分为如下4类。

- 集合：数据元素间没有任何关系。
- 线性结构：数据元素间有线性关系，所谓线性关系是指除第一个元素外，其他元素有且只有一个前驱，除最后一个元素外，其他元素有且只有一个后继。
- 树结构：数据元素间有层状关系。
- 图结构：数据元素间有网状关系。

集合在程序开发中使用得非常广泛，本书将在第6章详细介绍，本章仅介绍后面3种逻辑结构，其中重点介绍线性结构。

5.1.1 数据基本概念

在介绍数据的逻辑结构之前，先了解一下有关数据的基本概念。

• 数据

在计算机系统中，各种字母和数字符号的组合、语音、图形、图像等统称为数据。数据又指所有能输入到计算机并被计算机程序处理的符号的总称，是用于输入计算机进行处理，具有一定意义的数字、字母、符号和模拟量等的通称。

数据按性质进行分类，可以分为如下4种。

（1）定位的，如GPS系统定位的经纬度数据。

（2）定性的，如表示事物本性的数据（桥梁、沙漠、火车、飞机等）。

（3）定量的，如反映事物数量特征的数据（长度、面积、体积等几何量或重量、速度等物理量）。

（4）定时的，反映事物时间特性的数据（年、月、日、时、分、秒等）。

• 数据元素

数据元素是数据的基本单位，在计算机程序中通常作为一个整体进行考虑和处理。有时，一个数据元素可由若干个数据项组成，例如，一本书的书目信息为一个数据元素，而书目信息的每一项（如书名、作者名等）为一个数据项。

数据项是具有独立含义的最小单位，是数据元的一个具体值，是数据记录中最基本的、不可分的有名数据单位之一。

5.1.2 线性结构

线性结构是*N*个数据元素的有序集合，这个集合中必存在第一个元素和最后一个元素，除第一个元素外，其他元素都有唯一的前一个元素，除最后一个元素外，其他元素都有唯一的下一个元素。之前介绍的数组就是一个典型的线性结构，常用的线性结构有线性表、栈和队列等。

例如有一张学生信息表，表里包括序号、姓名、性别和出生日期等信息，如表5.1所示。其中一行表示一条数据记录，即表示某个学生的信息，一列代表一个属性，表示该记录中某一方面的属性。每个学生按序号有先后次序，学生之间形成一种线性关系，这种数据结构称为线性关系。

对线性结构的主要操作有查找线性结构中某个信息、修改线性结构中某个信息、在固定的位置插入或删除相应的信息等，即查询、插入、删除、修改等相关操作。

表5.1 线性结构——学生信息表

序号	姓名	性别	出生日期	所学专业	学历	毕业学校
1	苏玮	女	1978/8/23	会计	大学专科	中央财经大学
2	杨燕	女	1982/2/9	会计	大学本科	河南科技大学
3	曹晨	女	1981/2/22	其他	大学本科	河南财经政法大学
4	社文文	男	1983/5/14	其他	大学专科	唐山学院
5	王双	女	1983/8/30	会计	大学专科	济南大学
6	王凤侠	女	1983/5/18	其他	大学专科	内蒙古民族大学

5.1.3 树结构

树结构是一种重要的非线性数据结构，它是数据元素（在树中称为节点）按分支关系组织起来的结构，像自然界中的树那样。除根节点外，每个节点都有唯一的父节点，除叶子节点（没有子节点的节点）外，每个节点允许有若干个子节点。

树结构是用来表示层次关系的逻辑结构。树结构在客观世界中广泛存在，例如公司的组织结构图就是一种典型的树结构。树在计算机领域中也得到了广泛应用，操作系统中文件系统的组织形式就是树结构。

一棵树是由*N*个元素组成的有限集合，其中每个元素都称为节点（Node）。有一个特定的节点，称为根节点，除根节点外，其余节点被分成若干个互不相交的有限集合，而每个子集都又是一棵树，称为原树的子树。

操作系统中文件系统（以C盘为例）的目录结构如图5.1所示，C盘根目录下有4个子目录（USER、WINDOWS、DOWNLOAD、WMPUB），每个子目录下面又设有两个子目录，它们之间形成了一种层次关系，这就是一种树结构（也称为层次结构），每个目录都是该树结构中的节点，节点之间形成了一对多的关系。

对树结构可以进行的操作主要有查找节点、节点信息的修改、节点的插入和删除等。

树结构的基本概念包括以下几点。

• 度：也即是宽度，简单地说，就是节点的分支数。以组成该树各节点中最大的度作为该树的度。树中度为0的节点称为叶节点，树中度不为0的节点称为分支节点，除根节点外的分支节点统称为内部节点。

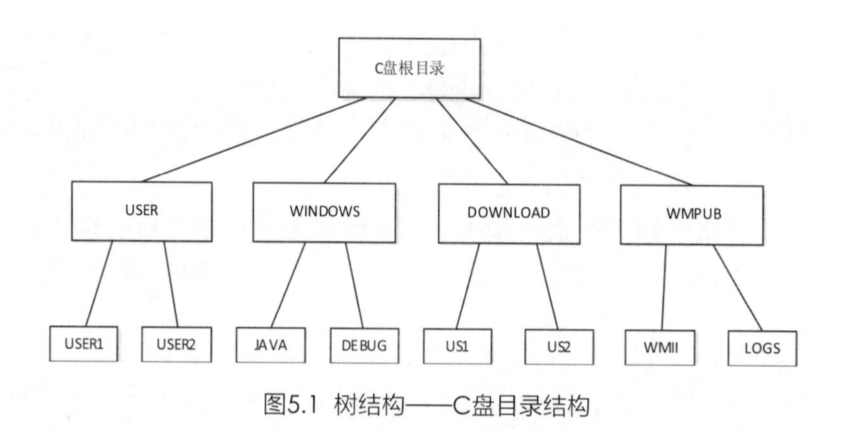

图5.1　树结构——C盘目录结构

- 层次：根节点的层次为1，其他节点的层次等于它的父节点的层次数加1。
- 深度：组成该树各节点的最大层次。
- 路径：对于一棵树中的任意两个不同的节点，从一个节点出发，沿着一个个树枝到达另一节点，它们之间存在着一条路径。可以用路径所经过的节点序列表示路径，路径的长度等于路径上的节点个数减1。
- 森林：指若干棵互不相交的树的集合。

5.1.4 图结构

图结构是一种复杂的数据结构，数据元素间的关系是任意的。其他数据结构（如树结构、线性结构等）的数据元素之间都有明确的条件限制，而图结构中任意两个数据元素间均可相关联。

来看一个著名的案例——哥尼斯堡七桥问题。在18世纪的东普鲁士的哥尼斯堡城，有条横贯全城的普雷格尔河和两个岛屿，在河的两岸与岛屿之间架设了7座桥，把它们连接起来，如图5.2所示。将图5.2所示的问题抽象成一个数学问题，就形成一个图5.3所示的图结构。

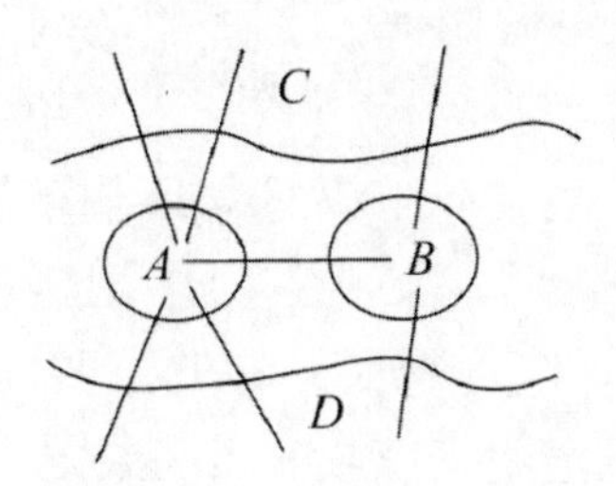

图5.2　哥尼斯堡七桥问题

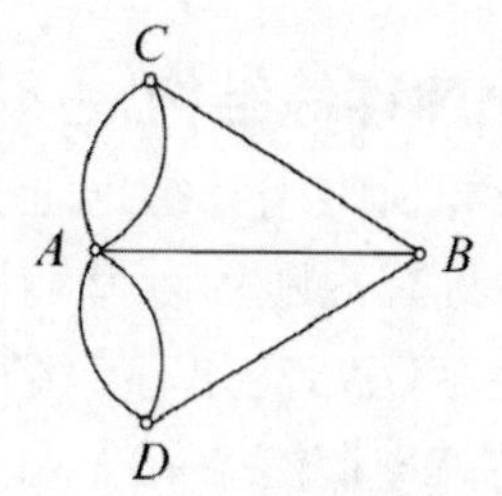

图5.3　树结构——哥尼斯堡七桥问题

由图5.3可以看出，A、B、C、D这4个节点之间都可以产生联系，即多对多的关系，这就是数据结构中的图结构（也称为网状结构）。

对图结构中可以进行的操作有检索顶点，查找某顶点到其他顶点之间的路径，求最短距离，求关键路径等。

总结一下，根据数据结构中相关元素之间的不同关系，可以将数据结构分为集合结构、线性结构、树结构和图结构，四者之间的差异如图5.4所示。

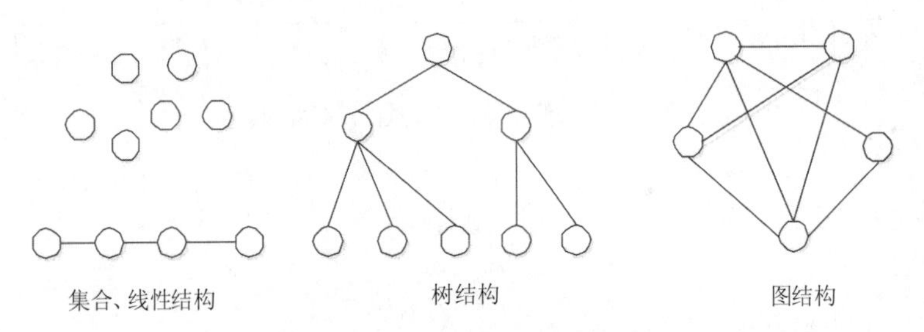

图5.4 4种数据逻辑结构示意图

5.2 数据存储结构

数据的存储结构是指数据的逻辑结构在计算机中的表示，即在计算机中如何进行物理存储。数据存储结构通常分为两类：顺序存储结构和链式存储结构。

顺序存储结构是把逻辑上相邻的节点存储在物理位置相邻的存储单元里，节点间的逻辑关系由存储单元的邻接关系来体现，由此得到的存储表示称为顺序存储结构。顺序存储结构是最基本的存储表示方法之一，通常借助于程序设计语言中的数组来实现。

链式存储结构不要求逻辑上相邻的节点在物理位置上也相邻，节点间的逻辑关系是由附加的指针字段表示的，由此得到的存储表示称为链式存储结构。链式存储结构通常借助于程序设计语言中的指针/引用类型来实现。

5.2.1 顺序存储结构

在计算机中用一组地址连续的存储单元，依次存储数据逻辑结构的各个数据元素，称其为顺序存储结构。

顺序存储结构是存储结构类型中的一种。顺序存储结构的主要优点有两个，一是节省存储空间，因为分配的存储单元全用来存放节点的数据，节点之间的逻辑关系没有占用额外的存储空间；二是增加了访问速度，因为采用这种方式，可实现对节点的随机存取，即每一个节点对应一个序号，由该序号可以直接计算出节点的存储地址。

顺序存储结构的主要缺点是插入、删除元素时速度较慢。因为对节点进行插入、删除操作时，需要向后或向前移动一系列的节点，比较消耗系统资源。顺序存储结构如图5.5所示。

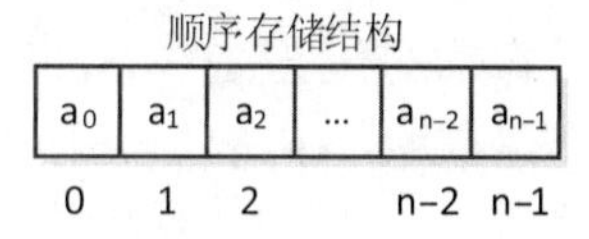

图5.5 顺序存储结构示意图

5.2.2 链式存储结构

链式存储结构是在计算机中，用一组任意的存储单元，存储数据逻辑结构的数据元素。链式存储结构不要求逻辑上相邻的元素在物理位置上也相邻，而是通过指针来实现数据逻辑结构数据元素之间的相邻关系。可以说，链式存储结构和顺序存储结构的优缺点正好相反，下面是对链式存储结构特点的总结。

（1）链式存储结构每个节点是由数据域和指针域组成的。

（2）链式存储结构比顺序存储结构空间占用大，因为每个节点都由数据域和指针域组成，所以相同空间内假设全存满的话，顺序存储结构比链式存储结构存储的数据更多。

（3）链式存储结构插入、删除灵活，不必移动节点，只要改变节点中的指针即可。

（4）链式存储结构查找节点时要比顺序存储结构速度慢，因为要通过指针逐个查找。

链式存储结构如图5.6所示。

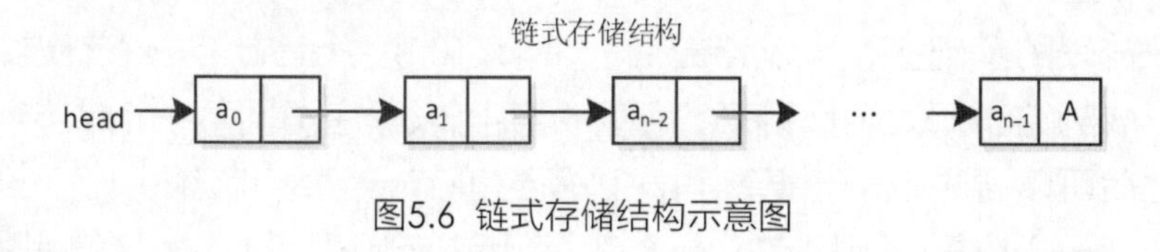

图5.6 链式存储结构示意图

5.3 线性结构

前面在介绍线性结构的时候已经提到，常用的线性结构有线性表、栈和队列等。本节将会简要介绍线性表、栈和队列的概念，并且采用面向接口编程的方式，使用Java确定这些逻辑结构的基本操作接口。

5.3.1 线性表的存储结构

线性表的结构特点主要表现在两个方面：一是均匀性，虽然不同数据表的数据元素可以是各式各样的，但对于同一线性表的各数据元素必定具有相同的数据类型和长度；二是有序性，各数据元素在线性表中按序排列，数据元素之间的相对位置是线性的，即存在唯一的“第一个”和“最后一个”数据元素，除了第一个和最后一个外，其他元素前面均只有一个数据元素（直接前驱）且后面均只有一个数据元素（直接后继）。

在实现线性表数据元素的存储方面，一般可用顺序存储结构和链式存储结构两种方法。栈、队列是线性表的特殊情况，是受限的线性结构，只是在数据结构的操作上有区别，在存储结构方面和线性表一样。

线性表的顺序存储结构如图5.7所示。

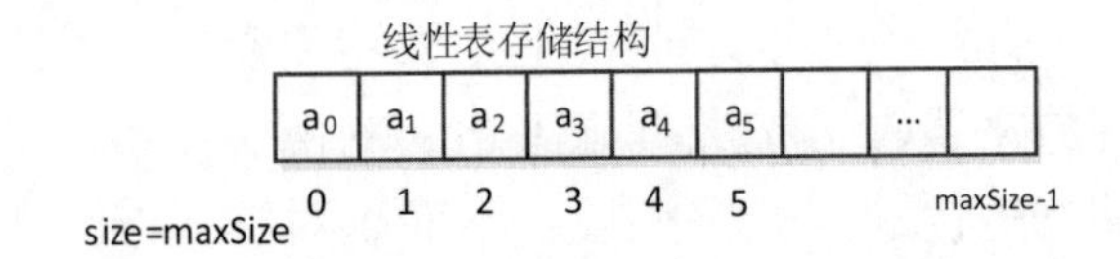

图5.7 线性表的顺序存储结构

线性表的链式存储有3种形式：单链表、循环链表和双向链表。

- 单链表

在单链表中，每个节点都包含指向下一个节点的指针，最后一个节点的指针为空，以标志是最后一个节点。之所以叫单链表是因为每个节点只存在一个节点指针，因此只能依次顺序访问下一个节点，访问完某节点之后再想往回查找是不可以的。为了记住单链表的第一个位置，可以定义一个头指针。单链表的链式存储结构如图5.6所示。

- 循环链表

在单链表的基础上，可以让最后一个节点的指针指向第一个节点，这样循环起来形成的链表即为循环链表。循环列表可以顺序访问下一个节点，访问完某节点之后可以通过下一个循环再次访问到该节点。为了记住单链表的第一个位置和最后一个位置，可以定义一个头指针和一个尾指针。循环链表的链式存储结构如图5.8所示。

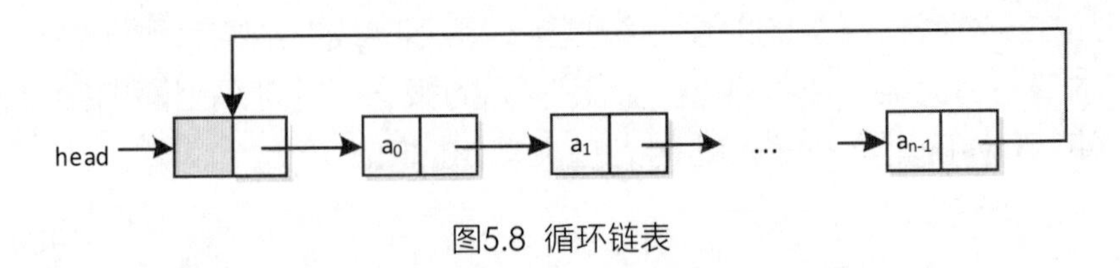

图5.8 循环链表

- 双向链表

双向链表比单链表多出了一个节点指针，用来指向前一个节点的数据，这样做的好处是避免了寻找前面节点时发生的不便之举。双向链表的链式存储结构如图5.9所示。

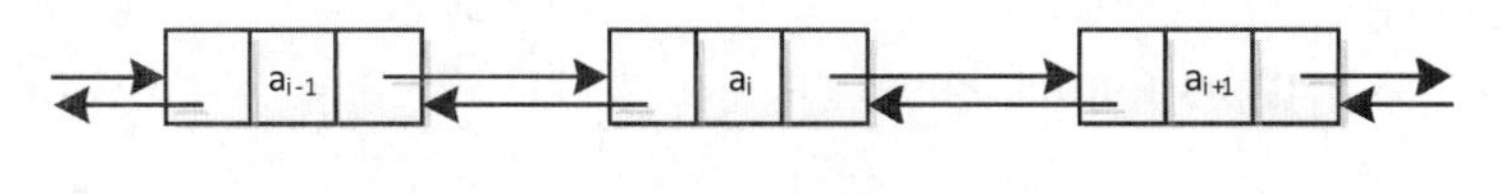

图5.9 双向链表

5.3.2 线性表

在对线性结构的分析中，可以得到这样的结论：对线性结构的主要操作有查找线性结构中某个信息、修改线性结构中某个信息、在固定的位置插入或删除相应的信息等，即查询、修改、插入、删除等相关操作。接下来以面向接口编程的方式，定义一个线性表接口，该接口具有如下基本操作。

（1）插入数据元素。

（2）删除数据元素。

（3）替换数据元素。

（4）获取数据元素。

（5）获取线性表中数据元素个数。

（6）判断线性表是否为空。

下面是线性表接口的代码。

```
public interface List
{
    //在指定下标位置插入数据元素
    public void insert(int i, Object obj) throws Exception;
    //删除指定下标位置的数据元素
    public Object delete(int i) throws Exception;
    //替换指定下标位置的数据元素
    public void update(int i, Object obj) throws Exception;
    //获取指定下标位置的数据元素
    public Object getData(int i) throws Exception;
    //获取线性表数据元素个数
    public int size();
    //判断线性表是否为空
    public boolean isEmpty();
}
```

接下来用顺序存储结构的数组，来存储线性表的逻辑结构，同时实现上面定义的List接口。请认真阅读该段代码，细节部分已通过注释加以描述，具体代码如下所示。

```
public class SeqList implements List
{
    final int defaultSize = 10;     //默认线性表长度
    int maxSize; //线性表长度
    int size;        //线性表中现有元素个数
    Object[] listArray;    //用对象数组存储线性表
    //无参构造方法
    SeqList()
    {
        initiate(defaultSize);
    }
    //带线性表长度的构造方法
    SeqList(int size)
    {
        initiate(size);
    }
    //初始化方法，设置线性表长度、现有元素个数和初始化对象数
    组(用线性表长度)
    public void initiate(int sz){
        maxSize = sz;
        size = 0;
        listArray = new Object[sz];
    }
    //实现在指定下标位置插入数据元素
    public void insert(int i,Object obj)throws Exception
    {
        if (size = maxSize)
        {
            throw new Exception("线性表已满，无法插入！");
        }
        //只允许在现有线性表数据元素之前或之后插入，不允许
        隔着一个空位置插入数据元素
        if(i>size)
```

```
        {
            throw new Exception("插入下标位置错误！");
        }
        //将插入位置后的数据元素全部后移
        for(intj = size;j>i;j--)
        {
            listArray[j] = listArray[j-l];
        }
        //插入数据元素，并增加线性表中现有元素个数
        listArray [i] = obj;
        size++;
    }
    //实现删除指定下标位置的数据元素
    public Object delete(int i) throws Exception
    {
        if(size = 0)
        {
            throw new Exception("线性表已空，无法删除！");
        }
        if (i > size-l)
        {
            throw new Exception("删除下标位置错误！");
        }
        //获得被删除的数据元素
        Object it = listArray[i];
        //将删除位置后的数据元素全部前移
        for(int j =i; j < size-1; j++)
        {
            listArray[j] = listArray[j+l];
        }
        //返回被删除数据元素，并减少线性表中现有元素个数
        size--;
        return it;
    }
    //实现替换指定下标位置的数据元素
    public void update(int i, Object obj) throws Exception
```

```
        {
            if(size = 0)
            {
                throw new Exception("线性表已空，无法替换！");
            }
            if(i>size-l)
            {
                throw new Exception("替换下标位置错误！");
            }
            //替换指定下标的数据元素
            listArray[p] = obj;
        }
        //实现获取指定下标位置的数据元素
        public Object getData(int i) throws Exception
        {
            if{size = 0)
            {
                throw new Exception("线性表已空，无法获取！");
            }
            if(i >= size)
            {
                throw new Exception("获得下标位置错误！");
            }
            return listArray[i];
        }
        //实现获取线性表数据元素个数
        public int size()
        {
            return size;
        }
        //实现判断线性表是否为空
        public boolean isEmpty()
        {
            return size = 0;
        }
    }
```

上述代码中，关于插入位置i和线性表中现有元素个数size的比较非常细致，也正确体现了线性表的特性，需要认真理解。例如在实现在指定下标位置插入数据元素的代码中，if(i>size){...}这行判断语句，可以理解为如果线性表中现有3个数据元素，即size值为3，则只允许在下标为0、1、2、3这4个位置（其中下标为3的这个位置是第一个空着的位置）插入数据元素，不允许让下标为3的位置空着，在下标大于3的位置插入数据元素。

5.3.3 栈

栈作为一种数据结构，是一种只能在一端进行插入或删除操作的特殊线性表。它按照后进先出的原则存储数据，先进入的数据被压入栈底，最后进入的数据在栈顶，需要读取数据的时候是从栈顶开始弹出数据（最后一个进入的数据被第一个读出来）。

仍然以面向接口编程的方式，定义一个栈接口，该接口具有如下基本操作。

（1）把数据元素压入栈——进栈。

（2）获取并删除栈顶数据元素——退栈。

（3）获取但不删除栈顶数据元素。

（4）判断栈是否为空。

下面是栈接口的代码。

```
public interface Stack
{
        //把数据元素压入栈——进栈
        public void push(Object obj) throws Exception;
        //获取并删除栈顶数据元素——退栈
        public Object pop() throws Exception;
        //获取但不删除栈顶数据元素
        public Object getTop() throws Exception;
        //判断栈是否为空
        public boolean notEmpty();
}
```

接下来仍然用顺序存储结构的数组来存储栈的逻辑结构，同时实现上面定义的Stack接口，具体代码如下所示。

```
public class SeqStack implements Stack
{
      final int defaultSize = 10;
```

```
int top;//标记栈内元素个数，即栈顶元素
Object[] stack;
int maxStackSize;
public SeqStack()
{
    initiate(defaultSize);
}
public SeqStack(int sz)
{
    initiate(sz);
}
private void initiate(int sz)
{
    maxStackSize = sz;
    top = 0;
    stack = new Object[sz];
}
//实现把数据元素压入栈——进栈
public void push(Object obj) throws Exception
{
    if(top == maxStackSize)
    {
        throw new Exception("堆栈已满！");
    }
    //进栈，栈顶标记加1
    stack[top] = obj;
    top++;
}
//实现获取并删除栈顶数据元素——退栈
public Object pop() throws Exception
{
    if(top == 0)
    {
        throw new Exception("堆栈已空！");
    }
    //返回退栈数据元素，栈顶标记减1实现删除(实际并未删除)
```

```
            top--;
            return stack[top];
        }
        //实现获取但不删除栈顶数据元素
        public Object getTop() throws Exception
        {
            if(top == 0)
            {
                throw new Exception("堆栈已空！");
            }
            return stack[top -1];
        }
        //实现判断栈是否为空
        public boolean notEmpty(){
            return (top > 0);
        }
    }
```

该段代码比较简单，唯一需要注意的是在实现获取并删除栈顶数据元素——退栈的操作时，并没有真正删除该数据元素，而是通过top栈顶标记减1实现删除的。

接下来的程序演示了如何使用栈这样的数据结构，具体代码如下所示。

```
    public class TestSeqStack
    {
        public static void main(String[] args)
        {
            //创建一个空栈
            SeqStack myStack = new SeqStack();
            int test[] = {l,3, 5, 7, 9};
            int n = 5;
            try
            {
            //依次将这长度为5的整形数组里的数转换为Integer类型入栈
                for(int i = 0; i < n; i++)
                {
                    myStack.push(new Integer(test[i]));
                }
```

```
                //获取栈顶元素
                System.out.println("当前栈顶元素: "+ myStack.getTop());
                System.out.println("元素出栈序列: ");
                while(myStack.notEmpty())          //判断栈是否为空
                {
                    System.out.println(myStack.pop());   //逐个出栈
                }
            }
            catch(Exception e)
            {
                System.out.println(e.getMessage());
            }
        }
    }
```

编译、运行程序，程序运行结果如图5.10所示。

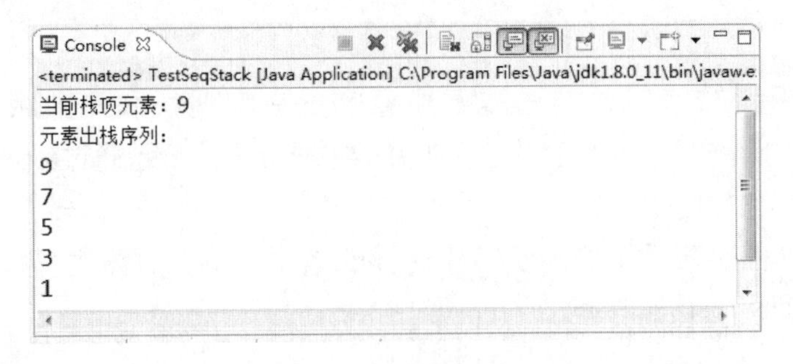

图5.10 栈结构的使用

5.3.4 队列

队列也是一种特殊的线性结构，它只允许在该结构的前端进行删除操作，在后端进行插入操作。进行删除操作的端称为队头，进行插入操作的端称为队尾。队列中没有元素时，称为空队列。

在队列这种数据结构中，最先插入的元素将是最先被删除的元素，反之最后插入的元素将是最后被删除的元素，因此队列又称为“先进先出”的线性结构。

接下来定义一个队列接口，该接口具有如下基本操作。

（1）把数据元素插入队列尾部——入队。

（2）获取并删除队列头部数据元素——出队。

（3）获取但不删除队列头部数据元素。

（4）判断队列是否为空。

下面是队列接口的代码。

```
public interface Queue
{
    //把数据元素插入队列尾部——入队
    public void EnQueue(Object obj) throws Exception;
    //获取并删除队列头部数据元素——出队
    public Object DeQueue() throws Exception;
    //获取但不删除队列头部数据元素
    public Object QueueFront() throws Exception;
    //判断队列是否为空
    public boolean notEmpty();
}
```

关于如何使用数组来存储队列的逻辑结构，同时实现上面定义的Queue接口，这是留给读者的上机任务。

5.4 查找

所谓查找，就是在一组数据中判断元素是否存在，或返回元素及其位置。查找的场景分两类，一类是在无序表中进行查找，另一类是在有序表中进行查找。

5.4.1 无序查找

无序查找就是顺序查找这组数据（无序数据组）中的每个元素，判断要查找的数据元素是否存在。具体查找代码如下所示，如果查找成功，则返回该元素在数据组中的位置，查找失败，则返回-1。

```
public class SeqSeach
{
    public static int seqSeach(int[] a, int elem)
    {
        int n = a.length;
        int i = 0;
        while(i < n && a[i] != elem)
        {
            i++;          //逐个比对，不相同则数组下标数加1
        }
```

```
        if (i == n)          //数组下标数等于数组长度，则表明没查到
        指定的数据元素
        {
            return-1;   //返回-1
        }
        else
        {
            return i+1; //返回数组下标数+1
        }
    }
    public static void mam(String[] args)
    {
        int[] test = {123,456,789,234,567,890,345,678,901,33};
        int elem = 234;
        int res = seqSeach(test, elem);
        if(res != -1)
        System.out.println("查找成功！该元素为第"+ res + "个元素");
        else
        System.out.println("查找失败！该元素在数据组中不存在");
    }
}
```

编译、运行上面的代码，程序运行结果如图5.11所示。

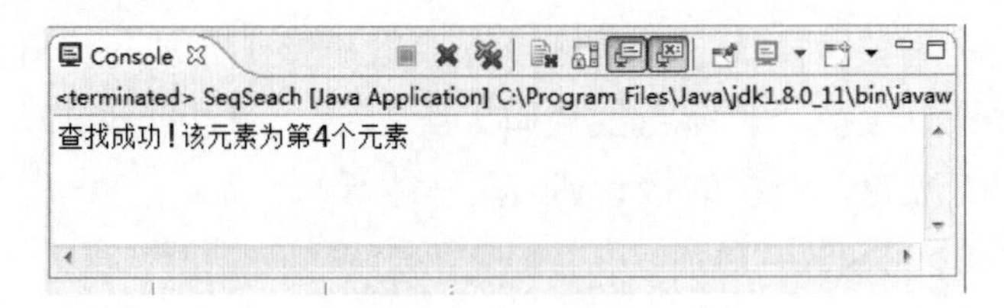

图5.11 无序查找

5.4.2 有序查找——二分查找

刚才是在一个无序的数据组中进行查找，使用了逐个比对的方法。假设现在需要在一个有序的数据组中进行查找，例如，上面案例的数组test在查找前已经进行了排序，在数组中按照升序进行了排列，其形式为{33, 123, 234, 345, 456, 567, 678, 789, 890, 901}，难道还用逐个比对的方法进行查找吗？答案是否定的。可以采用二分查找的方式进行查找，具体代码如下所示。

```
public class BiSeach
{
    public static int biSeach(int[] a, int elem)
    {
        int n = a.length;
        //定义低位下标、高位下标、中间位下标
        int low = 0,high = n-1,mid;
        //二分查找
        while(low <= high)
        {
            mid = (low + high)/2;
            if(a[mid]-elem)
            {
                return mid + 1;//返回数组下标数加1
            }
            else if(a[mid] < elem)
            {
                low = mid + 1;
            }
            else
            {
                high = mid-1;
            }
        }
        return-1;
    }
    public static void main(String[] args)
    {
        int[] test = {33,123,234,345,456,567,678,789,890,901};
        int elem = 234;
        int res = biSeach(test, elem);
        if(res !=-1)
        System.out.println("查找成功!该元素为第"+ res +"个元素");
        else System.out.println("查找失败!该元素在数据组中不存在");
    }
}
```

二分查找又称折半查找，优点是比较次数少，查找速度快，平均性能好，其缺点是要求待查数据结构为有序数据结构，且插入、删除困难。因此，二分查找适用于数据不经常变动而查找频繁的有序数据结构。

假设数据结构中元素是按升序排列的，将数据结构中间位置记录的数据与要查找数据进行比较，如果两者相等，则查找成功；否则利用中间位置记录将数据结构分成前、后两个子数据结构，如果中间位置记录的数据大于要查找数据，则进一步查找前一子数据结构，否则进一步查找后一子数据结构。重复以上过程，直到找到满足条件的数据，则查找成功，或直到子数据结构不存在为止，此时查找不成功。

5.5 排序

在第2章介绍数组时，已经介绍了两种排序算法，一种是冒泡排序，另一种是直接插入排序，现在先回顾一下冒泡排序和直接插入排序。

- 冒泡排序

冒泡排序就是依次比较相邻的两个数，将小数放在前面，大数放在后面。

第一轮：首先比较第1个和第2个数，将小数放前，大数放后。然后比较第2个数和第3个数，将小数放前，大数放后，依次类推，直至比较最后两个数，将小数放前，大数放后。至此第一轮结束，将最大的数放到了最后。

第二轮：仍从第一对数开始比较，将小数放前，大数放后，一直比较到倒数第二个数（倒数第一的位置上已经是最大的数），第二轮结束，在倒数第二的位置上得到一个新的最大数（其实在整个数列中是第二大的数）。

第三轮：……

按此规律操作，直至最终完成排序。由于在排序过程中总是小数往前放，大数往后放，类似于气泡往上升，所以称作冒泡排序。

- 直接插入排序

直接插入排序存在两个表，一个是有序表，一个是无序表。每次从无序表中取出第一个元素，把它插入到有序表的合适位置，使有序表仍然有序。

第一轮：比较前两个数，然后按顺序插入到有序表中，剩下的数仍在无序表中。

第二轮：把无序表中剩下的第一个数据与有序表的有序数列进行比较，然后把这个数插入到合适位置。

第三轮：……

按此规律操作，直至无序表中的数全部插入到有序表，完成排序。

接下来，介绍另两种排序算法，一种是选择排序，另一种是快速排序。

5.5.1 选择排序

选择排序是常用的一种排序方式，接下来以直接选择排序算法为例介绍选择排序。直接选择排序算法思路的核心是*N*（*N*为需要排列的元素个数）从1开始，每一轮从待排数列中选择第*N*小（或大）的数放到排序列表的第*N*个位置。

第一轮：从全部待排序数列中选出最小的数，然后与第1个位置的数进行交换。

每二轮：从第2个位置到最后一个位置中（待排序数列）选出最小的数，然后与第二个位置的数进行交换。

第三轮：……

按此规律操作，*N*−1轮以后，待排序数列就变成从小到大进行排序的数列了。

使用直接选择排序算法进行排序，具体代码如下所示。

```
public class TestSelect
{
    public static void main(String[] args)
    {
        int[] array = {65,34,74,24,89,1,58};
        System.out.println("排序前的数组：");
        for (int i = 0; i < array.length; i++)
        {
            System.out.print(array[i]+" ");
        }
        System.out.println();
        selectSort(array);//使用直接选择排序
        System.out.println("排序后的数组：");
        for (int i = 0; i < array.length; i++)
        {
            System.out.print(array[i]+ " ");
        }
        System.out.println();
    }
    //直接选择排序
    public static void selectSort(int[] a)
    {
        for(int i = 0; i < a.length−1;i++)
        {
```

```
                int k = i;
                //选择待排序数列中最小数的下标
                for(int j = i;j < a.length; j++)
                {
                    if(a[k]>a[j])
                    {
                    k=j;
                    }
                }
                if(k!=i)
                {
                    int temp = a[i];
                    a[i]=a[k];
                    a[k] = temp;
                }
            }
        }
    }
```

编译、运行程序，运行结果如图5.12所示。

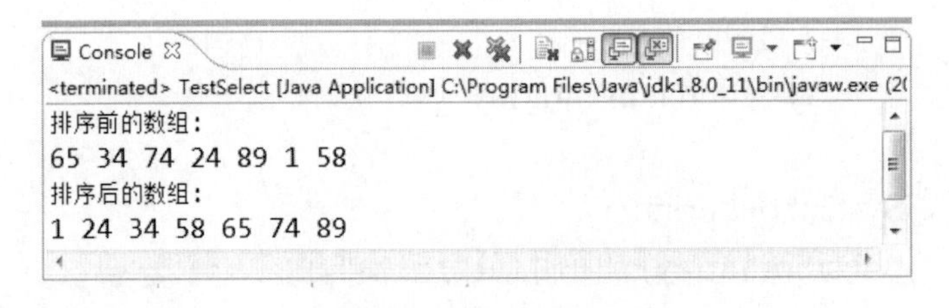

图5.12 直接选择排序

5.5.2 快速排序

快速排序是对冒泡排序的一种改进，它的基本思想是通过一轮排序将要排序的数据分割成独立的两部分，其中一部分的所有数据比另外一部分的所有数据都要小，然后再按此方法对这两部分数据分别再进行一轮排序，整个排序轮次递归进行，使整个数据变成一个有序序列。

每一轮排序的具体算法如下所示。

（1）设置两个变量i、j（均为下标变量），排序开始的时候i=0，j=N−1。

（2）以第一个数据元素作为关键数据，赋值给key，即key=a[0]。

（3）从j开始向前搜索j--，即由后开始向前搜索，找到第一个小于key的值a[j]，a[i]与a[j]交换。

（4）从i开始向后搜索i++，即由前开始向后搜索，找到第一个大于key的值a[i]，a[i]与a[j]交换。

重复步骤3和步骤4，直到i=j，则将小于key的数全部都放在key前，将大于key的数都放在了key后。

快速排序的算法在理解上还是有一定难度的，接下来我们通过执行一轮快速排序算法来对array{58，34，65，89，74，1，24}数组进行排序。

array数组排序前的序列如下所示。

58　34　65　89　74　1　24

选择初始关键数据key=58（注意关键key保持不变，总是和key进行比较，最后的目的就是把key放在中间，小的放前面，大的放后面）。

第一次交换：从最后的数24开始搜索，找到第一个小于58的数24（此时j=6），将58和24进行交换，交换后结果如下所示。

24　34　65　89　74　1　58

第二次交换：从第一个数24开始搜索，找到第一个大于58的数65（此时i=2），将58和65进行交换，交换后结果如下所示。

24　34　58　89　74　1　65

第三次交换：从最后的数65开始搜索，找到第一个小于58的数1（此时j=5），将58和1进行交换，交换后结果如下所示。

24　34　1　89　74　58　65

第四次交换：从第一个数24开始搜索，找到第一个大于58的数89（此时i=3），将58和89进行交换，交换后结果如下所示。

24　34　1　58　74　89　65

再往下执行，在没有交换数据前即出现了i和j的数值都为4的情况，满足第一轮退出条件。观察排序后的数序，发现小于58的数都排到了58的前面，大于58的数都排到了58的后面。再按此方法对前后两部分数据分别进行一轮排序，这样递归下去，达到排序的目的。使用快速排序的具体代码如下所示，请读者认真阅读注释，理解代码的含义。

```
public class TestQuick
{
    public static void main(Strmg[] ary)
    {
        int[] array = {65,34,58,89,74,1,24};
        System.out.println("排序前的数组：");
```

```
        for (int i = 0; i < array.length; i++)
        {
            System.out.print(array[i]+ " ");
        }
        System.out.println();
        sort(array, 0, array .length−1);//使用快速排序
        System.out.println("排序后的数组：");
        for (int i = 0; i< array .length; i++)
        {
            System.out.print(array[i]+ " ");
        }
        System.out.println();
    }
    //进行一轮排序，array为排序数组，i、j为排序起始和结束位
    置，返回关键数据排序后索引
    private static int sortUnit(int[] array, int i,int j)
    {
        int key = array[i];
        while (i < j)
        {
            //从后向前搜索比key小的值，比key小的放左边
            while(array[j] >= key && j > i);
            {
                j--;
            }
            //交换
            array [i] = array[j];
            //从前向后搜索比key大的值，比key大的放右边
            while (array[i] <= key && j > i)
            {
                i++;
            }
            //交换
            array[j] = array[i];
        }
        //当i=j时，一轮排序结束
```

```
            array[j] = key;
            //返回关键数据排序后索引
            return j;
        }
        //快速排序，递归调用
        public static void sort(int[] array, int low, int high)
        {
            if (low >= high)
            {
                return
            }
            //完成一轮排序
            int index = sortUnit(array, low, high);
            //对左边部分进行排序
            sort(array, low, index-1);
            //对右边部分进行排序
            sort(array, index + 1,high);
        }
    }
```

编译、运行程序，结果如图5.13所示。

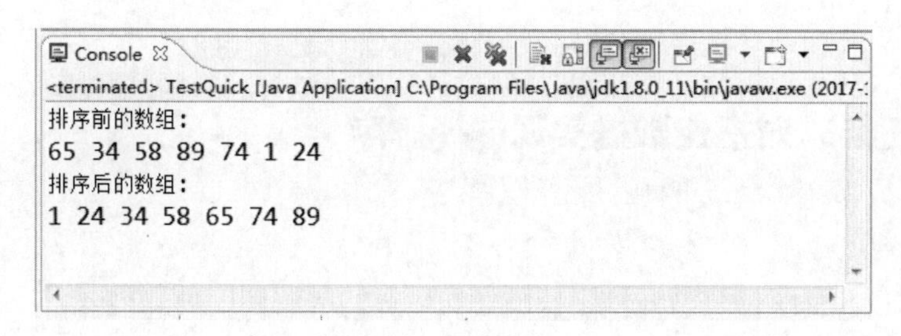

图5.13 快速排序

任务实施

5.6 任务 数据结构应用

5.6.1 子任务1 数组方式实现线性表基本操作

目标：完成本章5.3.2节的所有程序。

时间：30分钟。

工具：Eclipse。

5.6.2 子任务2 数组方式实现栈基本操作

目标：完成本章5.3.3节的所有程序。

时间：30分钟。

工具：Eclipse。

5.6.3 子任务3 数组方式实现队列基本操作

目标：使用数组来存储队列的逻辑结构，同时实现本章5.3.4节定义的Queue接口。

时间：15分钟。

工具：Eclipse。

5.6.4 子任务4 二分查找指定数据

目标：完成本章5.4.2节的所有程序。

时间：30分钟。

工具：Eclipse。

5.6.5 子任务5 对指定数据实现选择排序

目标：完成本章5.5.1节的所有程序。

时间：60分钟。

工具：Eclipse。

拓展训练

对指定数据实现快速排序

目标：完成本章5.5.2节的所有程序。

时间：60分钟。

工具：Eclipse。

综合训练

1. “*N*从1开始，每一轮从待排数列中选择第*N*小（或大）的数放到排序列表的第*N*个位置。”这是描述下面哪一种排序算法。（选择一项）

A 冒泡排序

B 直接插入排序

C 直接选择排序

D 快速排序

2. 请介绍数据的逻辑结构分哪几类，并简要描述。

3. 请描述顺序存储结构和链式存储结构的优缺点。

4. 请描述栈和队列这两种数据结构的特点。

5. 请介绍二分查找的使用范围。

第 6 章 集合应用

学习目标

- 了解Java集合框架。
- 掌握Java常用集合类的使用方法。

任务引导

前几章已经介绍了数据结构的基本概念，讲解了数据逻辑结构和存储结构，重点讲解了线性结构，并编写了线性表、栈和队列的接口。本章将重点讲解在Java开发过程中，使用范围非常广的集合。

在介绍集合的过程中，主要围绕Collection接口和Map接口进行讲解，尤其是Collection接口中的Set接口、List接口和Iterator接口以及实现List接口的常用集合类，这些需要读者重点掌握。在本章的最后，还会介绍JDK 1.5的两个特性——自动拆箱与装箱和泛型，这也是需要读者掌握的。

相关知识

6.1 集合框架

集合，也称为容器，它可以将一系列元素组合成一个单元，用于存储、提取、管理数据。JDK提供的集合API都包含在java.util包内。

Java集合的框架主要分两大部分，一部分实现了Collection接口，该接口定义了存取一组对象的方法，其子接口Set和List分别定义了存取方式；另外一部分是Map接口，该接口定义了存储一组“键（key）值（value）”映射对的方法。

6.1.1 集合引入

在介绍面向对象编程时，本书一直使用的“租车系统”如果想存放多个轿车的信息，该如何实现呢？以现有的知识储备，使用数组解决这个问题是最合理的方式之一。但是使用数组存放“租车系统”中多个轿车的信息，也会有很多问题。

首先，Java中的数组长度是固定的，一旦创建出指定长度的数组以后，就给内存分配了相应的存储空间。这样就会给程序员造成很大的困惑，如果数组长度设置小了，不能满足程序需求；如果数组长度设置大了，又会造成大量的空间浪费。

其次，如果使用长度为20的轿车对象数组来存放轿车的信息，但是实际上只存了8辆轿车的信息，这时要获取这个数组中实际存了多少辆轿车信息，就不是数组这个数据结构自己能解决的问题了。数组只提供了length属性来获取数组的长度，而不能获取数组中实际存放有用信息的个数。

最后，数组在内存空间中是连续存放的，这样如果在数组中删除一个元素，为了保持数组内数据元素的有序性，之后的数组元素全部要前移一位，这样非常消耗系统资源。

通过上面的分析可以看出，使用数组虽然可以实现之前的目的，但会有诸多的麻烦。为了解决这个问题，Java提供了集合这种类型。集合是一种逻辑结构，提供了更多的方法，让使用者更加方便。针对不同的需求，Java提供了不同的集合，解决各类问题。

6.1.2 Collection接口框架

Collection是最基本的集合接口之一，一个Collection代表一组Object，每个Object即为Collection中的元素。一些Collection接口的实现类允许有重复的元素，而另一些则不允许；一些Collection是有序的，而另一些则是无序的。

JDK不提供Collection接口的任何直接实现类，而是提供了更具体的子接口（如Set接口和List接口）实现。这些Set和List子接口继承Collection接口的方法，从而保证Collection接口具有更广泛的普遍性。Collection接口框架如图6.1所示。

从图6.1中可以看出，Collection接口继承自Iterable接口，因为Iterable接口允许对象成为foreach语句的目标，所以所有集合类都可以成为JDK1.5的新特性——增强for循环的目标。

Collection接口主要有3个子接口，分别是List接口、Set接口和Queue接口，下面简要介绍这3个接口。

- List接口

实现List接口的集合是一个有序的Collection序列。操作此接口的用户可以对这个序列中每个元素的位置进行精确控制，用户可以根据元素的索引访问元素。List接口中的元素是可以重复的。

- Set接口

实现Set接口的集合是一个无序的Collection序列，该序列中的元素不可重复。因为Set接口是无序的，所以不可以通过索引访问Set接口中的数据元素。

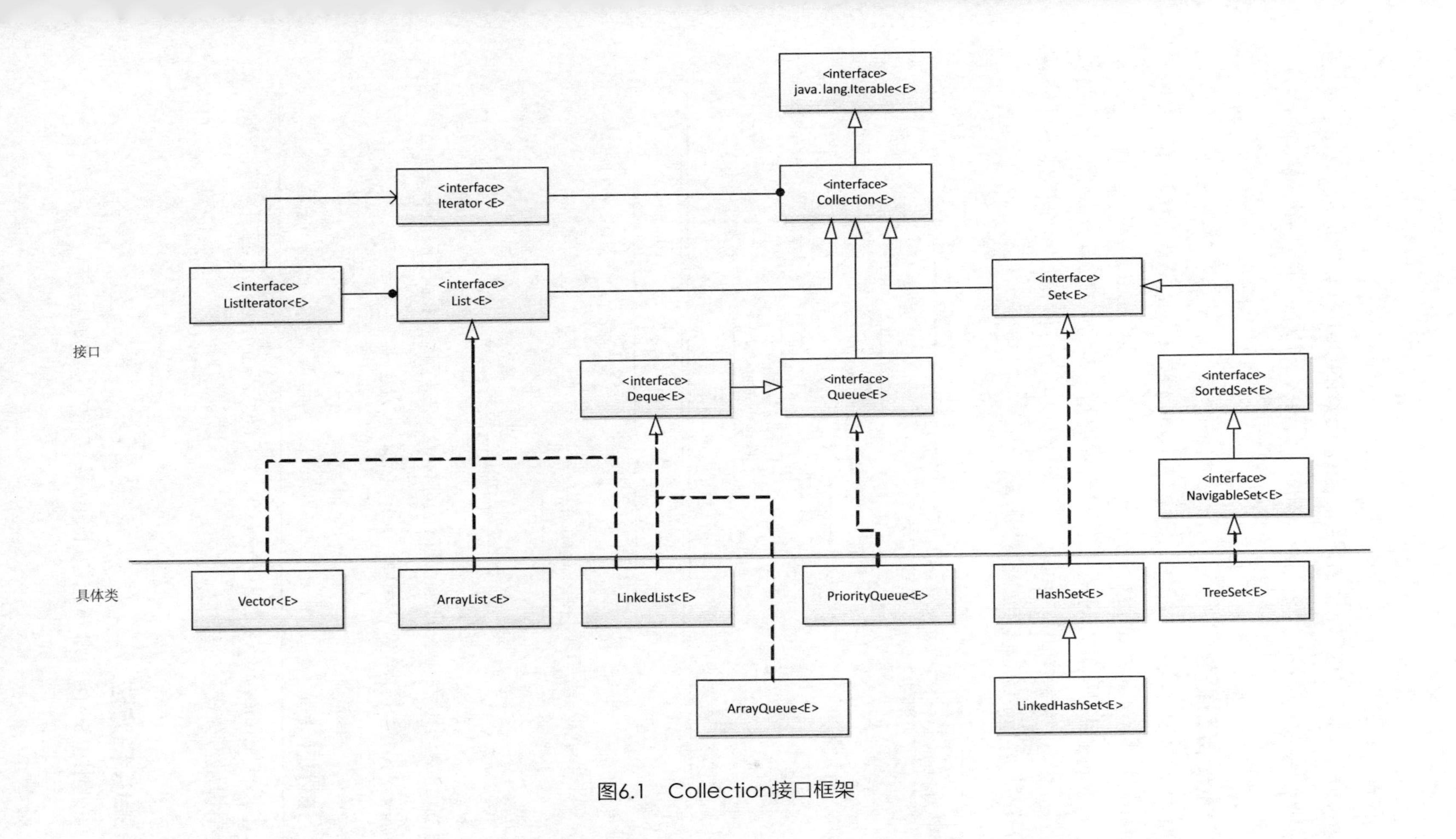

图6.1　Collection接口框架

• Queue接口

Queue接口用于在处理元素前保存元素的Collection序列。除了具有Collection接口基本的操作外，Queue接口还提供了插入、提取和检查等操作。

6.1.3 Map接口框架

Map接口定义了存储和操作一组“键（key）值（value）”映射对的方法。

Map接口和Collection接口的本质区别在于，Collection接口里存的是一个对象，而Map接口里存放的是一系列的键值对。Map接口集合中的key不要求有序，对于一个集合里的映像对而言，不能包含重复的键，每个键最多只能映射到一个值。Map接口框架如图6.2所示。

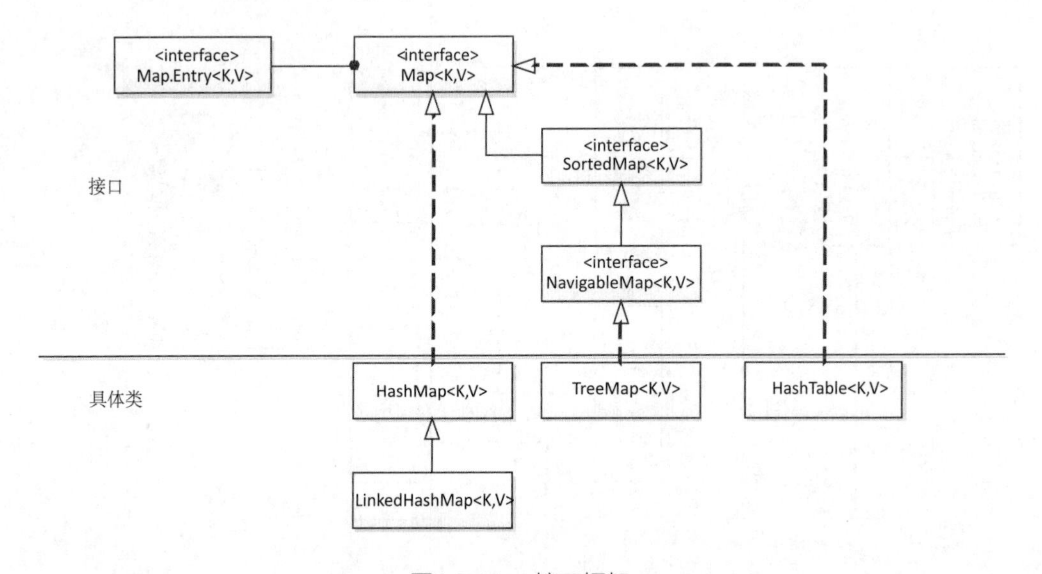

图6.2 Map接口框架

从图6.2中可以看出，HashMap和Hashtable是实现Map接口的集合类，这两个类十分类似，后面的章节会进行详细介绍。

6.2 Set接口

Set接口是Collection接口的子接口，除了拥有Collection接口的方法外，Set接口没有提供额外的方法。

6.2.1 Set接口方法

下面列出了Set接口继承自Collection接口的主要方法。

- boolean add(Object obj)

向集合中添加一个数据元素，该数据元素不能和集合中现有的数据元素重复。

Set集合采用对象的equals()方法比较两个对象是否相等，判断某个对象是否已经存在于集合中。当向集合中添加一个对象时，HashSet会调用对象的hashCode()方法来获得散列码，然后根据这个散列码进一步计算出对象在集合中的存放位置。

- void clear()

移除此集合中的所有数据元素，即将集合清空。

- boolean contains(Object obj)

判断此集合中是否包含该数据元素，如果包含，则返回true。

- boolean isEmptyO

判断集合是否为空，为空则返回true。

- Iterator iterator()

返回一个Iterator对象，可用它来遍历集合中的数据元素。

- boolean remove(Object.obj)

如果此集合中包含有该数据元素，则将其删除，并返回true。

- int.size()

返回集合中数据元素的个数，注意与数组、字符串获取长度的方法的区别。

- Object[]toAxray()

返回一个数组，该数组包含集合中的所有数据元素。

6.2.2 HashSet使用

Set接口主要有两个实现类HashSet和TreeSet，HashSet类有一个子类LinkedHashSet，它不仅实现了散列算法，而且采用了链表结构。接下来通过一个案例来说明HashSet类的使用。

```
import java.util.*; //导入包
public class TestSet
{
    Public static void main(String[]args)
    {
        //创建一个HashSet对象，存放学生姓名信息
        Set<String> nameSet＝newHashSet<string>();
```

```
            nameSet.add("王云");
            nameSet.add("刘静涛");
            nameSet.add("南天华");
            nameSet.add("雷静");
            nameSet.add("王云");  //增加已有的数据元素
            System.out.println("再次添加王云是否成功: "+nameSet.add("
    王云"));
            System.out.println("显示集合内容: "+nameSet);
            System.out.println("集合里是否包含南天华: "+nameSet.
    contains("南天华"));
            System.out.println("从集合中删除\"南天华\"…");
            nameSet.remove("南天华");
            System.out.println("集合里是否包含南天华: "+nameSet.
    contains("南天华"));
            System.out.println("集合中的元素个数为"+nameSet.size());
        }
    }
```

编译、运行程序，程序运行结果如图6.3所示。从运行结果中可以看出，当向集合中增加一个已有（通过equals()方法判断）的数据元素时，没有添加成功。需要注意的是，可以通过add()方法的返回值判断是否添加成功，如果不获取这个返回值的话，Java系统并不提示没有添加成功。

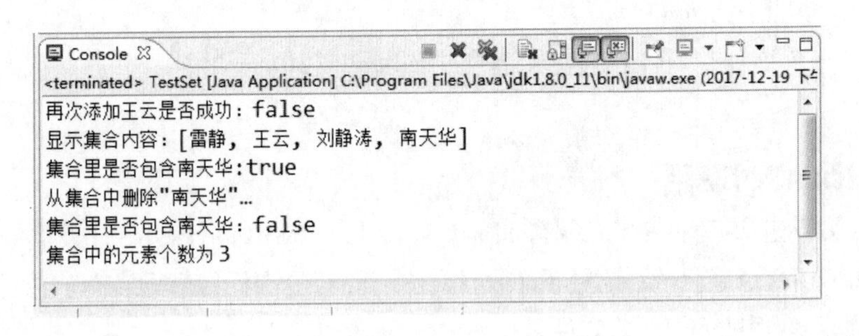

图6.3 HashSet的使用

6.2.3 TreeSet使用

TreeSet类在实现了Set接口的同时，也实现了SortedSet接口，是一个具有排序功能Set接口类。本小节将介绍TreeSet类的使用，同时也会涉及Java如何实现对象间的排序功能。

TreeSet集合中的元素按照升序排列，默认是按照自然升序排列，也就是说TreeSet集合中的对象需要实现Comparable接口。

接下来看一段非常简单的程序，编译、运行程序，程序运行结果如图6.4所示。

```
import java.util.*;
public class TestTreeSet
{
    public static void main(String[]args)
    {
        Set ts=new TreeSet();
        ts.add("王云");
        ts.add("刘静涛");
        ts.add("南天华");
        System.out.println(ts);
    }
}
```

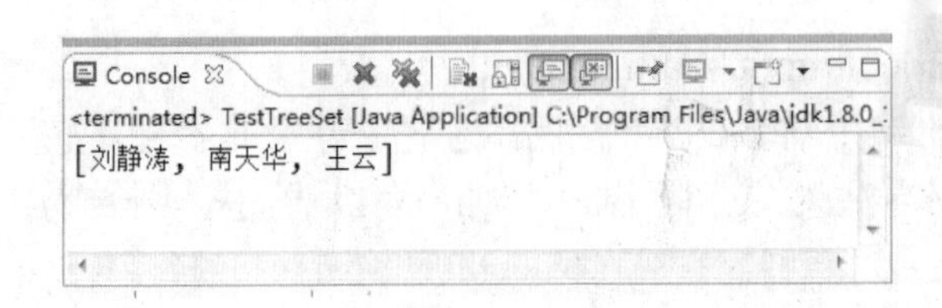

图6.4 TreeSet的使用

从运行结果可以看出，TreeSet集合ts里面的元素不是毫无规律的排序，而是按照自然升序进行了排序。这是因为TreeSet集合中的元素是String类，而String类实现了Comparable接口，默认按自然顺序排序。

6.2.4 Comparable接口

如果程序员想定义自己的排序方式，方法也很简单，就是要让加入TreeSet集合中的对象所属的类实现Comparable接口，通过实现compareTo(Object o)方法，达到排序的目的。

假设有这样的需求，学生对象有两个属性，分别是学号和姓名。希望将这些学生对象加入TreeSet集合后，将他们按照学号大小从小到大进行排序，学号相同的再按照姓名自然排序。来看如下学生类的代码（实现Comparable接口）。

```
public class Student implements Comparable
{
    int stuNum=-1;           //学生学号
    String stuName="";       //学生姓名
    Student(String name,int num)
    {
        this.stuNum=num;
        this.stuName=name;
    }
    //返回该对象的字符串表示，利于输出
    public String toString()
    {
        return"学号为"+stuNum+"的学生，姓名为"+stuName;
    }
    //实现Comparable的compareTo方法
    public int compareTo(Object o)
    {
        Student input=(Student)o;
        //此学生对象的学号和指定学生对象的学号比较
        //此学生对象学号若大，则res为1，若小，则res为-1，相同的
        话res为0
        int res=stuNum>input.stuNum?1:(stuNum==input.stuNum?0:-1);
        //若学号相同，则按照String类自然排序比较学生姓名
        if(res==0)
        {
            res=stuName.compareTo(input.stuName);
        }
        return res;
    }
}
```

其中，compareTo(Object o)方法是用此对象和指定对象进行比较，如果该对象小于、等于或大于指定对象，则分别返回负整数、零或正整数。编写测试程序，如下所示，程序运行结果如图6.5所示。

```
public class TestTreeSet2
{
    public static void main(String[]args)
```

```
    {
        //用有序的TreeSet存储学生对象
        Set stuTS=new TreeSet();
        stuTS.add(new Student("王云",1));
        stuTS.add(new Student("南天华",3));
        stuTS.add(new Student("刘静涛",2));
        stuTS.add(new Student("张平",3));
        //使用迭代器循环输出
        Iterator it=stuTS.iterator();
        while(it.hasNext())
        {
            System.out.println(it.next());
        }
    }
}
```

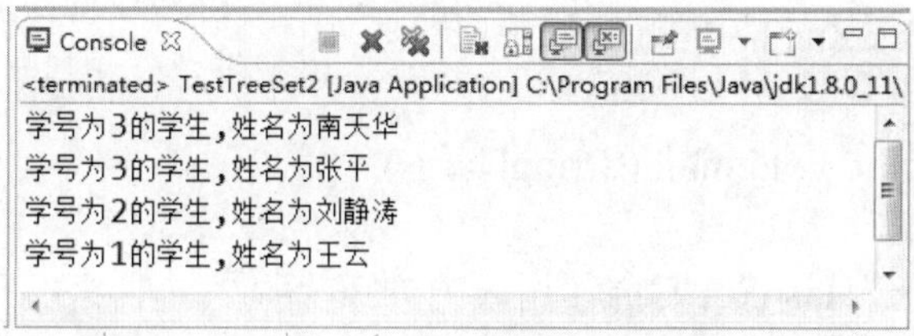

```
<terminated> TestTreeSet2 [Java Application] C:\Program Files\Java\jdk1.8.0_11\
学号为3的学生,姓名为南天华
学号为3的学生,姓名为张平
学号为2的学生,姓名为刘静涛
学号为1的学生,姓名为王云
```

图6.5 Comparable接口的使用

6.3 Iterator迭代器

在TestTreeSet2代码中，使用了Iterator迭代器进行循环输出。什么是Iterator迭代器？有什么用以及如何使用，这些将是本节要解决的问题。

6.3.1 Iterator接口方法

前文介绍的Collection接口、Set接口和List接口，它们的实现类都没有提供遍历集合元素的方法，Iterator迭代器为集合而生，是Java解决集合遍历的一个工具。它提供一种方法访问集合中各个元素，而不暴露该集合的内部实现细节。

Collection接口的iterator()方法返回一个Iterator对象，通过Iterator接口的两个方法即可实现对集合元素的遍历。下面列举了Iterator接口的3个方法。

- boolean hasNext()

判断是否存在下一个可访问的数据元素。

• Object next()

返回要访问的下一个数据元素。

• void remove()

从迭代器指向的Collection集合中移除迭代器返回的最后一个数据元素。

6.3.2 Iterator使用

接下来通过“租车系统”，讲解集合中Iterator迭代器的使用。

假设“租车系统”有如下需求调整。

（1）系统里可以有若干辆轿车和卡车供用户租用。

（2）系统管理员可以遍历这个系统里所有的车辆。

（3）遍历时若是轿车，则显示轿车品牌，若是卡车，则显示卡车吨位，同时完整显示车辆信息。根据需求，具体代码如下所示。

```
import java.util.*;
import org.unitthree.*;
public class TestZuChe
{
      public static void main(String[]args)
      {
            //创建HashSet集合，用于存放车辆
            Set vehSet=new HashSet();
            //创建2个轿车对象、2个卡车对象，并加入到HashSet集合中
            Vehicle c1=new Car("战神","长城");
            Vehicle c2=new Car("跑得快","红旗");
            Vehicle t1=new Truck("大力士","5吨");
            Vehicle t2=new Truck("大力士2代","10吨");
            vehSet.add(cl);
            vehSet.add(c2);
            vehSet.add(tl);
            vehSet.add(t2);
            //使用迭代器循环输出
            Iterator it=vehSet.iterator();
            while(it.hasNext())
            {
                  System.out.println("***显示集合中元素信息***");
                  Object obj=it.next();
                  if(obj instanceof Car)
                  {
```

```
                    Carcar＝(Car)obj;
                    //调用Car类的特有方法getBrand()
                    System.out.println("该车是轿车，其品牌为"+car.
getBrand());
                }
                else
                {
                    Truck truck＝(Truck)obj;
                    //调用Truck类的特有方法getLoad()
                    System.out.println("该车是卡车，其吨位为"+truck.
getLoad());
                }
                //调用Vehicle类方法show()
                ((Vehicle)obj).show();
            }
        }
}
```

在该段代码中，通过Iterator接口的hasNext()方法判断集合中是否还有对象元素，再通过该接口的next()方法获取这个对象元素。然后通过instanceof运算符，判断这个对象元素是轿车还是卡车，并显示轿车品牌或卡车吨位，最后调用这两个类共有的show()方法显示车辆全部信息。编译、运行上面的代码，程序运行结果如图6.6所示。

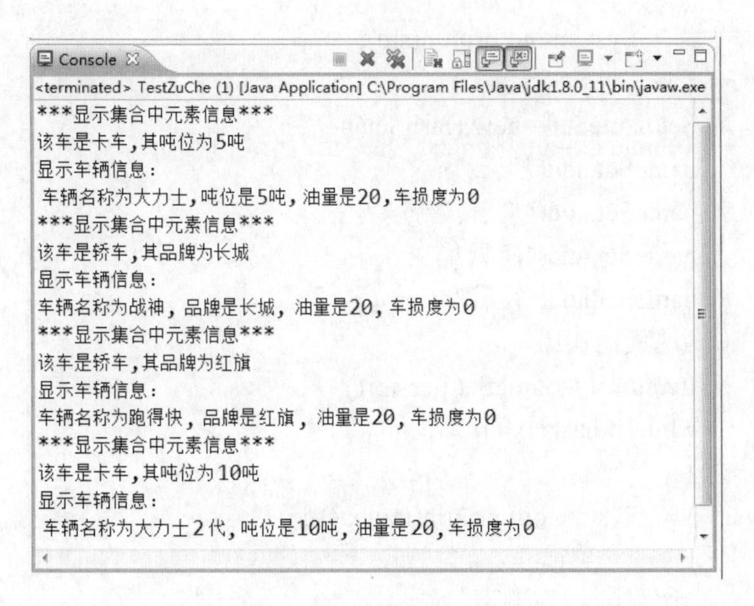

图6.6 Iterator迭代器的使用

6.3.3 增强for循环

从JDK 1.5开始，提供了另一种形式的for循环，这就是增强for循环，也称为foreach循环。借助增强for循环，可以用更简单的方式来遍历数组和Collection集合中的对象。

下面用增强for循环与传统for循环做个比较。举一个非常简单的案例，一个数组（或集合）中存了4个学生的姓名字符串，分别用传统for循环和增强for循环，逐个显示学生姓名，具体代码如下所示。

```
Import java.util.*;
public class TestForEach
{
    public static void main(String[]args)
    {
        String[]stuArn＝{"王云","刘静涛","南天华","雷静"};
        //传统for循环遍历
        for(int i＝0;i < stuArn.length;i++)
        {
            System.out.println(stuArn[i]);
        }
        //增强for循环遍历
        for(String stu;stuArn)
        {
            System.out.println(stu);
        }
        Set nameSet＝new HashSet();
        nameSet.add("王云");
        nameSet.add("刘静涛");
        nameSet.add("南天华");
        nameSet.add("雷静");
        //迭代器遍历
        Iterator it＝nameSet.iterator();
        while(it.hasNext())
        {
            System.out.println(it.next());
        }
        //增强for循环遍历
```

```
        for(Object stu2:nameSet)
        {
            System.out.println((String)stu2);
        }
    }
}
```

通过代码可以看出，JDK 1.5增强for循环使得代码短小且精炼，在遍历数组集合的情况下，更加方便。

但在使用增强for循环时，也有下面一些局限性，使用时需要注意。

（1）使用传统for循环处理数组时，可以通过数组下标进行一些过程控制，例如可以通过数组下标每次循环之后加2的方式，间隔输出数组中的元素。而增强for循环不能获得下标位置，类似的功能需要用其他方式实现。

（2）如果使用增强for循环操作集合，无法实现对集合元素的删除，还是需要调用Iterator迭代器的remove()方法才能完成。

6.4 List接口

List接口是Collection接口的子接口，在实现了List接口的集合中，元素是有序的，而且可以重复。List接口和Set接口一样，可以容纳所有类型的对象。List集合中的数据元素都对应一个整数型的序号索引，记录其在集合中的位置，可以根据此序号存取元素。

JDK中实现了List接口的常用类有ArrayList和LinkedList。

6.4.1 List接口方法

List接口继承自Collection接口，除了拥有Collection接口所拥有的方法外，它还拥有下列方法。

- void add(int index, Object o)

在集合的指定位置插入指定的数据元素。

- Object get(int index)

返回集合中指定位置的数据元素。

- int indexOf(Object o)

返回此集合中第一次出现的指定数据元素的索引，如果此集合不包含该数据元素，则返回-1。

• int lastIndexOf(Object o)

返回此集合中最后出现的指定数据元素的索引，如果此集合不包含该数据元素，则返回-1。

• Object remove(int index)

移除集合中指定位置的数据元素。

• Object set(int index, Object o)

用指定数据元素替换集合中指定位置的数据元素。

6.4.2 ArrayList使用

ArrayList实现了List接口，在存储方式上，ArrayList采用数组进行顺序存储。ArrayList对数组进行了封装，实现了可变长度的数组。与ArrayList不同的是LinkedList，它采用链表进行链式存储。

通过数据结构的学习，能得出这样的结论，因为ArrayList是用数组实现的，在插入或删除数据元素时，需要批量移动数据元素，故性能较差；但在查询数据元素时，因为数组是连续存储的，且可以通过下标进行访问，所以在遍历元素或随机访问元素时效率高。LinkedList正好与之相反，这一点在企业面试时经常被问到，需要读者深刻领会。

继续修改“租车系统”的代码，学习ArrayList集合的使用。假设“租车系统”有如下需求调整。

（1）用户可以遍历这个系统里所有的车辆，但只能看到车型和车名。

（2）当用户选中某辆车时，需要完整显示车辆信息。

根据需求，具体代码如下所示。

```
import java.util.*;
import org.unitthree.*;
public class TestZuChe2
{
    public static void main(String[]args)
    {
        int index=-1;    //用于显示序号
        Scanner input=new Scanner(System.in);
        //创建ArrayList集合，用于存放车辆
        ListvehAL=new ArrayList();
        Vehicle c1=new Car("战神","长城");
        Vehicle c2=new Car("跑得快","红旗");
        Vehicle t1=new Truck("大力士","5吨");
```

```
        Vehicle t2＝new Truck("大力士2代","10吨");
        vehAL.add(cl);         //将cl添加vehAL集合的末尾
        vehAL.add(c2);
        vehAL.add(tl);
        vehAL.add(t2);
        System.out.println("***显示“租车系统”中全部车辆***");
        index＝1;
        //增强for循环遍历
        for(Object obj:vehAL)
        {
            if(obj instanceofCar)
            {
                Car car＝(Car)obj;
                System.out.println(index+"该车是轿车，其车名为
"+car.getName());
            }
            else
            {
                Truck truck＝(Truck)obj;
                System.out.println(index+"该车是卡车，其车名为
"+truck.getName());
            }
            index++;
        }
        System.out.print("请输入要显示详细信息的车辆编号: ");
        //根据索引获取vehAL集合中元素，类型转换后调用show()
方法输出
        ((Vehicle)vehAL.get(input.nextInt()−l)).show();
    }
}
```

编译、运行程序，程序运行结果如图6.7所示。通过代码和运行结果可以看出，此例中采用了增强for循环的方式遍历了ArrayList集合中的所有元素，集合中元素的顺序是按照add()方法调用的顺序依次存储的，再通过调用ArrayList接口的get(int index)方法获取指定位置的元素，并输出该对象的信息。

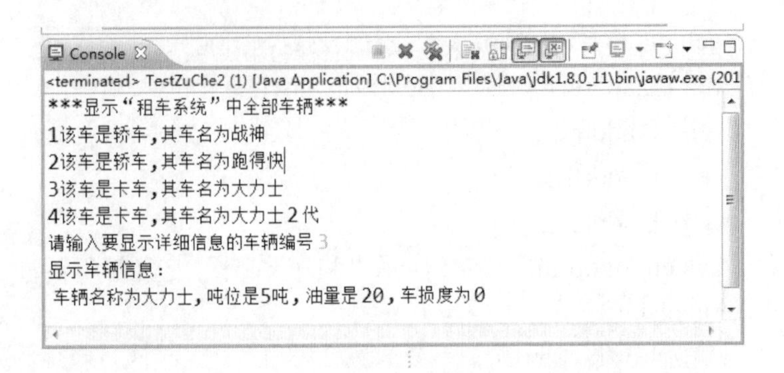

图6.7 ArrayList使用

6.4.3 LinkedList使用

LinkedList和ArrayList在逻辑结构上没有本质区别，只是存储结构上的差异导致程序员在决定使用哪个List实现类时需要做出选择。LinkedList接口除了拥有ArrayList接口提供的方法外，还增加了如下方法。

- void addFirst(Object 0)

将指定数据元素插入此集合的开头。

- void addLast(Object 0)

将指定数据元素插入此集合的结尾。

- Object getFirst()

返回此集合的第一个数据元素。

- Object getLast()

返回此集合的最后一个数据元素。

- Object removeFirst()

移除并返回此集合的第一个数据元素。

- Object removeLast()

移除并返回此集合的最后一个数据元素。

6.5 Map接口

Map接口定义了存储“键（key）值（value）”映射对的方法。

6.5.1 HashMap使用

HashMap是Map接口的一个常用实现类，下面通过一个案例简要介绍HashMap的使用。

国际域名是使用最早也是使用最广泛的域名之一，例如表示工商企业的

com，表示网络提供商的net，表示非营利组织的org等。现在需要建立域名和含义之间的键值映射，例如com映射工商企业，org映射非营利组织，可以根据com查到工商企业，可以通过删除org删除对应的非营利组织，这样的想法就可以通过HashMap来实现，具体代码如下所示。

```
import java.util.*;
public class TestHashMap
{
    public static void main(String[]args)
    {
        //使用HashMap存储域名和含义键值对的集合
        Map domains=new HashMap();
        domains.put("com","工商企业");
        domains.put("net","网络服务商");
        domains.put("org","非营利组织");
        domains.put("edu","教研机构");
        domains.put("gov","政府部门");
        //通过键获取值
        String op=(String)domains.get("edu");
        System.out.println("edu国际域名对应的含义为"+op);
        //判断是否包含某个键
        System.out.println("domains键值对集合中是否包含
        gov:"+domains.containsKey("gov"));
        //删除键值对
        domains.remove("gov");
        System.out.println("删除后集合中是否包含gov: "+domains.
containsKey("gov"));
        //输出全部键值对
        System.out.println(domains);
    }
}
```

编译、运行程序，程序运行结果如图6.8所示。

图6.8 HashMap的使用

6.5.2 Map接口方法

上面通过一个简单的例子，对Map接口的使用进行了介绍，下面总结Map接口的常用方法。

- Object put(Object key, Object value)

将指定键值对添加到Map集合中，如果此Map集合以前包含一个该键的键值对，则用指定值替换旧值。

- Object get(Object key)

返回指定键所对应的值，如果此Map集合中不包含该键，则返回null。

- Object remove(Object key)

如果存在指定键的键值对，则将该键值对从此Map集合中移除。

- Set keySet()

返回此Map集合中包含的键的Set集合。在上面的程序最后添加下面的语句，System.out.println(domains.keySet());，则会输出[com, edu, org, net]。

- Collection values()

返回此Map集合中包含的值的Collection集合。在上面的程序最后添加下面的语句，System.out.println(domains.values());，则会输出[工商企业，教研机构，非营利组织，网络服务商]。

- boolean containsKey(Object key)

如果此Map集合包含指定键的键值对，则返回true。

- boolean containsValue(Object value)

如果此Map集合将一个或多个键对应到指定值，则返回true。

- int size()

返回此Map集合的键值对的个数。

6.6 工具类

本节将会介绍两个工具类的使用，这两个工具类的特点是类中的方法都是静态的，不需要创建对象，直接使用类名调用即可。

Collections工具类，是集合对象的工具类，提供了操作集合的工具方法，例如排序、复制和反转排序等方法。

Arrays工具类，是数组的工具类，提供了对数组的工具方法，例如排序、二分查找等。

6.6.1 Collections工具类常用方法

- void sort(List list)

根据数据元素的自然顺序对指定集合按升序进行排序。

• void sort(List list, Comparator c)

根据指定比较器产生的顺序对指定集合进行排序。通过自定义Comparator比较器，可以实现按程序员定义的规则进行排序。Collections工具类里很多方法都可以指定比较器进行比较和排序，这里就不再列举了。关于Comparator比较器，将会在后面的章节进行介绍。

• void shuffle(List list)

对指定集合进行随机排序。

• void reverse(List list)

反转指定集合中数据元素的顺序。

• Object max(Collection coll)

根据数据元素的自然顺序，返回给定Collection集合中的最大元素。该方法的输入类型为Collection接口，而非List接口，因为求集合中最大元素不需要集合是有序的。Collections工具类里静态方法中输入参数的类型，需要大家注意区分。

• Object min(Collection coll)

根据数据元素的自然顺序，返回给定Collection的最小元素。

• int binarySearch(List list, Object o)

使用二分查找法查找指定集合，以获得指定数据元素的索引。如果此集合中不包含该数据元素，则返回-1。在进行此调用之前，必须根据集合数据元素的自然顺序对集合进行升序排序（通过Sort(Listlist)方法）。如果没有对集合进行排序，则结果是不确定的。如果集合中包含多个元素等于指定的数据元素，则无法保证找到的是哪一个。

• int indexOfSubList(List source, List target)

返回指定源集合中第一次出现指定目标集合的起始位置，如果没有出现这样的集合，则返回-1。

• int lastIndexOfSubList(List source, List target)

返回指定源集合中最后一次出现指定目标集合的起始位置，如果没有出现这样的集合，则返回-1。

• void copy(List dest, List src)

将所有数据元素从一个集合复制到另一个集合。

• void fill(List list, Object o)

使用指定数据元素替换指定集合中的所有数据元素。

• boolean replaceAll(List list, Object old, Object new)

使用一个指定的新数据元素替换集合中出现的所有指定的原数据元素。

• void swap(List list, int i, int j)

在指定集合的指定位置交换数据元素。

6.6.2 Collections工具类使用

接下来通过一个例子，演示Collections工具类中静态方法的使用。

```
import java.util.*;
public class TestCollections
{
      public static voidmain(String[]args)
      {
            List list＝new ArrayList();
            list.add("w");
            list.add("o");
            list.add("r");
            list.add("l");
            list.add("d");
            System.out.println("排序前: "+list);
            System.out.println("该集合中的最大值: "+Collections.max(list));
            System.out.println("该集合中的最小值: "+Collections.min(list));
            Collections.sort(list);
            System.out.println("sort排序后: "+list);
            //使用二分查找，查找前须保证被查找集合是自然有序排列
的
            System.out.println("r在集合中的索引为"+Collections.
binarySearch(list,"r"));
            Collections.shuffle(list);
            System.out.println("再shuffle排序后: "+list);
            Collections.reverse(list);
            System.out.println("再reverse排序后: "+list);
            Collections.swap(list,l,4);
            System.out.println("索引为1、4的元素交换后: "+list);
            Collections.replaceAll(list, "w","d, ");
            System.out.println("把w都换成d后的结果: "+list);
            Collections.fill(list,"s");
            System.out.println("全部填充为s后的结果: "+list);
      }
}
```

编译、运行程序，程序运行结果如图6.9所示。

```
Console
<terminated> TestCollections [Java Application] C:\Program Files\Java\jdk1.8.0_11\bin\javaw.exe
排序前：  [w, o, r, l, d]
该集合中的最大值：w
该集合中的最小值：d
sort排序后：    [d, l, o, r, w]
r在集合中的索引为3
再shuffle排序后：   [d, o, w, r, l]
再reverse排序后：      [l, r, w, o, d]
索引为1、4的元素交换后：[l, d, w, o, r]
把w都换成d后的结果：  [l, d, d, , o, r]
全部填充为s后的结果：[s, s, s, s, s]
```

图6.9 Collections工具类使用

6.6.3 Comparable与Comparator

之前使用Comparable接口实现了在TreeSet集合中的自定义排序。这种方法是通过集合内的元素类，实现compareTo(Object o)方法进行元素和元素之间的比较、排序。因为是在类内部实现比较，所以可以将Comparable称为内部比较器。

由实现了Comparable接口的类组成的集合，可使用Collections工具类的sort(List list)方法进行排序，排序规则是由compareTo(Object o)方法确定的。TreeSet集合是一个有序的Set集合，默认按照Comparable接口的排序规则进行排序。而其他List集合，默认按照用户添加元素的顺序进行排序，要想让集合元素按照Comparable接口的排序规则进行排序，需要使用Collections工具类的sort(List list)方法。String、Integer等一些类已经实现了Comparable接口，所以将这些类加入List集合中，就可以直接进行排序了。

接下来通过一个案例来说明Collections工具类的sort(List list)方法对集合内元素实现Comparable接口的依赖，具体代码如下所示。

```
import java.util.*;
public class TestComparable
{
    public static void main(String[]args)
    {
        //用LinkedList存储学生对象
        LinkedList stuLL＝newLinkedList();
```

```
            stuLL.add(new Student("王云",1));
            stuLL.add(new Student("南天华",3));
            stuLL.add(new Student("刘静涛",2));
            stuLL.add(new Student("张平",3));
            //使用sort方法进行排序
            Collections.sort(stuLL);
            Iterator it=stuLL.iterator();
            while(it.hasNext())
            {
                System.out.println(it.next());
            }
        }
    }
    class Student{
        int stuNum=-1;
        String stuName="";
        Student(String name,int num)
        {
            this.stuNum=num;
            this.stuName=name;
        }
        public String toString(){
            return"学号为"+stuNum+"的学生，姓名为"stuName;
        }
    }
```

编译、运行程序，程序运行时抛出异常，提示Student类没有实现Comparable接口，无法进行排序。修改上面的Student类，实现Comparable接口的compareTo(Object o)方法，具体代码如下所示。

```
    //按学号进行降序排序，学号相同按姓名排序
    class Student implements Comparable
    {
        //省略其他代码
        //实现Comparable接口的compareTo(Objcet o)方法
        public int compareTo(Object o)
        {
            Student input=(Student)o;
```

```
            int res＝stuNum<input.stuNum?1:(stuNum==input.stuNum?0:-l);
            if(res==0)
            {
                res＝stuName.compareTo(input.stuName);
            }
            return res;
        }
}
```

再次编译、运行程序，程序运行结果如图6.10所示。

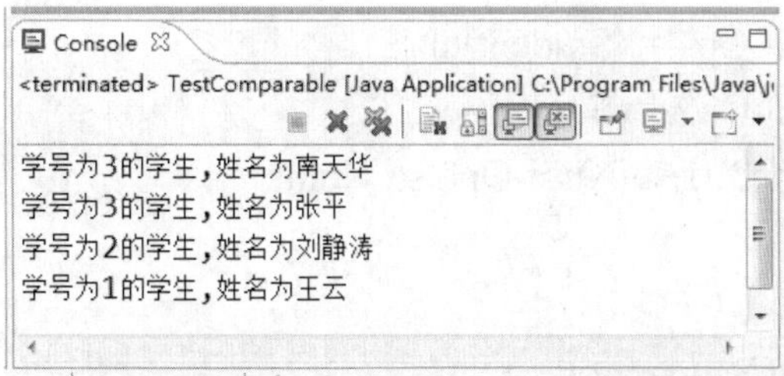

Console
<terminated> TestComparable [Java Application] C:\Program Files\Java\j
学号为3的学生,姓名为南天华
学号为3的学生,姓名为张平
学号为2的学生,姓名为刘静涛
学号为1的学生,姓名为王云

图6.10 Comparable比较器的使用

既然将Comparable称为内部比较器，那么自然就会想到应该有外部比较器。接下来要隆重推出的就是Comparator外部比较器，也就是在介绍Collections工具类的sort(Listlist, Comparator c)方法时提到的比较器。

Comparator可以理解为一个专用的比较器，当集合中的对象不支持自比较或者自比较的功能不能满足程序员的需求时，可以写一个比较器来完成两个对象之间的比较，从而实现按比较器规则进行排序的功能。

接下来，通过在外部定义一个姓名比较器和一个学号比较器，然后在使用Collections工具类的sort(List list, Comparator c)方法时选择使用其中一种外部比较器，对集合里的学生信息按姓名、学号分别排序输出，具体代码如下所示。

```
import java.util.*;
//定义一个姓名比较器
public class NameComparator implements Comparator
{
    //实现Comparator接口的compare方法
    public int compare(Object opl,Object op2)
    {
        Student eOp1＝(Student)op1;
        Student eOp2＝(Student)op2;
```

```
            //通过调用String类compareTo方法进行比较
            return eOp1.stuNamecompareTo(eOp2.stuName);
        }
    }
    //定义一个学号比较器
    public class NumComparator implements Comparator
    {
        //实现Comparator接口的compare方法
        public int compare(Object op1,Object op2)
        {
            student Op1=(Student)op1;
            student Op2=(Student)op2;
            Return Op1.stuNum-Op2.stuNum;
        }
    }
    public class TestComparator
    {
        public static void main(String[]args)
        {
            //用LinkedList存储学生对象
            LinkedList stuLL=new LinkedList();
            stuLL.add(new Student("王云",1));
            stuLL.add(new Student("南天华",3));
            stuLL.add(new Student("刘静涛",2));
            //使用sort方法，按姓名比较器进行排序
            Collections.sort(stuLL,new NameComparator());
            System.out.println("***按学生姓名顺序输出学生信息***");
            Iterator it=stuLL.iterator();
            while(it.hasNext())
            {
                System.out.prmtta(it.next());
            }
            //使用sort方法，按学号比较器进行排序
            Collections.sort(stuLL,newNumComparator());
            System.out.println("***按学生学号顺序输出学生信息***");
            it=stuLL.iterator();
```

```
        while(it.hasNext())
        {
            System.out.println(it.next());
        }
    }
}
//定义学生对象，未实现Comparable接口
class Student
{
    int StuNum=-1;
    String stuName=""
    Student(String name,int num)
    {
        this.stuNum=num;
        this.stuName=name;
    }
    public String to String(){
        return"学号为"+stuNum+"的学生，姓名为"+stuName;
    }
}
```

程序运行结果如图6.11所示。

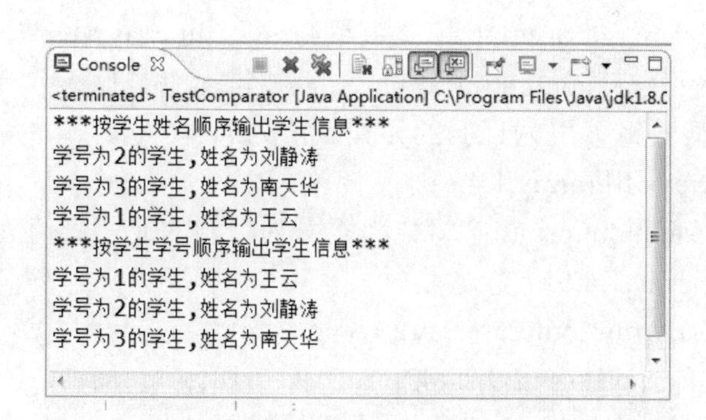

图6.11 Comparator比较器的使用

6.6.4 Arrays工具类使用

Arrays类是操作数组的工具类，和Collections工具类相似，它提供的所有方法都是静态的。Arrays类主要有以下功能。

（1）对数组进行排序。

（2）给数组赋值。

（3）比较数组中元素的值是否相当。

（4）进行二分查找。

接下来通过一段代码，演示Arrays工具类的使用，具体代码如下所示。

```
import java.util.Arrays;
public class TestArrays
{
    public static void output(int[]a)
    {
        for(int num:a)
        {
            System.out.print(num+"");
        }
        System.out.println();
    }
    public static void main(String[]args)
    {
        int[]array＝new int[5];
        //填充数组
        Arrays.fill(array,8);
        System.out.println("填充数组Arrays.fill(array,8)：");
        TestArrays.output(array);
        //将数组索引为1到4的元素赋值为6
        Arrays.fill(array,1,4,6);
        System.out.println("将数组索引为1到4的元素赋值为
6Arrays.fill(array,1,4,6)：");
        TestArrays.output(array);
        int[]arrayl＝{12,9,21,43,15,6,19,77,18};
        //对数组索引为3到7的元素进行排序
        System.out.println("排序前，数组的序列为");
        TestArrays.output(arrayl);
        Arrays.sort(array1,3,7);
        System.out.println("对数组索引为3到7的元素进行排
序:Arrays.sort(array1,3,7):");
        TestArrays.output(arrayl);
```

```
        //对数组进行自然排序
        Arrays.sort(array1);
        System.out.println("数组进行自然排序Arrays.sort(array1)：");
        TestArrays.output(array1);
        //比较数组元素是否相等
        int[]array2＝arrayl.clone();
        System.out.println("数组克隆后是否相等:Arrays.
equals(arrayl,array2):"+Arrays.equals(array1,array2));
        //使用二分查找法查找元素下标(数组必须是排序好的)
        System.out.println("77在数组中的索引:Arrays.binarySearch
(array1,77): "+Arrays.binarySearch(array1,77));
    }
}
```

编译、运行程序，运行结果如图6.12所示。

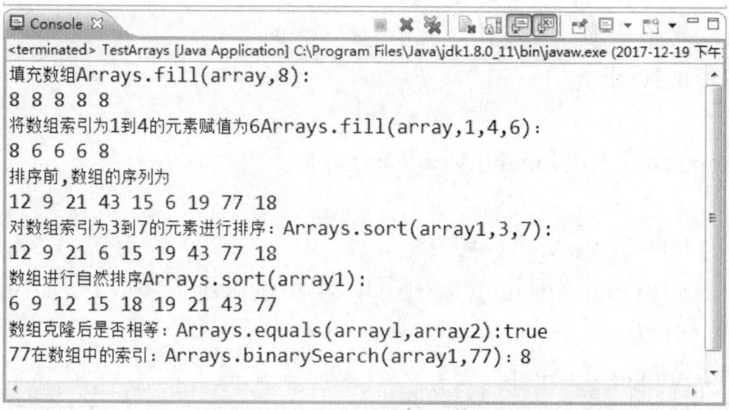

```
Console
<terminated> TestArrays [Java Application] C:\Program Files\Java\jdk1.8.0_11\bin\javaw.exe (2017-12-19 下午
填充数组Arrays.fill(array,8):
8 8 8 8 8
将数组索引为1到4的元素赋值为6Arrays.fill(array,1,4,6):
8 6 6 6 8
排序前,数组的序列为
12 9 21 43 15 6 19 77 18
对数组索引为3到7的元素进行排序：Arrays.sort(array1,3,7):
12 9 21 6 15 19 43 77 18
数组进行自然排序Arrays.sort(array1):
6 9 12 15 18 19 21 43 77
数组克隆后是否相等：Arrays.equals(arrayl,array2):true
77在数组中的索引：Arrays.binarySearch(array1,77)：8
```

图6.12 Arrays工具类的使用

6.7 自动拆箱和装箱

本章已经介绍了JDK 1.5的一个新特性——增强for循环。接下来，将继续介绍另外两个JDK 1.5的新特性——自动拆箱和装箱、泛型。其中泛型是下一节介绍的内容，本节将介绍自动拆箱和装箱。

6.7.1 自动拆箱和装箱概念

自动拆箱和装箱，其目的是为了方便基本数据类型和其对应的包装类型之间进行转换。我们可以直接把一个基本数据类型的值赋给其包装类型（装箱），反之亦然（拆箱），中间的过程由编译器自动完成。

编译器对这个过程也只是做了简单的处理，通过包装类的valueOf()方法对基本数据类型进行包装，通过包装类的类似intValue()方法得到其基本数据类型。例如下面的代码。

```
Integer stuAge1＝23;
int stuAge＝stuAge1;
```

编译器将其自动变换如下代码。

```
Integer stuAge1＝Integer.valueOf(23);
int stuAge＝stuAge1.intValue();
```

6.7.2 自动拆箱和装箱使用

自动拆箱和装箱看起来非常简单，也很容易理解，但是在使用过程中，尤其是在自动装箱后，两个对象之间使用“==”运算符进行比较时，其结果尤其需要注意。接下来看下面的代码。

```
public class TestBox
{
    public static void main(String[]args)
    {
        Integer stuAgeI1＝23;
        System.out.println("过年了，年龄增长了一岁，现在年龄是
"+ (stuAgeIl+1));
        Integer stuAgeI2＝23;
        System.out.println("stuAgeIl==stuAgeI2(值均为23)的结果是
"+(stuAgell==stuAgeI2));
        stuAgell＝323;
        stuAgeI2＝323;
        System.out.println("stuAgeIls==stuAgeI2(值均为323)的结果是
"+(stuAgell==stuAgeI2));
        System.out.println("stuAgeII.eqqals(stuAgeI2)(值均为323)的结
果是"+(stuAgelI.equals(stuAge12)));
    }
}
```

程序运行结果如图6.13所示。

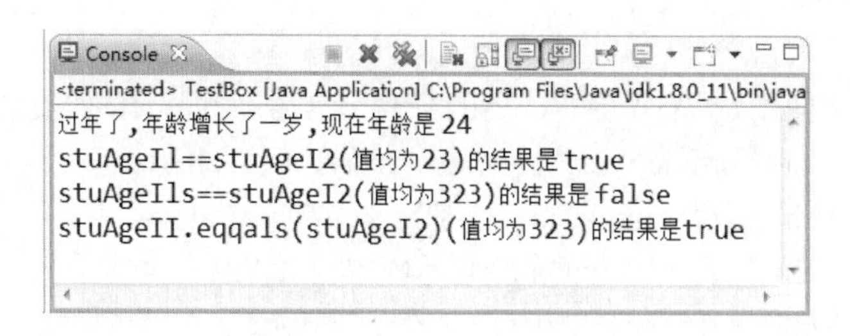

图6.13 自动装箱拆箱

看到上面的运行结果，有些读者可能会很困惑，为什么当stuAgeI1和stuAgeI2这两个对象里存的值均为23时，使用“==”进行比较，其结果为true，而当这两个对象的值为323时，其结果却为false了呢？

这是因为这些包装类的valueOf()方法，对部分经常使用的数据，采用缓存技术，也就是在未使用的时候，这些对象就创建并缓存着，需要使用的时候不需要新创建该对象，直接从缓存中获取即可，从而提高性能。例如Byte、Integer和Long这些包装类都缓存了数值在-128到+127之间的对象，自动装箱的时候，如果对象值在此范围之内，则直接返回缓存的对象，只有在缓存中没有的时候再去创建一个对象。

当第一次比较stuAgeI1和stuAgeI2这两个对象时，因为其值在-128到+127之间，所以这两个对象都是直接返回的缓存对象，使用“==”比较时结果为true。而第二次比较stuAgeI1和stuAgeI2这两个对象时，其值超出了-128到+127的范围，需要通过new方法创建两个新的包装类对象，所以再使用“==”比较时结果为false。

6.8 泛型

在之前使用集合的时候，装入集合的各种类型的对象都被当作Object对待，失去了自己的类型，而从集合中取出对象时需要进行类型转换，效率低下且容易出错。如何解决这个问题？可以使用泛型解决这个问题。

接下来以“租车系统”的代码为例，通过泛型（即定义集合时同时定义集合中元素的类型）的方式，解决程序可读性以及强制类型转换时的稳定性问题。

```
import java.util.*;
import org.unitthree.*;
public class TestZuChe3
{
    public static void main(String[]args)
```

```
        {
            //使用泛型保证集合里的数据元素都是Vehicle类及其子类
            List<Vehicle>vehAL＝new ArrayList<Vehicle>();
            Vehicle cl＝new Car("战神","长城");
            Vehicle c2＝new Car("跑得快","红旗");
            Vehicle tl＝new Truck("大力士","5吨");
            Vehicle t2＝new Truck("大力士2代","10吨");
            vehAL.add(cl);
            vehAL.add(c2);
            vehAL.add(tl);
            vehAL.add(1,t2);          // 在集合索引1处添加t2
            //vehAL.add("大力士3代");//编译错误，添加的不是Vehicle1
    类型
            System.out.println("***显示“租车系统”中全部车辆信息***");
            //使用增强for循环遍历时，获取的已经是Vehicle对象
            for(Vehicle obj:vehAL)
            {
                obj.show();
            }
        }
    }
```

List<Vehicle>vehAL=new ArrayList<Vehicle>();这句代码的作用是使用泛型创建ArrayList集合vehAL，且集合中元素必须是Vehicle类及其子类。如果向这个集合中添加其他的类型，编译器会报错。当从集合中获取对象时，也是直接获取了Vehicle类的对象，不需要再进行强制类型转换。程序运行结果如图6.14所示。

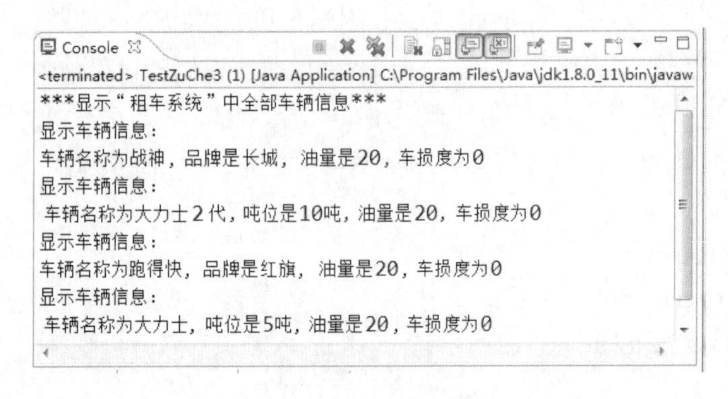

图6.14 泛型的使用

任务实施

6.9 任务1 集合应用

6.9.1 子任务1 实现学生信息存放与删除

目标：完成本章6.2节的所有程序。

时间：30分钟。

工具：Eclipse。

6.9.2 子任务2 改写“租车系统”，逆序输出车辆名称

目标：修改“租车系统”程序，要求显示车辆时按照车辆名称的逆序进行输出。

时间：20分钟。

工具：Eclipse。

实现思路：

（1）使用TreeSet集合存放车辆；

（2）修改Vehicle类，实现Comparable接口的compareTo(Objecto)方法，达到逆序排序的目的。

6.9.3 子任务3 为“租车系统”增加附加车辆信息功能

目标：在“租车系统”代码的基础上，增加如下功能。

（1）显示系统中共有多少辆车。

（2）允许系统管理员在指定位置增加一辆车（要求系统管理员确定车型、车名和品牌或吨位）。

（3）判断新增加的车是否在系统中，并显示位置。

时间：30分钟。

工具：Eclipse。

实现思路：

（1）使用ArrayList接口的add(int index, Object o)方法在指定位置增加一辆车；

（2）使用ArrayList接口的indexOf(Object o)方法获取车辆所在位置；

（3）程序结构清晰，使用方法组织程序结构。

6.9.4 子任务4 域名与内容关联存储实现

目标：完成本章6.5节的所有程序。

时间：10分钟。

工具：Eclipse。

6.10 任务2 集合工具类应用

6.10.1 子任务1 利用工具类实现学生信息比较

目标：完成本章6.6.3节的所有程序。

时间：10分钟。

工具：Eclipse。

6.10.2 子任务2 泛型方式实现“租车系统”

目标：完成本章6.8节的所有程序。

时间：20分钟。

工具：Eclipse。

拓展训练

对“瑞达系统”进行结构优化和功能完善

目标：优化“瑞达系统”结构，进一步完成程序功能。

（1）采用面向对象的思想封装Java工程师的属性和行为。

（2）使用集合存储多个Java工程师对象。

（3）“1.输入Java工程师资料”为新输入一个Java工程师。

（4）“2.删除、3.查询、4.修改Java工程师资料”和“5.计算Java工程师的月薪”则需要先通过输入Java工程师编号，确定要操作的具体Java工程师。

（5）完成“6.对Java工程师信息排序（1编号升序，2姓名升序）”和“7.输出所有Java工程师信息”的功能，其中模块7可以理解为查询出全部Java工程师信息。

时间：8个小时。

工具：Eclipse。

综合训练

1. 运行下面代码，其结果为（　　）。（选择一项）

```
Integeri1=99;
Integeri2=99;
System.out.println("i1==i2的结果是: "+(il==i2));
```

A　i1==i2的结果是：true

B　i1==i2的结果是：false

C　编译错误

D　运行错误

2. 请介绍Set接口和List接口的区别。

3. 请描述ArrayList和LinkedList的区别。

4. 请描述Collection和Collections的区别。

5. 请描述Comparable和Comparator的区别。

6. 请简要介绍使用泛型的好处。

第7章
文件操作应用

学习目标

- 掌握文件读、写的过程和方法。
- 能够解析XML文档。

任务引导

在编写“瑞达系统”和“租车系统”时，存在这样一个问题，程序中所有的数据都保存在内存中，一旦程序关闭，这些数据就都丢失了，这样的情况肯定不符合用户的需求。通常在软件开发项目中，解决保存数据的办法主要有两类，其中使用比较广泛的一类是使用数据库保存大量数据；另外一类就是把数据保存在文件中，既可以保存在普通文件中，也可以保存在XML文件中。如何存取文件，尤其是如何存取XML文件，将是本章要介绍的重点。

相关知识

7.1 File类

Java是面向对象的语言，要想把数据存到文件中，必须要有一个对象表示这个文件。File类的作用是代表一个特定的文件或目录，并提供了若干方法对这些文件或目录进行各种操作。File类在java.io包下，与系统输入/输出相关的类通常都在此包下。

7.1.1 File类构造方法

构造一个File类的实例，并不是创建某个目录或文件，而创建的是该路径（目录或文件）的一个抽象，它可能真实存在也可能不存在。

File类的构造方法有如下4种。

- File(File parent，String child)

根据parent抽象路径名和child路径名字符串创建一个新File实例。

- File(String pathname)

通过将给定路径名字符串转换为抽象路径名来创建一个新File实例。

- File(String parent, String child)

根据parent路径名字符串和child路径名字符串创建一个新File实例。

- File(URI)

通过将给定的URI类对象转换为一个抽象路径名来创建一个新的File实例。

在创建File类实例时，有个问题需要注意。Java一个显著的特点是，Java是跨平台的，可以做到“一次编译、处处运行”，所以在使用File类创建一个路径的抽象时，需要保证创建的这个File类也是跨平台的。但是不同的操作系统对文件路径的设定有不同的规则，例如在Windows操作系统下，一个文件的路径可能是“C:\com\bd\zuche\TestZuChe.java”，而在Linux和UNIX操作系统下，文件路径的格式就类似“/home/bd/zuche/TestZuChe.java”。

File类提供了一些静态属性，通过这些静态属性，可以获得Java虚拟机所在操作系统的分隔符的相关信息。

- File.pathSeparator

与系统有关的路径分隔符，它被表示为一个字符串。

- File.pathSeparatorChar

与系统有关的路径分隔符，它被表示为一个字符。

- File.separator

与系统有关的默认名称分隔符，它被表示为一个字符串。

- File.separatorChar

与系统有关的默认名称分隔符，它被表示为一个字符。

在Windows平台下编译、运行下面的程序，运行结果如图7.1所示。如果在Linux平台下运行，则PATH分隔符为“：”，而路径分隔符为“/”。

```
Import java.io.File;
public class TestFileSeparator
{
    public static void main(Striiig[]args)
    {
        System.out.println("PATH分隔符: "+File.pathSeparator);
        System.out.println("路径分隔符: "+File.separator);
    }
}
```

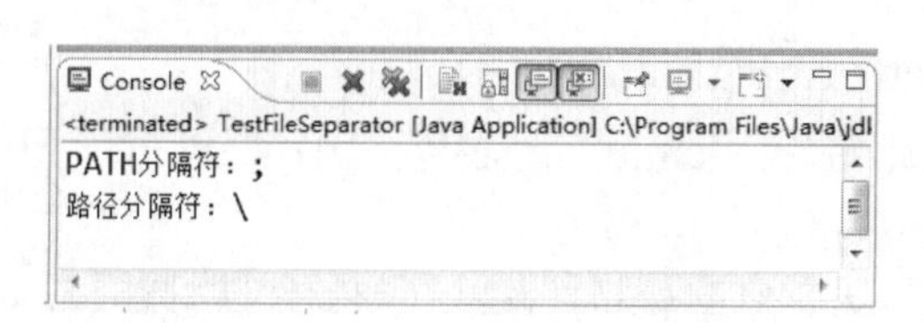

图7.1 File类分隔符

7.1.2 File类使用

下面通过一个具体的例子，来演示File类的一些常用方法，不易理解的代码通过注释加以描述。

```
Import java.io.*;
public class TestFile
{
    public static void main(String args[])throws IOException
    {
        System.out.print("文件系统根目录");
        for(File root:File.listRoots())
        {
            //format方法是使用指定格式化字符串输出
            System.out.format("%s",root);
        }
        System.out.println();
        showFile();
    }
    public static void show File()throws IOException
    {
        //创建file类对象file，注意使用转义字符"\"
        File f=new File("D:\\workspace\\CourseJavaCode\\src\\org\\
unitseven\\TestFile.java");
        File fl=new File("D:\\workspace\\CourseJavaCode\\src\\org\\
unitseven\\TestFile1.java");
        //当不存在该文件时，创建一个新的空文件
        fl.createNewFile();
        System.out.format("输出字符串: %s%n",f);
        System.out.format("判断File类对象是否存在:%b%n",f.exists());
        //%tc，输出日期和时间
        System.out.format("获取File类对象最后修改时间:%tc%n",f.
lastModified());
        System.out.format("判断File类对象是否是文件:%b%n",f.
isFile());
        System.out.format("判断File类对象是否是目录:%b%n",f.
isDirectory());
        System.out.format("判断File类对象是否有隐藏的属性:%
b%nn,f.isHidden());
```

```
        System.out.format("判断File类对象是否可读:%b%n",f.
canRead());
        System.out.format("判断File类对象是否可写:%b%n",f.
canWrite());
        System.out.fonnat("判断File类对象是否可执行:%b%n",f.
canExecute());
        System.out.format("判断File类对象是否是绝对路径:%b%n",f.
isAbsolute());
        System.out,format("获取File类对象的长度: %d%n",f.length());
        System.out.format("获取File类对象的名称: %s%n",f.getName());
        System.out.format("获取File类对象的路径: %s%n",f.getPath());
        System.out.format("获取File类对象的绝对路径:%s%n",f.
getAbsolutePath());
        System.out.format("获取File类对象父目录的路径:%s%n",f.
getParent());
    }
}
```

编译、运行程序，程序运行结果如图7.2所示。

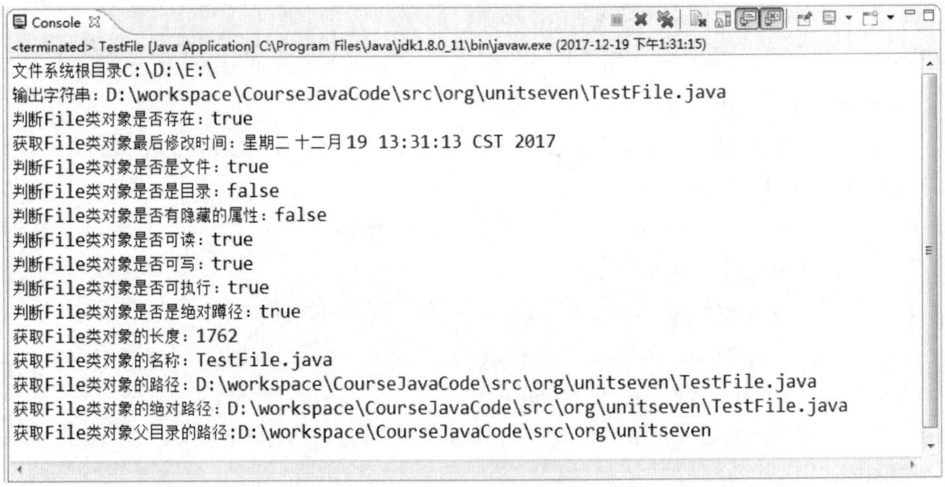

```
Console
<terminated> TestFile [Java Application] C:\Program Files\Java\jdk1.8.0_11\bin\javaw.exe (2017-12-19 下午1:31:15)
文件系统根目录C:\D:\E:\
输出字符串：D:\workspace\CourseJavaCode\src\org\unitseven\TestFile.java
判断File类对象是否存在：true
获取File类对象最后修改时间：星期二 十二月19 13:31:13 CST 2017
判断File类对象是否是文件：true
判断File类对象是否是目录：false
判断File类对象是否有隐藏的属性：false
判断File类对象是否可读：true
判断File类对象是否可写：true
判断File类对象是否可执行：true
判断File类对象是否是绝对蹲径：true
获取File类对象的长度：1762
获取File类对象的名称：TestFile.java
获取File类对象的路径：D:\workspace\CourseJavaCode\src\org\unitseven\TestFile.java
获取File类对象的绝对路径：D:\workspace\CourseJavaCode\src\org\unitseven\TestFile.java
获取File类对象父目录的路径:D:\workspace\CourseJavaCode\src\org\unitseven
```

图7.2 File类对象的常用方法

程序中的代码for(File root:File.listRoots()){...}，通过一个增强for循环，遍历File.listRoots()方法获取的根目录集合（File对象集合）。

fl.createNewFile();是当不存在该文件时，创建一个新的空文件，所以在C:\com\bd\zuche\目录下创建了一个空文件，文件名为Vehiclel.java。另外，这个方法在执行过程中，如果发生I/O错误，会抛出IOException检查时异常，必须要进行显式的捕获或继续向外抛出该异常。

System.out.format(format, args)是使用指定格式化字符串输出，其中format参数为格式化转换符。关于转换符的说明如表7.1所示。

表7.1　转换符说明

转换符	说明
%s	字符串类型
%c	字符类型
%b	布尔类型
%d	整数类型（十进制）
%x	整数类型（十六进制）
%o	整数类型（八进制）
%f	浮点类型
%e	指数类型
%%	百分比类型
%n	换行符
%tx	日期与时间类型

7.1.3 静态导入

从JDK1.5开始，增加了静态导入的特性，用来导入指定类的某个静态属性或方法，也可以导入全部静态属性或方法，静态导入使用import static语句。

下面通过静态导入前后的代码对比，理解静态导入的使用。

```
//静态导入前的代码
public class TestStatic
{
    public static void main(String[]args)
    {
        System.out.println(Integer.MAX_VALUE);
        System.out.println(Integer.toHexString(l2));
    }
```

```
}
//静态导入后的代码
imports tatic java.lang.System.out;
imports tatic java.lang.Integer.*;
public class TestStatic2
{
    public static void main(String[]args)
    {
        out.println(MAX_VALUE);
        out.println(toHexString(l2));
    }
}
```

通过代码对比可以看出，使用静态导入省略了System和Integer的书写，编写代码相对简单。在使用静态导入的时候，需要注意以下几点。

（1）虽然在语言表述上说的是静态导入，但在代码中必须写import static。

（2）注意静态导入冲突。例如，同时对Integer类和Long类执行了静态导入，引用MAX_VALUE属性将导致一个编译器错误，因为Integer类和Long类都有一个MAX_VALUE常量，编译器不知道使用哪个MAX_VALUE。

（3）虽然静态导入让代码编写相对简单，但毕竟没有完整地写出静态成员所属的类名，程序的可读性有所降低。

在上一小节TestFile代码中，System.out被书写了多次。对于这种情况，建议程序员编写代码时静态导入System类下的out静态变量，这样在之后代码内直接书写out即可代表此静态变量。

7.1.4 获取目录和文件

File类提供了一些方法，用来返回指定路径下的目录和文件。

- String[]list()

返回一个字符串数组，这些字符串指定此抽象路径名表示的目录中的文件和目录。

- String[]list(FilenameFilter filter)

返回一个字符串数组，这些字符串指定此抽象路径名表示的目录中满足指定过滤器的文件和目录。

- File[]listFiles()

返回一个抽象路径名数组，这些路径名表示此抽象路径名表示的目录中的文件和目录。

• File[]listFiles(FilenameFilter filter)

返回一个抽象路径名数组，这些路径名表示此抽象路径名表示的目录中满足指定过滤器的文件和目录。

接下来通过一个案例，演示File类的这些方法的使用，其中FilenameFilter过滤器只需要简单了解即可。

```
import java.io.*;
public class TestListFile
{
    public static void main(String args[])throws IOException
    {
        File f=new File("D:\\ workspace\\CourseJavaCode\\src\\org\\
unitseven");
        System.out.println("***使用list()方法获取String数组***");
        //返回一个字符串数组，由文件名组成
        String[]fNameList=f.list();
        for(String fName:fNameList)
        {
            System.out.println(fName);
        }
        System.out.println("***使用listiFiles()方法获取File数组***");
        //返回一个File数组，由File实例组成
        File[]fList=f.listFiles();
        for(File fl:fList)
        {
            System.out.println(fl.getName());
        }
        //使用匿名内部类创建过滤器，过滤出.java结尾的文件
        System.out.println("***使用listFiles(filter)方法过滤出.java文件***");
        File[]fileList=f.listFiles(new FileFilter()
        {
            public boolean accept(File pathname)
            {
                if(pathname.getName().endsWith(".java"))
                return true;
                return false;
            }
```

```
        });
        for(File fl:fileList)
        {
            System.out.println(fl.getName());
        }
    }
}
```

编译、运行程序，其结果如图7.3所示。

```
Console
<terminated> TestListFile [Java Application] C:\Program Files\Java\jdk1.8.0_11\bin\javaw.exe (2017-12-19 下午1:32:01)
***使用list()方法获取String数组***
test.dtd
test.xml
TestByteStream.java
TestData.java
TestDOM.java
TestFile.java
TestFile1.java
TestFileSeparator.java
TestListFile.java
vehicles.xml
zcxt.dtd
***使用listiFiles()方法获取File数组***
test.dtd
test.xml
TestByteStream.java
TestData.java
TestDOM.java
TestFile.java
TestFile1.java
TestFileSeparator.java
TestListFile.java
vehicles.xml
zcxt.dtd
***使用listFiles(filter)方法过滤出.java文件***
TestByteStream.java
TestData.java
TestDOM.java
TestFile.java
TestFile1.java
TestFileSeparator.java
TestListFile.java
```

图7.3 获取目录和文件

7.2 字节流和字符流

在Java中，文件的输入和输出是通过流（Stream）来实现的，流的概念源于UNIX中管道（pipe）的概念。在UNIX系统中，管道是一条不间断的字节流，用来实现程序或进程间的通信，或读写外围设备、外部文件等。

一个流，必有源端和目的端，它们可以是计算机内存的某些区域，也可以是磁盘文件，甚至可以是互联网上的某个URL。对于流而言，不用关心数据是如何传输的，只需要向源端输入数据，从目的端获取数据即可。

输入流和输出流的示意图如图7.4和图7.5所示。

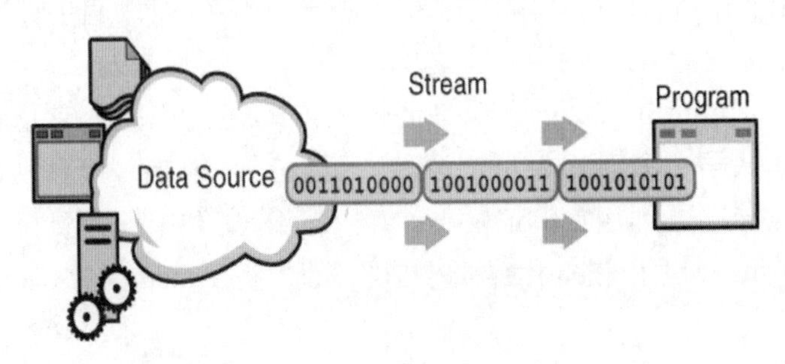

图7.4 输入流示意图

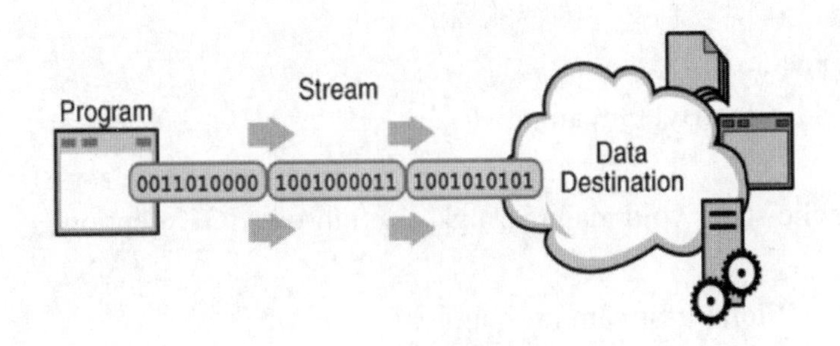

图7.5 输出流示意图

流按照处理数据的单位，可以分为字节流和字符流。字节流的处理单位是字节，通常用来处理二进制文件，例如音乐、图片文件等。而字符流的处理单位是字符，因为Java采用Unicode编码，Java字符流处理的即为Unicode字符，所以在操作汉字、国际化等方面，字符流具有优势。

7.2.1 字节流

所有的字节流类都继承自InputStream或OutputStream这两个抽象类，这两个抽象类拥有的方法可以通过查阅Java API获得。JDK提供了不少字节流，下面列举了5个输入字节流类，输出字节流类和输入字节流类存在对应关系，这里不再一一列举。

- FileInputStream：把一个文件作为输入源，从本地文件系统中读取数据字节，实现对文件的读取操作。

• ByteArrayInputStream：把内存中的一个缓冲区作为输入源，从内存数组中读取数据字节。

• ObjectInputStream：对以前使用ObjectOutputStream写入的基本数据和对象进行反序列化，用于恢复那些以前序列化的对象，注意这个对象所属的类必须实现Serializable接口。

• PipedInputStream：实现了管道的概念，从线程管道中读取数据字节，主要在线程中使用，用于两个线程之间的通信。

• SequenceInputStream：表示其他输入流的逻辑串联，它从输入流的有序集合开始，并从第一个输入流开始读取，直到文件末尾，接着从第二个输入流读取，依次类推，直到包含的最后一个输入流的文件末尾为止。

• System.in：从用户控制台读取数据字节，在System类中，in是InputStream类的静态对象。

接下来通过一个案例，说明如何使用FileInputStream和FileOutputStream两个字节流类，实现复制文件内容的目的。

```
import java.io.*;
public class TestByteStream
{
    public static void main(String[] args) throws IOException
    {
        FileInputStream in = null;
        FileOutputStream out = null;
        try
        {
            File f = new File("D:\\workspace\\CourseJavaCode\\src\\
org\\unitseven\\TestFile1.java");
            f.createNewFile();
            //通过构造方法之一: String构造输入流
            in = new FileInputStream("D:\\ workspace\\
CourseJavaCode\\src\\org\\unitseven\\TestFiel.java");
            //通过构造方法之一: File类构造输出流
            out = new FileOutputStream(f);
            //通过逐个读取、存入字节，实现文件复制
            int c;
            while ((c = in.read()) != −1)
```

```
                {
                    out.write(c);
                }
            }
            catch(IOException e)
            {
                System.out.printIn(e.getMessage());
            }
            finally
            {
                if(in !=null)
                {
                    in.close();
                }
                if(out !=null)
                {
                    out.close();
                }
            }
        }
    }
```

上面的代码分别通过传入字符串和File类，创建了文件输入流和输出流，然后调用输入流类的read()方法从输入流读取字节，再调用输出流的write()方法写入字节，从而实现了复制文件内容的目的。

代码中有两个细节需要注意，一是read()方法碰到数据流末尾，返回的是-1；二是在输入、输出流用完之后，要在异常处理的finally块中关闭输入、输出流，节省资源。

编译、运行程序，D:\workspace\CourseJavaCode\src\org\unitseven目录下新建了一个TestFiel1.java文件，打开该文件和TestFiel.java对比，内容一致。再次运行程序，并再次打开TestFiel1.java文件，TestFiel1.java里面的原内容没有再重复增加一遍，这说明输出流的write()方法是覆盖文件内容，而不是在文件内容后面添加内容。如果想采用添加的方式，则在使用构造方法创建字节输出流时，增加第二个值为true的参数即可，例如new FileOutputStream(f, true)。

程序中，通过f.createNewFile()代码创建了Vehicle1.java这个文件，然后从Vehicle.java向Vehicle1.java实施内容复制。如果注释掉创建文件的这行代码（删除之前创建的Vehicle1.java文件），编译、运行程序，会自动创建出这个文件吗？请读者自行尝试！

接下来列举InputStream输入流的可用方法。

- int read()

从输入流中读取数据的下一字节，返回0到255范围内的int型字节值。

- int read(byte[] b)

从输入流中读取一定数量的字节，并将其存储在字节数组b中，以整数形式返回实际读取的字节数。

- int read(byte[] b, int off, int len)

将输入流中最多len字节数据读入字节数组b中，以整数形式返回实际读取的字节数，off指数组b中将写入数据的初始偏移量。

- void close()

关闭此输入流，并释放与该流关联的所有系统资源。

- int available()

返回此输入流，下一个方法调用可以不受阻塞地从此输入流读取（或跳过）的估计字节数。

- void mark(int readlimit)

在此输入流中标记当前的位置。

- void reset()

将此输入流重新定位到最后一次对此输入流调用mark()方法时的位置。

- boolean markSupported()

判断此输入流是否支持mark()和reset()方法。

- long skip(long n)

跳过和丢弃此输入流中的n字节数据。

7.2.2 字符流

所有的字符流类都继承自Reader和Writer这两个抽象类，其中Reader是用于读取字符流的抽象类，子类必须实现的方法只有read(char[], int, int)和close()。但是，多数子类重写了此处定义的一些方法，以提供更高的效率或完成其他功能。Writer是用于写入字符流的抽象类，和Reader类对应。

Reader和Writer要解决的主要问题是国际化。原先的I/O类库只支持8位的字节流，因此不能很好地处理16位的Unicode字符。Unicode是国际化的字符集，这样增加了Reader和Writer之后，就可以自动在本地字符集和Unicode国际化字符集之间进行转换，程序员在应对国际化时不需要做过多额外的处理。

JDK提供了一些字符流实现类，下面列举了部分输入字符流类，同样，输出字符流类和输入字符流类存在对应关系，这里不再一一列举。

- FileReader：与FileInputStream对应，从文件系统中读取字符序列。
- CharArrayReader：与ByteArrayInputStream对应，从字符数组中读取数据。
- PipedReader：与PipedInputStream对应，从线程管道中读取字符序列。
- StringReader：从字符串中读取字符序列。

之前的案例我们通过字节流实现了复制文件内容的目的，接下来我们使用FileReader和FileWriter这两个字符流类实现相同的效果。和上一个程序不同的是，这个程序，源文件名及目标文件名不是写在程序里面，也不是在程序运行过程中让用户输入的，而是在执行程序时，作为参数传递给程序源文件名及目标文件名。具体代码如下所示。

```
import java.io.*;
public class TestCharStream
{
    public static void main(String[] args) throws IOException
    {
        FileReader in = null;
        FileWriter out = null;
        try
        {
            //其中args[0]代表程序执行时输入的第一个参数
            in = new FileReader(args[0]);
            out = new FileWriter(args[l]);
            //通过逐个读取、存入字符，实现文件复制
            int c;
            while ((c = in.read()) !== −1)
            {
                out.write(c);
            }
        }
        catch(IOException e)
        {
            System.out.println(e.getMessage());
        }
        finally
        {
            if(in!=null)
```

```
                {
                    in.close();
                }
                if(out != null)
                {
                    out.close();
                }
            }
        }
    }
```

上面的代码和TestByteStream的代码类似，只是分别使用了字符流类或字节流类，逐个读取和写入的分别是字符或字节。

在程序里，main()方法中有args这个字符串数组参数，通过这个参数，可以获取用户执行程序时输入的多个参数，其中args[0]代表程序执行时用户输入的第一个参数，args[l]代表程序执行时用户输入的第二个参数，依次类推。

接下来列举Writer输出字符流的可用方法，希望读者有所了解。注意，这些方法操作的数据是char类型，不是byte类型。

- Writer append(char c)

将指定字符添加到此Writer，此处是添加，不是覆盖。

- Writer append(CharSequence csq)

将指定字符序列添加到此Writer。

- Writer append(CharSequence csq, int start, int end)

将指定字符序列的子序列添加到此Writer

- void write(char[] cbuf)

写入字符数组。

- void write (char[] cbuf, int off, int len)

写入字符数组的某一部分。

- void write(int c)

写入单个字符。

- void write(String str)

写入字符串。

- void write(String str, int off, int len)

写入字符串的某一部分。

- void close()

关闭此流。

7.3 其他流

到目前为止，使用的字节流、字符流都是无缓冲的输入、输出流，这就意味着，每一次的读、写操作都会交给操作系统来处理。这样的做法可能会对系统的性能造成很大的影响，因为每一次操作都可能引发磁盘硬件的读、写或网络的访问，这些磁盘硬件的读、写和网络访问会占用大量系统资源，影响效率。

7.3.1 缓冲流

之前介绍的字节流和字符流，因为没有使用缓冲区等原因，一般不直接使用。在实际编程过程中，这些对象的引用还要传入到装饰类中去，动态地给这些对象增加额外的功能，形成新的对象，这些新的对象才是实际需要的字节流和字符流对象，这个过程同时也需要使用装饰器模式。装饰类的使用如下所示。

```
FileInputStream fis = new FileInputStream("Car.java");
装饰器类in = new装饰器类(fis);
```

缓冲流是一种装饰器类，目的是让原字节流、字符流新增缓冲的功能。以字符缓冲流为例进行说明，字符缓冲流从字符流中读取、写入字符，但不立刻要求系统进行处理，而是缓冲部分字符，从而实现按规定字符数、按行等方式高效地读取或写入。缓冲流缓冲区的大小可以指定（通过缓冲流构造方法指定），也可以使用默认大小，多数情况下默认大小已够使用。通过一个输入字符流和输出字符流创建输入字符缓冲流和输出字符缓冲流的代码如下所示。

```
BufferedReader in = new BufferedReader(new FileReader("Car.java"));
BufferedWriter out = new BufferedWriter(new FileWriter("Truck.java"));
```

输入字符缓冲流类与输出字符缓冲流类的方法和输入字符流类与输出字符流类的方法类似，下面通过一个例子演示缓冲流的使用。

```
import java.io.*;
public class TestBufferStream
{
    public static void main(String[] args) throws IOException
    {
        BufferedReader in = null;
        BufferedWriter out = null;
        try
        {
```

```
            in=new BufferedReader(new
            FileReader("D:\\workspace\\CourseJavaCode\\src\\org\\
unitseven\\TestFiel.java"));
            out=new BufferedWriter(new
            FileWriter("D:\\workspace\\CourseJavaCode\\src\\org\\
unitseven\\TestFiel2.java"));
            //逐行读取、存入字符串，实现文件复制
            String s;
            while ((s = in.readLine()) != null)
            {
                out.write(s);
                //写入一个分行符，否则内容在一行显示
                out.newLine();
            }
        }
        catch(IOException e)
        {
            System.out.println(e.getMessage());
        }
        finally
        {
            if(in != null)
            {
                in.close();
            }
            if(out !=null)
            {
                out.close();
            }
        }
    }
}
```

上面的代码在读取数据时，使用的是BufferedReader缓冲流的readLine()方法，获取该行字符串并存储到String对象s里。在输出的时候，使用的是BufferedWriter缓冲流的write(s)方法，把获取的字符串输出到Vehicle2.java文件。有一个地方需要注意，在每次调用write(s)方法之后，要调用输出缓冲流的newLine()方法写入一个分行符，否则所有内容将在一行显示。

有些情况下，不是非要等到缓冲区满，才向文件系统写入。例如在处理一些关键数据时，需要立刻将这些关键数据写入文件系统，这时则可以调用flush()方法，手动刷新缓冲流。另外，在关闭流时，也会自动刷新缓冲流中的数据。

flush()方法的作用就是刷新该流的缓冲。如果该流已保存缓冲区中各种write()方法的所有字符，则立即将它们写入预期目标。如果该目标是另一个字符或字节流，也将其刷新。因此，一次flush()调用将刷新Writer和OutputStream链中的所有缓冲区。

7.3.2 字节流转换为字符流

假设有这样的需求：使用一个输入字符缓冲流读取用户在命令行输入的一行数据。

分析这个需求，首先得知需要用输入字符缓冲流读取数据，可以使用刚才介绍的BufferedReader这个类。其次，需要获取的是用户在命令行输入的一行数据，通过前文介绍，System.in是InputStream类（字节输入流）的静态对象，可以从命令行读取数据字节。现在问题出现了，需要把一个字节流转换成一个字符流。可以使用InputStreamReader和OutputStreamWriter这两个类来进行转换。

完成上面需求的代码如下所示，通过该段代码，可以了解如何将字节流转换成字符流。

```
import java.io.*;
public class TestByteToChar
{
    public static void main(String[] args) throws IOException
    {
        BufferedReader in = null;
        try
        {
            //将字节流System.in通过InputStreamReader转换成字符流
            in = new BufferedReader(new InputStreamReader(System.in));
            System.out.print("请输入你今天最想说的话: ");
            String s = in.readLine();
            System.out.println("你最想表达的是"+ s);
        }
        catch(IOException e)
```

```
            {
                System.out.println(e.getMessage());
            }
            finally
            {
                if(in !=null)
                {
                    in.close();
                }
            }
        }
    }
```

刚才提到的将字节流转换为字符流，实际上使用了一种设计模式——适配器模式。适配器模式的意图是将一个类的接口转换成客户希望的另外一个接口，该模式使得原本由于接口不兼容而不能一起工作的那些类可以一起工作。

7.3.3 数据流

数据流，简单来说就是容许字节流直接操作基本数据类型和字符串。

假设程序员使用整型数组types存储车型信息（1代表轿车、2代表卡车），用数组names、oils、losss和others分别存储车名、油量、车损度和品牌（或吨位）的信息。现要求使用数据流将数组信息存到数据文件data中，并从数据文件中读取数据用来输出车辆信息。

```
import java.io.*;
public class TestData
{
    static final String dataFile = " D:\\workspace\\CourseJavaCode\\src\\
org\\unitseven\\data";//数据存储文件
    //标识车类型: 1代表轿车、2代表卡车
    static final int[] types = {1,1,2,2};
    static final String[] names ={ "战神","跑得快","大力士","大力士2代"};
    static final int[] oils = {20,40,20,30};
    static final int[] losss = {0,20,0,30};
    static final String[] others = {"长城","红旗","5吨","10吨"};
    static DataOutputStream out = null;
    static DataInputStream in = null;
```

```
    public static void main(String[] args) throws IOException
    {
        try
        {
            //输出数据流，向dataFile输出数据
            out=new DataOutputStream(new BufferedOutputStream(new
FileOutputStream(dataFile)));
            for (int i = 0; i < types.length; i++)
            {
                out.writeInt(types[i]);
                //使用UTF-8编码将一个字符串写入基础输出流
                out.writeUTF(names[i]);
                out.writeInt(oils[i]);
                out.writeInt(loss[i]);
                out.writeUTF(others[i]);
            }
        }
        finally
        {
            out.close();
        }
        try
        {
            int type,oil,loss;
            String name,other;
            //输出数据流，从dataFile读出数据
            in = new DataInputStream(new BufferedInputStream(new
FileInputStream(dataFile)));
            while(true)
            {
                type = in.readInt();
                name = in.readUTF();
                oil = in.readInt();
                loss = in.readInt();
                other = in.readUTF();
                if(type = l)
```

```
                {
                        System.out.println("显示车辆信息:\n轿车车辆名
称为"+name+"，品牌是"+other+"，油量是"+oil+"，车损度为"+loss);
                }
                else
                {
                        System.out.println("显示车辆信息:\n卡车车辆名称
为"+name+"，吨位是"+other+"，油量是"+oil+"，车损度为"+loss);
                }
            }
        }
        catch(EOFException e)
        {
            //EOFException作为读取结束的标志
        }
        finally
        {
            in.close();
        }
    }
}
```

编译、运行程序，程序运行结果如图7.6所示。

```
Console
<terminated> TestData [Java Application] C:\Program Files\Java\jdk1.8.0_11\bin\javaw.exe (2017-12-19 下午1:35:57)
显示车辆信息：
轿车车辆名称为战神，品牌是长城，油量是20，车损度为0
显示车辆信息：
轿车车辆名称为跑得快，品牌是红旗，油量是40，车损度为20
显示车辆信息：
卡车车辆名称为大力士，吨位是5吨，油量是20，车损度为0
显示车辆信息：
卡车车辆名称为大力士2代，吨位是10吨， 油量是30，车损度为30
```

图7.6 使用数据流存取车辆信息

7.4 XML解析

7.4.1 XML概述

XML是可扩展标记语言（Extensible Markup Language）的简称。XML一

经推出，就得到了IT行业巨头们的响应，如今已被广泛使用。XML独立于计算机平台、操作系统和编程语言用来表示数据，简单、灵活、交互性好和可扩展这几个特点是其能被广泛使用的主要原因。

XML应用范围

XML的应用范围主要体现在以下几个方面。

• 存储数据

内存中数据需要存储到文件中，才能当关闭系统或系统断电之后，通过文件进行恢复。现如今，用数据库存储数据这种方式使用得较为广泛。因为数据库管理系统不仅能存储数据，而且还提供了众多的管理数据的功能，尤其对大数据量的操作，通常都使用数据库。XML与数据库相比，其优势就是简单、通用。

• 系统配置

如今，许多系统的配置文件都使用XML文档。使用XML文档进行系统配置，配置修改时不需要重新编译，灵活性强。例如接下来要介绍的Servlet，需要在web.xml文件中进行配置。Struts 2.0的配置文件是struts.xml，Hibernate的主配置文件是hibernate.cfg.xml，Spring的默认配置文件是applicationContext.xml。

• 数据交换

在各个分散的应用系统里，因为其平台、系统、数据库、编程语言的差异，保存起来的数据往往只能被本系统调用，形成一个个信息孤岛。如果需要整合各个系统的数据信息，或者在两个或多个系统中进行数据交换，往往让IT人员非常烦躁。现在利用XML交互性好的特点，可以将各个信息孤岛的数据转换成标准的XML文件，通过这个标准的XML文件进行导入和导出，以达到交换数据的目的。

XML文档结构

接下来看一个XML文档，这个文档存放的是“租车系统”车辆信息。

```
<?xml version = "1 .0" encoding="UTF-8"?>
<!DOCTYPE vehicles SYSTEM "zcxt.dtd">
<vehicles>
    <cars>
        <car id="1">
            <name> 战神 </name>
            <oil>20</oil>
            <loss>0</loss>
            <brand> 长城 </brand>
        </car>
        <car id="2">
            <name> 跑得快 </name>
```

```
                <oil>40</oil>
                <loss>20</loss>
                <brand> 红旗 </brand>
            </car>
        </cars>
        <trucks>
            <truck id="3">
                <name> 大力士 </name>
                <oil>20</oil>
                <loss>0</loss>
                <load>5吨</load>
            </truck>
            <truck id="4">
                <name> 大力士2代 </name>
                <oil>30</oil>
                <loss>30</loss>
                <load>10吨</load>
            </truck>
        </trucks>
    </vehicles>
```

通过这个文档可以看出，XML文档的标签（例如vehicles、trucks、car、name等）可以是自定义的，具有可扩展性，这和之后将要介绍的HTML标签（HTML标签是固定的）是不同的。另外，HTML的主要作用是通过标签和属性，更好地显示数据，而XML是用来存储或交换数据的，不记录数据的表现形式。

XML文档总是以XML声明开始，即告知处理程序，本文档是一个XML文档。在XML声明中，通常包括版本、编码等信息，以“<?”开始，以“?>”结尾。

XML文档由元素组成，一个元素由一对标签来定义，包括开始和结束标签，以及其中内容元素之间可以嵌套（但不能交叉），也就是说元素的内容里还可以包含元素。

标签可以有属性（属性值要加引号），例如car标签和truck标签都有id这个属性。属性是对标签的进一步描述和说明，一个标签可以有多个属性，每个属性都有自己的名字和数值，属性是标签的一部分。

文档类型定义

XML文档的优点之一就是它的灵活性，用户可以自定义标签和属性，满足用户存储数据的需求。XML另外一个特点就是交互性好，可以进行数据交换，但如果XML文档的编写人员随心所欲地编写XML文档，那么进行数据交换就无从谈起。为了更好地编写XML文档，保证文档格式的正确性，验证文档是否符合要求，可以使用文档类型定义（Document Type Definition，DTD）对XML文档进行约束。

DTD用来定义XML文档中的元素、属性，元素之间的关系以及元素所能包含内容的类型。

通过DTD，每一个XML文档均可携带一个有关其自身格式的描述。能独立完成程序开发的团体可一致地使用某个标准的DTD来规范XML文档，从而实现交换数据，而应用程序也可使用某个标准的DTD来验证从外部接收到的数据是否正确。

DTD可以定义在XML文档中，其作用域仅限于本文档，也可以作为一个外部文件存在，这个DTD文档可以被多个XML共用。例如刚才编写的XML文档，就是引用了外部的DTD文档zcxt.dtd进行约束。下面是将DTD内容写在XML文档中，具体内容如下所示。

```
<?xml version = "1.0" encoding="UTF-8"?>
<!DOCTYPE vehicles [
<!ELEMENT vehicles (cars,trucks)>
<!ELEMENT cars (car*)>
<!ELEMENT trucks (truck+)>
<!ELEMENT car (name,oil,loss,brand)>
<!ATTLIST car id CDATA #REQUTRED>
<!ELEMENT truck (name,oil,loss,load)>
<!ATTLIST truck id CDATA #REQUIRED>
<!ELEMENT name (#PCDATA)>
<!ELEMENT oil (#PCDATA)>
 <!ELEMENT loss (#PCDATA)>
 <!ELEMENT brand (#PCDATA)>
 <!ELEMENT load (#PCDATA)>
]>
 <vehicles>
        <cars>
              <car id="1">
              <name> 战神 </name>
              <oil>20</oil>
              <loss>0</loss>
              <brand> 长城 </brand>
        </car>
```

```
        <!--省略部分元素内容-->
    </vehicles>
```

下面选出部分DTD行进行解释。

- <!DOCTYPE vehicles [，根元素是vehicles。
- <!ELEMENT vehicles (cars, trucks)>，vehicles包括cars和trucks子元素，顺序固定，只能出现一次。
- <!ELEMENT cars (car*)>, cars包括car子元素，*表示car可以出现0−N次。
- <!ELEMENT trucks (truck+)>, trucks包括truck子元素，+ 表示truck至少出现1次。
- <!ELEMENT car (name, oil, loss, brand)>，car包括name、oil、loss、brand子元素。
- <!ATTLIST car id CDATA#REQUTRED>，car元素有id属性，是CDATA类型，必须出现。
- <!ELEMENT truck(name, oil, loss, load?)>，truck包括name、oil、loss、load子元素，？ 表示可以出现0或1次。
- <!ELEMENT name (#PCDATA)>, name元素是PCDATA类型。

如果引用的是外部的DTD文档zcxt.dtd进行约束，则该zcxt.dtd的内容如下所示。

```
<!ELEMENT vehicles (cars,trucks)>
<!ELEMENT cars (car*)>
<!ELEMENT trucks (truck+)>
<!ELEMENT car (name,oil,loss,brand)>
<!ATTLIST car id CDATA #REQUIRED>
<!ELEMENT truck (name,oil,loss,load?)>
<!ATTLIST truck id CDATA #REQUIRED>
<!ELEMENT name (#PCDATA)>
<!ELEMENT oil (#PCDATA)>
<!ELEMENT loss (#PCDATA)>
<!ELEMENT brand (#PCDATA)>
<!ELEMENT load (#PCDATA)>
```

7.4.2 XML解析

在介绍XML概述中提到过，XML文档的应用范围主要有存储数据、系统配置和数据交换。也就是说，作为程序员，需要编写程序读取XML文档中的数据，或将数据写入XML文档。目前常用的XML解析技术有DOM（Document

Object Model的缩写）和SAX（Simple API for XML的缩写）。JDK提供了JAXP来使用DOM和SAX，其中org.w3c.dom是W3C推荐的用于使用DOM解析XML文档的接口，org.xml.sax是使用SAX解析XML文档的接口，javax.xml.parsers是提供允许处理XML文档的类，支持DOM和SAX。本节重点介绍DOM解析，SAX解析方法仅作简要介绍，不展开讲解。

DOM树

DOM是XML文档的应用程序接口它与语言无关、与平台无关。它定义了对XML文档进行随机访问与操作的方法。利用DOM，程序开发人员可以动态地创建XML文档，遍历文档结构，添加、修改、删除文档内容，改变文档的显示方式等。可以这样说，文档代表的是数据，而DOM则代表了如何去处理这些数据。

DOM把一个XML文档映射成一个分层对象模型，而这个层次的结构，是一棵根据XML文档生成的节点树。DOM在对XML文档进行分析之后，不管这个文档有多简单或多复杂，其中的信息都会被转化成一棵对象节点树。在这棵节点树中，有一个根节点，其他所有的节点都是根节点的子节点。节点树生成之后，就可以通过DOM接口访问、修改、添加、删除树中的节点或内容了。

对DOM树的操作，主要通过以下几个接口。

一、Node接口

Node接口在整个DOM树中具有举足轻重的地位，DOM接口中有很大一部分接口是从Node接口继承过来的，例如Document（根节点）、Element（元素）、Attr（属性）、Comment（注释）、Text（元素或属性的文本内容）等接口都是从Node继承过来的。在DOM树中，Node接口代表了树中的一个节点。Node接口的常用方法如下所示。

- NodeList getChildNodes()

返回此节点的所有子节点的NodeList。

- Node getFirstChild()

返回此节点的第一个子节点。

- Node getLastChild()

返回此节点的最后一个子节点。

- Node getNextSibling()

返回此节点之后的节点。

- Node getPreviousSibling()

返回此节点之前的节点。

- Document getOwnerDocument()

返回与此节点相关的Document对象。

• Node getParentNode()

返回此节点的父节点。

• short getNodeType()

返回此节点的类型。

• String getNodeName()

根据此节点类型，返回节点名称。

• String getNodeValue()

根据此节点类型，返回节点值。

刚才已经提到，DOM中很多接口都是从Node接口继承的，所以Node接口拥有的方法这些接口都可以使用。但是这些从Node接口继承下来的接口又都各有特性，所以Node接口拥有的方法在各个子接口上的返回值含义不尽相同。例如，对于Element（元素接口）的getNodeType()的返回值为Node.ELEMENT_NODE常量，getNodeName()的返回值为标签名称，getNodeValue()的返回值为null。表7.2列出了nodeName、nodeValue和attributes的值将根据接口类型的不同而不同，这对于学习XML解析的初学者而言是个难点，请读者务必结合后面的例子，深刻理解。

• String getTextContent()

返回此节点的文本内容。

• void setNodeValue(String nodeValue)

根据此节点类型，设置节点值。

• void setTextContent(String textContent)

设置此节点的文本内容。

• Node appendChild(Node newChild)

将节点newChild添加到此节点的子节点列表的末尾。

• Node insertBefore(Node newChild, Node refChild)

在现有子节点refChild之前插入节点newChild。

• Node removeChild(Node oldChild)

从子节点列表中移除oldChild所指示的子节点，并将其返回。

• Node replaceChild(Node newChild, oldChild)

将子节点列表中的子节点oldChild替换为newChild，并返回oldChild节点。

二、Document接口

Document接口表示DOM树中的根节点，即对XML文档进行操作的入口节点。通过Document节点，可以访问到文档中的其他节点。Document接口的常用方法如下所示。

表7.2　Node子接口属性值

Interface	nodeName	nodeValue	attributes
Attr	与Attr.name相同	与Attr .value相同	null
CDATASection	"#cdata-section"	与CharacterData.data相同，CDATA节的内容	null
Comment	"# comment"	与CharacterData.data相同，该注释的内容	null
Document	"#document"	null	null
DocumentFragment	"#document-fragment"	null	null
DocumentType	与DocumentType.name相同	null	null
Element	与Element.tagName相同	null	NamedNodeMap
Entity	entity name	null	null
EntityReference	引用的实体名称	null	null
Notation	notation name	null	null
ProcessingInstruction	与ProcessingInstruction.target相同	与ProcessingInstruction.data相同	null
Text	"#text"	与CharacterData.data相同，该文本节点的内容	null

• Element getDocumentElement()

返回代表这个DOM树根节点的Element对象。

• NodeList getElementsByTagName(String tagname)

按文档顺序返回包含在文档中且具有给定标记名称的所有Element的NodeList。

三、NodeList接口

NodeList接口提供了对节点集合的抽象定义，包含了一个或多个节点（Node）的有序集合。NodeList接口的常用方法如下所示。

• int getLength()

返回有序集合中的节点数。

• Node item(int index)

返回有序集合中的第index个项。

DOM解析XML

使用DOM解析XML文档的步骤如下所示。

（1）创建解析器工厂，即DocumentBuilderFactory对象。

（2）通过解析器工厂获得DOM解析器，即DocumentBuilder对象。

（3）解析指定XML文档，得到DOM节点树。

（4）对DOM节点树进行操作，完成对XML文档的增、删、改、查。

下面使用DOM对之前编写的用于存放“租车系统”车辆信息的vehides.xml文档进行解析，并输出“租车系统”中有几种类型的车，“租车系统”中有几辆卡车，并详细输出每辆卡车的id属性及详细信息，程序运行结果如图7.7所示。

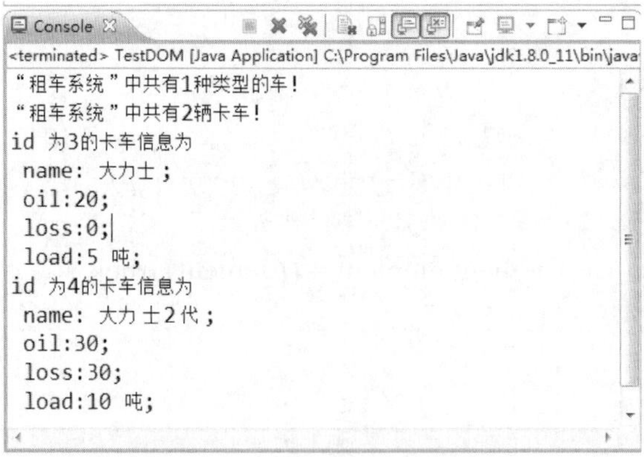

```
Console
<terminated> TestDOM [Java Application] C:\Program Files\Java\jdk1.8.0_11\bin\java
“租车系统”中共有1种类型的车！
“租车系统”中共有2辆卡车！
id 为3的卡车信息为
 name: 大力士；
 oil:20;
 loss:0;
 load:5 吨;
id 为4的卡车信息为
 name: 大力士2代；
 oil:30;
 loss:30;
 load:10 吨;
```

图7.7　使用DOM解析vehicles.xml

具体代码如下所示，需要读者认真阅读代码中的注释，理解含义。

```
import java.io.*;
import javax.xml.parsers.*;
```

```
import org.w3c.dom.*;
import org.xml.sax.SAXException;
public class TestDOM
{
    public static void main(String[] args)
    {
        try
        {
            //创建解析器工厂
            DocumentBuilderFactory dbf = DocumentBuilderFactory.
newInstance();
            //通过解析器工厂获得DOM解析器
            DocumentBuilder db = dbf.newDocumentBuilder();
            //解析指定XML文档，得到DOM节点树
            Document doc = db.parse("vehicles.xml");
            //得到根节点下的所有子节点
            NodeList vehicles = doc.getChildNodes();
            System.out.println("“租车系统”中共有"+ vehicles.
getLength() + "种类型的车！");
            //得到所有<truck>节点列表信息
            NodeList truckList = doc.getElementsByTagName("truck");
            System.out.println("“租车系统”中共有" + truckList.
getLength() + "辆卡车！ ");
            //遍历所有卡车
            for (int i = 0; i < truckList.getLength(); i++)
            {
                //获取索引为i的卡车
                Node truck = truckList.item(i);
                //获取卡车属性值并显示
                Element element = (Element) truck;
                String idValue = element.getAttribute("id");
                //以下通过属性值获得属性节点，再通过属性节点
getNodeVahie()获得属性值
                //Node attr = element.getAttributeNode("id");
                //String idValue = attr.getNodeValue();
                System.out.println("id为" + idValue +"的卡车信息为");
                //获取索引为i的卡车详细信息并输出
                for (Node node = truck.getFirstChild(); node != null;
node = node.getNextSibling())
```

```
                    {
                        //根据节点类型进行判断，显示元素节点信
    息，例如<oil>20</oil>
                        if (node.getNodeType() = Node.ELEMENT_NODE)
                        {
                            //元素节点的节点名即为标签名，例如oil
                            String name = node.getNodeName();
                            //元素节点<oil>20</oil>下第一个子节点
    为文本节点20,得到节点值20
                            String value = node.getFirstChild().getNodeValue();
                            System.out.println(" "+ name + ":"+ value +";");
                        }
                    }
                }
            }
            catch (ParserConfigurationException e)
            {
                e.printStackTrace();
            }
            catch (SAXException e)
            {
                e.printStackTrace();
            }
            catch (IOException e)
            {
                e.printStackTrace();
            }
        }
    }
```

在上面的代码中，用到了根节点、属性节点、元素节点和文本节点，它们的nodeName、nodeValue和attributes的值含义各不相同，需要注意。

SAX解析XML

相比于DOM，SAX是一种速度更快，更有效地解析XML文档的方法。它不需要一次性建立一个完整的DOM树，而是读取文档时激活事件进行处理。

DOM是W3C标准，提供的是标准的解析方式，但其解析效率一直不尽如人意。这是因为DOM解析XML文档时，把所有内容一次性装载入内存，并构建一个驻留在内存中的节点树。如果需要解析的XML文档过大，或者

我们只对该文档中的一部分内容感兴趣，这种做法就会引起性能问题。

SAX既是一个接口，也是一个软件包。SAX在解析XML时是事件驱动型的，它的工作原理简单地说就是对文档进行顺序扫描，当扫描到文档开始与结束、元素开始与结束等地方时通知事件处理程序，由事件处理程序做相应动作，然后继续同样的扫描，直至文档结束。SAX的缺点也很明显，要用SAX对XML文档进行解析时，就要实现多个事件处理程序用来处理可能触发的事件，对程序员而言操作起来相对复杂。

任务实施

7.5 任务1 文件基本操作应用

7.5.1 子任务1 获取目录和文件路径

目标：完成本章7.1节的所有程序。

时间：30分钟。

工具：Eclipse。

7.5.2 子任务2 字符流方式实现文件复制

目标：完成本章7.2.2节的所有程序。

时间：30分钟。

工具：Eclipse。

7.5.3 子任务3 数据流方式存取车辆信息

目标：完成本章7.3.3节的所有程序。

时间：30分钟，

工具：Eclipse。

7.6 任务2 XML文件操作应用

7.6.1 子任务1 XML方式存放车辆信息

目标：完成本章7.4.2节中的相关文档。

时间： 20分钟。

工具： Eclipse。

7.6.2 子任务2 解析XML车辆信息

目标： 完成本章7.4.2节的程序。

时间： 30分钟。

工具： Eclipse。

拓展训练

为“租车系统”增加信息保存功能

目标： 优化“租车系统”，将车辆信息保存到数据文件中，并能从数据文件中读取车辆信息。

时间： 60分钟。

工具： Eclipse。

实现思路：

（1）提供一个工具类，在工具类中实现从数据文件中一次性读取所有车辆信息的方法，输入值为数据文件位置，返回值是一个有序集合，存放所有车辆（轿车或卡车）的对象；

（2）在工具类中，实现一次性保存有序集合中所有车辆信息到数据文件的方法（全部覆盖），输入值为有序集合（包含所有车辆的对象）和数据文件位置，返回一个布尔值，表示是否成功；

（3）“租车系统”系统启动时，调用读取所有车辆信息的方法装载所有车辆信息到有序集合，需要存储车辆信息的时候，调用一次性保存有序集合中所有车辆信息到数据文件的方法；

（4）“租车系统”暂不提供从数据文件指定位置读取某辆车信息和在指定位置保存某辆车信息的方法，不过可以通过在集合中指定位置进行操作，最后一次性读取或保存的方式解决这个问题。对用户而言这种操作是透明的，只是读取和保存的文件内容多，性能损失大。

综合训练

1. 要使编写的Java程序具有跨平台性，则在进行文件操作时，需要注意什么?

2. 请描述字节流和字符流的区别，并说明使用字符流的好处。

3. 请描述什么是静态导入以及静态导入的优缺点。

4. 请描述为什么需要使用缓冲流。

5. 请简单介绍什么是适配器模式和装饰器模式。

6. 请描述使用XML文档表示数据的优点并介绍XML文档的应用范围。

7. 请描述解析XML文档有哪些技术，它们的区别是什么。

第 8 章 线程应用

学习目标

- 掌握线程的使用方法。
- 了解线程协作的经典案例应用。

任务引导

多线程是这样一种机制，它允许在程序（进程）中并发执行多个指令流，每个指令流就称为一个线程，线程彼此间互相独立却又有着一定的联系。本章首先介绍多线程的概念，接着通过案例带领读者创建、使用线程，进行线程控制和共享数据，最后介绍线程间的死锁和协作。

相关知识

8.1 多线程

打开计算机，可以同时运行很多程序，比如一边运行着QQ，一边放着音乐，同时还可以收发电子邮件……能够做到这样是因为一个操作系统可以同时运行多个程序。一个正在运行的程序对于操作系统而言称为进程。

程序和进程的关系可以理解为，程序是一段静态的代码，是应用程序执行的蓝本，而进程是指一个正在运行的程序，在内存中运行，有独立的地址空间。

线程可以称为轻量级进程，它和进程一样拥有独立的执行路径。线程和进程的区别在于，线程存在于进程中，拥有独立的执行堆栈和程序计数器，没有独立的存储空间，而是和所属进程中的其他线程共享存储空间。

传统的程序，一个进程里只有一个线程，所以也称为单线程程序，而多线程程序是一个进程里拥有多个线程，两者之间的结构区别如图8.1所示。

8.1.1 线程引入

在操作系统中，使用进程是为了使多个程序能并发执行，以提高资源的利用率和系统吞吐量。在操作系统中再引入线程，则是为了减少采用多进程方式并发执行时所付出的系统开销，使计算机操作系统具有更好的并发性。

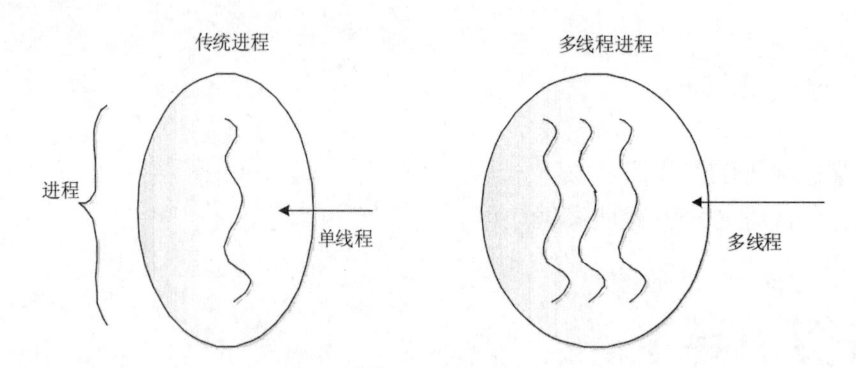

图8.1 单线程和多线程进程示意图

操作系统操作进程，付出的系统开销是比较大的。例如创建进程，系统在创建一个进程时，必须为它分配其所必需的资源（CPU资源除外），如内存空间、I/O设备以及建立相应的进程控制块。再如撤销进程，系统在撤销进程时又必须先对其所占用的资源执行回收操作，然后再撤销进程控制块。如果要进行进程间的切换，要保留当前进程的进程控制块环境和设置新选中的进程的CPU环境。

也就是说，由于进程是一个资源的拥有者，因而在创建、撤销和切换中，系统必须为之付出较大的系统开销。所以，系统中的进程，其数目不宜过多，进程切换的频率也不宜过高，这也就限制了系统并发性的进一步提高。

线程是进程内一个相对独立的、可调度的执行单元。进程是资源分配的基本单位，所有与该进程有关的资源，例如打印机、输入缓冲队列等，都被记录在进程控制块中，以表示该进程拥有这些资源或正在使用它们。与进程相对应的，线程与资源分配无关，它属于某一个进程，并与进程内的其他线程一起共享进程的资源。另外，进程拥有一个完整的虚拟地址空间，而同一进程内的不同线程共享进程的同一地址空间。

线程是操作系统中的基本调度单元，进程不是调度的单元，所以每个进程在创建时，至少需要同时为该进程创建一个线程，线程也可以创建其他线程。进程是被分配并拥有资源的基本单元，同一进程内的多个线程共享该进程的资源，但线程并不拥有资源，只是使用它们。由于共享资源，所以线程间需要通信和同步机制。

8.1.2 多线程优势

接下来，介绍采用线程比采用进程的好处，只有理解了采用线程比采用进程的好处才能更好地理解多线程的优势。

（1）系统开销小。用于创建和撤销线程的系统开销比创建和撤销进程的系统开销要小得多，同时线程之间切换时的开销也远比进程之间切换的开销小。

（2）方便通信和资源共享。如果是在进程之间通信，往往要求系统内核的参与，以提供通信机制和保护机制。而线程间通信是在同一进程的地址空间内，共享主存和文件，操作简单，无需系统内核参与。

（3）简化程序结构。用户在实现多任务的程序时，采用多线程机制实现，程序结构清晰，独立性强。

上面提到的是采用多线程的好处，在介绍多线程优势之前，可以尝试回答这样一个问题，如何提高多任务程序在计算机上的执行效率？提高多任务程序的执行效率，主要有3种方法。

第一种是提高硬件设备的性能，尤其是增加计算机CPU的个数或提高单个CPU的性能，以提高系统的整体性能。这种做法的问题在于，需要购置新设备，代价昂贵。

第二种做法是为这个程序启动多个进程，让多个进程去完成一个程序的多个任务，这样可以共享系统资源，也能达到提高系统性能的目的。但因为需要在多个任务之间共享、交换数据，系统会比较复杂，而且正如之前所说，创建、撤销和切换进程需要较大的系统开销，会消耗大量的资源。

第三种做法是在程序中使用多线程机制，让每个线程完成独立的任务，因为线程的系统开销小，所以对系统资源的影响小。

通过回答这个问题，可以看到，在一个操作系统中，多进程也可以实现多任务的功能，提高系统的执行效率。但是，因为进程本身消耗的资源多，没有采用一个进程中多个线程的方式节约系统资源。

接下来，总结多线程的优势。

（1）在程序内部充分利用CPU资源。在操作系统中，通常将CPU资源分成若干时间片，然后将这些时间片分配给不同的线程使用。当执行单线程程序时，单线程可能会发生一些事件，使这个线程不能使用CPU资源，对于CPU而言，该程序处于不能使用CPU资源的状态。而如果使用多线程机制，当一个线程不能使用CPU资源时，其他线程仍可以申请使用CPU资源，使得程序的其他线程继续运行。如果是多CPU计算机，则多个CPU可以分别执行一个程序里的多个线程，程序的并发性得到进一步提升。

（2）简化多任务程序结构。如果不采用多线程机制，那么要完成一个多任务的程序，则有两种解决方法。一种是采用多个进程，每个进程完成一个任务，多个进程共同完成程序的功能，当然这其中的缺点前面已经详细介绍过。另一种解决办法还是单线程，在程序中判断每项任务是否应该执行以及什么时候执行。这就让程序变得复杂，不易理解，而且程序内部不能实现多任务，执行速度慢。采用了多线程机制，可以让每个线程完成独立的任务，保持线程间通信，从而保证多任务程序功能的完成，也使程序结构更加清晰。

（3）方便处理异步请求。例如我们经常访问的服务器程序，当用户访问服务器程序时，比较简单的处理方法就是，服务器程序的监听线程为每一个客户端连接建立一个线程进行处理，然后监听线程仍然负责监听来自客户端的请求。使用了多线程机制，可以很好地处理监听客户端请求和处理请求之间的矛盾，方便了异步请求的处理。

（4）方便处理用户界面请求。如今所见即所得的用户界面程序，都会有一个独立的线程来扫描用户的界面操作事件。例如当用户单击一个按钮，按钮单击事件被触发，而这个线程会扫描出用户界面操作事件。如果使用单线程处理用户界面事件，则需要通过循环来对随时发生的事件进行扫描，在循环的内部还需要执行其他的代码。

8.1.3 线程状态

线程是相对独立的、可调度的执行单元，因此在线程的运行过程中，会分别处于不同的状态。通常而言，线程主要有下列几种状态。

（1）就绪状态：即线程已经具备运行的条件，等待调度程序分配CPU资源给这个线程运行。

（2）运行状态：调度程序分配CPU资源给该进程，该进程正在执行。

（3）阻塞状态：线程正等待某个条件符合或某个事件发生，才会具备运行的条件。

图8.2是线程的状态转换图，通过该图，会给大家介绍线程的执行过程和状态转换。

对线程的基本操作主要有以下5种，通过这5种操作，使线程在各个状态之间转换。

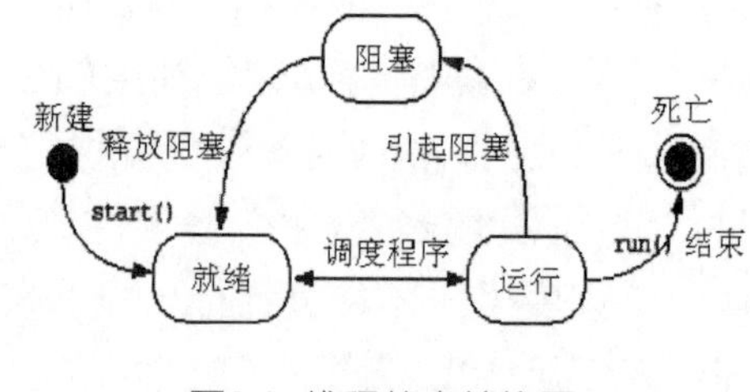

图8.2 线程状态转换图

• 派生

线程属于进程，可以由进程派生出线程，线程所拥有的资源将会被创建。一个线程既可以由进程派生，也可以由线程派生。在Java中，可以创建一个线程并通过调用该线程的start()方法使该线程进入就绪状态。

• 调度

调度程序分配CPU资源给就绪状态的线程，使线程获得CPU资源进行运行，即执行Java线程类中run()方法里的内容。

- 阻塞

正在运行状态的线程，在执行过程中需要等待某个条件符合或某个事件发生，此时线程进入阻塞状态。阻塞时，寄存器上下文、程序计数器以及堆栈指针都会得到保存。

- 激活

在阻塞状态下的线程，如果需要等待的条件已符合或事件已发生，则该线程被激活并进入就绪状态。

- 结束

在运行状态的线程，线程执行结束，它的寄存器上下文以及堆栈内容等将被释放。

8.2 创建和使用线程

创建和使用线程，就是要让这个线程完成一些特定的功能。在Java中，提供了java.lang.Thread类来完成多线程的编程，这个类也提供了大量的方法方便我们操作线程。编写一个线程类时，可以使其继承自这个Thread类，用来完成线程的相关工作。如果编写的线程类要继承其他类，但Java又不支持多继承，可以使用Java另外一种创建线程的方式，即实现Runnable接口。

8.2.1 创建线程类

如果线程类直接继承Thread类，其代码结构如下所示。

```
class类名extends Thread
{
    //属性
    //其他方法
    public void run()
    {
        //线程需要执行的核心代码
    }
}
```

从线程类的代码结构可以看出，一个线程的核心代码需要写在run()方法里。也就是说，当线程从就绪状态，通过调度程序分配CPU资源，进入运行状态后，执行的代码即为run()方法里面的代码。

如果线程类是实现Runnable接口的，其代码结构如下所示。

```
class类名implements Runnable
{
    //属性
    //其他方法
    public void run()
    {
        //线程需要执行的核心代码
    }
}
```

和继承Thread类非常类似，实现Runnable接口的线程类也需要编写run()方法，将线程的核心代码置于该方法中。但是Runnable接口并没有任何对线程的支持，我们还必须创建Thread类的实例，通过Thread类的构造函数来创建线程类。

```
类名对象名=new类名();
Thread线程对象名=new Thread(对象名);
```

8.2.2 多线程使用

下面的例子，分别使用继承Thread类和实现Runnable接口两种方式创建了两个线程类，并通过调用start()方法启动线程。具体程序代码如下所示。

```
public class TestThread
{
    public static void main(String[] args) throws InterruptedException
    {
        Thread tl = new MyThreadl();
        MyThread2 mt2 = new MyThread2();
        Thread t2 = new Thread(mt2);
        t1.start();
        t2.start();
    }
}
//继承Thread类创建线程类
public class MyThread1 extends Thread
{
    private int i = 0;
    //无参构造方法，调用父类构造方法设置线程名称
```

```
    public MyThread1()
    {
        super("我的线程1");
    }
    //通过循环判断，输出10次，每次间隔0.5秒
    public void run()
    {
        try
        {
            while(i< 10)
            {
                System.out.println(this,getName() + "运行第"+ (i+1)
+ "次");
                i++;
                //在指定的毫秒数内让当前正在执行的线程休眠(暂
停执行)
                sleep(500);
            }
        }
        catch(Exception e)
        {
            e.printStackTrace();
        }
    }
}
//实现Runnable接口创建线程类
public class MyThread2 implements Runnable
{
    String name ="我的线程2";
    public void run()
    {
        System.out.println(this.name);
    }
}
```

编译、运行程序，程序运行结果如图8.3所示。因为程序中的注释已对程序进行了详细的描述，这里不再展开解释。

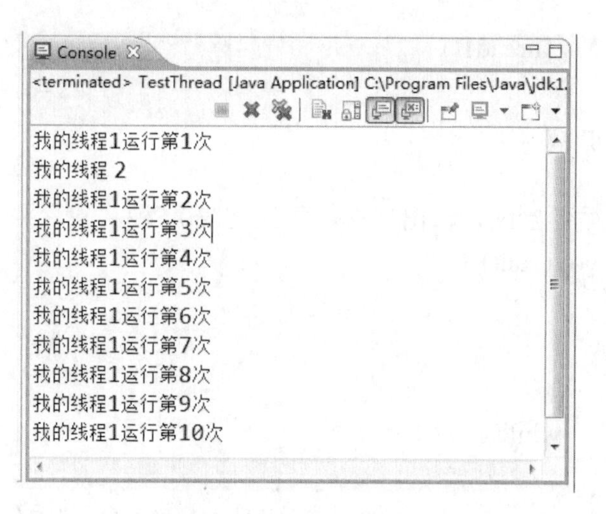

图8.3 多线程程序

程序中，要想启动一个线程，都是通过调用start()方法来启动的，使线程进入就绪状态，等待调度程序分配CPU资源后进入运行状态，执行run()方法里的内容。作为程序员，是不是可以直接调用run()方法，使这个线程运行起来呢？答案是可以，但也不可以。所谓可以是指的确能直接调用run()方法执行run()方法里的代码，但这只是串行执行run()方法，并没有启动一个线程，让该线程与其他线程并行执行。

在main()方法里的t2.start()代码后增加一句t2.run()，再次编译、运行程序，会发现“我的线程2”输出2次，其中1次是通过t2.start()方法启动线程，执行run()方法输出的，另外1次是直接调用t2.run()方法输出的。

如果在t2.start()和t2.run()两行代码之间增加一句Thread.sleep(2000)，其含义为在2秒内让当前正在执行的线程休眠，再次编译、运行程序，其结果又是如何呢？为什么会出现这样的结果呢？

8.3 线程控制

TestThread案例，多运行几次，也许你会发现，有时候出现的是图8.3的运行结果，有时候出现图8.4的运行结果。两次输出的差异在于，图8.3的显示结果表明线程类对象t1的run()方法先开始被执行，然后才开始执行线程类对象t2的run()方法，而图8.4的显示结果却正好相反。通过这样的显示结果说明，作为程序员是无法控制线程什么时候从就绪状态调度进入运行状态的，即无法控制什么时候run()方法被执行。程序员可以做的就是通过start()方法保证线程进入就绪状态，等待系统调度程序决定什么时候该线程调度进入运行状态。

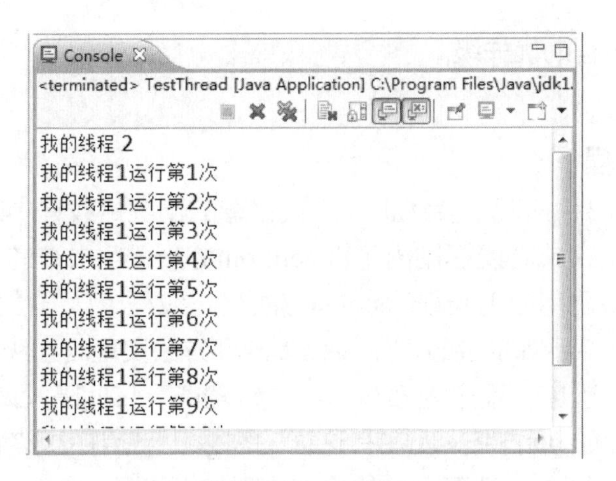

图8.4 多线程程序

8.3.1 线程控制方法

下面列举了Thread类的一些线程控制方法。

- void start()

使该线程开始执行，Java虚拟机负责调用该线程的run()方法。

- void sleep(long millis)

静态方法，线程进入阻塞状态，在指定时间（单位为毫秒）到达之后进入就绪状态。

- void yield()

静态方法，当前线程放弃占用CPU资源，回到就绪状态，使其他优先级不低于此线程的线程有机会被执行。

- void join()

当前线程等待加入的（join）线程完成，才能继续往下执行。

- void interrupt()

中断线程的阻塞状态（而非中断线程），例如一个线程sleep(100000000)，为了中断这个过长的阻塞过程，可以调用该线程的interrupt()方法，中断阻塞。需要注意的是，此时sleep()方法会抛出InterruptedException异常。

- void isAlive()

判定该线程是否处于活动状态，处于就绪、运行和阻塞状态的都属于活动状态。

- void setPriority(int newPriority)

设置当前线程的优先级。

- int getPriority()

获得当前线程的优先级。

8.3.2 终止线程

线程通常在3种情况下会终止，比较普遍的情况是线程中的run()方法执行完毕后线程终止，或者线程抛出了Exception或Error且未被捕获而终止，另外还有一种方法是调用当前线程的stop()方法终止线程（该方法已被废弃）。接下来，通过案例演示如何通过调用线程类内部方法实现终止线程。

有这样一个程序，程序内部有一个计数功能，每间隔2秒输出一个数字，从1开始，一直到100结束。现在有这样的需求，当用户想终止这个计数功能时，只要在控制台输入s即可，具体程序代码如下所示。

```
import java.util.Scanner;
public class EndingThread
{
    public static void main(String[] args)
    {
        CountThread t = new CountThread();
        t.start();
        Scanner scanner = new Scanner(System.in);
        System.out.println("如果想终止输出计数线程，请输入s");
        while(true)
        {
            String s = scanner .nextLine();
            if(s.equals("s"))
            {
                t.stopIt();
                break;
            }
        }
    }
}
//计数功能线程
public class CountThread extends Thread
{
    private int i = 0;
    public CountThread()
    {
        super("计数线程");
```

```
    }
    //通过设置i=l00，让线程终止
    public void stopIt()
    {
        i = 100;
    }
    public void run()
    {
        try
        {
            while(i < 100)
            {
                System.out.println(this.getName() + "计数: " + (i+i));
                i++;
                sleep(2000);
            }
        }
        catch(Exception e)
        {
            e.printStackTrace();
        }
    }
}
```

程序中，CountThread线程类实现了计数功能。当主程序调用t.start()方法启动线程时，即可执行CountThread线程类里run()方法的输出计数的功能。主程序里通过while循环，在控制台获取用户输入，当用户输入为s时，调用CountThread线程类的stopIt()方法，改变run()方法中运行的条件，即可终止该线程的执行。

编译、运行程序，在程序运行时输入s，程序运行结果如图8.5所示。

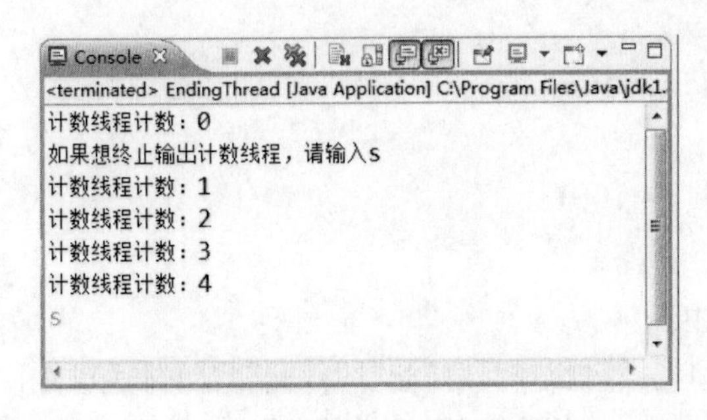

图8.5 终止线程

8.3.3 线程等待和中断等待

Thread类的静态方法sleep()，可以让当前线程进入等待（阻塞状态），直到指定的时间流逝，或直到别的线程调用当前线程对象上的interrupt()方法。下面的案例演示了调用线程对象的interrupt()方法，中断线程所处的阻塞状态，使线程恢复进入就绪状态，具体代码如下所示。

```
public class InterruptThread
{
    public static void main(String[] args)
    {
        CountThread t = new CountThread();
        t.start();
        try
        {
            Thread.sleep(6000);
        }
        catch(InterruptedException e)
        {
            e.printStackTrace();
        }
        //中断线程的阻塞状态(而非中断线程)
        t.interrupt();
    }
}
public class CountThread extends Thread
{
    private int i = 0;
    public CountThread(){
        super("计数线程");
    }
    public voidrun()
    {
        while(i < 100)
        {
            try
            {
                System.out.println(this.getName() + "计数: "+ (i+1));
```

```
                i++;
                Thread.sleep(5000);
            }
            catch(InterruptedException e)
            {
                System.out.println("程序捕获了InterruptedException异
常！");
            }
            System.out.println("计数线程运行1次！");
        }
    }
}
```

请注意计数线程的变化，计数线程的异常处理代码放在了while循环以内，也就是说如果主程序调用interrupt()方法中断了计数线程的阻塞状态（由sleep(5000)引起的），并处理了由计数线程抛出的InterruptedException异常之后，计数线程将会进入就绪状态和运行状态，执行sleep(5000)之后的程序，继续循环输出。

主程序通过start()方法启动了计数线程以后，调用sleep(6000)方法让主程序等待6秒，此时计数线程已执行到第2次循环，“计数线程计数：1”“计数线程运行1次！”和“计数线程计数：2”已经输出，正在执行sleep(5000)的代码。因为计数线程的interrupt()方法被调用，则中断了sleep(5000)代码的执行，捕获了InterruptedException异常，输出“程序捕获了InterruptedException异常！”，之后计数线程立即恢复，继续执行，程序运行结果如图8.6所示。

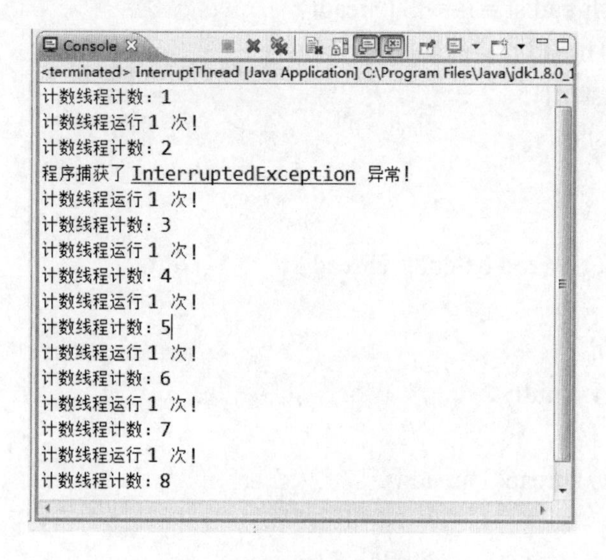

图8.6 线程等待和中断等待

接下来介绍另外一个让线程放弃CPU资源的方法：yield()方法。

yield()方法和sleep()方法都是Thread类的静态方法，都会使当前处于运行状态的线程放弃CPU资源，把运行机会让给别的线程。但两者的区别有以下几点。

（1）sleep()方法会给其他线程运行的机会，不考虑其他线程的优先级，因此会给较低优先级线程一个运行的机会；yield()方法只会给相同优先级或者更高优先级的线程一个运行的机会。

（2）当线程执行了sleep(long millis)方法，将转到阻塞状态，参数millis指定了睡眠时间；当线程执行了yidd()方法，将转到就绪状态。

（3）sleep()方法声明抛出InterruptedException异常，而yield()方法没有声明抛出任何异常。yield()方法只会给相同优先级或者更高优先级的线程一个运行的机会，这是一种不可靠的提高程序并发性的方法，只是让系统的调度程序再重新调度一次，在实际编程过程中很少使用。

8.3.4 等待其他线程完成

Thread类的join()方法，可以让当前线程等待加入的线程完成后，才能继续往下执行。下面通过一个案例演示join()方法的使用。

```
public class JoinThread
{
    public static void main(String[] args)throws InterruptedException
    {
        SThread st = new SThread();
        QThread qt = new QThread(st);
        qt.start();
        st.start();
    }
}
public class QThread extends Thread
{
    int i = 0;
    Thread t = null;
    //构造方法，传入一个线程对象
    public QThread(Thread t)
    {
        super("QThread线程");
```

```
            this.t = t;
        }
        public void run()
        {
            try{
                while(i < 100)
                {
                    //当i=5，调用传入线程对象的jion()方法，等传入
线程执行完毕再执行本线程
                    if(i!=5)
                    {
                        Thread.sleep(500);
                        System.out.println("QThread正在每隔0.5秒输出
数字："+ i++);
                    }
                    else
                    {
                        t.join();
                    }
                }
            }
            catch(InterruptedException e)
            {
                e.printStackTrace();
            }
        }
}
public class SThread extends Thread
{
        int i = 0;
        //从0输出到99
        public void run()
        {
            try
            {
                while(i < 100)
                {
```

```
                        Thread.sleep(1 000);
                        System.out.println("SThread正在每隔1秒输出数字："
+i++);
                    }
                }
                catch(InterruptedException e)
                {
                    e.printStackTrace();
                }
        }
}
```

案例中有两个线程类QThread类和SThread类，其中QThread线程类的run()方法中每隔0.5秒从0到99依次输出数字，SThread线程类的run()方法中每隔1秒从0到99依次输出数字。QThread线程类有一个带参的构造方法，传入一个线程对象。在QThread线程类的run()方法中，当输出数值等于5时，调用构造方法中传入的线程对象的join()方法，让传入的线程对象全部执行完毕以后，再继续执行本线程的代码，程序运行结果如图8.7所示。

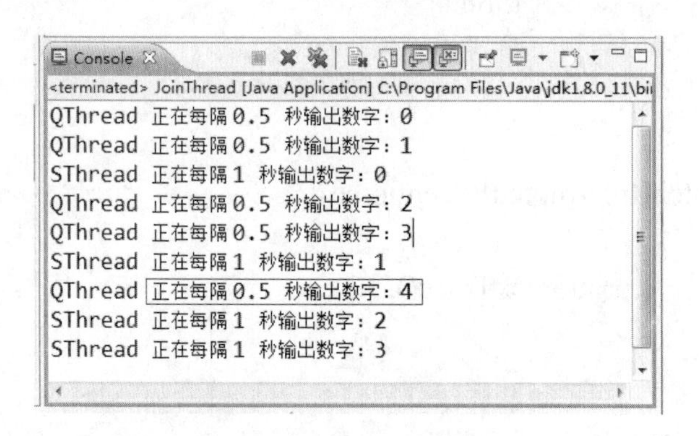

图8.7 线程join()方法使用

从图8.7可以看出，当QThread线程类执行到i=5时，开始等待SThread线程类执行完毕，才会继续执行自身的代码。

8.3.5 设置线程优先级

在介绍线程的优先级前，先介绍一下线程的调度模型。同一时刻如果有多个线程处于就绪状态，则它们需要排队等待调度程序分配CPU资源。此时每个线程自动获得一个线程的优先级，优先级的高低反映线程的重要或紧急程度。

就绪状态的线程按优先级排队，线程调度依据的是优先级基础上的“先到先服务”原则。

调度程序负责线程排队和CPU资源在线程间的分配，并根据线程调度算法进行调度。当线程调度程序选中某个线程时，该线程获得CPU资源从而进入运行状态。

线程调度是抢占式调度，即如果在当前线程执行过程中一个更高优先级的线程进入就绪状态，则这个线程立即被调度执行。抢占式调度又分为独占方式和分时方式。在独占方式下，当前执行线程将一直执行下去，直到执行完毕或由于某种原因主动放弃CPU资源，或CPU资源被一个更高优先级的线程抢占。在分时方式下，当前运行线程获得一个CPU时间片，时间到时即使没有执行完也要让出CPU资源，进入就绪状态，等待下一个时间片的调度。

线程的优先级由数字1～10表示，其中1表示优先级最高，默认值为5。尽管JDK给线程优先级设置了10个级别，但仍然建议只使用MAX_PRIORITY（级别为1）、NORM_PRIORITY（级别为5）和MIN_PRIORITY（级别为10）这3个常量来设置线程优先级，让程序具有更好的可移植性。接下来看下面的案例。

```
public class SetPriority
{
    public static void main(String[] args)throws InterruptedException
    {
        QThread qt = new QThread();
        SThread st = new SThread();
        //给qt设置低优先级，给st设置高优先级
        qt.setPriority(Thread.MIN_PRIORITY);
        st.setPriority(Thread.MAX_PRIORITY);
        qt.start();
        st.start();
    }
}
public class QThread extends Thread
{
    inti = 0;
    public void run()
    {
        while(i < 100)
```

```
            {
                System.out.println("QThread正在输出数字: "+ i++);
            }
        }
}
public class SThread extends Thread
{
        int i = 0;
        public void run()
        {
            while(i < 100)
            {
                System.out.println("SThread正在输出数字: " + i++);
            }
        }
}
```

编译、运行程序，程序运行结果如图8.8所示。

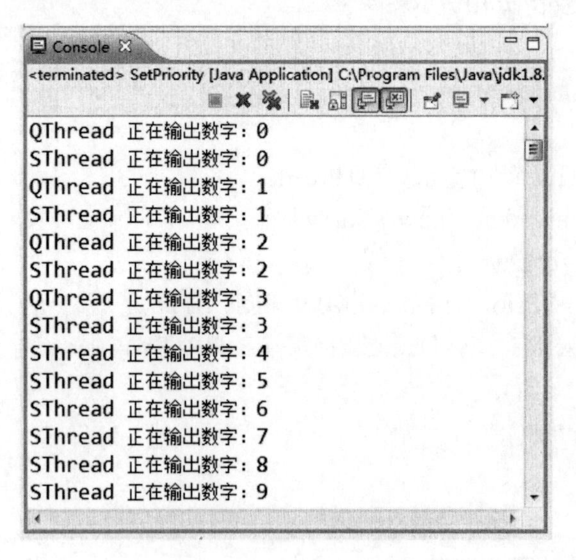

图8.8 线程优先级设置

看到这样的运行结果读者可能就开始疑惑了，明明将SThread线程类对象st的优先级设置成最高，将QThread线程类对象qt的优先级设置成最低，启动两个线程，结果并不是优先级高的一直先执行，优先级低的一直后执行。

原因是设置线程优先级，并不能保证优先级高的先运行，也不保证优先级高的可以获得更多的CPU资源，只是给操作系统调度程序提供一个建议而已，到底运行哪个线程，是由操作系统决定的。

8.3.6 守护线程

守护线程是为其他线程的运行提供便利的线程。Java的垃圾收集机制的某些实现就使用了守护线程。

程序可以包含守护线程和非守护线程，当程序只有守护线程时，该程序便可以结束运行。

如果要使一个线程成为守护线程，则必须在调用它的start()方法之前进行设置（通过以true作为参数调用线程的setDaemon()方法，可以将该线程设置为一个守护线程）。如果线程是守护线程，则isDaemon()方法返回为true。

接下来看一个简单的案例。

```
public class DaemonThread
{
    public static void main(String[] args)
    {
        DThread t = new DThread();
        t.start();
        System.out.println("让一切都结束吧");
    }
    private static class DThread extends Thread
    {
        //在无参构造方法中设置本线程为守护线程
        public DThread()
        {
            setDaemon(true);
        }
        public void run()
        {
            while(true)
            {
                System.out.println("我是后台线程");
            }
        }
    }
}
```

编译、运行程序，程序输出“让一切都结束吧”后立刻退出。从程序运行结果可以看出，虽然程序中创建并启动了一个线程，并且这个线程的run()方法在无条件循环输出。但是因为程序启动的是一个守护进程，所以当程序只有守护线程时，该程序结束运行。

8.4 共享数据

前面的多线程程序中各个线程大多都是独立运行的，但在真正的应用中，程序中的多个线程通常以某种方式进行通信或共享数据。在这种情况下，必须使用同步机制来确保数值被正确传递，并防止数据不一致。

8.4.1 数据不一致

来看这样一个案例。

```
public class ShareData
{
    static int data = 0;
    public static void main(String[] args)
    {
        ShareThreadl st1 =new ShareThread1();
        ShareThread2 st2 = new ShareThread2();
        new Thread(stl).start();
        new Thread(st2).start();
    }
    //内部类，访问类中静态成员变量data
    private static class ShareThreadl implements Runnable
    {
        public void run()
        {
            while(data < 10)
            {
                try
                {
                    Thread.sleep(1 000);
                    System.out.println("这个小于10的数据是"+
data++);
```

```
                } catch (InterruptedException e)
                {
                    e.printStackTrace();
                }
            }
        }
    }
    //内部类，访问类中静态成员变量data
    private static class ShareThread2 implements Runnable
    {
        public void run()
        {
            while(data < 100)
            {
                data++;
            }
        }
    }
}
```

ShareData类中有两个内部类ShareThreadl和ShareThread2，这两个内部类都共享并访问ShareData类中静态成员变量data。其中ShareThreadl类的run()方法判断当data小于10时进行输出，不过在输出前通过调用sleep()方法等待1秒。而ShareThread2类的run()方法让data循环执行自加的操作，直到data不小于100时停止。

编译、运行程序，输出结果显示“这个小于10的数据是100”，很明显，这并不是程序希望的结果。出现这样结果的原因是，当ShareThread1类的对象在判断data<10之时，data的值是小于10的，所以能进入run()方法的while循环内。但是当进入while循环后，在输出前需要等待1秒，在这个过程中，ShareThread2类的对象通过run()方法不停地在进行data自加操作，直到data=100为止。这时ShareThreadl类对象再输出，其结果自然是“这个小于10的数据是100”。

该案例说明当一个数据被多个线程存取的时候，通过检查这个数据的值来进行判断并执行之后的操作是极不安全的。因为在判断之后，这个数据的值很可能被其他线程修改了，判断条件也可能已经不成立了，但此时已经经过了判断，之后的操作还需要继续进行。

8.4.2 控制共享数据

上面的案例中，共享数据data被不同的线程存取，出现了数据不一致的情况。针对这种情况，Java提供了同步机制，来解决控制共享数据的问题，Java可以使用synchronized关键字确保数据在各个线程间正确共享。修改上面的案例，注意synchronized关键字的使用。

```
public class ShareData2
{
    static int data = 0;
    //定义了一个锁对象lock
    static final Object lock = new Object();
    public static void main(String[] args)
    {
        ShareThread 1 st1=new ShareThread1();
        ShareThread2 st2 = new ShareThread2();
        new Thread(st1).start();
        new Thread(st2).start();
    }
    private static class ShareThread1 implements Runnable
    {
        public void run()
        {
            //对lock对象上锁
            synchronized(lock)
            {
                while(data < 10)
                {
                    try
                    {
                        Thread.sleep(1 000);
                        System.out.println("这个小于10的数据是"
+ data++);
                    }
                    catch (InterruptedException e)
                    {
                        e.printStackTrace();
                    }
                }
            }
```

```
            }
        }
        private static class ShareThread2 implements Runnable
        {
            public void run()
            {
                //对lock对象上锁
                synchronized(lock)
                {
                    while(data < 100)
                    {
                        data++;
                    }
                    System.out.println("ShareThread2执行完后data的值
为" + data);
                }
            }
        }
    }
```

程序中，首先定义了一个静态的成员变量lock，然后在ShareThread1和ShareThread2类的run()方法里，使用synchronized(lock){...}代码对lock对象上锁，其含义为一旦一个线程执行到synchronized(lock){...}代码块，则锁住lock对象，其他针对lock对象上锁的synchronized(lock){...}代码块将不允许被执行，直到之前运行的代码块运行结束，释放lock对象锁后其他代码块才允许执行。

编译、运行程序，程序运行结果如图8.9所示。

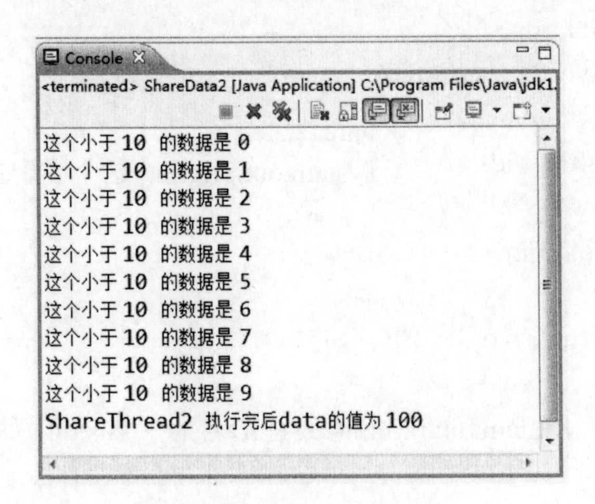

图8.9 控制共享数据

8.4.3 多线程同步

多线程同步依靠的是对象锁机制，synchronized关键字就是利用锁来实现对共享资源的互斥访问。

实现多线程同步的方法之一就是同步代码块，其语法形式如下所示。

```
synchronized(obj)
{
    //同步代码块
}
```

要想实现线程的同步，则这些线程必须去竞争唯一共享的对象锁。

来看一个案例，这个案例的主程序通过一个for循环，创建、启动5个线程对象（传入一个参数作为线程id），而每一个线程对象run()方法里，再通过一个for循环输出1 ~ 10。

```
public class TestSyncThread
{
    public static void main(String[] args)
    {
        for(inti = 0;i<5;i++)
        {
            new Thread(new SyncThread(i)).start();
        }
    }
}
public class SyncThread implements java.lang.Runnable
{
    private int tid;
    public SyncThread(int id)
    {
        this.tid = id;
    }
    public void run()
    {
        for (int i = 0; i < 10; i++)
        {
            System.out.println("线程ID名为"+ this.tid + "，正在输
出："+ i);
        }
```

```
    }
}
```

编译、运行上面的程序，5个线程各自输出。如果希望5个线程之间不要出现交叉输出的情况，而是顺序输出，即一个线程输出完再允许另一个线程输出，那么，接下来通过不同的形式，完成上面线程同步的要求。

修改TestSyncThread类，在创建、启动线程之前，先创建一个线程之间竞争使用的对象，然后将这个对象的引用传递给每一个线程对象的lock成员变量。这样一来，每个线程的lock成员变量都指向同一个对象，在线程的run()方法中，对lock对象使用synchronzied关键字对同步代码块进行局部封锁，从而实现同步，具体代码如下所示。

```
public class TestSyncThread2
{
    public static void main(String[] args)
    {
        //创建一个线程之间竞争使用的对象
        Object obj = new Object();
        for (int i = 0; i < 5; i++)
        {
            new Thread(new SyncThread(i,obj)).start();
        }
    }
}
public class SyncThread1 implements java.lang.Runnable
{
    private int tid;
    private Object lock;
    //构造方法引入竞争对象
    public SyncThread1(int id, Object obj)
    {
        this.tid = id;
        this.lock = obj;
    }
    public void run()
    {
        synchronized(lock)
        {
```

```
                for (int i = 0; i < 10; i++)
                {
                    System.out.println("线程ID名为"+ this.tid + "，正在输出："+ i);
                }
            }
        }
    }
```

编译、运行程序，程序运行结果如图8.10所示。

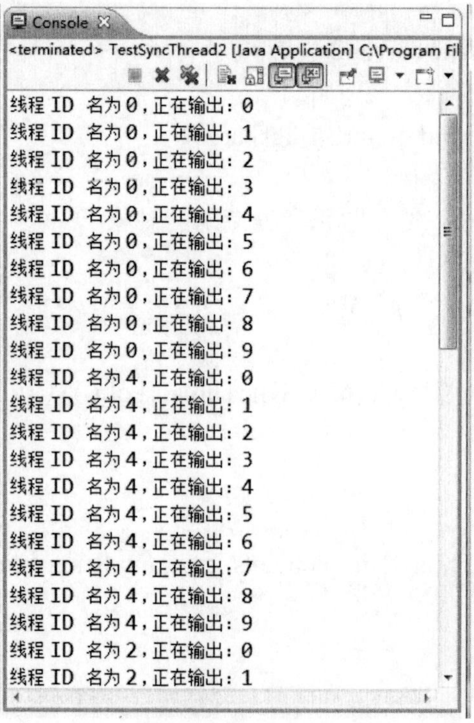

```
Console
<terminated> TestSyncThread2 [Java Application] C:\Program Fi
线程 ID 名为0,正在输出: 0
线程 ID 名为0,正在输出: 1
线程 ID 名为0,正在输出: 2
线程 ID 名为0,正在输出: 3
线程 ID 名为0,正在输出: 4
线程 ID 名为0,正在输出: 5
线程 ID 名为0,正在输出: 6
线程 ID 名为0,正在输出: 7
线程 ID 名为0,正在输出: 8
线程 ID 名为0,正在输出: 9
线程 ID 名为4,正在输出: 0
线程 ID 名为4,正在输出: 1
线程 ID 名为4,正在输出: 2
线程 ID 名为4,正在输出: 3
线程 ID 名为4,正在输出: 4
线程 ID 名为4,正在输出: 5
线程 ID 名为4,正在输出: 6
线程 ID 名为4,正在输出: 7
线程 ID 名为4,正在输出: 8
线程 ID 名为4,正在输出: 9
线程 ID 名为2,正在输出: 0
线程 ID 名为2,正在输出: 1
```

图8.10 线程同步

线程同步的关键在于，多个线程竞争同一个共享资源，TestsyncThread2的代码中是通过创建外部共享资源，采用引用传递这个外部共享资源的方式来实现竞争同一资源的目的。其实这个外部共享资源没有任何意义，只是起了一个共享资源标识的作用。

通过上面的方式实现线程同步还是比较麻烦的，还可以利用类变量被所有类的实例所共享这一特性，在线程类内部定义一个静态共享资源，通过对这个共享资源的竞争起到线程同步的目的。具体代码如下所示。

```
public class TestSyncThread3
{
    public static void main(String[] args)
    {
        for(int i=0;i<5;i++)
        {
            New Thread(new SyncThread(i).start();
        }
    }
}
public Class SyncThread3 implements java.lang.Runnable
{
    private int tid;
    //在线程类内部定义一个静态共享资源lock
    private static Object lock=new Object();
    public SyncThread3(int id)
    {
        this.tid=id;
    }
    public void run()
    {
        synchronized(lock)
        {
            for(int i=0;i<10;i++)
            {
                System.out.println("线程ID名为"+this.tid+"，正在输
出:"+i);
            }
        }
    }
}
```

比较TestSyncThread3和TestSyncThread2的区别，程序运行结果一样，但代码还是简化了不少。

实现多线程同步的方法之二就是同步方法，其语法形式如下所示。

```
访问修饰符synchronized返回类型 方法名
{
```

```
//同步方法体内代码块
}
```

每个类实例都对应一把锁，每个synchronized方法都必须获得调用该方法的类实例的锁方能执行，否则所属线程阻塞。synchronized方法一旦执行，就独占该锁，直到该方法返回时才将锁释放，此后被阻塞的线程方能获得该锁，重新进入就绪状态。这种机制确保了同一时刻对于每一个类实例，其所有声明为synchronized的方法中至多只有一个处于就绪状态，从而有效避免了类成员变量的访问冲突。

针对上面的案例，可以在线程类中定义一个静态方法，在线程run()方法里调用这个静态方法。静态方法是所有类实例对象所共享的，所以所有线程对象在访问此静态方法时是互斥访问的，从而实现线程的同步。具体代码如下所示。

```
public class TestSyncThread4
{
    public static void main(String[] args)
    {
        for(int i=0;i<5;i++)
        {
            new Thread(new SyncThread(i)).start();
        }
    }
}
public class SyncThread implements java.lang.Runnable
{
    private int tid;
    public SyncThread(int id)
    {
        this.tid=id;
    }
    public void run()
    {
        doTask(this.tid);
    }
    //通过类的静态方法实现互斥访问
    private static synchronized void doTask(int tid)
    {
```

```
                for(int i=0;i<10;i++)
                {
                    System.out.println("线程ID名为"+ tid +"，正在输出："+i);
                }
            }
        }
```

8.5 线程死锁和协作

多线程同步，解决的是多线程安全性的问题，避免获取错误的数据，但同步也同时会带来性能损耗和线程死锁的问题。本节通过案例演示什么是线程死锁，并简单介绍解决线程死锁的方法。解决了多线程之间的问题之后，本节还会介绍线程之间相互协作，通过多线程间的协作完成系统的功能。

8.5.1 线程死锁

多线程同步的好处是避免了线程获取错误数据，但多线程同步也带来了性能问题。多线程同步采用了同步代码块和同步方法的方式，依靠的是锁机制实现了互斥访问。因为是互斥的访问，所以不能并行处理，存在性能问题。

多线程同步的性能问题还只是快和慢的问题，但如果出现了线程死锁，那可能直接导致程序众多的线程都处于阻塞状态，无法继续运行。

如果线程A等待另一个线程B的完成才能继续，而线程B中又要等待线程A的资源，这两个线程相互等待对方释放锁时就会发生死锁。出现死锁后，不会出现异常，不会出现提示，只是相关线程都处于阻塞状态，无法继续运行。

下面仍然通过一个案例演示线程的死锁，具体代码如下所示。

```
public class DeadLockThread
{
    //创建两个线程之间竞争使用的对象
    private static Object lock1=new Object();
    private static Object lock2=new Object();
    public static void mam(String[]args){
        new Thread(new ShareThreadl()).start();
        new Thread(new ShareThread2()).start();
    }
    private static class ShareThreadl implements Runnable
    {
```

```
        public void run()
        {
            synchronized(lock1)
            {
                try
                {
                    Thread.sleep(50);
                }
                catch(InterruptedException e)
                {
                    e.printStackTrace();
                }
                synchronized(lock2)
                {
                    System.out.println("ShareThread1");
                }
            }
        }
    }
    private static class ShareThread2 implements Runnable
    {
        public void run()
        {
            synchronized(lock2)
            {
                try
                {
                    Thread.sleep(50);
                }
                catch(InterruptedException e)
                {
                    e.printStackTrace();
                }
                synchronized(lock1)
                {
                    System.out.println("ShareThread2");
```

```
                    }
                }
            }
        }
    }
```

上面的代码中，创建了两个线程之间竞争使用的对象lock1和lock2，内部类ShareThread1在run()方法中先对lock1上锁，然后对lock2上锁，并且只有lock2代码块运行结束解锁之后，lock1才能运行结束解锁。类似的内部类ShareThread2在run()方法中先对lock2上锁，然后对lock1上锁，并且只有lock1代码块运行结束解锁之后，lock2才能运行结束解锁。当这两个线程启动以后，分别都握着第一个锁，等待第二个锁，程序死锁！

当多个线程竞争多个排他性锁的时候，可能出现死锁。解决的方式为多个线程以同样的顺序获取锁，不出现交叉也就不会出现死锁的问题。

8.5.2 线程协作

通过之前的学习，已经了解并初步解决了多线程之间可能出现的问题，下一步学习的重点是如何让线程之间进行有效协作。线程协作的一个典型案例就是生产者和消费者问题，生产者和消费者的这种协作是通过线程之间的握手来实现的，而这种握手又是通过Object类的wait()和notify()方法来实现的。下面具体来介绍生产者和消费者问题。

有一家餐厅举办吃热狗活动，活动时有5个顾客来吃，3个厨师来做。为了避免浪费，制作好的热狗被放进一个能装10个热狗的长条状容器中，并且按照先进先出的原则取热狗。如果长条容器被装满，则厨师已经做完的热狗不再往长条容器里放，同时停止做热狗；如果顾客发现长条容器内的热狗吃完了，则提醒厨师再做热狗。这里的厨师就是生产者，顾客就是消费者。

这是一个线程同步问题，生产者和消费者共享同一个资源，并且生产者和消费者之间相互依赖，互为条件。对于生产者，当生产的产品装满仓库时，则需要停止生产，等待消费者消费后提醒生产者继续生产。对于消费者，当发现仓库中已没有产品时，则不能消费，等待生产者生产出产品以后通知消费者可以消费。

之前介绍的synchronized关键字可实现对共享资源的互斥操作，但无法实现不同线程之间消息的传递。Java提供了wait()、notify()、notifyAll()这3个方法，解决线程之间的协作问题。这3个方法均是java.lang.Object类的方法，但都只能在同步方法或者同步代码块中使用，否则会抛出异常。下面是这3个方法的简单介绍。

- void wait()

当前线程等待，等待其他线程调用此对象的notify()方法或notifyAll()方法将其唤醒。

- void notify()

唤醒在此对象锁上等待的单个线程。

- void notifyAll()

唤醒在此对象锁上等待的所有线程。

图8.11所示的是线程等待与唤醒的示意图。

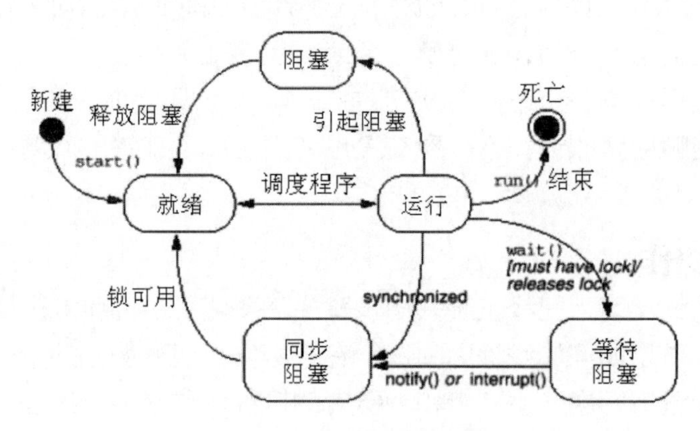

图8.11 线程等待与唤醒

完成吃热狗活动的需求有一定的难度，现整理思路如下。

（1）定义一个集合模拟长条容器存放热狗，集合里实际存放Integer对象，其数值代表热狗的编号（热狗编号规则举例：300002代表编号为3的厨师做的第2个热狗），这样能通过集合添加和删除操作实现长条容器内热狗的先进先出。

（2）以热狗集合作为对象锁，所有对热狗集合的操作（在长条容器中添加或取走热狗）互斥，这样保证不会出现多个顾客同时取最后剩下的一个热狗的情况，也不会出现多个厨师同时添加热狗造成长条容器里热狗数大于10个的情况。

（3）当厨师希望往长条容器中添加热狗时，如果发现长条容器中已有10个热狗，则停止做热狗，等待顾客从长条容器中取走热狗的事件发生，以唤醒厨师可以重新进行判断，是否需要做热狗。

（4）当顾客从长条容器中取走热狗时，如果发现长条容器中已没有热狗，则停止吃热狗，等待厨师往长条容器中添加热狗的事件发生，以唤醒顾客可以重新进行判断，是否可以取走热狗吃。

实现此功能的代码如下所示。

```
import java.util.*;
public class TestProdCons
{
    //定义一个存放热狗的集合，里面存放的是整数，代表热狗编号
    private static final List<Integer> hotDogs=new ArrayList<Integer>();
    public static void main(String[] args)
    {
        for(inti=1;i<=3;i++)
        {
            new Producer(i).start();
        }
        for(inti=1;i<=5;i++){
            new Consumer(i).start();
        }
        try
        {
            Thread.sleep(2000);
        }
        catch(InterruptedException e)
        {
            e.printStackTrace();
        }
        System.exit(0);
    }
    //生产者线程，以热狗集合作为对象锁，所有对热狗集合的操作互斥
    private static class Producer extends Thread
    {
        int i=1;
        int pid=-1;
        public Producer(int id)
        {
            this.pid=id;
        }
        public void run()
        {
            while(true)
            {
```

```
                    try
                    {
                        //模拟消耗的时间
                        Thread.sleep(100);
                    }
                    catch(InterruptedException e)
                    {
                        e.printStackTrace();
                    }
                    synchronized(hotDogs)
                    {
                        if(hotDogs.size()<10)
                        {
                            //热狗编号，300002代表编号为3的生产
者生产的第2个热狗
                            hotDogs.add(pid*10000+i);
                            System.out.println("生产者"+pid+"生产热
狗,编号为"+pid*10000+i);
                            i++;
                            //唤醒hotDogs对象锁上所有调用wait()方
法的线程
                            hotDogs.notifyAll();
                        }
                        else
                        {
                            try
                            {
                                System.out.println("热狗数已到10个，
等待消费！");
                                hotDogs.wait();
                            }
                            catch(InterruptedException e)
                            {
                                e.printStackTrace();
                            }
                        }
                    }
                }
            }
```

```
    }
    //消费者线程，以热狗集合作为对象锁，所有对热狗集合的操作互斥
    private static class Consumer extends Thread
    {
        int cid=-1;
        public Consumer(intid)
        {
            this.cid=id;
        }
        public void run()
        {
            while(true)
            {
                synchronized (hotDogs)
                {
                try
                {
                    //模拟消耗的时间
                    Thread.sleep(200);
                }
                catch(InterruptedException e)
                {
                    e.printStackTrace();
                }
                    if(hotDogs.size()>0)
                    {
                        System.out.println("消费者"+this.cid+"正在
消费一个热狗，其编号为"+hotDogs.remove(0));
                        hotDogs.notifyAll();
                    }
                    else
                    {
                    try
                    {
                        System.out.println("已没有热狗，等待生产！");
                        hotDogs.wait();
                    }
                    catch(InterruptedException e)
                    {
```

```
                        e.printStackTrace();
                    }
                }
            }
        }
    }
}
}
```

编译、运行程序，程序运行结果如图8.12所示。通过调整生产者和消费者模拟消耗的时间，重新编译、运行程序，程序运行结果会显示出符合需求的不同情况，读者可以尝试一下。

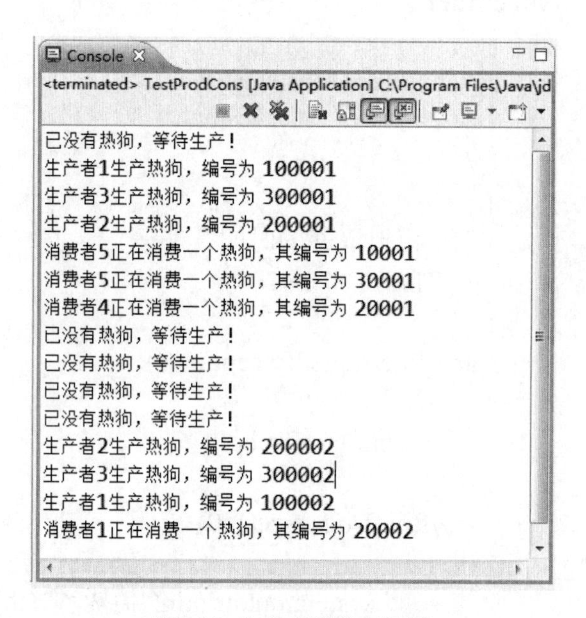

图8.12 生产者消费者问题

任务实施

8.6 任务 线程应用

8.6.1 子任务1 多线程实现输出

目标： 完成本章8.2.2节中的所有程序。

时间： 30分钟。

工具： Eclipse。

8.6.2 子任务2 线程等待与中断方式实现计数

目标： 完成本章8.3.3节中的所有程序。

时间： 40分钟。

工具： Eclipse。

8.6.3 子任务3 多线程同步计数

目标： 完成本章8.4.3节中的所有程序。

时间： 40分钟。

工具： Eclipse。

拓展训练

完成吃热狗活动

目标： 完成本章8.5.2节中的所有程序。

时间： 40分钟。

工具： Eclipse。

综合训练

1. 下列哪个方法起的作用是“唤醒在此对象锁上等待的所有线程”。（选择一项）

A notifyAll()

B notify()

C sleep()

D wait()

2. 请简要介绍多线程的优势。

3. 请描述一个线程从启动到结束的状态变化过程。

4. 请描述HashMap和Hashtable的异同（自己查阅资料）。

5. 什么是线程死锁，如何解决？

6. 请描述sleep()和wait()的区别。

第 9 章
网络编程应用

学习目标

- 理解TCP/IP协议族。
- 掌握常用的网络配置技术。
- 能够进行简单的Socket编程。

任务引导

网络编程，简单说就是通过网络进行信息的发送和接收，至于中间的传输介质，作为编程人员通常不需要考虑。本章在介绍网络编程前，会先对计算机网络进行概述，并介绍计算机网络的一些基础知识，之后在理解这些概念的基础上介绍如何使用Java进行网络编程。

相关知识

9.1 计算机网络

计算机网络是指将地理位置不同的具有独立功能的多台计算机及其外部设备，通过通信线路连接起来，在网络操作系统、网络管理软件及网络通信协议的管理和协调下，实现资源共享和信息传递的计算机系统。

9.1.1 主要功能和分类

从计算机网络的定义来看，其主要功能包括以下4个方面。

（1）数据通信：计算机网络主要提供内容浏览、电子邮件、数据交换、远程登录等数据通信服务，数据通信是计算机网络需要承担的主要功能。

（2）资源共享：计算机网络中有资源可供下载，有服务可供使用，有数据可被共享，凡是进入计算机网络的用户在经过授权许可的情况下，可以实现对这些资源的共享。

（3）提高系统的可靠性：由计算机组成的网络，网络中的每台计算机都可通过网络互为后备。一旦某台计算机出现故障，它的任务就可由其他的计算机代为完成，这样可以避免当某一台计算机发生故障而引起整个系统瘫痪，从而提高系统的可靠性。

（4）提高系统处理能力：要想提高系统的处理能力，一种方法是选择速度更快、性能更优的计算机，这样通常会花费昂贵的费用。另外一种办法就是通过计算机网络，将大型的综合性问题交给网络中不同的计算机同时协作处理，也就是说把原来一台计算机做的事情，让网络中多台计算机一起做，提高系统处理能力。

介绍了计算机网络的主要功能之后，接下来让继续介绍如何对计算机网络进行分类。要进行分类，首先需要有网络分类的标准。如果按照地理范围划分，可以将计算机网络分为局域网、城域网和广域网3种。

局域网（Local Area Network，LAN）是在一个局部的地理范围内（如一个企业、一个学校或一个网吧），一般是方圆几千米以内，将各种计算机、服务器、外部设备等互相连接起来组成的计算机通信网。局域网可以实现文件管理、软件共享、打印机共享等功能。从严格意义上来讲，局域网应该是封闭型的，它可以由几台甚至成千上万台计算机组成，但实际上，局域网可以通过广域网或专线与远方的局域网、服务器相连接，拓展网络范围或实现更多的功能。

城域网（Metropolitan Area Network，MAN）一般来说是在一个城市，连接距离在10 ~ 100千米范围内的计算机互联网。MAN与LAN相比扩展的距离更长，连接的计算机数量更多，在地理范围上，MAN网络可以说是LAN网络的延伸。在一个大型城市或都市地区，一个MAN网络通常连接着多个LAN，如连接医院的LAN、电信的LAN、公司企业的LAN等。另外由于光纤连接的引入，使MAN中高速的LAN互联成为可能。

广域网（Wide Area Network，WAN）也称为远程网，所覆盖的范围比城域网更广，起到LAN或MAN之间的网络互联的作用。广域网能连接多个城市或国家，或横跨几个洲并提供远距离通信，形成国际性的远程网络，互联网是世界范围内最大的广域网之一。因为距离较远，信息衰减严重，所以这种网络一般要使用专线，构成网状结构，解决信息安全到达的问题。

上面按照地理范围将计算机网络划分为局域网、城域网和广域网，在实际工作中，常提到的是局域网和互联网（广域网），城域网较少被提及。

总体来说，计算机网络是由多台计算机、交换机、路由器等其他网络设备，通过传输介质和软件连接在一起组成的。计算机网络的组成基本上包括硬件方面的计算机、网络设备、传输介质和软件方面的网络操作系统、网络管理软件、通信软件，以及保证这些软硬件设备能够互联互通的协议和标准。

9.1.2 网络协议

在人类社会中，人与人之间的交流是通过各种语言来实现的。为什么你说的话我可以听明白，原因在于你是按照汉语的规则说话，而我也懂汉语的规则，所以可以明白你的意思。网络协议就是为计算机网络中进行数据交换而建立的规则、标准或约定的集合。

网络协议通常由3个要素组成。

（1）语义，规定了通信双方为了完成某种目的，需要发出何种控制信息以及基于这个信息需要做出何种行动。例如A处民宅发生火灾，需要向B处城市报警台报警，则A发送“119+民宅地址”的信息给B，B获得这个信息后根据119知道是火警，则通知消防队去民宅地址灭火。

（2）语法，是用户数据与控制信息的结构与格式，以及数据出现的先后顺序。例如，语法可以规定A向B发送的数据前部是“119”，后部是“民宅地址”。

（3）时序，是对事件发生顺序的详细说明。比如何时进行通信，先讲什么，后讲什么，讲话的速度等。

这3个要素可以描述为语义表示要做什么，语法表示要怎么做，时序表示做的顺序。

在计算机网络中，由于计算机、网络设备之间联系很复杂，在制定协议时为了减少网络设计的复杂性，绝大多数网络采用分层设计方法。所谓分层设计方法，就是按照信息的流动过程将网络的整体功能分解为一个个的功能层，不同机器上的同等功能层之间采用相同的协议，同一机器上的相邻功能层之间通过接口进行信息传递。在不同的网络中，分层数量、各层的名称和功能以及协议都各不相同。然而，在所有的网络中，每一层的目的都是向它的上一层提供一定的服务，同时也从下一层获取一定的服务。

分层设计方法首先确定层次及每层应完成的任务，确定层次时应按逻辑组成功能细化层次，使得每层功能相对单一，易于处理。但同时层次也不能太多，否则会因为层次之间的处理产生过多的开销。将整个网络通信功能划分为垂直的层次后，在通信过程中下层将向上层隐蔽下层的实现细节，而上层也只按接口要求获取信息，这样各层之间即独立同时也能顺利传递信息。

9.1.3 网络分层模型

为了使不同计算机厂家生产的计算机能够相互通信，以便在更大的范围内建立计算机网络，国际标准化组织（ISO）在1978年提出了“开放式系统互联参考模型”，即著名的OSI/RM模型（Open System Interconnection/Reference Model）。它将计算机网络体系结构的通信协议划分为7层，自下而上依次为物理层（Physics Layer）、数据链路层（Data Link Layer）、网络层（Network Layer）、传输层（Transport Layer）、会话层（Session Layer）、表示层（Presentation Layer）、应用层（Application Layer）。对于每一层，至少制定两项标准：服务定义和协议规范。前者给出了该层所提供服务的准确定义，后者详细描述了该协议的动作和各种有关规程，以保证服务的提供。

TCP/IP协议不是TCP和IP这两个协议的合称，而是指整个TCP/IP协议族。TCP/IP协议是互联网的基础协议，没有它就根本不可能上网，任何和互联网有关的操作都离不开TCP/IP协议。TCP/IP协议定义了电子设备如何连入因特网，以及数据如何在它们之间传输的标准。协议采用了4层（另一说法为5层）的层次结构，自下而上依次为网络接口层（Network Interface Layer）、网络层（Network Layer）、传输层（Transport Layer）和应用层（Application Layer）。

TCP/IP协议并不完全符合OSI的7层参考模型，OSI是传统的开放式系统互联参考模型，是一种通信协议的7层抽象的参考模型，其中每一层执行某一特定任务。该模型的目的是使各种硬件在相同的层次上相互通信。而TCP/IP通信协议采用了4层的层次结构，每一层都要求它的下一层按接口要求提供服务。TCP/IP协议模型与OSI参考模型的对应关系如图9.1所示。

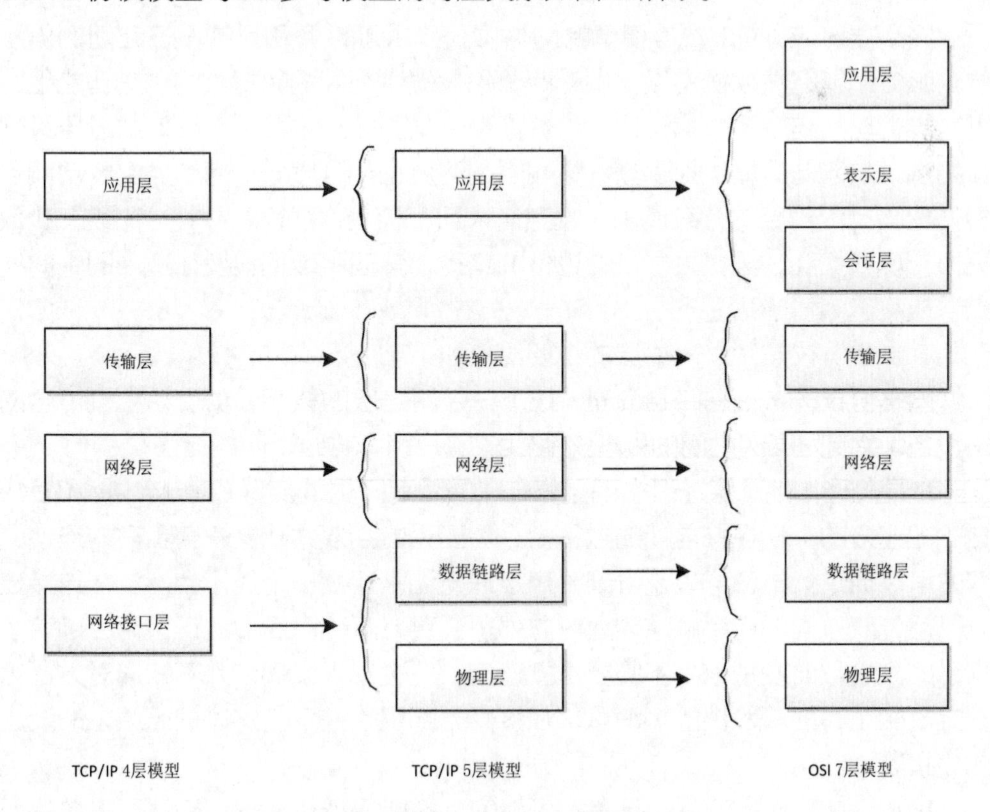

图9.1 TCP/IP协议模型与OSI参考模型

9.1.4 TCP/IP协议简介

- 网络接口层

TCP/IP协议模型中网络接口层对应于OSI参考模型的物理层和数据链路层。其中物理层规定了物理介质的各种特性，包括机械特性、电子特性、功能特性和规程特性，而数据链路层是负责接收IP数据报并通过网络发送，或从网络上接收物理帧再抽离出IP数据报交给网络层。

在该层中，可能会接触到以下两个协议。

串行线路网际协议（Serial Line Internet Protocol，SLIP），提供了一种在串行通信线路上封装网络层数据的简单方法，使用户通过电话线和调制解调器（Modem）能方便地接入TCP/IP网络。

点对点协议（Point to Point Protocol，PPP），是一种有效的点到点通信协议，可以支持多种网络层协议（如IP、IPX等），支持动态分配的IP地址，并且具有差错检验能力。该协议的设计目的主要是用来通过拨号或专线方式建立点对点数据连接，使其成为各种计算机、网络设备之间简单连接的一种解决方案。

- 网络层

网络层对应于OSI参考模型的网络层，提供源设备和目的设备之间的信息传输服务。它在数据链路层提供的两个相邻端点之间的数据帧的传送功能上，进一步管理网络中的数据通信，将数据设法从源端经过若干个中间结点传送到目的端，从而向传输层提供基本的端到端的数据传送服务。网络层主要功能包括处理来自传输层的分组请求，收到请求后，检查合法性，并将分组装入IP数据报，填充报头，选择去往目的设备的路径，然后将数据报发往适当的中间结点，最终达到目的端。

TCP/IP协议族中，网络层的主要协议如下。

网络协议（Internet Protocol，IP），是网络层的核心，负责在主机（含网络设备）之间寻址并为数据报设定路由。

IP是无连接的，关于是否有连接，非常类似于打电话（有连接的）和发短信（无连接的）。在打电话的过程中，需要为通话双方建立一个独占的连接，双方可以通过拨电话号码及听到铃声接通电话来建立一个连接会话。在连接建立以后，双方说的话会顺序到达对方那里，对方听到以后会进行回话，确认了信息的到达。而发短信则不需要建立连接，发送出去以后，并不知道对方是否一定收到了，前后发出的短消息，在接受方那里也并不一定还按照原来的发送顺序接收。

IP不仅是无连接的，而且是不可靠的，不能保证传输的正确性。它总是尽最大努力传送数据报到目的设备。在传送过程中，可能发生丢失、次序紊乱、重复或者延迟发送，数据报被收到的时候，IP协议不需要进行确认，同样发生错误的时候，也不进行告知。

IP要负责寻找到达目的设备的路由。它首先判断目的设备地址是不是本地地址，如果是，则直接发送到本地地址。如果不是，则需要在本地的路由表中查找到达目的设备地址的路由。如果找到了这个路由，就把数据报发送到这个路由，如果没有找到，就把数据报发送给自己的网关，由网关进行处理。

互联网控制报文协议（Internet Control Message Protocol，ICMP）的主要作用在于报告错误，并对消息进行控制。需要强调的是，ICMP并不是让IP变成一个可靠的协议，它只是在特殊情况下报告错误和提供反馈。

地址解析协议（Address Resolution Protocol，ARP），作用是根据已知的IP获取主机（含网络设备）的MAC地址（硬件地址）。

反向地址解析协议（Reverse ARP，RARP），其作用正好和ARP作用相反，是根据主机的MAC地址获取该设备的IP地址。

- 传输层

传输层对应于OSI参考模型的传输层，提供进程之间的端到端的服务。传输层是TCP/IP协议族中非常重要的一层，是负责总体的数据传输和控制的。其主要功能包括分割和重组数据并提供差错控制和流量控制，以到达提供可靠传输的目的。为了实现可靠的传输，传输层协议规定接收端必须发送确认信息以确定数据达到，假如数据丢失，必须重新发送。

传输层协议主要有以下内容。

传输控制协议（Transmission Control Protocol，TCP）是一种可靠的面向连接的传输服务协议。在TCP/IP协议族中，TCP提供可靠的连接服务，采用“三次握手”建立一个连接。

第一次握手：建立连接时，源端发送同步序列编号（Synchronize Sequence Numbers，SYN）包（SYN=j）到目的端，等待目的端确认。

第二次握手：目的端收到SYN包，确认源端的SYN（ACK=j+1），同时自己也发送一个SYN包（SYN=k），即SYN+ACK包。

第三次握手：源端收到目的端的SYN+ACK包，向目的端发送确认包ACK（ACK=k+1）。此包发送完毕，源端和目的端完成三次握手，源端可以向目的端发送数据。

在使用TCP传输数据之前，双方会通过握手的方式来进行初始化，握手的目的是使数据段的发送和接收同步，建立虚连接。在建立虚连接以后，TCP每次发送的数据段都有顺序号，这样目的端就可以知道是否所有的数据段都已经收到，同时在接收到数据段以后，必须在一个指定的时间内发送一个确认信息。如果发送方没有接收到这个确认信息，它将重新发送数据段。如果收到的数据段有损坏，接收方直接丢弃，因为没有发送确认信息，所以发送方也会重新发送数据段。

在使用TCP通信的过程中，还需要一个协议的端口号来标明自己在主机（含网络设备）中的唯一性，这样才可以在一台主机上建立多个TCP连接，告知具体哪个应用层协议来使用。端口号只能是0 ~ 65535当中的任意整数，其中常见的端口号及对应的应用层协议如表9.1所示。

表9.1 端口号及对应的应用层协议

端口号	协议
21	FTP（文件传输协议）
23	Telnet（远程登录协议）
25	SMTP（简单邮件传输协议）
53	DNS（域名服务）
80	HTTP（超文本传输协议）
110	POP3（邮局协议3）

用户数据报协议（User Datagram protocol，UDP）是另外一个重要的协议，它提供的是无连接、面向事务的简单不可靠信息传送服务。UDP不提供分割、重组数据和对数据进行排序的功能，也就是说，当数据发送之后，是无法得知其是否安全完整到达的。

在选择使用传输层协议时，选择UDP必须要谨慎。因为在网络环境不好的情况下，UDP协议数据丢失会比较严重。但同时也因为UDP的特性，它是无连接的协议，因而具有资源消耗小，处理速度快的优点，所以在音频和视频的传送时使用UDP较多，因为这样的数据传输即使偶尔丢失一两个数据，也不会对接收结果产生太大影响。

- 应用层

应用层对应于OSI参考模型的会话层、表示层和应用层，该层向用户提供一组常用的应用程序服务，比如电子邮件、文件传输访问、远程登录等。

应用层协议主要有以下内容。

文件传输协议（File Transfer Protocol，FTP），上传、下载文件可以使用

FTP服务。

Telnet是提供用户远程登录的服务，使用明码传送，保密性差，但简单方便。

域名解析服务（Domain Name Service，DNS），提供域名和IP地址之间的解析转换。

简单邮件传输协议（Simple Mail Transfer Protocol，SMTP），用来控制邮件的发送、中转。

超文本传输协议（HyperText Transfer Protocol，HTTP），用于实现互联网中的WWW服务。

邮局协议版本3（Post Office Protocol 3，POP3），它是规定个人计算机如何连接到互联网上的邮件服务器进行收发邮件的协议。

9.1.5 数据封装和解封

在TCP/IP层次模型中，每一层负责接收上一层的数据，根据本层需要进行的数据处理，并增加本层的头部信息后转发到下层。当接收方收到数据以后，对应的层负责查看本层的头部信息是否正确，是否需要合并或进行其他处理，然后完成相应的操作，去掉本层添加的头部信息后提交给上一层。TCP/IP协议数据封装和解封的过程如图9.2所示。

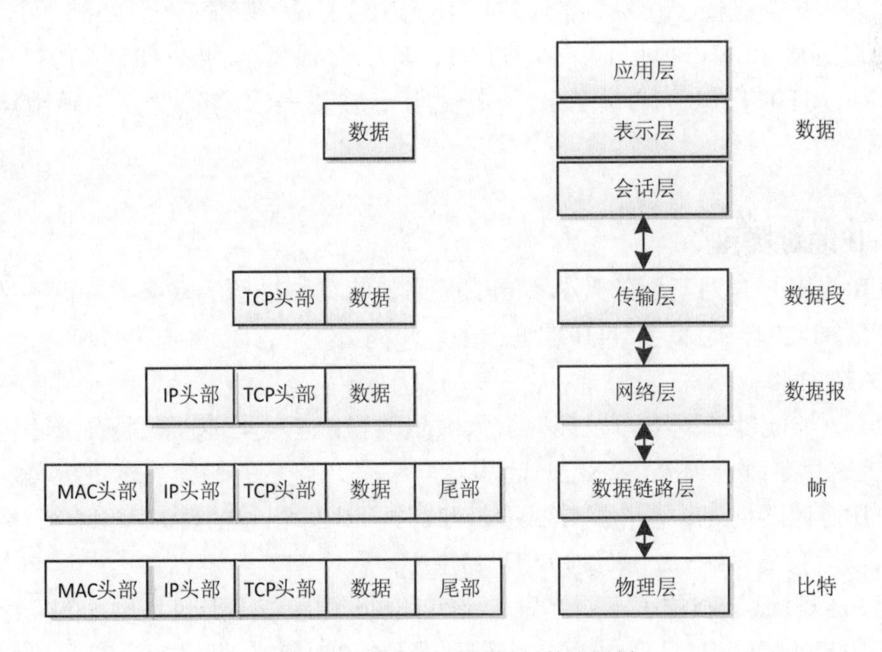

图9.2 TCP/IP协议数据封装和解封

9.2 IP地址和域名

在前面的内容中，已经提到IP地址，比如ARP是根据已知的IP地址（网络地址）获取主机的MAC地址（硬件地址）；RARP是根据主机的MAC地址获取该设备的IP地址；DNS提供域名和IP地址之间的转换。接下来，将系统介绍什么是IP地址，以及IP地址与域名的关系。

9.2.1 IP地址

在现实生活中，每一个地理位置都有一个详细的通信地址，根据这个通信地址，信件、快递物品可以送到指定的位置。在网络上，每一台要通信的主机（含网络设备）也必须有一个IP地址，它的作用就是其他主机可以通过这个IP地址找到它。

每个IP地址都由两部分组成：网络号和主机号。网络号用来标识这个IP地址属于哪一个网络，就像一个通信地址中都有一个城市名一样。在一个网络当中的所有主机，应该有相同的网络号。主机号用来标识这个网络中的唯一一台主机，相当于通信地址中的街道门牌号。

IP地址有两种表示方式，二进制表示和点分十进制表示，常见的是点分十进制表示的IP地址。IP地址的长度为32位，每8位组成一个部分，这样一个IP地址可以分为4个部分，每个部分如果用十进制表示，其值在0 ~ 255。例如用点分十进制表示的IP地址119.186.211.92，其二进制表示为01110111 10111010 11010011 01011100。可以看出，在使用十进制表示的时候，中间用点号隔开。

9.2.2 IP地址类型

在IP提出时，为了划分大小不同的网络，使某种类型的网络中主机的数量在一定范围之内，定义了5种IP地址类型。

- A类地址

具有A类地址的网络可以拥有很大数量的主机。A类地址的最高位固定为0，加上之后紧跟着7位，共8位一起表示网络号，剩下的24位表示主机号。这样根据IP协议的约定，整个网络拥有2^7-2，共计126个A类网络，而每个A类网络中可以拥有最多$2^{24}-2$，大约1700万台主机。

因为A类地址前8位表示网络号，且第1位必须是0，所以A类地址的网络号范围在00000000到01111111之间，十进制表示为0 ~ 127。但因为全0的A类网络号不可以使用，127这个网络号有特殊的含义，用来做环路测试（常用的

127.0.0.1这个IP地址就是用来表示用户自身的机器），所以整个网络共有126个A类网络。

另外在一个网络中，不是所有的主机号都可以分配给主机使用，其中有两个主机号是有特殊含义的，一个是全0的主机号，表示网络本身；一个是全1的主机号，表示广播地址，所以才会出现一个网络中可以拥有的主机数是理论计算值减2的情况。

- B类地址

B类地址一般用来分配到中等或稍大规模的网络中。B类地址的最高两位固定是10，与后面的14位一起构成网络号，剩下的16位表示主机号。这样根据IP协议的约定，整个网络拥有2^{14}共计16384个B类网络，而每个B类网络中可以拥有最多2^{16}-2，大约65000台主机。

因为B类地址前16位表示网络号，且前两位必须是10，所以B类地址的网络号范围在10000000 00000000到10111111 11111111之间，其中IP地址第一个部分的十进制范围为128 ~ 191。

- C类地址

C类地址分配给主机数量不多的网络。C类地址的最高三位固定是110，和后面跟着21位一起构成网络号，只有8位表示主机号。整个网络拥有2^{21}，共计200多万个C类网络，但是每个C类网络最多只有2^{8}-2，共计254台主机。

因为C类地址前24位表示网络号，且前三位必须是110，所以C类地址的网络号范围在11000000 00000000 00000000到11011111 11111111 11111111之间，其中IP地址第一个部分的十进制范围为192 ~ 223。

- D类地址

D类地址不分网络地址和主机地址，前四位必须是1110，它是一个专门保留的地址。它并不指向特定的网络，目前这一类地址被用在多点广播（Multicast）中。多点广播地址是用来一次寻址的一组计算机，它标识共享同一协议的一组计算机。多点广播地址是一个48位的标识符，在以太网中，命名了一组应该在这个网络应用中接收到一个分组的站点。

- E类地址

E类地址也不分网络地址和主机地址，前五位必须是11110，为将来使用保留。

另外需要特别指出的是，A、B、C三类地址中还各有一个网段被应用到内部局域网中，而不能在实际的互联网上出现，即10网段、172.16. × . × 到172.31. × . × 网段和192.168网段。使用这3个网段中IP地址的主机，不能直接出现在互联网上，需要通过一些其他的手段才能上网。

9.2.3 子网掩码

根据IP地址类型的划分，出现了网络中提供的IP地址的数量与实际需求相差甚远的情况。虽然看起来IP地址的绝对数量应该能满足人们的需求，但是由于IP地址由网络号和主机号构成，所以网络中A类网络才126个，最多的C类网址也不过200多万个。随着互联网的普及，IP网络越来越不够分，因此，人们提出了很多解决方案，其中目前使用范围比较广的就是使用子网的方式对原网络进行再次划分。

IP地址分为网络号和主机号，子网就是把主机号再分为子网号和主机号，这样，原来的一个A类网络就不再总是拥有1700多万台主机了。原来的网络可以进一步划分，即使是C类网络也可以进一步划分为更小的子网，实现这一技术的就是子网掩码。

子网掩码是一种用来指明一个IP地址的哪些位标识的是网络号（含子网号）以及哪些位标识的是主机号的位掩码。子网掩码不能单独存在，它必须结合IP地址一起使用。子网掩码只有一个作用，就是将某个IP地址划分成网络地址和主机地址两部分。

A类地址的默认子网掩码为11111111 00000000 00000000 00000000，点分十进制表示为255.0.0.0，这就表示A类地址的前8位是网络号，后24位是主机号。例如前面用点分十进制表示的IP地址119.186.211.92，其二进制表示为01110111 10111010 11010011 01011100。从点分十进制IP地址的第一部分可以看出，这个IP地址为A类地址，其默认子网掩码即为255.0.0.0。

如果现在需要将这个IP地址所在的A类网络划分成更小的子网，每个子网可以有2^6-2，共计62台主机，该如何操作呢？我们可以通过子网掩码，将IP地址的前26位都设置成网络号，后6位设置成主机号，则这个IP地址所在的子网里就只能拥有2^6-2，共计62台主机了。针对这个需求，需要将此IP地址的子网掩码设置为11111111 11111111 11111111 11000000，子网掩码十进制表示为255.255.255.192，这个IP地址的网络号为IP地址的前26位01110111 10111010 11010011 01。

如果需要判断两个IP地址是否在一个子网中，只需要判断它们的网络号是否一致就可以了，具体的算法不是本节需要介绍的内容。

另外，子网掩码必须是由连续的1和连续的0组成，换算成十进制可以看出，最后一个数只能是0、128、192、224、240、248、252、254、255这几个数字。

除了用划分子网的方式解决IP网络和IP地址资源紧缺的问题外，目前还有一种解决方式就是采用新的IP版本（即IPv6），它对现有IP地址进行了大规模的改革，其中IP地址使用128位来表示。从目前看来，这些IP地址足够给每个人的每个设备提供一个独一无二的IP地址，目前已经有一些软硬件开始支持IPv6。

9.2.4 域名

域名（Domain Name）是由一串用点号分隔的名字组成的互联网上某一台计算机或计算机组的名称，用于在数据传输时标识计算机的电子方位。

在网络中，要想找到一台主机，是通过IP地址寻找的。但IP地址是数字标识，使用时难以记忆和书写，因此在IP地址的基础上又发展出一种符号化的地址方案，来代替数字型的IP地址。每一个符号化的地址都与特定的IP地址对应，这样网络上的资源访问起来就容易得多了。这个与网络上的数字型IP地址相对应的字符型地址就是域名。

比如在访问人民邮电出版社官网的时候，在浏览器地址栏输入的www.ptpress.com.cn就是域名。通常来说，在域名中，主机名放在前面，域名放在后面，该域名中www是主机名，ptpress.com.cn是域名。域名可分为不同级别，包括顶级域名、二级域名等。顶级域名又可分为两类。

一类是国家顶级域名，200多个国家都按照IS03166国家代码分配了顶级域名，例如中国是cn，美国是us，韩国是kr等。

另外一类是国际顶级域名，例如表示工商企业的com，表示网络提供商的net，表示非营利组织的org等。

二级域名是指顶级域名之下的域名，例如在国际顶级域名下，由域名注册人申请注册的网上名称，例如sohu、apple、microsoft等。在国家顶级域名下，一般二级域名表不注册企业类别的符号，例如com、edu、gov、net等。

9.3 网络配置

知道了计算机网络的概念，了解了TCP/IP协议族之后，又学习了IP地址、子网掩码和域名。接下来进行实践操作，实践如何配置和查看计算机网络相关的信息。

9.3.1 配置和查看

根据Windows操作系统版本的不同，打开“Internet协议版本4（TCP/IPv4）属性”对话框的路径也可能不同，但普通用户一般都是通过打开该对话框来配置和查看IP地址等相关信息的，如图9.3所示。

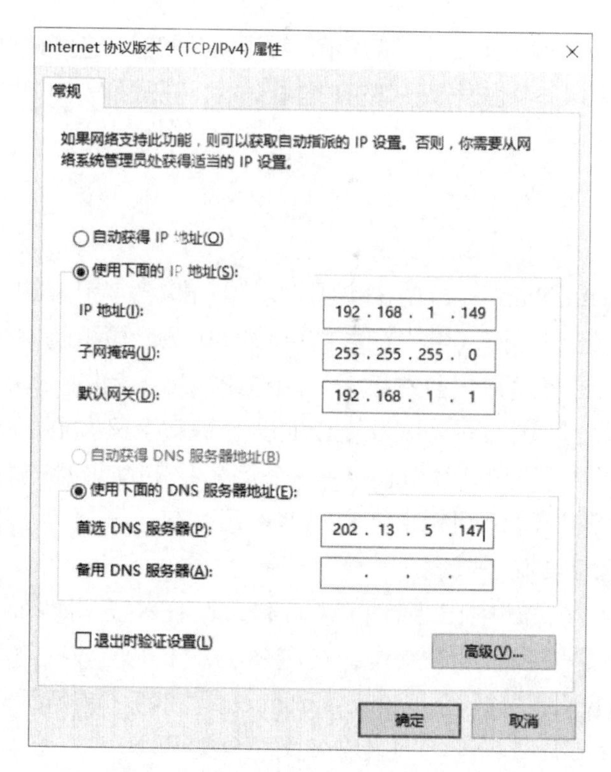

图9.3 配置和查看IP地址等相关信息

9.3.2 常用TCP/IP网络命令

在实际使用网络过程中，也常会使用命令行的方式来进行网络信息的配置和查看，这里介绍几个常用命令。

• ipconfig

这是经常使用的一个检查网络配置的命令。ipconfig命令显示当前所有的TCP/IP网络配置值、动态主机配置协议（Dynamic Host Configuration Protocol，DHCP）和域名系统（Domain Name System，DNS）设置。使用不带参数的ipconfig命令可以显示所有适配器的IPv4地址或IPv6地址、子网掩码和默认网关。该命令的语法形式如下所示。

ipconfig[/all][/renew[Adapter]][/release[Adapter]][/flushdns][/displaydns]

其中各参数的含义如下。

/all:显示所有适配器的完整TCP/IP配置信息。在没有该参数的情况下，ipconfig命令只显示各个适配器的IPv4地址或IPv6地址、子网掩码和默认网关值。适配器可以是物理接口（例如安装的网卡）或逻辑接口（例如拨号连接）。

/renew[Adapter]：更新所有适配器或指定适配器的DHCP配置。该参数仅在具有配置为自动获取IP地址的适配器的计算机上可用，例如ipconfig/renew"Local Area Connection"。要获取适配器名称，可以先输入不带参数的ipconfig命令显示适配器的名称。

/release[Adapter]：释放所有适配器或指定适配器的当前DHCP配置，并丢弃IP地址配置。该参数可以禁用配置为自动获取IP地址的适配器。

/flushdns：刷新并重设DNS客户解析缓存的内容。在DNS故障排除期间，可以使用本参数重置DNS缓存内容。

/displaydns：显示DNS客户解析缓存的内容。包括本机hosts文件中的记录，以及由计算机解析名称过程中最近获得的任何资源记录。

• ping

ping命令通过发送ICMP回响请求消息，来验证与另一台TCP/IP计算机的IP级连接。相应的回响应答消息的接收情况将和往返过程的时间一起显示出来。ping是用于检测网络连接性、可到达性和名称解析等疑难问题的主要TCP/IP命令。该命令的语法形式如下所示。

ping[-t][-a][-n Count][-s Count][-w Timeout]TargetName

其中各参数的含义如下。

-t：指定在中断前ping命令可以向目的地持续不停地发送回响请求信息。要中断并显示统计信息，请按“Ctrl+PauseBreak”组合键，要中断并退出ping命令，请按“Ctrl+C”组合键。

-a：指定对目的地IP地址进行反向名称解析。如果解析成功，ping命令将显示相应的主机名，例如ping-a192.168.1.149，解析成功的话会显示这台主机的主机名。

-n Count：指定发送回响请求消息的次数，默认值是4。

-w Timeout：指定等待回响应答消息响应的时间（以毫秒计），该回响应答消息响应接收到的指定回响请求消息。如果在超时时间内未接收到回响应答消息，将会显示请求超时的错误信息。默认的超时时间为4000（4秒），例如可以执行命令ping-n10-W8000 192.168.1.149。

TargetName：指定目标主机的名称或IP地址。

9.4 Java与网络

Java从其诞生开始，就和网络紧密联系在一起。在1995年的Sun World大会上，当时占浏览器市场份额绝对领先的网景公司宣布在浏览器中支持Java，从而引起一系列的公司产品对Java提供支持，使得Java很快成为一种流行的语言。之后，Java在面向企业的服务器平台取得了广泛的成功。而如今，在移动互联的世界，随着安卓的异军突起，Java与网络的关系又向前迈进了一步。

9.4.1 IP地址类

在TCP/IP协议族中，我们是通过IP地址来标识网络上的一台主机（含网络设备）的。如果想获取自己主机的IP地址，可以通过打开“Internet协议版本4（TCP/IPv4）属性”对话框方式查看（必须是设置固定IP地址，而不是自动获取IP地址），还可以通过ipconfig命令查看。假设需要在程序中获取本机的IP地址，该如何编写代码呢?

通过查阅JDK API文档获悉，在Java中，使用java.net包下的InetAddress类表示互联网协议的IP地址。下面的案例演示了如果获得本地主机的IP地址，具体代码如下所示。

```
import java.net.*;
public class TestGetIP
{
    public static void main(String args[])
    {
        InetAddress myIP=null;
        try
        {
            //通过InetAddress类的静态方法，返回本地主机对象
            myIP=InetAddress.getLocalHost();
        }
        catch(Exception e)
        {
            e.printStackTrace();
        }
        //通过InetAddress类的getHostAddress()方法获得IP地址字符串
        System.out.println(myIP.getHostAddress());
    }
}
```

编译、运行程序，显示出本地主机的IP地址。如果不仅想获得本地主机的IP地址，还想根据用户输入的域名，获取这个域名在互联网上的IP地址，下面的代码演示了此功能。

```
import java.util.Scanner;
import java.net*;
```

```
public class TestGetIP2
{
    public static void main(String args[])
    {
        InetAddress chubansheIP=null;
        Scanner input=new Scanner(System.in);
        System.out.print("请输入要查询IP地址的域名: ");
        String dName=input.next();
        try
        {
            //通过InetAddress类的静态方法，返回指定域名的IP地
址对象
            sohuIP=InetAddress.getByName(dName);
        }
        catch(Exception e)
        {
            e.printStackTrace();
        }
        System.out.println("域名"+dName+"对应的IP地址为
"+chubansheIP.getHostAddress());
    }
}
```

编译、运行程序，程序运行结果如图9.4所示。

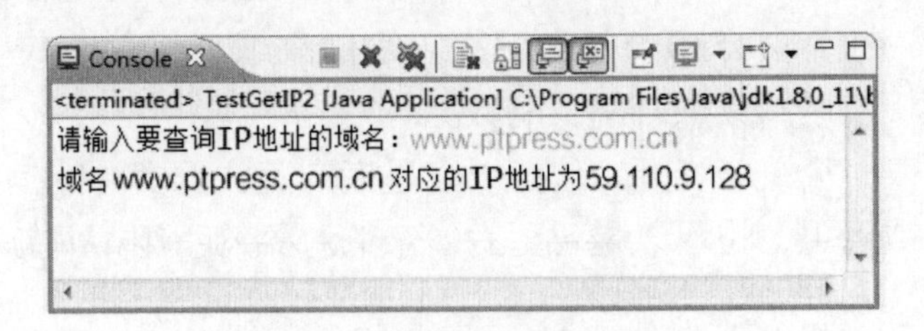

图9.4　获取指定域名的IP地址

上面的两个例子中，创建的InetAddress类对象都不是使用构造方法new出这个对象，而是通过InetAddress类的静态方法获取的。下面列出了通过InetAddress类的静态方法获取InetAddress类对象的方法。

- InetAddress[]getAllByName(String host)

在给定主机名的情况下，根据系统上配置的名称服务返回其IP地址所组成

的数组。

- InetAddress getByAddress(byte[] addr)

在给定原始IP地址的情况下，返回InetAddress对象。

- InetAddress getByAddress(String host, byte[]addr)

根据提供的主机名和IP地址，创建InetAddress对象。

- InetAddress getByName(String host)

在给定主机名的情况下，返回InetAddress对象。

- InetAddress getLocalHost()

返回本地主机InetAddress对象。

InetAddress类的其他常用方法有以下几种。

- byte[]getAddress()

返回此InetAddress对象的原始IP地址。

- String getCanonicalHostName()

返回此IP地址的完全限定域名。完全限定域名是指主机名加上全路径，全路径中列出了序列中所有域成员。

- StringgetHostAddress()

返回IP地址字符串。

- StringgetHostName()

返回此IP地址的主机名。

9.4.2 URL类

Java提供的网络功能的相关类主要有3个，它们分别是URL、Socket和Datagram，其中URL是这3个类中层次级别最高或者说封装最多的类，通过URL类可以直接发送或读取网络上的数据。

URL类代表一个统一资源定位符，它是指向互联网资源的指针。资源可以是简单的文件或目录，也可以是对更为复杂的对象的引用，例如对数据库或搜索引擎的查询。

通常，URL可分成几个部分。例如http://www.ptpress.com.cn/p/z/1523255307009.html，指示使用的协议为HTTP，并且该信息驻留在一台名为ptpress.com.cn的主机上，主机上的信息名称为/p/z/1523255307009.html。

URL可选择指定一个端口号，用于建立到远程主机TCP连接的端口号，例如http://127.0.0.1:8080/examples/index.html。如果未指定该端口号，则使用协议默认的端口，HTTP协议的默认端口为80。

URL后面可能还跟有一个片段，也称为引用。该片段由井字符“#”指示，后面跟有更多的字符。例如http://www.ptpress.com.cn/p/z/1523255307009.html。使用此片段的目的在于表明，在获取到指定的资源后，应用程序需要使用文档中附加有标记的部分，可以在#后附加URL片段，直接转到对应标记信息处。

下面通过一个案例，演示如何获取网络上指定资源的信息。其HTML代码如下所示。

```
<!D0CTYPE HTML PUBLIC" -//W3C//DTD HTML 4.0 Transitional//EN">
<HTML>
    <HEAD>
        <TITLE>Apache Tomcat Examples</TITLE>
        <META http-equiv=Content-Type content="text/html">
    </HEAD>
    <B0DY>
        <P>
        <H3>Apache Tomcat Examples</H3>
        <P>
        </P>
        <ul>
                <li><a href="servlets">Servlets examples</a></li>
                <li><a href="jsp">JSP Examples</a></li>
        </ul>
    </B0DY>
</HTML>
```

这个案例的具体需求为先输入要定位的URL地址，然后再输入要显示哪个页面标签元素的内容，程序显示该标签的具体内容，具体代码如下所示。

```
import java.util.Scanner;
import java.net.*;
import java.io.*;
public class TestURL
{
    public static void main(String args[])
    {
        URL tURL=null;
        BufferedReader in=null;
        Scanner input=new Scanner(System.in);
        System.out.print("请输入要定位的URL地址：");
```

```
            String url=input.next();
            System.out.print("请输入要显示哪个页面标签元素的内容：");
            String iStr=input.next();
            try
            {
                //通过URL字符串创建URL对象
                tURL=new URL(url);
                in=new BufferedReader(new InputStreamReader(tURL.
openStream()));
                String s;
                while((s=in.readLine()) !=null)
                {
                    if(s.contains(iStr))
                    System.out.println(s);
                }
            }
            catch(Exception e)
            {
                e.printStackTrace();
            }
        }
}
```

编译、运行程序，先后输入http://127.0.0.1:8080/examples/index.html和TITLE，其运行结果如图9.5所示。

图9.5 URL类使用

9.4.3 URLConnection类

前面介绍的URL类代表的是一个网络资源的位置，而接下来要介绍的URLConnection代表的是一种连接。此类的实例可用于读取和写入对应URL引用的资源。通常，创建一个到URL的连接URLConnection的对象需要以下几个步骤。

（1）通过在URL上调用openConnection()方法创建连接对象。

（2）设置参数和一般请求属性。

（3）使用connect()方法建立到远程对象的实际连接。

（4）远程对象变为可用，其中远程对象的头字段和内容变为可访问。

URLConnection类有下列属性作为参数可以设置。

boolean doInput：将doInput标志设置为true，指示应用程序要从URL连接读取数据，此属性的默认值为true。此属性由setDoInput()方法设置，其值由getDoInput()方法返回。

boolean doOutput：将doOutput标志设置为true，指示应用程序要将数据写入URL连接，此属性的默认值为false。此属性由setDoOutput()方法设置，其值由getDoOutput()方法返回。

long ifModifiedSince：有些网络协议支持跳过对象获取，除非该对象在某个特定时间点之后又进行了修改。其值表示距离格林尼治标准时间1970年1月1日的毫秒数，只有在该时间之后又进行了修改时，才获取该对象。此属性的默认值为0，表示必须一直进行获取。此属性由setifModifiedSince()方法设置，其值由getIfModifiedSince()方法返回。

boolean useCaches：如果其值为true，则只要有条件就允许协议使用缓存；如果其值为false，则该协议始终必须获得此对象的新副本，其默认值为上一次调用setDefaultUseCaches()方法时给定的值。此属性由setUseCaches()方法设置，其值由getUseCaches()方法返回。

boolean allowUserLnteraction：如果其值为true，则在允许用户交互（例如弹出一个验证对话框）的上下文中对此URL进行检查；如果其值为false，则不允许有任何用户交互，其默认值为上一次调用setDefaultAllowUserLnteraction()方法所用的参数的值。使用setAllowUserLnteraction()方法可对此属性的值进行设置，其值由getAllowUserLnteraction()方法返回。

URLConnection类还有两个属性connected和url，分别表示是否创建到指定URL的通信链接和该URLConnection类在互联网上打开的远程对象。

另外，可以使用setRequestProperty(String key，String value)方法设置一般请求属性，如果已存在具有该关键字的属性，则用新值改写原值。

下面通过一个案例，简要说明URLConnection类的使用。

```
import java.net.*;
import java.io.*;
```

```
public class TestURLConnection
{
    public static void main(String args[])
    {
        try
        {
            //(1)通过在URL上调用openConnection()方法创建连接对象
            URL url=new URL("http://127.0.0.1:8080/examples/mdex.html");
            //根据URL获取URLConnection对象
            URLConnection urlC=url.openConnection();
            //请求协议是HTTP，故可转换为HttpURLConnection对象
            HttpURLConnection hUrlC=(HttpURLCormection)urlC;
            //(2)设置参数和一般请求属性
            //请求方法如果是POST，参数要放在请求体里，所以要
向hUrlC输出参数
            hUrlC.setDoOutput(true);
            //设置是否从HttpUrlConnection读入，默认情况下是true
            hUrlC.setDoInput(true);
            //请求如果是POST，不能使用缓存
            hUrlC.setUseCaches(false);
            //设置Content-Type属性
            hUrlC.setRequestProperty("Content-Type","text/plain;charset=
utf-8");
            //设定请求的方法为POST，默认是GET
            hUrlC.setRequestMethod("POST");
            //(3)使用connect方法建立到远程对象的实际连接
            hUrlC.connect();
            //(4)远程对象变为可用
            //通过HttpURLConnecticm获取输出输入流，可根据需
求进一步操作
            OutputStream outStrm=hUrlC.getOutputStream();
            InputStream inStrm=hUrIC.getlnputStream();
            //省略若干代码
        }catch(Exception e){
            e.printStackTrace();
        }
```

```
    }
}
```

9.5 Socket编程

所谓Socket通常也称作套接字，应用程序通常通过套接字向网络发出请求或者应答网络请求。Java中的Socket编程常用到Socket和ServerSocket这两个类，它们位于java.net包中。

9.5.1 基于TCP的Socket编程

ServerSocket用于服务器端，而Socket是建立网络连接时使用的。在连接成功时，应用程序两端都会产生一个Socket实例，操作这个实例，完成所需的会话。对于一个网络连接来说，套接字是平等的，不因为在服务器端或在客户端而产生不同级别。不管是Socket还是ServerSocket，它们的工作都是通过Socketlmp1类及其子类完成的。关于Socket、ServerSocket及Socketlmp1类的具体方法，这里不再一一介绍，需要这些类时，请读者自行查阅JDK API文档。

图9.6展示了基于TCP的Socket编程的示意图。

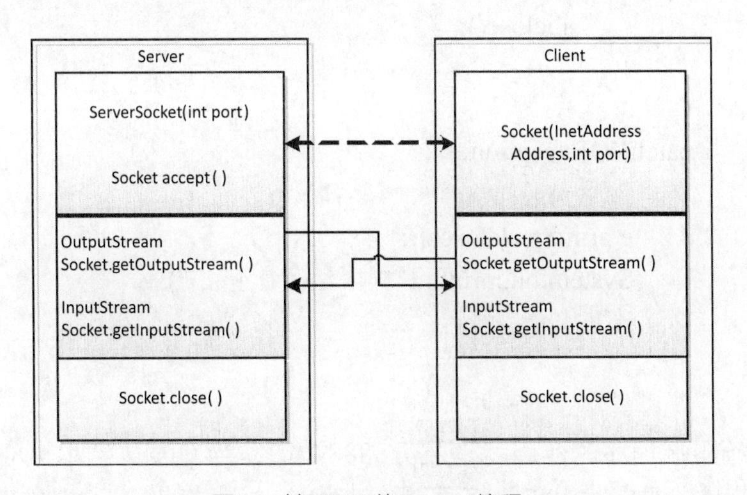

图9.6　基于TCP的Socket编程

在服务器端，创建一个ServerSocket对象，并指定一个端口号，使用ServerSocket类的accept()服务器处于阻塞状态，等待用户请求。

在客户端，通过指定一个InetAddress对象和一个端口号，创建一个Socket对象，通过这个Socket对象，连接到服务器。

接下来看服务器端程序，具体代码如下所示。

```
import java.net.*;
import java.io.*;
public class TestServer
{
    public satic void main(Stringargs[])
    {
        try
        {
            //创建一个ServerSocket对象，并端口号8888
            ServerSocket s=new ServerSocket(8888);
            while(true)
            {
                //侦听并接收到此套接字的连接
                Socket s1=s.accept();
                OutputStream os=s1.getOutputStream();
                DataOutputStream dos=new DataOutputStream(os);
                dos.writeUTF("客户端IP："+s1.getInetAddress().
getHostAddress()+"客户端端口号："+s1.getPort());
                dos.close();
                sl.close();
            }
        }
        catch(IOExceptione)
        {
            e.printStackTrace();
            System.out.println("程序运行出错！");
        }
    }
}
```

该服务器端程序的作用就是监听8888端口，当有发送到本机8888端口的Socket请求时，建立输出流，将通过accept()方法创建的Socket对象的IP地址和端口号输出到客户端。编译、运行程序，使服务器启动并处于监听状态。

下面编写客户端程序，具体代码如下所示。

```
import java.net.*;
import java.io.*;
public class TestClient
{
```

```
        public static void main(String args[])
        {
            try
            {
                //通过IP地址和端口号，创建一个Socket对象
                Socket s1=new Socket("127.0,0.1",8888);
                //建立输入数据流
                InputStream is=s1.getInputStream();
                DataInputStream dis=new DataInputStream(is);
                System.out.println(dis.readUTF());
                dis.close();
                s1.close();
            }
            catch(ConnectException e)
            {
                e.printStackTrace();
                System.err.println("服务器连接失败！");
            }
            catch(IOException e)
            {
                e.printStackTrace();
            }
        }
    }
```

该客户端程序通过IP地址127.0.0.1和端口号8888，创建一个客户端Socket对象，建立输入数据流，通过输入数据流读取指定IP地址和端口号上服务器端程序的输出，并在控制台将服务器的输出显示出来。编译、运行程序，程序运行结果如图9.7所示。

图9.7 使用JavaSocket编程

在这个通过Java Socket编程实现的客户端、服务器端程序中，客户端没有请求的具体内容，只要有请求，服务器就将指定的内容发送给客户端，客户端

将接收的内容显示出来。接下来对上面的案例进行调整，服务器端可以接收客户端请求的内容，并显示在服务器端控制台上。具体服务器端程序代码如下所示。

```
import java.io.*;
import java.net.*;
public class TestSockServer
{
    public static void main(String[]args)
    {
        InputStream in=null;
        OutputStream out==null;
        try
        {
            ServerSocket s=new ServerSocket(8888);
            Socket s1=s.accept();
            in=s1.getInputStream();
            out=s1.getOutputStream();
            DataOutputStream dos=new DataOutputStream(out);
            DataInputStream dis=new DataInputStream(in);
            String str=null;
            if((str=dis.readUTF())!=null)
            {
                System.out.println("客户端输入内容: "+str);
                System.out.println("客户端IP: "+s1.getInetAddress().
getHostAddress());
                System.out.println("客户端端口号: "+s1.getPort());
            }
            dos.writeUTF("服务器端反馈客户端！");
            dis.close();
            dos.close();
            s1.close();
        }
        catch(IOException e)
        {
            e.printStackTrace();
        }
    }
}
```

客户端代码如下所示。

```
import java.net.*;
import java.io.*;
public class TestSockClient
{
    public static void main(String[] args)
    {
        InputStream is=null;
        OutputStream os=null;
        String s=null;
        try
        {
            Socket socket=new Socket("localhost",8888);
            is=socket.getInputStream();
            os=socket.getOutputStream();
            DataInputStream dis=new DataInputStream(is);
            DataOutputStream dos=new DataOutputStream(os);
            //客户端向服务器端发送请求的内容
            dos.writeUTF("客户端提交服务器");
            if((s=dis.readUTF())!=null)
            System.out.println(s);
            dos.close();
            dis.close();
            socket.close();
        }
        catch(UnknownHostException e)
        {
            e.printStackTrace();
        }
        catch(IOException e)
        {
            e.printStackTrace();
        }
    }
}
```

编译、运行服务器端、客户端程序，运行结果如图9.8和图9.9所示。

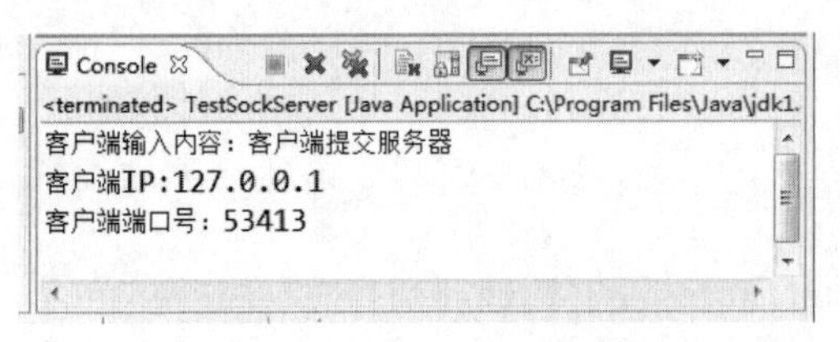

图9.8 Socket编程服务器端

图9.9 Socket编程客户端

9.5.2 基于UDP的Socket编程

UDP是用户数据报协议，它提供的是无连接、不可靠信息传送服务。Java主要提供了两个类来实现基于UDP的Socket编程。

DatagramSocket：此类表示用来发送和接收数据报包的套接字。数据报套接字是包投递服务的发送或接收点，每个在数据报套接字上发送或接收的包都是单独编址和路由的。从一台机器发送到另一台机器的多个包可能选择不同的路由，也可能按不同的顺序到达。在DatagramSocket上总是启用UDP广播发送。

DatagramPacket：此类表示数据报包。数据报包用来实现无连接包投递服务，每条报文仅根据该包中包含的信息从一台机器路由到另一台机器。

图9.10展示了基于UDP的Socket编程的示意图。

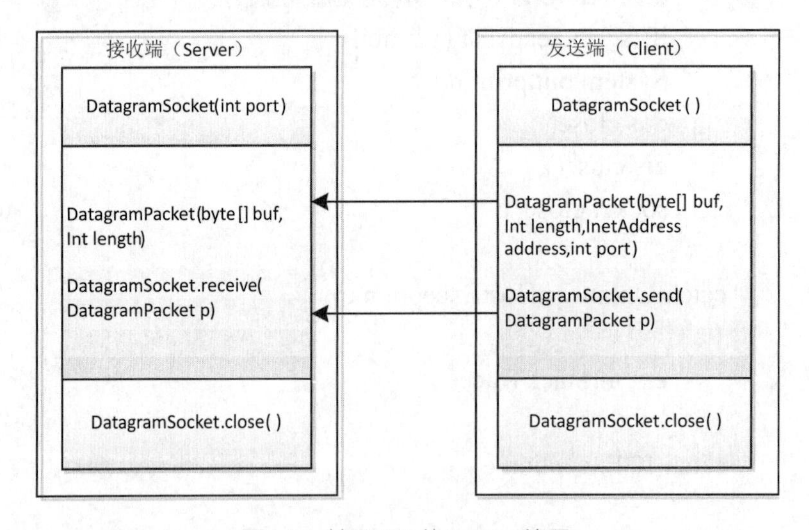

图9.10 基于UDP的Socket编程

DatagramPacket类主要有2个构造函数。

一个用来接收数据DatagramPacket(byte[] recyBuf，int readLength)，用一个字节数组接收UDP包，recyBuf数组在传递给构造函数时是空的，而readLength值用来设定要读取的字节数。

一个用来发送数据DatagramPacket(byte[] sendBuf, int sendLength, InetAddress iaddr, int port)，建立将要传输的UDP包，并指定IP地址和端口号。

接下来通过一个案例，演示Java如何实现基于UDP的Socket编程，其中服务器端代码如下所示。

```
import java.net.*;
import java.io.*;
public class TestUDPServer
{
    public static void main(String args[])throws Exception
    {
        //创建数据报包的套接字，端口号8888
        DatagramSocket ds=new DatagramSocket(8888);
        byte buf[]=new byte[1024];
        //创建接收的数据报包
        DatagramPacket dp=new DatagramPacket(buf,buf.length);
        System.out.println("服务器端: ");
        while(true)
        {
            //从此套接字接收数据报包
            ds.receive(dp);
            ByteArrayInputStream bais=new ByteAirayInputStream(buf);
            DataInputStream dis=new DataInputStream(bais);
            System.out.println(dis.readLong());
        }
    }
}
```

客户端代码如下所示。

```
import java.net.*;
import java.io.*;
public class TestUDPClient
{
    public static void main(String args[])throws Exception
    {
        long n=10000L;
        ByeArrayOutputStream baos=new ByteArrayOutputStream();
        DataOutputStream dos=new DataOutputStream(baos);
        dos.writeLong(n);
        byte[] buf=baos.toByteArray();
```

```
            System.out.println("客户端:");
            System.out.println(buf.length);
            //创建数据报包的套接字，端口号9999
            DatagramSocket ds=new DatagramSocket(9999);
            //创建发送的数据报包
            DatagramPacket dp=new DatagramPacket(buf,buf.length,
            new InetSocketAddress("127.0.0.1",8888));
            //从此套接字发送数据报包
            ds.send(dp);
            ds.close();
        }
    }
```

编译、运行程序，程序运行结果如图9.11和图9.12所示。

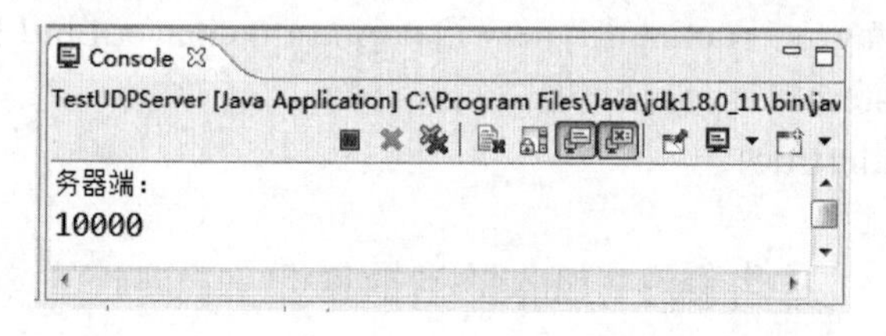

图9.11 UDP Socket编程服务器端

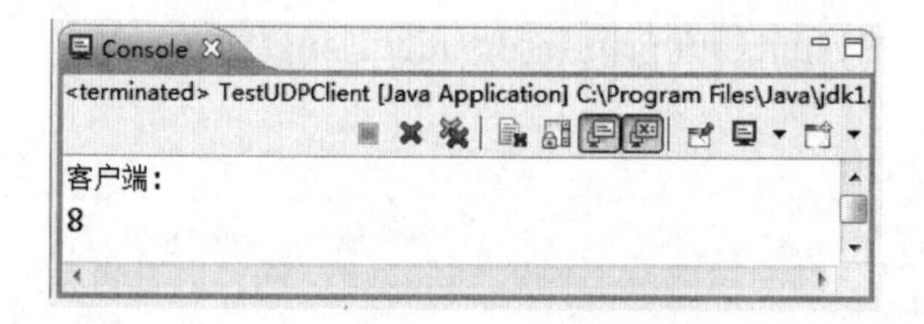

图9.12 UDP Socket编程客户端

任务实施

9.6 任务1 IP地址配置与ping测试

目标：完成本章9.2节和9.3节中的各项任务。

时间：20分钟。

工具： Eclipse。

9.7 任务2 网络编程常用类测试

目标： 完成本章9.4节中的所有程序。

时间： 40分钟。

工具： Eclipse。

拓展训练

客户端与服务器信息交互

目标： 完成本章9.5节中的所有程序。

时间： 40分钟。

工具： Eclipse。

综合训练

1. 下列哪一层不是TCP/TP协议族里的。（选择一项）

A 网络接口层

B 网络层

C 传输层

D 会话层

2. 请描述TCP/IP协议族和OSI/RM模型各分哪几层，以及它们各层间的对应关系。

3. 请简要介绍子网掩码的作用。

4. 请描述创建一个到URL的连接URLConnection的对象需要哪几个步骤。

5. 基于TCP的Socket编程，在客户端和服务器端要创建什么对象，需要哪些参数。

第10章
软件测试应用

学习目标

- 了解软件缺陷和缺陷报告处理流程。
- 会使用JUnit4进行单元测试。

任务引导

本章内容分两部分，第一部分从软件测试工程师的角度介绍软件测试，内容包括软件测试概念、软件缺陷、软件缺陷报告处理流程以及软件测试流程，最后介绍黑盒测试和白盒测试，手工测试和自动测试。第二部分介绍常用的针对Java的单元测试工具——JUnit的使用。

相关知识

10.1 软件测试

软件测试是最近数十年软件企业一直比较关心的话题之一，是软件开发过程中不可缺少的一部分，对于发现软件缺陷、保证软件产品质量具有不可替代的作用。本节会介绍软件测试的概念以及测试与调试的区别，使读者对软件测试有个初步的了解。

10.1.1 软件测试概念

《软件测试的艺术》是关于软件测试的一本经典著作，其作者Glenford J.Myers曾经对软件测试进行了这样的定义：软件测试就是为了发现错误而执行程序或者系统的过程。这一定义明确了软件测试的根本目的是为了发现程序中的错误。

Myers撰写该著作的时期是在20世纪70年代末期，软件测试通常在软件产品开发的后期开始，主要目的就是寻找软件产品运行过程中的缺陷。因此，他对软件测试所下的这一定义被人们广泛接受，反映了人们在当时对软件测试所持的观点。

随着时间的推移以及行业的发展，人们逐渐发现了其定义中的不足。于是，在20世纪80年代中期，在电气和电子工程师协会（Institute of Electronics

Engineers，IEEE）提出的软件工程标准术语中，调整了对软件测试的定义，即使用人工或自动手段来运行或测试某个系统的过程，其目的在于检验它是否满足规定的需求或弄清预期结果与实际结果之间的差别。

更新后的定义除吸收了之前人们对软件测试定义中的精华外，还明确指出，软件测试作为保证软件质量的一个重要手段，其主要任务是在已设计测试用例的基础上检验软件各个部分，以及整个系统是否正确、完整地实现了预定的功能，以确保软件质量。

现在，人们对软件测试有了更进一步的认识，从广义上讲，测试是指软件产品生存周期内所有的检查、评审和确认活动。例如设计评审、单元测试、系统测试等。从狭义上讲，测试是对软件产品质量的检验和评价。

如今，软件行业的人员对软件测试有如下直观认识。

- 保证程序和需求规格说明书等其他文档一致。
- 发现软件中的缺陷，确保系统能正常运行。
- 做软件应该做的事，不做软件不应该做的事。

现代软件测试活动一般包含以下内容。

（1）编写测试计划。

（2）设计测试用例。

（3）实施测试，提交缺陷报告。

（4）测试评估和总结。

从另一个角度看，软件测试与软件开发过程中其他工作在性质上存在很大的差异。其他工作往往是“建设性”的，而测试工作却有着很大的“破坏性”，努力证明程序中有错误，不能按照用户的要求正确工作。软件测试的根本目的是尽可能多地发现问题并排除潜在的错误，最终把一个高质量的软件系统交给用户使用。

10.1.2 测试与调试

有不少对软件测试不了解的人会认为测试和调试是一回事，而实际上测试与调试有着本质区别。简单地说，测试的主要工作是找缺陷，而调试的目的是解决缺陷。软件调试与软件测试不同，软件测试的目标是尽可能多地发现软件中的错误，而进一步诊断和改正程序中的错误才是调试的任务。

通常，调试是一个具有很强技巧性的工作，一个开发人员在分析程序错误时会发现，软件出现问题往往只是潜在错误的外部表现，而外部表现与内在原因之间常常缺乏明显的联系。要找出真正的原因，排除潜在的错误，不是一件容易的事情。因此可以说，调试是通过现象找出原因的一个思维分析的过程。

另外还有两点也是测试和调试的区别，一是测试是贯穿在整个软件生命周期中的，包括需求分析、概要设计、详细设计、编码、测试和运行维护的全过程，而调试主要在开发阶段，尤其在开发的中后期。二是测试的执行者是测试人员和开发人员，而调试仅由开发人员完成，一般测试人员不参与。

10.2 软件缺陷

在软件测试过程中，软件测试工程师发现的问题、错误，就是软件缺陷，通常也称为Bug。本节将会介绍如何确定软件缺陷以及作为一名软件测试工程师如何有效地记录缺陷。

10.2.1 确定软件缺陷

通常人们在谈到软件缺陷时，总会把它和程序的错误联系在一起。比如说软件使用过程中出现的各种异常现象，例如软件产生了错误的输出结果，系统崩溃，网站慢得无法使用等，这些显然是软件缺陷。

对于这些软件缺陷而言，它们通常会在测试过程中，成为软件测试工程师关注的重点，也会被尽可能多地发现并且得到及时修改。然而，值得注意的是，软件缺陷并不仅仅是这些明显的程序错误，还包括所有未能满足目标群体（即用户）需求的问题。

任何一个软件产品都需要最大限度地满足用户的使用需求，但实际情况是任何软件产品都很难百分之百地满足用户的实际需求，软件产品只能通过不断地优化和改进而持续接近用户的需求。

通过上面的描述可以得知，在软件使用过程中所出现的任何问题，或者导致软件不能符合设计要求或满足用户需求的问题都可以说是软件缺陷，或称为Bug。

正确理解软件缺陷的含义，可以帮助软件测试工程师比较容易地确定自己发现的一个问题是不是缺陷，可以说用户的需求是判断缺陷的关键。因此在确定缺陷的过程中，软件测试工程师可以从以下几个方面入手。

首先，可以将软件需求规格说明书、用户手册及联机帮助作为确定缺陷的主要工具，这些文档较为准确地反映了用户需求，所以被大多数软件测试工程师在实际测试过程中广泛使用。

其次，通过增加自己对所测试软件产品的行业背景知识的了解来发现被忽视的问题。这些问题中往往隐藏着软件的致命缺陷，而且作为用户方往往会认为知道这些是应该的，不需要明确写在需求里。

最后，通过沟通的方式来确定发现的问题是否是缺陷。主要是和研发人员沟通，和测试负责人沟通，当分歧很大时，可以交给项目负责人确认或者通过小型会议的形式讨论确认。

10.2.2 有效记录缺陷

当软件测试工程师发现了一个缺陷以后，需要记录这个缺陷，并提交给开发人员。下面举一个非常简单的记录软件缺陷的案例。

缺陷描述：记事本中保存“联通”，再次打开后出现乱码！

缺陷步骤如下。

（1）打开记事本，输入“联通”（不带引号）。

（2）保存该文件到任意位置，文件名任意设置。

（3）再次打开这个文件，显示乱码，如图10.1所示。

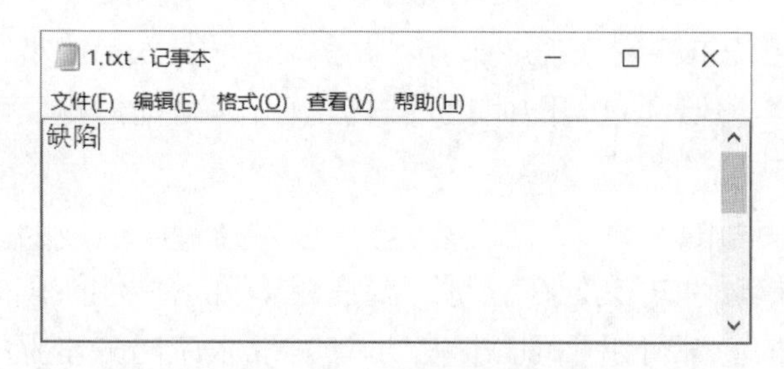

图10.1 缺陷报告

缺陷报告是大多数软件测试工程师的主要工作结果之一。缺陷报告的读者在通过这些文档重现缺陷的同时，也通过文档了解了软件测试工程师。报告写得越好，软件测试工程师的声誉越高，以后的工作交流就会越容易。开发人员通过软件测试工程师的报告得知缺陷信息，对重要问题的准确报告会为软件测试工程师带来良好声誉，差的报告会为开发人员带来额外的工作。如果软件测试工程师浪费了开发人员太多的时间，开发人员就会对软件测试工程师的工作抱有怨言。因此为编写出高质量的缺陷报告，软件测试工程师需要牢记以下书写缺陷报告的准则。

- 保证重现缺陷

缺陷报告的作用是为了让软件开发人员能够及时准确地了解软件存在的缺陷，它是软件测试工程师与开发人员沟通的重要手段。因此必须保证软件缺陷报告能够清晰描述缺陷，保证开发人员可以根据缺陷报告描述步骤的引导百分之百地重现缺陷。

- 使用最少步骤记录缺陷

虽然说软件测试工程师只需要发现缺陷，不需要修复缺陷，但作为一个优秀的软件测试工程师，应该会分析问题，使用最少的步骤记录缺陷。

用过于复杂的步骤描述软件缺陷会降低软件缺陷被修复的可能性。一方面，复杂的步骤和大量的文字可能没有真正提炼出出现缺陷的关键，却占用开发人员很多宝贵的时间，久而久之会引起开发人员的反感，从而降低提交这类缺陷报告人员的受信度。另一方面，如果记录缺陷的过程过于复杂，则会给开发人员重现缺陷的过程带来很大的困难，而且也会让开发人员不能将问题集中在主要步骤上。

• 包含重现缺陷的必要步骤

之所以要求缺陷报告必须包含所有重现缺陷的必要步骤，是为了提高缺陷报告的易用性。在软件开发和测试过程中，软件测试工程师对软件各种功能是非常熟悉的，因此在编写缺陷报告的过程中，一些常用的操作步骤很容易被软件测试工程师认为是想当然的而忽视记录，从而为开发人员重现缺陷埋下隐患。一方面，这些在报告中被忽视的步骤可能给开发人员重现缺陷带来困难；另一方面，当这类报告经过长时间之后再被打开，可能连提交者自己也无法立刻依据报告重现缺陷的产生过程。

• 客观、方便阅读

缺陷报告是描述性短文，在编写时要注意客观、方便阅读。

一是报告的核心部分是重现缺陷的步骤，那么应当分步骤描述。因此，要对操作过程进行编号，在书写格式上要求每一个步骤独占一行。

二是在报告软件缺陷时不做评价，既然是软件缺陷报告，就应该针对的是产品。因此，在缺陷报告中，软件测试工程师既没有必要对缺陷本身的成因进行没有根据的猜测，也没有必要对编写代码的开发人员的水平在报告中进行评价。

三是报告的标题部分要简洁明了，并且能够突出报告的主要内容。标题是缺陷报告中最重要的部分之一，是人们认知所报缺陷的第一步。过于简单的标题会影响开发人员前期筛选报告的准确性，因为开发人员一般会花更多的时间在那些标题中带有重要信息的缺陷上。

标题通常应该包括：简要的描述，能够让开发人员想象出缺陷的步骤；简要指出程序出错的特定条件，如在哪个平台下出现等；简要指出程序错误的影响或后果。当然，也不能把这些信息都放入标题部分，仅需要在标题中说明对于报告最重要的信息，其他的内容可以放到报告的描述部分说明。

四是在报告的详细内容部分，如果用语言不易说清楚问题，可以运用截图或保存错误文件等辅助方法，使问题描述得更加简单。

• 一个缺陷一个报告

缺陷报告应尽可能简单，不要在一个报告中合并多个缺陷。当缺陷报告中包含一个以上的缺陷时，通常只有第一个缺陷会受到注意和修复，而其他软件缺陷则会被遗忘或忽视。此外，如果开发人员看到一个缺陷报告中有多个缺陷，但开发人员在当时的情况下，只能修复这些缺陷中的一部分而不是全部，这样的话就无法对每个缺陷进行独立的跟踪。

• 报告不可重现的缺陷

永远都要报告不可重现的缺陷，这样的缺陷对公司产品的影响往往是致命的。有时缺陷表现出没有办法重现的情况，即看到程序出错一次，但不知道如何使其再次出现。但如果产品交付客户后还出现这种情况，会影响客户对产品信心。所以软件测试工程师一旦发现这种不可重现的缺陷，需要及时报告，当类似的缺陷报告多了，开发人员常常就能总结出缺陷出现的规律，发现产生缺陷的原因。

10.3 缺陷报告处理

前面已经介绍了怎样编写缺陷报告，那么编写完一个合格的缺陷报告之后，具体的处理流程是怎样的呢？

10.3.1 缺陷报告处理流程

一个缺陷报告的处理流程如图10.2所示。

从图10.2可以看出，对软件缺陷报告的处理要经过这样一个过程。软件测试工程师提交缺陷报告，测试负责人（或开发负责人）审核后将缺陷报告分配给相关的开发人员修改，缺陷被修改后由软件测试工程师根据缺陷报告中的修改记录进行返测，返测通过的缺陷报告由软件测试工程师或测试负责人关闭，返测未通过的缺陷报告直接返回开发人员重新修改，直到缺陷被修复以后才关闭。

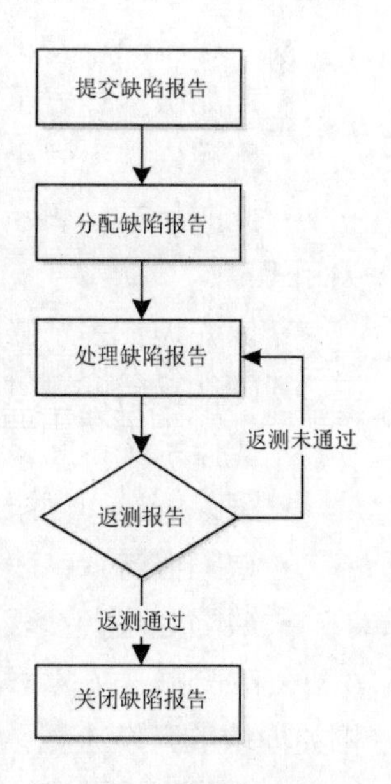

图10.2 缺陷报告处理流程

大多数情况下，缺陷报告的处理只经过提交、分配、解决、返测、关闭这样一个比较简单的流程，而且有些情况下连分配的过程都不需要，直接由测试工程师提交给开发人员进行解决，之后返测、关闭。但是在一些情况下，这个过程会变得比较复杂。比如说，开发人员打开提交的缺陷报告后，并没有对报告中的缺陷进行修改，因为开发人员可能认为此问题不是一个缺陷或者认为这个缺陷可以在以后的版本中解决。因此，开发人员在缺陷报告处理意见中会填入“不是问题”或“以后版本解决”。软件测试工程师在看到这一处理意见后，可能会不同意开发人员的看法，并将有说服力的理由填写在报告中，并将这一报告再次提交给开发人员。开发人员看到此意见后，如果同意软件测试工程师的看法，就会修复这一缺陷，开发人员如果不同意软件测试工程师的意见，那么他们会再次调整缺陷报告的处理意见。这里需要注意的是，这种关于缺陷是否修改的讨论过程有时会往复多次，最终得到大家都能认可的结论或者由项目负责人决定。

10.3.2 缺陷报告详细内容

在10.2.2节的内容中，已经了解了为了促进沟通，如何有效记录缺陷。当时提供的一个案例可以起的作用是记录缺陷，使开发人员能够重现这个缺陷。通过本节的学习，将发现仅仅记录缺陷是不够的，还需要跟踪缺陷报告处理的全过程，最终目的是修复缺陷或者让缺陷有一个可以接收的处理办法。综合这些要求，我们在之前缺陷报告的基础上，增加了一些内容，现将一个缺陷报告可能包含的内容逐个进行介绍。

- 缺陷标题：简要的描述，能够让开发人员想象出缺陷，指出程序错误的特定条件和程序错误的影响或后果。
- 所属产品：表示该缺陷所属的产品。
- 产品版本：表示测试时该缺陷所属的产品版本。
- 所属模块：表示该缺陷在所属产品中的模块。
- 此时状态：表示该缺陷报告的状态，例如新提交、待解决、已解决、已关闭等。
- 优先级：表示修复缺陷的重要程度和优先级别。
- 硬件平台：测试环境的硬件平台，例如选择PC。
- 操作系统：测试环境使用的操作系统，例如选择Windows。
- 跟踪信息：记录这个缺陷报告经过哪些人做了哪些处理。
- 缺陷报告者：表示提交这个缺陷的软件测试工程师，通常有邮件地址。
- 缺陷处理者：表示处理这个缺陷的开发人员，通常也有邮件地址。
- 缺陷抄送人：表示这个缺陷抄送的人员，可能是测试、开发负责人或者相关模块的开发人员。
- 缺陷步骤描述：对缺陷的详细步骤描述，保证开发人员能够重现缺陷。
- 附件：该缺陷可能需要的相关附件，例如图片或错误文件。

10.4 软件测试流程

一个软件的生命周期，以简单的瀑布模型来说，包括需求分析、概要设计、详细设计、编码、测试和运行维护，图10.3显示了软件生命周期的瀑布模型。

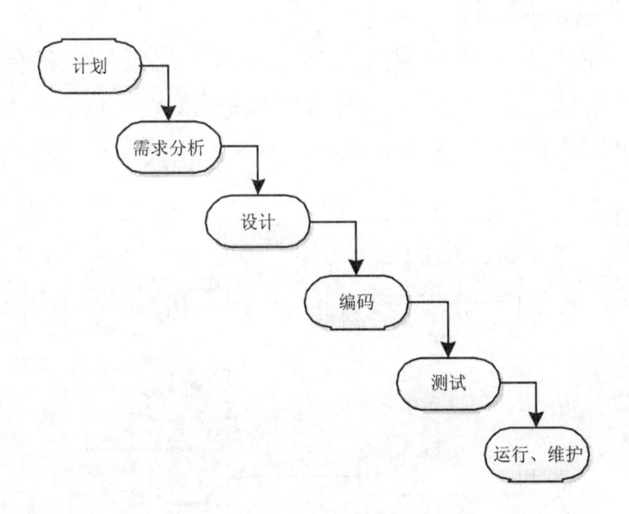

图10.3 软件生命周期瀑布模型

10.4.1 需求分析阶段

软件项目的前期工作主要是需求分析，事实上一个软件项目或产品的成败与需求分析有着非常重要的联系。因此在没有明确用户需求的情况下，盲目地进行开发和测试都不能够取得理想的效果。若具备条件，测试人员应从客户需求调研阶段就介入到项目中。软件产品需求调研阶段工作流程如图10.4所示。

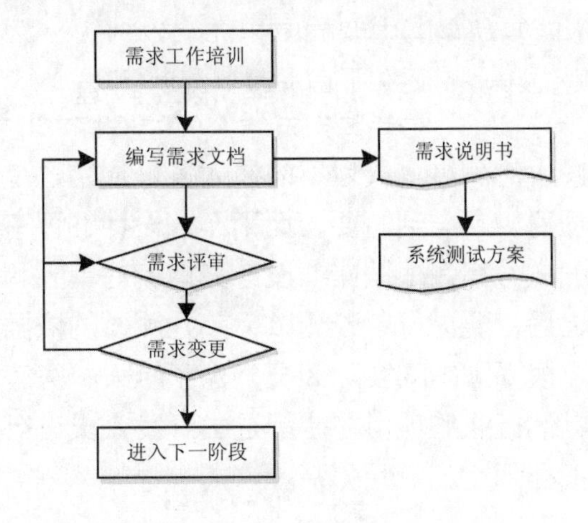

图10.4 软件需求分析阶段工作流程

在这一阶段，不需要投入太多的测试人员进入到项目中，通常会挑选一个测试组长进入项目，参与到需求分析阶段的需求评审过程，并根据最终确定的需求规格说明书设计系统测试方案。

10.4.2 设计和编码阶段

需求分析结束以后，开发团队会根据需求规格说明书的要求开始设计软件。首先是概要设计，之后是详细设计，最后开发人员根据产品的详细设计进行编码，这一过程叫作软件设计和编码阶段，其工作流程如图10.5所示。

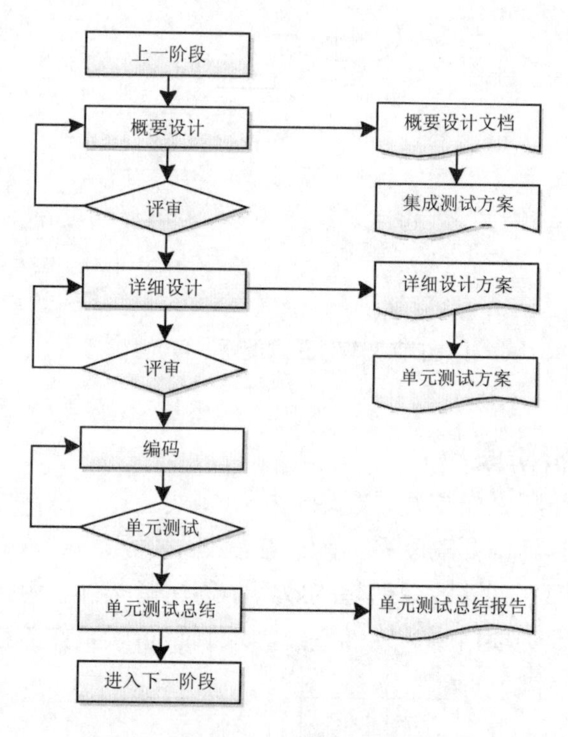

图10.5 软件设计和编码阶段工作流程

在这一阶段，投入的测试人员也不需要太多，通常还是之前进入项目组的测试组长继续跟进项目，参与到概要设计和详细设计的评审过程中，根据概要设计文档编写集成测试方案，根据详细设计文档编写单元测试方案。

开发人员编码之后，要进行单元测试，单元测试的依据是根据详细设计产生的单元测试方案。根据国内的实际情况，除了航天、医疗、军工等对软件要求非常高的行业，其他行业的项目往往都是由开发人员进行单元测试，而不是由专业的软件测试工程师实施单元测试。

10.4.3 集成、系统和验收测试

单元测试结束以后，要形成单元测试报告，接下来进入到集成、系统、验收测试阶段，其工作流程如图10.6所示。

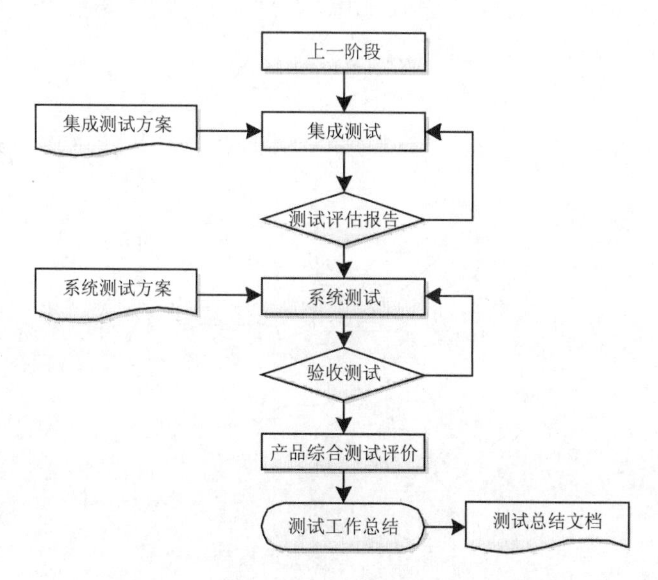

图10.6 集成、系统和验收阶段工作流程

进入这一阶段，投入的测试人员数量将会迅速增加，因为从集成测试开始，测试工作基本上都是由软件测试工程师完成的。集成测试的依据是根据概要设计产生的集成测试方案，系统测试的依据是根据需求分析产生的系统测试方案。经过集成测试和系统测试之后，将进入由用户实施的验收测试，最后进行测试工作总结和文档整理工作。

通过以上的分析，可以得出这样一个结论：软件测试工作贯穿了整个软件生命周期，渗透到分析、设计、编程以及测试的各个阶段中。

10.4.4 单元、集成、系统和验收测试

从软件测试的阶段上分析，可将软件测试分为同等重要的3个阶段，即单元测试、集成测试和系统测试（含确认测试）。测试工作中的第4个阶段是验收测试阶段，验收测试在性质上和系统测试很相似，它们的根本区别在于，前者是公司内部的，而后者则是受用户控制的，具体内容如图10.7所示。

- 单元测试

单元测试又称为模块测试，是最小单位的测试，单元测试是在系统开发过程中进行的测试活动。在单元测试活动中，各独立单元模块将在与系统的其他

部分相隔离的情况下进行测试。单元测试针对每一个程序模块进行正确性检验，检查每个程序模块是否正确地实现了规定的功能。例如，一个类、接口、方法、报表或一个存储过程都可以作为一个单元进行测试。单元测试是测试的第一步，其依据是详细设计，单元测试应对模块内所有重要的控制路径设计测试用例，以便发现模块内部的错误。

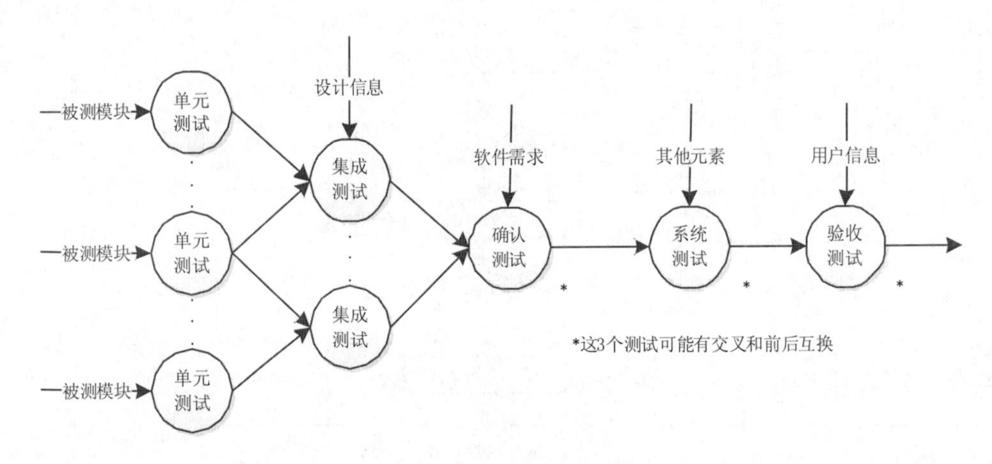

图10.7 软件测试过程

• 集成测试

集成测试是在单元测试的基础上，将已经通过测试的单元模块按照设计要求组装成系统或子系统再进行的测试。很多实际例子表明，软件的一些模块虽然能够单独工作，但并不保证连接之后也肯定能正常工作。例如，一个模块可能对另一个模块产生不利的影响，将子功能合成时不一定产生所期望的主功能，独立可接受的误差在组装后可能会超过可接受的误差限度等。

• 系统测试

系统测试是将经过集成测试的软件，作为整个基于计算机系统的一个元素，与计算机硬件、外设、某些支持软件、数据和人员等其他系统元素结合在一起，在实际运行环境下，对计算机系统进行全面的功能覆盖测试。

系统测试通过实施预定的测试计划和测试步骤，确定软件的特性是否与需求相符，确保所有的软件功能需求都能得到满足，所有的软件性能需求都能达到，所有的文档都是正确且便于使用的。同时，对其他软件需求，如可移植性、兼容性、出错自动恢复、可维护性等，也都要进行测试，确认是否满足。

• 验收测试

验收测试是软件产品交付用户正式使用前的最后一道工序。它是以用户为主的测试，软件开发和测试人员也应参加。由用户参加设计测试用例，使用用户界面输入测试数据，并分析测试的输出结果，一般使用生产中的实际数据进行测试。

验收测试的目的是向用户证明产品是可靠的。为了做到这点，验收测试必须满足的条件是集中进行用户需求的测试，且必须由用户或用户代表参加，并在正常的条件下进行测试。验收测试一般由用户执行，如果测试用例均执行通过，则说明系统是可以接受和能够发行的。验收标准必须在原始的需求规范中或在与客户签订的合同中规定。

10.5 软件测试分类

根据软件测试所属的阶段和被测对象的规模大小，可以将软件测试分为单元测试、集成测试、系统测试和验收测试。从其他的角度看，又可以将软件测试分为黑盒测试和白盒测试，手工测试和自动测试，接下来将简要介绍这些内容。

10.5.1 黑盒测试和白盒测试

黑盒测试又称功能测试，它注重于测试软件的功能性需求。采用这种测试方法，软件测试工程师会把被测程序看成一个黑盒，完全不要考虑程序的内部结构和特性，只需知道该程序输入和输出之间的关系或程序功能，来确定测试用例和推断测试结果的正确性。

例如要测试一个程序，需求规格说明书规定，当输入值为16时，单击“计算”，输出结果为4；当输入值为4时，单击“计算”，输出结果为2。作为软件测试工程师，根据需求设计测试用例如下。

（1）输入值：16，单击“计算”，预期结果：4。

（2）输入值：4，单击“计算”，预期结果：2。

执行测试用例，看程序实际运行结果和预期结果的差异，如果一致，则该测试用例执行通过，如果不一致，则发现一个缺陷，要提交缺陷报告给开发人员，这样的测试就是典型的黑盒测试。

白盒测试又称结构测试、逻辑驱动测试。软件测试工程师把被测试程序看成一个打开的盒子，能够看到程序的内部结构，根据程序的内容来设计测试用例。采用这种测试方法，软件测试工程师需要对被测试程序非常清楚，从程序的内部逻辑结构入手，按照一定的原则设计测试用例，测试软件的代码和逻辑路径，来判定程序运行情况是否和预期结果一致。

白盒测试要尽量提高对程序结构的覆盖，具体的方法包括语句覆盖、分支覆盖或判断覆盖、条件覆盖、判断/条件覆盖、路径覆盖，有兴趣的读者可以查阅相关资料。

10.5.2 手工测试和自动测试

手工测试是传统的测试方法，也是现在大多数公司都使用的测试形式。它由软件测试工程师来执行测试用例，然后将实际结果和预期结果相比较，发现软件缺陷。

提到自动测试，很多人都会直接想到使用自动测试工具，认为只要购置一种流行的自动测试工具，执行记录手工测试的过程，然后在需要时回放录制过程就完成了自动测试。然而，通过实践发现，事实并非如此简单。

软件测试工程师在手工执行测试用例的过程中，会发现很多测试用例的执行步骤是相同的，但输入数据和预期结果不同。软件测试工程师需要反复执行这些步骤，输入不同的数据，判断实际结果和预期结果的差异。这样会让测试人员觉得比较枯燥，软件测试的效率比较低。

自动测试采用录制、回放的模式，将多组测试用例的输入数据、预期结果到自动测试工具（例如QTP）中，让测试工具使用不同的输入数据反复执行测试步骤，判断预期结果和实际结果的差异。有些情况下自动测试可以在较短的时间内完成手工测试几小时的工作量。

从某种角度来说，自动测试可以为软件测试工作节省大量的时间。成熟的自动测试机制，可以在软件测试工程师休息的时候，执行“夜间测试”，提高效率。然而，需要提醒大家的是，这种说法是相对的，并不具有普遍性。因为如果被测软件的用户界面是不稳定的，则之前录制的脚本在新的界面下就不能回访，也就无法提高工作效率。另外，针对有些被测软件，自动测试工具的支持可能不是很好，会出现不识别对象的情况，导致不能录制、回访。最后，录制、维护这些测试脚本也需要很大的工作量。所以如果只是针对项目的测试，而不是针对产品的测试，不建议使用自动测试工具。

自动测试的引入，对软件系统的性能测试来说，可以说非常有必要。比如说，我们要测试一个考试系统，希望这个考试系统能在同一时间点，允许100个用户同时登录，且每个用户登录的平均响应时间低于5秒。如果不用自动测试工具，那就只有找100个人，让软件测试工程师一声令下，这100个人同时登录这个考试系统，每个人还需用秒表记录用户的响应时间。当然，这只是一个玩笑！我们使用自动测试工具中的性能测试工具，例如LoadRunner，就能非常容易地做到刚才的需求。

10.6 JUnit初探

JUnit是一个Java的单元测试框架，现已成为xUnit家族中非常成功的一个。JUnit是Java事实上的标准测试库，多数Java的开发环境都已经集成了JUnit

作为单元测试的工具。

在JUnit 4推出前，由于三年未做更新，地位受到了其他Java单元测试工具的挑战。相对JUnit 3而言，JUnit 4是一个全新的Java单元测试框架，其主要特点是利用JDK 1.5的注解特性简化测试用例的编写（所以要使用JUnit 4，要求JDK必须是JDK 1.5或以上版本）。

10.6.1 “加”类JUnit 4测试

对“加”类进行单元测试，不过这次是使用JUnit 4进行单元测试，测试前需要导入JUnit4软件包，具体代码如下所示。

```
import org.junit.*;
import static org.junit.Assert.*;
public class TestAddOperation
{
    @Before
    public void setup() throws Exception{}
    @After
    public void tearDown() throws Exception{}
    @Test//测试AddOperation类的add()方法
    public void add()
    {
        int x=3;
        int y=5;
        AddOperation instance=new AddOperation();
        int expResult=8;
        int result=instance.add(x,y);
        assertEquals(expResult,result);
    }
}
```

注意，使用JUnit 4对AddOperation类中的add()方法进行单元测试，导入的是org.junit包里的内容，已经不再是junit.framework包，并且单元测试类TestAddOperation不需要再继承TestCase类。

使用了静态导入import static org.junit.Assert.*，把org.junit.Assert包里的静态变量和方法导入到这个类中，调用Assert包里的assertEquals(expResult, result)方法和调用自己的方法没有区别。

测试方法也不必以test开头了，只要以@Test注解来描述即可。案例中还使用了一些其他的注解，JUnit 4支持多种注解来简化测试类的编写，例如使用了@Before注解的方法在每个测试方法执行之前都要执行一次，使用了@After注解的方法在每个测试方法执行之后都要执行一次。并且@Before和@After标注的方法只能各有一个，这相当于取代了JUnit以前版本中的setUp()和tearDown()方法。当然在JUnit4中，还可以给被注解的方法继续起JUnit以前版本规定的名字，不过这对程序员来说只是个人喜好而已。

编译、运行程序（运行程序的命令为java-ea org.junit.runner.JUnitCore TestAddOperation，含义为用JUnit 4运行机执行单元测试类TestAddOperation，这个JUnit4运行机可以运行JUnit 3的单元测试类，但JUnit3的文本运行机不可以执行JUnit 4的单元测试类），运行结果如图10.8所示。

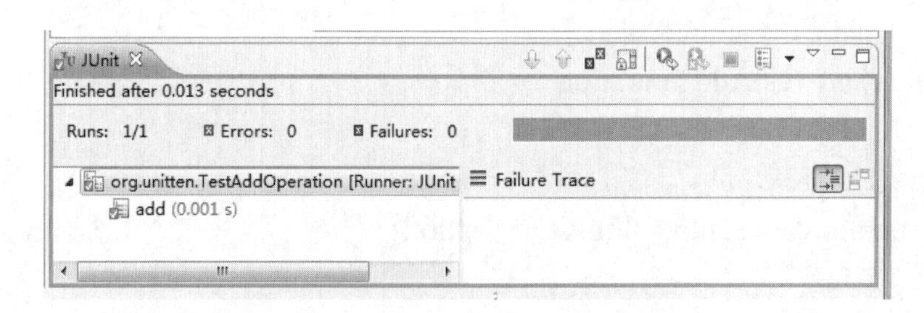

图10.8 JUnit 4测试“加”类显示结果一

同样的，把预期结果从8改成15，再次编译、运行，其结果如图10.9所示。

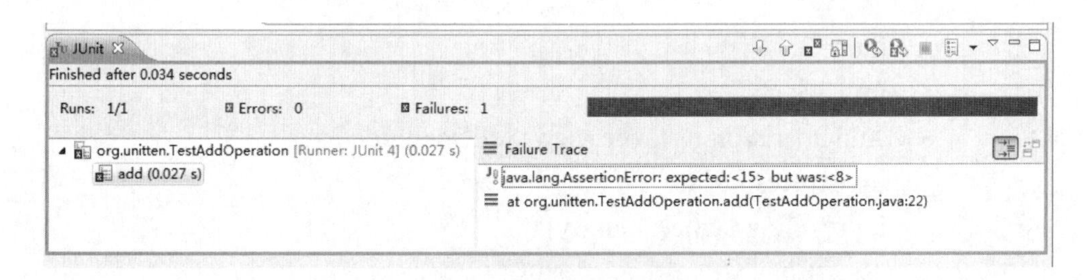

图10.9 JUnit 4测试“加”类显示结果二

接下来通过对一个“计算器”类进行单元测试，来发现“计算器”类编写过程中出现的缺陷。

10.6.2 “计算器”类测试

该“计算器”类功能简单，仅操作整数，并把运算结果存储在一个静态变量中。另外，这个“计算器”类有如下预设的错误。

（1）减法并不返回一个有效的结果。

（2）乘法还没有实现。

（3）开方方法中存在一个无限循环错误。

具体代码如下所示。

```
public class Calculator
{
    //存数运算结果的静态变量
    private static int result;
    //加法
    public void add(int n)
    {
            result=result+n;
    }
    //减法，有错误，应该是"result=result−n"
    public void subtract(int n)
    {
            result=result−1;
    }
    //乘法，此方法尚未实现
    public void multiply(int n){}
    //除法
    public void divide(int n)
    {
            result=result/n;
    }
    //平方
    public void square(int n)
    {
            result=n*n;
    }
    //开方，有死循环错误
    public void squareRoot(int n)
    {
        for(;;){}
    }
    //清除结果
    public void clear()
```

```
        {
            result=0;
        }
        //获取运算结果
        public int getResult()
        {
            return result;
        }
    }
```

使用JUnit 4对“计算器”类进行单元测试，具体代码如下所示。本段代码中没有添加任何注释，希望读者在没有注释的情况下，尝试理解代码的含义。

```
import static org.junit.Assert.*;
import org.junit.*;
public class TestCalculator
{
    Calculator calc=new Calculator();
    @Before
    public void setup() throws Exception
    {
        System.out.println("测试前初始值置零！ ");
        calc.clear();
    }
    @After
    public void tearDown()throws Exception
    {
        System.out.println("测试后......");
    }
    @Test
    public void add()
    {
        calc.add(2);
        calc.add(3);
        int result=calc.getResult();
        assertEquals(5,result);
    }
    @Test
```

```
    public void subtract()
    {
        calc.add(10);
        calc.subtract(2);
        in tresult=calc.getResult();
        assertEquals(8,result);
    }
    @Test
    public void divide()
    {
        calc.add(8);
        calc.divide(2);
        asser tcalc.getResult()==5;
    }
    @Test(expected=ArithmeticException.class)
    public void divideByZero()
    {
        calc.divide(0);
    }
    @Ignore("not Ready Yet Test Multiply")
    @Test
    public void multiply()
    {
        calc.add(10);
        calc.multiply(10);
        int result=calc.getResult();
        assertEquals(100,result);
    }
}
```

下面对这个单元测试类中用到的技术类进行解释。

- 断言

在JUnit 4中，新集成了一个assert关键字（见案例中的divide()方法），我们可以像使用assertEquals()方法一样来使用它，它们都抛出相同的异常java.lang.AssertionError。

在JUnit 4中，还引入了两个新的断言方法，它们专门用于数组对象的比较，其语法形式如下所示。

public static void assertEquals(String message,Object[] expected,Object[] actuals);

public tatic void assertEquals(Object[] expected,Object[] actuals);

原先JUnit 3中的assertEquals(long, long)方法在JUnit 4中都使用assertEquals(Object, Object)方法，对于assertEquals(byte, byte)、assertEquals(int, int)等也是如此，这是因为从JDK 1.5开始支持自动拆箱、装箱机制。

- 异常

JUnit 4的@Test注解支持可选参数，它可以声明一个测试方法应该抛出一个异常。如果这个方法不抛出或者如果它抛出一个与事先声明不同的异常，那么该测试失败。在我们的案例中（见案例中的divideByZero()方法），一个整数被零除应该抛出一个ArithmeticException异常，则该方法的@Test注解应该写成@Test(expected=ArithmeticException.class)。

- 忽略测试

在JUnit 3中，临时禁止一个测试的方法是通过注释掉它或者改变命名约定，这样测试运行机就无法找到它。在JUnit 4中，为了忽略一个测试，可以注释掉一个方法或者删除@Test注解（不能再改变命名约定，否则将抛出一个异常），该运行机将不理会也不报告这样一个测试。不过，在Junit 4中可以把@Ignore注解添加到@Test注解的前面或者后面，测试运行机将报告被忽略的测试数目，以及运行的测试数目和运行失败的测试数目。

- 运行测试

在JUnit 3中，可以选择使用若干运行机，包括文本型、AWT或者Swing，在JUnit4中仅支持文本测试运行机。

编译、运行程序，程序运行结果如图10.10所示（节选部分内容），从运行结果中可以看出测试失败的数目及详细信息。

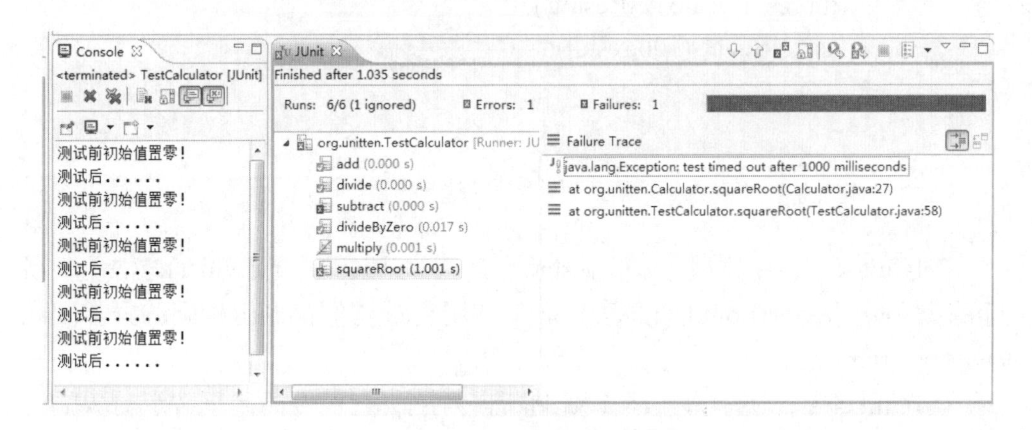

图10.10　JUnit 4测试“计算器”类

10.6.3 JUnit 4知识拓展

- 高级环境预设

通过前面的学习我们知道，使用了@Before注解的方法在每个测试方法执行之前都要执行一次，使用了@After注解的方法在每个测试方法执行之后要执行一次。如果我们在测试时，仅需要分配和释放一次昂贵的资源，那么可以使用注解@BeforeClass和@AfterClass，其含义为在所有的方法执行之前或之后执行一次。

- 限时测试

在Calculator类中，编写的开方方法代码如下所示。

```
public void squareRoot(int n)
{
    for(;;){}
}
```

很显然，方法体内是一个死循环。如果使用JUnit对该方法执行单元测试，即需要在TestCalculator测试类中增加如下代码。

```
@Test
public void squareRoot()
{
    calc.squareRoot(4);
    int result=calc.getResult();
    assertEquals(2,result);
}
```

再次编译、运行程序，程序运行结果如图10.11所示。执行测试类，进入了死循环，不能正常退出。

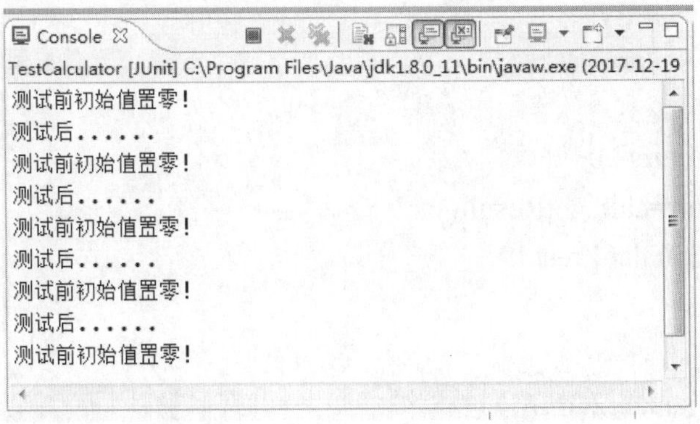

```
Console
TestCalculator [JUnit] C:\Program Files\Java\jdk1.8.0_11\bin\javaw.exe (2017-12-19
测试前初始值置零！
测试后......
测试前初始值置零！
测试后......
测试前初始值置零！
测试后......
测试前初始值置零！
测试后......
测试前初始值置零！
```

图10.11　JUnit 4测试死循环方法

如何解决这个问题呢？尤其是对于那些逻辑很复杂，循环嵌套比较深的程序，很有可能出现死循环，因此一定要采取一些预防措施，JUnit 4中的限时测试是一个很好的解决方案。我们可以给这些测试方法设定一个执行时间，超过了这个时间，它们就会被系统强行终止，并且系统还会汇报该方法结束的原因是因为超时，这样就可以发现这些Bug了。要实现这一功能，只需要给@Test注解加一个参数即可，例如@Test(timeout=1000)，timeout参数表示设定的时间，单位为毫秒。编译、运行程序，程序运行结果如图10.12所示，JUnit4会再报告一个失败，失败的原因是超过了这个时间未获得预期结果。

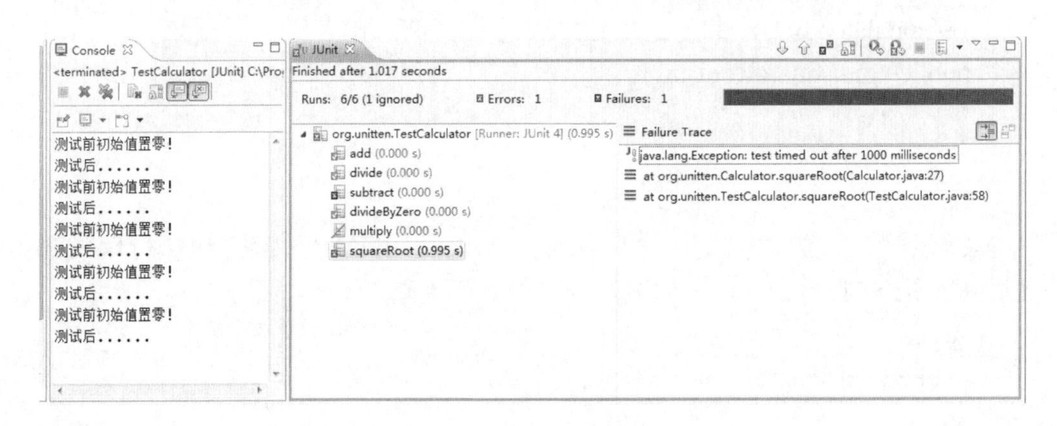

图10.12 JUnit 4限时测试

- 参数化测试

在Calculator类中有一个求平方的方法square()，TestCalculator测试类还没有对它进行单元测试。假设现在为测试该方法设计3个测试用例，输入值分别是2、0、−3，预期结果是4、0、9，则需要在TestCalculator测试类中增加如下代码。

```
@Test
public void square1()
{
    calc.square(2);
    int result=calc.getResult();
    assertEquals(4,result);
}
@Test
public void square2()
{
    calc.square(0);
```

```
        int result=calc.getResult();
        assertEquals(0,result);
    }
    @Test
    public void square3()
    {
        calc.square(−3);
        int result=calc.getResult();
        assertEquals(9,result);
    }
```

前面在介绍自动化测试时提过，如果步骤相同，只是输入数据和预期结果不一样的多次、重复的测试，可以考虑采用录制、回放的模式。录制一次执行步骤，然后将多组测试用例的输入数据和预期结果放入自动测试工具中，回放时每次执行一组输入数据，并将实际运行结果和预期结果进行比较判断，这样可以提高测试效率。

基于同样的思路，JUnit 4提出了参数化测试的概念，只写一个测试方法，把若干种情况作为参数传递进去，一次性完成测试。其代码如下所示，其中代码中的注释非常重要，请认真阅读。

```
    import java.util.*;
    import org.junit.*;
    import org.junit.runner.RunWith;
    import org.junit.runners.Parameterized;
    import org.junit.runners.ParaiDeterized.Parameters;
    import static org.junit.Assert.*;
    //要为这个测试指定一个运行机，因为特殊的功能要用特殊运行机
    @Run With(Pai*ameterized.class)
    //为参数化测试专门生成一个新的类，不能与其他测试共用同一个类
    public class TestSquare
    {
        Calculator calc=new Calculator();
        private int param;
        private int result;
        //定义测试数据集合，该方法可以任意命名，但是必须使用
    @Parameters注解进行修饰
        @Parameters public static Collection data()
        {
```

```
        return Arrays.asList(new 0bject[][]{{2,4},{0,0},{-3,9}});
    }
    //构造函数，其功能是对先前定义的两个参数进行初始化
    public TestSquare(int param,int result)
    {
        this.param=param;
        this.result=result;
    }
    @Test
    public void square()
    {
        calc.square(param);
        assertEquals(result,calc.getResult());
    }
}
```

编译、运行程序，程序运行结果如图10.13所示。

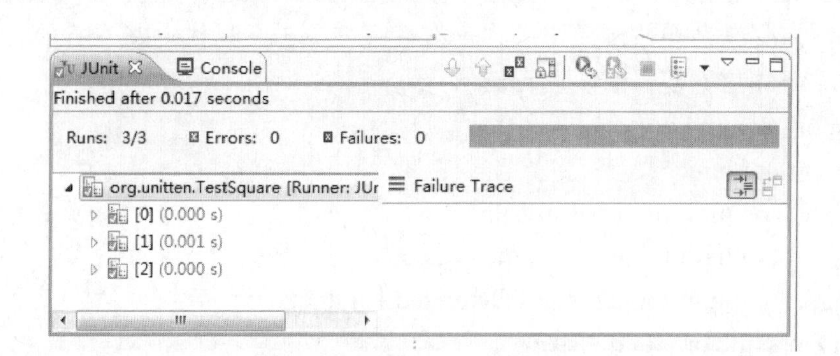

图10.13　JUnit 4参数化测试

关于JUnit 4的测试运行机，这里做简要的补充说明。

在JUnit 4中，如果没有指定@RunWith，那么会使用一个默认运行机（org.junit.internal.runners.TestClassRunner）执行，但在参数化测试（使用@Parameterized注解）和马上要讲到的测试集测试（使用@Suite注解）的情况下，需要一个特定的运行机来执行测试用例。

- 测试集

我们之前编写了TestCalculator测试类，刚才又编写了TestSquare测试类，现在要执行这些测试的话，需要分别使用JUnit 4命令执行这两个测试类的单元测试。如果需要测试的测试类比较多，逐个执行会非常麻烦。

在JUnit4之前的版本中，已经有测试集的概念，可以在一个测试集中运行若干个测试类，不过必须要在类中添加一个suite()方法。而在JUnit 4中，可以使用注解替代。为了运行TestCalculator和TestSquare这个两测试类，需要使用@Run With和@Suite注解编写一个空类。

具体代码如下所示。

```
import org.junit.runner.RunWith;
import org.junit.rurmers.Suite;
@RunWith(Suite.class)
@Suite.SuiteClasses({TestCalculator.class,TestSquare.class})
public class TestAllCalculator{}
```

任务实施

10.7 任务　JUnit测试Add方法

目标： 完成本章10.6节中的所有程序。

时间： 30分钟。

工具： Eclipse。

拓展训练

使用JUnit 4对计算器类单元测试

目标： 完成本章10.7节中的所有程序。

时间： 40分钟。

工具： Eclipse。

综合训练

1. 根据软件测试所属的阶段和被测对象的规模大小，可以将软件测试分为________、________和________。

2. 什么是软件测试？请用自己的语言加以描述。

3. 请介绍一个缺陷报告的处理流程。

4. 请列出一个缺陷报告通常包括哪些内容。

5. 请描述关于一个项目的软件测试活动通常包括哪些内容。

6. 请按不同角度描述，软件测试有哪些分类，并简要介绍各分类的含义。

7. JUnit 4和JUnit 3比，在哪些方面有较大的改进。